国家林业和草原局普通高等教育"十四五"规划教材

草地保护学

姚 拓 班丽萍 主编

中国林业出版社
China Forestry Publishing House

国家林业和草原局草原管理司 支持出版

内 容 简 介

本教材为国家林业和草原局普通高等教育"十四五"规划教材，可分为上篇和下篇。上篇讲述草地保护学基础知识，包括草地植物病害（概念与病原物、诊断与病害循环、病原物的致病性与寄主的抗病性）、昆虫（形态学、生物学、分类学、种群的调查与监测）、毒（害）杂草（生物学特性、发生、分布规律与危害）、啮齿动物（外部形态及内部结构、生物学、分类与分布、生态学及调查与测报）、草地有害生物的防治策略与技术和草地保护技术推广等基础知识。下篇是草地主要病害、虫害、毒（害）杂草和啮齿动物等有害生物及其防治。

本教材编写系统，内容详尽，既涉及必要的基础知识，又重视解决草地有害生物防治的实际需要，融基础理论、基本知识和基本技能为一体，注重理论联系实际，具有较高的理论水平和实用价值。既可作为草业科学和植物保护等相关专业的教材，也可供从事草业、园林、环境保护、草地竞技与游憩和生态保护等相关行业的工作者参考。

图书在版编目（CIP）数据

草地保护学 / 姚拓，班丽萍主编．—北京：中国林业出版社，2024.9．--（国家林业和草原局普通高等教育"十四五"规划教材）．-- ISBN 978-7-5219-2845-7

Ⅰ．S812.6

中国国家版本馆 CIP 数据核字第 2024700BM4 号

策划编辑：李树梅　　高红岩
责任编辑：李树梅
责任校对：苏　梅
封面设计：睿思视界视觉设计

彩图

出版发行　中国林业出版社
　　　　　（100009，北京市西城区刘海胡同7号，电话 83143531）
电子邮箱　jiaocaipublic@163.com
网　　址　https://www.cfph.net
印　　刷　北京中科印刷有限公司
版　　次　2024年9月第1版
印　　次　2024年9月第1次印刷
开　　本　787mm×1092mm　1/16
印　　张　21.75
字　　数　528千字
定　　价　59.00元

《草地保护学》编写人员

主　　编　姚　拓　班丽萍
副 主 编　王克华　李克梅　苏军虎　胡桂馨
编　　者　(按姓氏笔画排序)
　　　　　于　鹏(西北师范大学)
　　　　　王　登(中国农业大学)
　　　　　王克华(中国农业大学)
　　　　　方　红(沈阳农业大学)
　　　　　尹学伟(中国农业大学)
　　　　　古丽君(兰州大学)
　　　　　任金龙(新疆农业大学)
　　　　　农向群(中国农业科学院)
　　　　　孙　逍(南京农业大学)
　　　　　苏军虎(甘肃农业大学)
　　　　　李克梅(新疆农业大学)
　　　　　李昌宁(甘肃农业大学)
　　　　　李艳艳(内蒙古农业大学)
　　　　　迟胜起(青岛农业大学)
　　　　　张　英(青海大学)
　　　　　庞晓攀(兰州大学)
　　　　　胡　健(南京农业大学)
　　　　　胡桂馨(甘肃农业大学)
　　　　　俞斌华(兰州大学)
　　　　　姚　拓(甘肃农业大学)
　　　　　班丽萍(中国农业大学)

    高立杰(河北农业大学)
    崔晓宁(甘肃农业大学)
    康宇坤(甘肃农业大学)
    鲁　莹(沈阳农业大学)
    曾　亮(甘肃农业大学)
    楚　彬(甘肃农业大学)
    蔡卓山(甘肃农业大学)
    谭　瑶(内蒙古农业大学)
    魏淑花(宁夏农林科学院)
主　　审　李春杰(兰州大学)

前　言

草地是重要的自然资源，不仅为动物提供食物和生存场所，也为人类提供优良的生物产品和生活环境。草地生态系统具有涵养水源、保持水土、防风固沙、维系生物多样性和美化环境等生态功能，同时还具有生产多种草畜产品的生产功能，维系民族团结和草原文化传承的社会功能。然而，随着草地畜牧业的发展和草地利用强度的增加，草地承受的压力日益增加，草地环境也相应地发生了一系列的变化。因连年累积，有害生物的种类和数量不断增加，其危害效应叠加，逐渐成为草地生产中危害最大、处理难度最高的问题之一，不仅降低了草地生产力及生态、社会服务功能，导致草地衰退和毁灭，同时危及生态安全，造成较大的生态、社会问题和经济损失。

草地保护学是研究草地有害生物［病、虫、鼠、毒（害）草］引致灾害发生、发展规律及其可持续管理的学科，是一门多学科交叉的综合性应用学科。在草学类教学质量国家标准中，草地保护学是草业科学专业的专业核心课程，在全国招收草业科学本科专业的32所高校中几乎都开设了草地保护学课程。课程具有内容庞杂（形态学、生物学、生态学、田间调查、预测预报及防治等）、知识点多（专有名词及概念多，原理丰富）、多学科交叉（微生物学、动物学、植物学和生态学等）的特点，既需要多学科坚实的理论基础，又具有很强的实践特点。教学在着重体现知识与能力培养的同时，也要根据新农科背景下草业科学人才培养的内在要求，培养学生辩证看待各类有害生物在草地农业生态系统中的作用和危害，掌握基本的防控策略及方法，提高学生发现问题、分析问题和解决问题的能力。

虽然我国草地保护学的研究起步较晚，但近些年发展迅速，取得了一系列丰硕的成果，但教材建设明显落后于人才培养和学科发展的需求。为满足新农科背景下草业科学人才培养的内在要求，培养面向新时代的"宽基础、高素质、强能力"和新农科的草业专业人才，我们组织了全国多所高校草地保护学教学一线的教师，博采相关高校专业教学之所长，总结和凝练众多编者多年的教学实践经验，编写了这部《草地保护学》教材。

本教材紧扣学科前沿，吸纳并总结草地有害生物研究及其防治的新理论、新技术，力求体现学科发展并满足行业发展需求。同时考虑我国幅员辽阔，不同地区的气候环境复杂多样，有害生物生存和危害差别较大，结合高校所处的地域特点和编写人员的专长，尽量编写出一部可适用于我国各高校教学的优质教材。此外，教材兼顾共性化和个性化的学习需求，采用上下篇的结构划分，上篇草地保护学基础知识是"共性"内容，下篇常见主要有害生物及其防治则是"个性"内容。使用者可根据自身的需求选学部分内容，实现个性化的学习目标。

本教材按照内容划分为上篇和下篇，上篇讲述草地保护学基础知识：绪论（姚拓、班丽萍）、草地植物病害的基本概念与病原物（曾亮、姚拓、张英、迟胜起、崔晓宁、李昌宁)、草地植物病害的诊断与病害循环(李昌宁)、病原物的致病性和寄主的抗病性(李克梅)、昆虫形态学(任金龙)、昆虫生物学(尹学伟)、昆虫分类学(任金龙、方红、谭瑶、鲁莹)、昆虫种群的调查与监测(李艳艳)、草地毒(害)杂草及其生物学特性(王克华)、毒(害)草生态学(蔡卓山)、草地毒害杂草发生、分布规律与危害(孙逍)、草地啮齿动物的外部形态及内部结构(苏军虎)、啮齿动物的生物学(康宇坤)、啮齿动物的分类与分布(庞晓攀)、啮齿动物生态学(于鹏)、啮齿动物的调查与测报(王登)、草地有害生物的防治策略与技术(姚拓、班丽萍、魏淑花、曾亮、苏军虎和农向群)、草地保护技术推广(俞斌华);下篇列举草地主要有害生物及其防治:草地植物主要病害及其防治(古丽君、胡健、俞斌华、张英、李克梅、迟胜起、姚拓)、草地主要虫害及其防治(胡桂馨、任金龙、谭瑶、李艳艳、魏淑花、鲁莹、高立杰)、草地主要毒(害)草及其防治(王克华)及草地主要啮齿动物及其防治(楚彬)。各章分别由姚拓(绪论)、班丽萍(第十六章)、胡桂馨(第四、五、六、七、十九章)、李克梅(第一、二、三、十七、十八章)、苏军虎(第十一、十二、十三、十四、十五、二十一章)和王克华(第八、九、十、二十章)统稿。最后,由姚拓(病害、鼠害、毒害及相关部分)、班丽萍(昆虫及相关部分)对全书进行统稿。

本教材由甘肃农业大学、中国农业大学、兰州大学、新疆农业大学、内蒙古农业大学、南京农业大学、青岛农业大学、沈阳农业大学、青海大学、河北农业大学、西北师范大学、中国农业科学院和宁夏农林科学院13所高校和科研院所经验丰富的专家编写而成。正是基于各位编者在教学和科研岗位上积累的丰富经验,以及在人才培养和科学普及等方面所做的各项有益工作,我们由衷地希望呈现给大家一部适用性和前沿性俱佳的教材,力图帮助读者全面、系统地学习和掌握我国草地保护的原理及主要病虫草害的防治技能,达到举一反三的效果。

本教材编写中参考了大量优秀的教材、专著和论文,引用的图片部分是仿照其他著作绘制的,为简略起见,仅在图题中注明首位作者,如图4-1后注明仿周尧,为周尧等著作,在参考文献中已注明,特此说明;本教材的出版得到了国家林业和草原局草原管理司项目资助,中国林业出版社编辑为本教材出版付出了辛勤劳动,在此一并表示诚挚的谢意!

尽管我们力求使教材内容正确无误,结构科学严谨,语言精练流畅,但限于水平、时间和篇幅等,谬误在所难免,恳请各院校在使用过程中提出宝贵意见,以便再版时进一步完善。

姚拓、班丽萍
2023年10月

目 录

前 言

上 篇

第 0 章 绪 论 ········ 3
0.1 草地保护学的内容及目的任务 ········ 3
0.2 草地保护学与其他学科的关系和研究方法 ········ 3
0.3 草地有害生物的危害及其防治意义 ········ 4

第 1 章 草地植物病害的基本概念与病原物 ········ 7
1.1 草地植物病害的基本概念 ········ 7
1.2 草地植物病害的病原物 ········ 12

第 2 章 草地植物病害的诊断与病害循环 ········ 38
2.1 草地植物病害的诊断 ········ 38
2.2 病原物的侵染过程和病害循环 ········ 40
2.3 草地植物病害调查与预测预报 ········ 45

第 3 章 病原物的致病性与寄主的抗病性 ········ 50
3.1 病原物的寄生性和致病性 ········ 50
3.2 寄主的抗病性 ········ 53

第 4 章 昆虫形态学 ········ 58
4.1 昆虫的形态特征 ········ 58
4.2 昆虫的外部形态 ········ 58
4.3 昆虫的内部器官 ········ 67

第 5 章 昆虫生物学 ········ 70
5.1 昆虫的生殖方式 ········ 70
5.2 昆虫的变态与生长发育 ········ 71
5.3 昆虫的世代及生活史 ········ 75
5.4 昆虫的行为与习性 ········ 76

第 6 章　昆虫分类学 ·· 78
6.1　直翅目 ··· 78
6.2　半翅目 ··· 80
6.3　缨翅目 ··· 84
6.4　脉翅目 ··· 85
6.5　鳞翅目 ··· 86
6.6　鞘翅目 ··· 92
6.7　膜翅目 ··· 97
6.8　双翅目 ·· 100
6.9　蜱螨目 ·· 102

第 7 章　昆虫种群的调查与监测 ·· 105
7.1　昆虫种群特征与结构 ··· 105
7.2　昆虫种群的消长类型 ··· 106
7.3　影响种群动态的因素 ··· 107
7.4　草地害虫的监测 ··· 110

第 8 章　草地毒(害)杂草及其生物学特性 ·· 115
8.1　草地毒(害)杂草的概念、分类与危害 ·································· 115
8.2　毒(害)杂草生物学 ·· 117

第 9 章　毒(害)草生态学 ··· 120
9.1　毒(害)草个体生态 ·· 120
9.2　毒(害)草种群生态 ·· 123
9.3　化感作用 ·· 126
9.4　毒(害)草群落生态学 ··· 128

第 10 章　草地毒(害)杂草发生、分布规律与危害 ································· 130
10.1　人工草地杂草发生、分布规律 ··· 130
10.2　影响人工草地杂草发生和分布的因素 ································· 133
10.3　天然草原毒(害)草发生、分布规律 ··································· 134

第 11 章　草地啮齿动物的外部形态及内部结构 ····································· 137
11.1　草地啮齿动物的概念及特点 ·· 137
11.2　啮齿动物的外部形态 ··· 138
11.3　啮齿动物的内部结构 ··· 140

第12章 啮齿动物的生物学 … 149
12.1 啮齿动物的生殖与发育 … 149
12.2 啮齿动物的遗传与进化 … 152
12.3 啮齿动物的行为 … 153
12.4 啮齿动物的生活习性 … 156

第13章 啮齿动物的分类与分布 … 159
13.1 啮齿动物分类学概述 … 159
13.2 啮齿动物的主要类群 … 159
13.3 啮齿动物分布及区划 … 164

第14章 啮齿动物生态学 … 171
14.1 啮齿动物的个体生态 … 171
14.2 啮齿动物的种群生态 … 171
14.3 啮齿动物的群落结构 … 178
14.4 草地啮齿动物的综合作用 … 179

第15章 啮齿动物的调查与测报 … 182
15.1 啮齿动物种群数量调查 … 182
15.2 啮齿动物种群动态的预测预报 … 186
15.3 啮齿动物生命表编制 … 187
15.4 啮齿动物的危害评估与防治阈值 … 189

第16章 草地有害生物的防治策略与技术 … 193
16.1 有害生物的防治策略 … 193
16.2 有害生物的防治技术 … 195
16.3 有害生物防控案例 … 200

第17章 草地保护技术推广 … 212
17.1 草地保护技术的推广形式 … 212
17.2 草地保护技术的推广过程及案例 … 215
17.3 草地保护相关器械与产品的管理和销售 … 218

下 篇

第18章 草地植物主要病害及其防治 ... 223
18.1 草地植物主要菌物病害 ... 223
18.2 草地植物主要原核生物病害 ... 243
18.3 草地植物主要病毒病害 ... 247
18.4 草地植物其他生物病害 ... 251

第19章 草地主要虫害及其防治 ... 255
19.1 地下虫害类 ... 255
19.2 刺吸汁液类害虫 ... 263
19.3 食叶类害虫 ... 276
19.4 草地植物种子类害虫 ... 295

第20章 草地主要毒(害)草及其防治 ... 300
20.1 天然草地主要毒(害)草 ... 300
20.2 人工草地主要杂草 ... 310

第21章 草地主要啮齿动物及其防治 ... 316
21.1 鼠兔和兔 ... 316
21.2 旱獭和黄鼠 ... 318
21.3 仓鼠 ... 320
21.4 鼢鼠 ... 321
21.5 沙鼠 ... 324
21.6 田鼠 ... 326
21.7 跳鼠 ... 328

参考文献 ... 330

上　篇

第 0 章 绪 论

草地是陆地生态系统的重要组成部分，占陆地面积约 37%，具有重要的生态服务、生产建设和文化承载等功能，不但可以为家畜和野生动物提供食物和生产场所，而且可以为人类提供优良生活环境及牧草和其他生物产品，是多功能的土地—生物资源和草业生产基地。在我国，草地不但是最大的生态安全屏障，也是最大的天然植物基因库、重要的动物基因库和多功能的微生物基因库，这些野生基因的抗寒、抗旱、抗病等性能很强，是宝贵的生物遗传资源。习近平总书记在党的二十大报告中指出："我们要推进美丽中国建设，坚持山水林田湖草沙一体化保护和系统治理，统筹产业结构调整、污染治理、生态保护、应对气候变化，协同推进降碳、减污、扩绿、增长，推进生态优先、节约集约、绿色低碳发展。"然而，由于草地经常遭受环境中各种生物和非生物因子影响，使草地退化、沙化、盐碱化和荒漠化加剧，严重影响食物安全、生态安全、经济发展、文化传承和社会稳定。

0.1 草地保护学的内容及目的任务

草地保护学是一门综合利用多学科知识，以经济、科学的方法，研究草地有害生物发生发展规律及其防治原理和方法，保护草原和牧草减少或免受有害生物危害，维护人类的物质利益和环境利益的综合性应用学科。其中，为害草原和牧草并造成经济损失的有害生物主要包括啮齿动物、害虫、植物病原微生物和毒（害）杂草等，它们破坏草地植物及土壤，为害牧草并使其产量、适口性、营养价值和消化率降低，导致草原退化或草地生产力下降。有些有害生物还能传播疾病，还有些有害生物自身含有或通过为害牧草产生有毒物质，常使家畜中毒或感染疾病。草地保护学的目的和具体任务是：①了解和掌握我国草地（以牧草和饲料作物为主）主要有害生物的种类、分布和危害特点。②各类有害生物的生物学特性和生态学特点。③不同管理水平下有害生物的发生、发展和蔓延规律。④现代化的监测手段、预警系统、环保标准和以综合防治为主的灾害控制方法，保障草地生态环境安全，提高草地生产力和服务功能，获得最大的经济效益、生态效益和社会效益。

另外，广义的草地保护包括草地资源的保护，许多国家还利用行政和法律手段保护草地资源，如《中华人民共和国草原法》中关于制止滥垦、滥牧，禁止采集或猎取珍贵动植物资源和防止火灾等条款，均属广义的草原保护范畴。

0.2 草地保护学与其他学科的关系和研究方法

为了实现上述目的和任务，除要掌握植物病理学、昆虫学、啮齿动物学、杂草学、农药学、病虫害预测预报技术等植物保护学科的知识外，还应具备动物学、植物学、微生物学、生物化学、生物信息学、遗传学、草原学、牧草栽培学、土壤学、气候学、生态学、生物统计和计算机等多种相关学科的基本知识，防止因知识面狭窄而导致认识的局限性，或对调查、试验结果产生片面理解。同时，草地是一个错综复杂的整体，其内部多种生物相互依存，多种因素和现象相互交织，学习和研究时一定要讲究方法。首先应坚持从整体观念出发，在空间上，以对立统一的规律全面分析各类有害生物及其控制与草地环境之间的关系；在时间上，以发展的眼光看待有害生物的过去和现在并预测未来。其次必须深入生产第一线，丰富感性认识，并通过整理概括，把感性认识提升到理性阶段，以揭示有害生物及其防治的本质问题。具体可以参考如下方法：

①描述法　主要通过观察和摄制影像等方式，如实地把草地有害生物的外部形态、内部结构、生活习性、成灾规律和危害特点等系统地记述下来，为深入研究提供第一手资料。

②比较法　主要通过对标本、资料和现象的比较，寻求共同性和特殊性，探寻内在的规律。

③试验法　在可控条件下进行试验，观察、测试和分析某些现象、特征和规律的再显性，以利作出客观、真实的结论。

④其他　充分应用现代生物技术、遥感技术、计算技术、统计方法和电子仪器设备等先进技术和手段，不但可以提升传统方法的技术含量，还可以提高研究效率和质量。

无论采用哪种方法进行学习和研究，最重要的还是求真务实的科学态度和开拓创新的实干精神。

0.3　草地有害生物的危害及其防治意义

草地是我国面积最大的陆地生态系统，丰富的草地资源是畜牧业稳定、优质、高速发展的重要基础。草地在维护国家生态安全、边疆稳定、民族团结和促进经济社会可持续发展、农牧民增收等方面具有基础性和战略性作用。近些年，在国家退耕还林、退牧还草等生态保护工程项目实施的推动下，草地退化速度虽得以减缓，但退化态势依然比较严重。引起草地退化的因素是多方面的，其中有害生物的危害是主要因素之一。草地有害生物种类繁多，危害严重。据统计，我国草原鼠(兔)、虫、病害和毒(害)杂草发生面积达到可利用草地面积的30%，导致牧草减产、生态恶化及生物多样性降低等问题日益突出。

(1) 啮齿动物

草原鼠害在草原生物灾害中占比最大，危害最为严重。近些年来，随着种植业调整等，部分地区农田优势鼠种演替、草原鼠害发生范围扩大、高密度种群点片发生、局部地区危害损失加重。2016年，全国草原监测报告显示，全国草原鼠害危害面积为 $2\,807.0\times10^4\ hm^2$，其中，西藏、内蒙古、新疆、甘肃、青海、四川6省(自治区)危害面积合计为 $2\,607.9\times10^4\ hm^2$，占全国草原鼠害面积的92.9%，其中危害严重的主要种类有10种，分别是高原鼠兔、高原鼢鼠、布氏田鼠、长爪沙鼠、大沙鼠、草原鼢鼠、喜马拉雅旱獭、黄兔尾鼠、达乌尔黄鼠和鼹形田鼠。

高密度的啮齿动物种群数量可对草地造成多方面的危害，包括直接啃食牧草，挖掘活动损失牧草，挖洞造丘导致水土流失，影响土壤肥力，造成植被盖度降低、草地裸露，加速草地退化，导致生态系统服务功能的丧失等。由于啮齿动物相对食量大，加之较大波动的种群数量，对草原的影响尤为突出。据调查一只高原鼠兔每日采食鲜草 73.3 g，在牧草生长季节的 4 个月内，可消耗牧草 9.5 kg。挖洞造丘也会产生较大影响。例如，每个高原鼢鼠土丘的底面积平均为 0.19 m²，每个喜马拉雅旱獭土丘的底面积平均可达 4.28 m²。据报道，2018—2020 年，甘南夏河高原鼢鼠平均土丘密度为 1 259.6 个/hm²，平均鼠密度为 99.48 只/hm²。对草原鼠害进行防治管理，可以获得良好的经济、生态和社会效益，如甘肃省每年防治鼠害面积约 $3.35×10^5$ hm²，按平均每公顷草地挽回牧草损失 450 kg、鲜草 0.3 元/kg 计算，每年挽回牧草损失 $1.5×10^8$ kg，约 4 500 万元。

(2) 虫害

草地虫害是我国草地上主要生物灾害之一，具有种类多、数量大、分布广、危害重和发生规律复杂等特点。根据国家林业和草原局森林和草原病虫害防治总站统计，2019 年全国草原虫害危害面积 $1 038.4×10^4$ hm²，约占全国草原生物灾害总面积的 16.17%，严重危害面积 $455.25×10^4$ hm²。其中，内蒙古、四川、甘肃、青海、新疆 5 省（自治区）危害面积达 $884.36×10^4$ hm²，占全国草原虫害危害面积的 86.17%。主要危害种类有草原蝗虫、草原毛虫、夜蛾类、叶甲类和草地螟等。其中，草原蝗虫在 14 个省份和新疆生产建设兵团均有危害。21 世纪以来，草原蝗虫年均危害面积维持在 $1 000×10^4$ hm² 以上，严重发生年份达 $1 780×10^4$ hm²，由草原蝗虫危害造成的牧草直接经济损失年均约 16 亿元。2009—2014 年，沙葱萤叶甲在内蒙古呼伦贝尔市、锡林郭勒盟、乌兰察布市、巴彦淖尔市和阿拉善盟等地爆发成灾，危害面积 $308.4×10^4$ hm²，造成牧草直接损失 $13.9×10^8$ kg，折合人民币 4.2 亿元，这些害虫的危害不仅造成了农牧业的重大的经济损失，同时对草原生态安全和畜牧业持续健康发展构成了严重威胁。在栽培牧草、饲料作物及牧草种子生产中，也遭受多种害虫危害，主要危害类群有蚜虫、蓟马、叶蝉、盲蝽和苜蓿籽蜂等。例如，苜蓿斑蚜在宁夏各地普遍发生，造成大面积苜蓿萎蔫、短缩和霉污，该虫害发生严重时，造成栽培饲草的大幅度减产乃至局部绝收，对苜蓿商品草产业造成的经济损失 1.5 亿元以上。

(3) 病害

相对于啮齿动物和虫害，草地植物病害被称为草原"隐形杀手"。我国草地植物病害 2 831 种，涉及 15 科 182 属，其中禾本科牧草病害最多，为 1 289 种，豆科和菊科牧草病害分别排在第二、三位，为 764 种和 410 种，这三科寄主植物共计 751 种，占我国牧草寄主总数的 83.2%。其中，较为常见的几种病害分别是：锈病类、白粉病类、霜霉病类、黑粉病类、叶斑病类和根腐类。病害不仅减少牧草和种子的产量，也使其品质变劣。罹病牧草的粗蛋白、脂肪和可溶性糖类的含量显著下降，粗纤维含量升高，单宁和酚类的含量有所增加，这些变化不仅使营养价值降低，适口性和消化率下降，甚至在病草和染病的籽实中还会产生一些对人畜有毒的物质，危害人畜健康，影响家畜的生产繁衍能力。例如，苜蓿霜霉病等叶部病害可使受害牧草生物量降低 47%~50%，病草粗蛋白等营养物质含量降低 20% 以上；早熟禾白粉病可使产草量降低 36.5%~42.3%；一些病害如苜蓿褐斑病可增加香豆醇类有毒物质含量，影响家畜排卵、受孕及繁殖力；多种镰刀菌产生雌性激素类真菌毒素(zearalenone)，影响牛羊繁殖力。

(4) 毒(害)杂草

毒(害)杂草被称为草原的"绿色杀手"。据报道，我国有毒植物约 1 300 种，分属于 140 多科，其中，豆科、大戟科、毛茛科、菊科、杜鹃花科、茄科和百合科最多，有

330多种。天然草地是有毒植物种类和种群分布较多，且危害严重的地区，主要分布于西藏、四川、新疆、内蒙古、甘肃、青海和宁夏等西部省（自治区），相关种类达52科165属316种。据草原管理部门监测统计，全国天然草原毒（害）杂草总面积约 0.45×10^8 hm^2，占天然草原可利用面积14.84%，严重危害面积约 0.12×10^8 hm^2。毒草的滋生蔓延，不仅侵占吞并了大量的优质牧草的生存空间，影响牧草生长发育和种群自然增长，而且对放牧家畜的采食造成潜在威胁，尤其是早春牧草返青期，家畜误食毒草引起中毒死亡的现象屡有发生。家畜采食毒草中毒后，轻则影响其生长发育和动物产品产量品质，重则死亡；还可造成母畜怀胎率低，造成流产和畸胎，引起畜群结构失衡。近年来，由于人为和自然因素造成毒（害）草发生面积快速增长，家畜毒（害）草中毒多发、频发，给牧民造成极大的经济损失。截至21世纪初，全国年平均家畜毒（害）草中毒死亡数约84万头，直接经济损失约29亿元，毒（害）草灾害越来越受到人们的重视。

此外，随着草业的不断发展，草地有害生物种类、分布、危害和防治等也不断变化，草原有害生物防治中的问题始终存在并不断变化，使草地有害生物的控制更加复杂化。因此，草地有害生物的防控应从草地生态系统的整体和生态平衡的总体出发，根据有害生物和环境之间的相互关系，充分发挥自然控制因素的作用，创造不利于有害生物发生发展，而有利于草地植物生长及有益生物生存和繁殖的条件，将有害生物控制在经济损失允许水平以下，以获得最佳的经济、生态和社会效益。草原鼠、虫、病害和毒（害）草防治必须坚持"以防为主、综合治理"的方针，遵循"防重于治、加强监测、统一规划、突出重点、综合治理"的原则，确保草地健康与安全。加强草原生态环境保护对提高生态文明建设和人类生存发展具有重大作用。近年来，国家每年投入大量人力和财力用于草地有害生物的治理工作，有害生物防治工作虽然得到一定改善，但仍没有彻底改变其持续危害的态势，草地保护工作任重而道远。

第 1 章
草地植物病害的基本概念与病原物

草地植物的生长发育需要在一定的环境条件下，才能保证其按遗传因子所决定的发育程序正常进行，如遭遇不适宜的土壤结构、养分状况、水分供应、病原微生物、不良的大气物理环境和化学环境以及各种有害生物的侵袭与破坏等，都可能导致草地植物不能正常地生长与发育，严重时甚至造成死亡，草地植物就会发生病害。

1.1 草地植物病害的基本概念

1.1.1 草地植物病害的定义

草地植物在生长发育过程中会遭受各种不适宜的环境条件的影响或病原生物的侵害，导致新陈代谢紊乱，细胞和组织功能失调，正常生理过程受到干扰，最终表现为内部结构和外部形态发生异常变化，这种现象称为草地植物病害。感染病害后，草地植物会出现生长不良、品质变劣、产量下降、抗逆性减弱甚至死亡等情况，严重影响草地利用年限和观赏价值，造成生态和经济上的损失。

草地植物病害的发生伴随有一系列的病理变化，这种变化是一个逐渐加深、持续发展的动态过程。与我们平时见到的机械损伤不同，病害是植物遭受病原生物的侵袭或不适宜环境因子的影响后，先表现为正常生理功能失调，而后出现组织结构和外部形态的不正常表现，从而使发育过程受阻碍。而机械损伤则没有这一过程。无论生物因素或非生物因素都可引起植物的机械损伤，如昆虫和动物咬伤、机械重压、风害、雹害和人、畜踩踏等造成的伤害，这些都是植物在短时间内受到外界因素袭击突然形成的，受害植物在生理上没有发生病理过程，不能称为病害，所以草地植物病害与损伤是两个不同的概念。

从经济学的角度考虑，一些植物发生某些病害后，可利用价值反而升高。例如，韭菜、大蒜在遮光培育后形成韭黄与蒜黄，提高了其食用价值；郁金香感染郁金香碎色病毒后，花冠色彩斑斓，增添了观赏价值；月季花因病变为绿色而变得稀有名贵。这些变化是人们认识自然和改造自然的一部分，通常不称为病害。

因此，对草地植物病害这个概念的理解要把握几个基本点：有致病因素的影响，有一个持续的病理变化过程，并造成经济损失。

1.1.2 草地植物病害的症状

草地植物感病后所表现的病态(异常状态)称为病害的症状。根据其显示部位在植物体内与体表的不同，症状可分为内部症状和外部症状。内部症状是植物受病原物侵染后细胞形态或组织结构的变化，一般通过光学显微镜和电子显微镜进行观察，在受害细胞或组织中出现内含体和侵填体等。外部症状是指当病变出现在组织或器官表面时，肉眼或放大镜下可以识别的植物外部病态特征，又可分为病状和病征。

1.1.2.1 病状

病状是感病植物自身表现出的异常状态。是由于致病因素持续地作用于受害植物体，使其发生异常的生理生化反应，致使植物细胞、组织逐渐发生病变，达到一定显著程度时表现出来，反映了感病植物在病害发展过程中的内部变化。主要归纳为以下几类。

①变色　感病植株色泽发生改变。大多出现在病害症状的初期。变色症状有两种形式。一种形式是整株植株、整个叶片或叶片的一部分均匀地变色，主要表现为褪绿和黄化。褪绿是由于叶绿素的减少而使叶片表现为浅绿色。当叶绿素的量减少到一定程度就表现为黄化。另一种形式是叶片不均匀地变色，是由形状不规则的深绿、浅绿、黄绿或黄色部分相间而形成不规则的杂色，如常见的花叶或斑驳。如羊茅（*Festuca ovina*）、冰草（*Agropyron cristatum*）、黑麦草（*Lolium perenne*）等的黄矮病，剪股颖（*Agrostis canina*）、早熟禾（*Poa annua*）、羊茅的花叶病等。

②坏死　草地植物的细胞和组织受到破坏而死亡。叶片坏死常表现为叶斑和叶枯。叶斑指在叶片上形成的局部病斑，病斑的大小、颜色、形状、结构特点和产生部位等特征都是病害诊断的重要依据。依病斑颜色可分为黑斑、褐斑、灰斑和白斑等。病斑的形状呈圆形、椭圆形、梭形、轮纹形、网状和不规则形等。有的病斑扩大受叶脉限制，形成角斑；有的沿叶肉发展，形成条纹或条斑；有的周围有明显的边缘，有的没有。不同病害的病斑大小相差很大，较小的病斑扩展连接成较大的病斑。叶枯指病斑连成较大的枯斑，且病健界限明显。

③腐烂　是坏死的一种特殊形式，植物病组织较大面积的破坏、死亡和解体。植物的各个器官均可发生腐烂，尤其是多肉而幼嫩的组织发病后更容易腐烂，如果实、块根等。引起腐烂的原因是病原物分泌的酶溶解了植物的果胶层和细胞壁，使细胞死亡并且离散，病组织向外释放水分和其他内含物。腐烂可分为干腐、湿腐和软腐等类型。若组织解体缓慢，病组织释放的水分蒸发及时，含水较少或木质化组织则常发生干腐。若病组织解体较快，不能及时失水，则形成湿腐；若病组织中胶层受到破坏和降解、细胞离析，而后发生细胞消解，则称为软腐。根据腐烂症状发生部位，可分别称为芽腐、根腐、茎腐和叶腐等。如禾草芽腐、根颈腐烂等。依腐烂部位的色泽和形态不同还可分为黑腐、褐腐、白腐和绵腐等。幼苗的根和茎腐烂，导致幼苗直立死亡的称为立枯，幼苗倒伏的则称为猝倒。

④萎蔫　是指植株因脱水而枝叶萎垂的现象。典型的萎蔫症状是植物根茎的维管束组织受到破坏而发生的凋萎现象，而根茎的皮层组织可能是完好的。凋萎如果只在高温强光照条件下发生，早晚仍能恢复的称为暂时性萎蔫；症状出现后不能恢复的称为永久性萎蔫。萎蔫的程度和类型也有区别，如青枯、枯萎和黄萎等。根据受害部位的不同，有局部性萎蔫，如一个枝条或一个叶片的凋萎，但更常见的是全株性凋萎。

⑤畸形　植物被病原物侵染后发生增生性病变或抑制性病变。增生性病变有瘿瘤、丛枝、徒长和膨肿等，抑制性病变有矮化和皱缩等。此外，病组织发育不均衡常导致卷叶、蕨叶和拐节等畸形病状。

病状是寄主和病原物在一定外界条件影响下相互作用的外部表现，是以各自的生理机能或特性为基础，而每种生物的生理机能，都是在质上有特异性，并且是相对稳定的。病变作为这种相互作用过程的结果，一般其发展是定向的。病状作为病变过程的表现，其特征也是较稳定的和具有特异性的。植物侵染性病害多数经历一个由"点到面"发病和流行的过程。

1.1.2.2 病征

菌物侵染植物后，病部表面会产生一些病原物的子实体，如真菌菌丝体、孢子堆和细菌菌脓等，称为病征。病征有以下几类。

①粉状物　在发病部位，某些菌物产生相当数量孢子密集在一起形成各种颜色的粉状物。可分为白粉、黑粉和锈状粉等，各代表一大类菌物引起的病害，这些病害以症状特点分别命名为白粉病、黑粉病、锈病等。例如，剪股颖、狗牙根等多种草坪草白粉病，早熟禾、猫尾草黑粉病等。

②霉状物　有些病害的病部可产生肉眼可见的霉状物，这大多是菌物的气生菌丝或孢子梗和孢子等，根据霉层的质地与特征，可称为霜霉、绵霉、腐霉、青霉及灰霉等，许多病害名称也由此而得名，如苜蓿霜霉病等。

③粒状物　一些病害的病部，会逐渐长出一些垫状凸起或许多大小不一的黑色粒状物。这多是菌物的休眠体，如孢子器、子囊果等，它们有时半埋在植物表皮下，有时着生在植物表面。

④菌核　病株体内外产生黑色、褐色、棕色或蓝紫色坚硬的颗粒或团块，是菌物菌丝体组成的休眠结构。菌核大小相差悬殊，有的似鼠粪、有的像菜籽，多数为黑褐色。

⑤脓状物或胶状物　是细菌病害的典型特征。菌脓是病部出现的脓状黏液，是细菌细胞和植物组织分解物的混合物，干后呈胶膜状。

病征是由病原微生物的群体或器官着生在病体表面所构成的，它更直接地暴露了病原在质上的特点。病征的出现与否和明显程度，虽受环境条件的影响很大，但一经表现出来是十分稳定的，所以根据病征能够判定病害。很多种植物病害是直接以其病征的特点命名，如锈病、黑粉病、霜霉病、白粉病和绵腐病等。

病状和病征常产生于同一部位，二者相互联系，又有一定区别。一般来说，草地植物病害都有病状，而病征只有由菌物、细菌和寄生性种子植物所引起的病害表现较明显，如苜蓿褐斑病等。但有时病害的病状表现不明显，而病征部分特别突出，如禾草白粉病，早期难以看到寄主典型的特征性变化。也有一些病害只有病状，如病毒、植原体和大多数病原线虫，它们属体内寄生，在植物体外看不到病征。

1.1.2.3 症状的变化

植物病害症状的复杂性还表现在它有多种的变化。多数情况下，一种植物在发生一种病害以后就只出现一种症状，如变色、腐烂、萎蔫或肿瘤等。有不少病害的症状并非固定不变或只有一种症状，可以在植物受到侵染的不同生育期、不同抗性的品种上或者在不同的环境条件下出现不同类型的症状。对于最常见的一种症状，称为典型症状，如花叶病毒侵染多种植物后表现出花叶症状，但有时也会表现为枯斑，花叶症状最常见的是典型症状。有的病害在一种植物上可以同时或先后表现两种不同类型的症状，称为综合征。当两种病害在同一株植物上发生时，可以出现两种各自的症状而互不影响；有时这两种症状在同一部位或同一器官上出现，就可能彼此干扰发生拮抗现象，即只出现一种症状或很轻的症状；也可能出现互相促进从而加重症状的促生现象，甚至可能会出现完全不同于原有两种症状的第三种类型的症状。

症状是植物发生某种病害以后在内部和外部显示的表现型，每一种病害都有其特有的症状表现。当掌握了大量的病害症状表现，就比较容易对某些病害样本做出初步的诊断，确定它属于哪一类病害，并结合查阅资料，进一步鉴定其病原物，才能做出正确的诊断。

1.1.3 草地植物病害的发生要素

1.1.3.1 病原

草地植物病害的发生可能受到某个因素或两个以上因素的作用，其中，直接导致病害发生的因素称为病原；非直接致病的因素称为诱因。病原分为生物病原和非生物病原两大类，生物病原也称病原物，病原物中属于菌物、细菌的称为病原菌；非生物病原是指能致病的物理和化学因素。

1.1.3.2 寄主

遭受病原物侵染的植物称为寄主。当病原物侵染植物时，植物本身并不是完全处于被动状态，相反它要对病原物进行积极的抵御反应。这种病原物与寄主的相互作用决定着病害的发生与否及发病程度。易遭受病原物侵染的植物称为感病植物，反之为抗病植物。

1.1.3.3 环境条件

环境条件包括气候、土壤、栽培等非生物因素和人、昆虫、其他动物及植物表面或体内的微生物等生物因素。环境条件一方面直接影响病原物，促进或抑制其生长发育；另一方面也可以影响寄主的生活状态和抗逆能力。因此，只有当环境条件有利于病原物而不利于寄主时，病害才能发生和发展；反之，当环境条件有利于寄主而不利于病原物时，病害就不发生(或受到抑制)。如牧草锈病，相对湿度大、雨量大、雨日长，则病害严重发生，多雨、潮湿、灌水不当、排水不畅、低洼积水时，有利于锈菌侵染，锈病发病严重；反之不发病或发病轻。在防治病害时必须充分重视环境条件，使之有利于植物抗病力的提高，而不利于病原的发生和发展，从而减轻或防止病害的发生。

寄主、病原和环境条件是草地植物病害发生发展的3个基本要素，自然生态系统条件下，病原和感病寄主之间的相互关系是在环境条件影响下进行的，三者之间存在着复杂的辩证关系，共同制约着病害的发生和发展，称为病害的三角关系(图1-1)。但在草地植物病害系统中，草地植物是在人的活动下形成的，人为因素在病害发生中具有很大的作用，因此，在上述寄主、病原和环境关系中，加上人的因素，构成了草地植物病害的四角关系(图1-2)，主要是在环境中强调了人的作用。

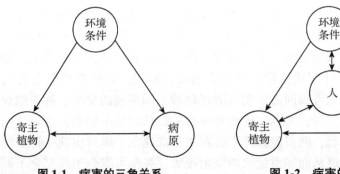

图 1-1 病害的三角关系　　　　**图 1-2 病害的四角关系**

草地植物病害的发生和消长，受到各种自然因素、人为因素影响，人们只有全面和深入地了解植物病害系统中各因素之间的相互关系和作用，才能正确地制定防治策略，有效地控制病害。

1.1.4 草地植物病害的类型

1.1.4.1 草地植物病害分类

草地植物病害的种类很多，目前尚无统一规定分类。常用的分类方法主要有以下几种。

①按寄主类型分类　以草种为对象，分为禾本科牧草病害、豆科牧草病害和其他科牧草病害三大类。其优点是便于了解一类或一种牧草的病害问题。

②按病原分类　依据致病病原性质，草地植物病害分为侵染性病害和非侵染性病害两大类。这种分类既可知道发病原因，又可了解病害发生特点和防治对策。

③按发病部位分类　分为叶部病害、根部病害、茎秆病害和种子病害等。此种分类便于诊断病害。

④按生育阶段分类　分为幼苗病害和成株病害等。草地植物在不同的发育阶段有相应养护管理方法，便于把各种病害防治措施纳入养护管理方案中。

⑤按传播方式分类　分为气传病害、土传病害、水传病害、种传病害和虫传病害等。此种分类便于根据传播方式考虑防治措施。

不同的分类方法各有其优缺点。在实际应用中，对一种（类）病害都是按照综合方法来划分病害类别的，如燕麦白粉病属于叶部气流传播的菌物性病害。

1.1.4.2 侵染性病害和非侵染性病害

（1）侵染性病害

由病原生物侵染引起的病害称为侵染性病害。这类病害在适宜条件下可以传染，因此又称传染性病害或寄生性病害。侵染性病害按病原生物种类不同，又可分为真菌病害、细菌病害、病毒病害、线虫病害和寄生性种子植物病害等。

（2）非侵染性病害

由不适宜的环境因素引起的植物病害称为非侵染性病害。这类病害是由不良的物理或化学等因素引起的生理病害，不会相互传染，因此又称非传染性病害（或生理性病害）。非侵染性病害的病原包括水分过多或过少，土壤中盐分过多、过酸或过碱，温度过高或过低，光照过强或过弱，营养缺乏或不均衡，污染环境的有毒物质或气体，栽培管理不当等因素。

侵染性病害和非侵染性病害有时症状是相似的，特别是病毒性病害，更易与非侵染性病害混淆，必须细致地进行观察和研究才能区分开来。二者也常常互为因果，伴随发生。当环境中物理、化学条件不适于牧草生存时，牧草对侵染性病害的抵抗力下降，甚至消失，如冻害可使牧草对根腐病的抗性下降。侵染性病害也会使植物的抗逆性显著降低，如美国曾报道白三叶因患多种病毒病而难以越冬，草地在一两年内即稀疏衰败。锈病由于使寄主表皮和角质层破裂，部分丧失了防止水分蒸发的能力，所以感病锈病的牧草在干旱条件下比健株提早萎蔫和枯死。这说明在正确区分非侵染性病害和侵染性病害的同时，也要注意它们之间的联系和制约条件。

1.2 草地植物病害的病原物

1.2.1 病原菌物

植物病害70%~80%是由菌物引起的,几乎每种植物都会遭受几种甚至十几种菌物侵染而引起病害。菌物(fungi)指具有真正细胞核、无光合色素,以吸收或吞噬方式获取养分的异养微生物。

菌物的营养体主要为丝状体(少数为单细胞、原质团),有或无细胞壁,细胞壁主要成分为几丁质或纤维素,以产生孢子进行繁殖的生物。自然界中菌物种类繁多,分布广泛,如水、空气、土壤、动植物体表和体内等都有它的存在。大多数菌物是有益或中性的,但也有不少类群是有害的,不仅可引起贮存的物资(如木材、纺织品、粮食)霉烂,引发人类、家畜疾病,而且导致各种植物发生病害,造成极大损失。菌物大部分是腐生的,少数是共生的和寄生的。寄生菌物中,有些可寄生于植物、动物和人类,体内引起病害。

1.2.1.1 菌物的营养体

营养体是菌物营养生长阶段所形成的结构,具有吸收、运输和贮藏水分和养分功能。通常有菌丝、单细胞和原质团3种类型,其中菌丝是绝大多数菌物的营养体。单根细丝称菌丝,相互交织成的集合体称为菌丝体。菌丝的功能是摄取水分和养分,通常呈管状,直径为5~6 μm,内含原生质,四周由相对坚硬的细胞壁包围。细胞壁无色透明,有些菌物细胞质中含有各种色素,使菌丝呈现不同的颜色。高等菌物的菌丝有隔膜,将其隔成许多长圆筒形的细胞,称为有隔菌丝。低等菌物的菌丝无隔膜,整个菌丝体是一个无隔多核的可分支的管状细胞,称为无隔菌丝(图1-3)。菌丝隔膜是由菌丝细胞壁向内做环状生长而形成的,具有支撑菌丝、防止机械损伤后细胞质的流失和增加机械强度的作用。不同种类的菌丝隔膜的结构不同。菌丝一般由孢子萌发产生的芽管发展而成,它以顶部生长和延伸。菌丝每一部分都潜存生长能力,每一断裂的小段菌丝均可在适宜的条件下继续生长。

为了适应不同的生境,菌物的营养体可转变成有别于菌丝形态的、具有一定功能的结构。主要类型有吸器、附着胞和附着枝等。

吸器(haustorium)是指有些菌物(活体营养的寄生菌物)侵入寄主后,菌丝体上产生一种短小分枝,穿过寄主细胞壁,在寄主细胞内形成的膨大或分枝状的结构。不同菌物吸器的形状不同,有球状、指状、掌状及丝状等(图1-4、图1-5)。吸器有助于增加寄生性菌物吸收营养的面积,提高其从寄主细胞内吸取养分的效率。无论菌丝或吸器,其吸收方式大致是通过渗透压作用来实现的。一般专性寄生菌,如锈菌、霜霉菌和白粉菌等都有吸器。

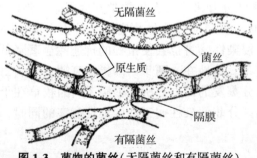

图1-3 菌物的菌丝(无隔菌丝和有隔菌丝)

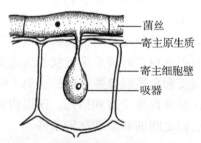

图1-4 球状吸器(许志刚,2009)

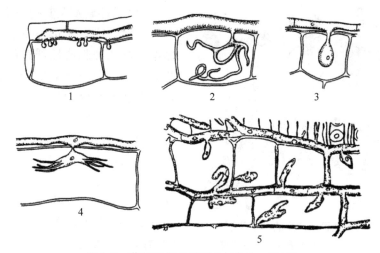

图 1-5 菌物吸器的形状(方中达, 1998)
1. 白锈菌(小球状) 2. 霜霉菌(丝状) 3、4. 白粉菌(球状、掌状) 5. 锈菌(指状)

附着胞是指寄生性菌物在侵入寄主植物表面过程中形成的特殊结构，其形成过程是：孢子萌发形成芽管，芽管延伸且顶端膨大形成附着胞，可牢固地附着在寄主体表面，其下方产生侵入丝(又称侵入钉)自气孔或直接穿透寄主角质层和表层细胞壁，再发育成正常粗细的菌丝(图 1-6)。附着胞的形成与病原菌的致病作用相关，并可参与寄主的亲和性识别及信号传导等早期反应。

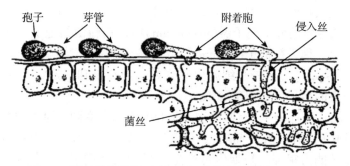

图 1-6 菌物附着胞的形成过程(宗兆峰和康振生, 2010)

1.2.1.2 菌物的繁殖

菌物营养生长一定时期后就进入繁殖阶段，形成各种繁殖体即子实体(fruiting body)。大多数菌物只以一部分营养体分化为繁殖体，其余营养体仍然进行营养生长，少数低等菌物则以整个营养体转变为繁殖体。菌物繁殖方式有无性繁殖、有性生殖和准性生殖3种方式。菌物繁殖的基本单位为孢子(spore)，其功能相当于高等植物的种子。菌物在繁殖过程中形成的产孢结构，无论是无性繁殖还是有性繁殖、结构简单还是复杂，通称为子实体，其功能相当于高等植物的果实。不同菌物的子实体类型不同。菌物繁殖有非常重要的意义，一方面有利于新个体的形成及物种延续；另一方面繁殖结构从营养结构上分化出来，表现出各种不同的形态，构成了菌物分类的基础，如果没有繁殖阶段，几乎没有几种菌物可被识别。

图1-7 菌物无性繁殖产生的孢子类型
1. 芽孢子 2. 厚垣孢子 3. 粉孢子 4. 孢子囊及游动孢子 5. 孢子囊及孢囊孢子 6. 分生孢子

(1) 无性繁殖及其孢子类型

无性繁殖(asexual reproduction)是指菌物不经过性细胞或性器官的结合，直接从营养体上经有丝分裂后产生孢子的繁殖方式。无性繁殖分为断裂、裂殖、芽殖和原生质割裂。无性繁殖产生的各种孢子称为无性孢子(asexual spore)，常见的无性孢子有以下几种类型(图1-7)。

①游动孢子(zoospore) 为鞭毛菌的无性孢子。形成于菌丝或孢囊梗(sporangiophore)顶端膨大的孢子囊(sporangium)内。游动孢子一般具有两根鞭毛，在水中可以游动，无细胞壁。游动一段时间就休止，鞭毛收缩，生出胞壁，形成休止孢子。短时间后，再萌发形成芽管(germ tube)。

②孢囊孢子(sporangiospore) 发生于较低等的接合菌中，形成于孢子囊内。但在泡囊分割后，原生质小块有细胞壁而无鞭毛，不能游动，借气流传播。

③分生孢子(conidium) 发生于较高级的菌物类群中。可以产生在普通菌丝的顶端，但多产生在形态与普通菌丝有明显区别的分生孢子梗(conidiophore)上。分生孢子可以顶生、串生或侧生在梗上。分生孢子梗可以连续产生多个分生孢子。分生孢子梗可以从营养菌丝或聚合成垫状或块状的分生孢子座(sporodochium)上产生，也可以聚生在盘状的分生孢子盘(acervulus)或球状的分生孢子器(pycnidium)中。白粉菌的孢子一般着生在普通气生菌丝上，单胞，无色，称为粉孢子(oidium)。

④芽孢子(blastospore) 从一个细胞生芽开始，当芽长到一定大小时脱离母细胞，或与母细胞相连而形成的孢子，如裂殖酵母。

⑤厚垣孢子(chlamydospore) 有些菌物菌丝的细胞膨大变圆，原生质浓缩，细胞壁加厚而形成的厚壁休眠孢子。有很强的抗逆性，可以越冬和越夏，条件适宜时又萌发形成菌丝。

菌物的无性繁殖能力很强，短期内可产生大量的无性孢子。无性繁殖的方式和过程，以及不同菌物产生形态不同的无性孢子类型(形态、大小、色泽、细胞数目、产孢部位和排列方式)是菌物鉴定和分类的重要依据。

(2) 有性生殖及其孢子类型

大多数菌物生长发育到一定时期进行有性生殖(sexual reproduction)。有性生殖是通过两个性细胞(配子)或者两个性器官(配子囊)结合而进行的一种繁殖方式，产生的孢子称为有性孢子(sexual spore)。有性生殖产生的结构和有性孢子具有度过不良环境的作用，是许多植物病害的主要初侵染源，同时，有性生殖的杂交过程产生了遗传物质重组的后代，有益于增强物种的适应性。

有性孢子的形态、色泽、细胞数目、排列和产生方式等特征，是菌物分类与鉴定的重要依据。常见的有性孢子类型有接合孢子(zygospore)、卵孢子(oospore)、子囊孢子(ascospore)和担孢子(basidiospore)(图1-8)。

①卵孢子 由雄器和藏卵器交配形成的二倍体孢子，是较高等鞭毛菌的有性孢子，而

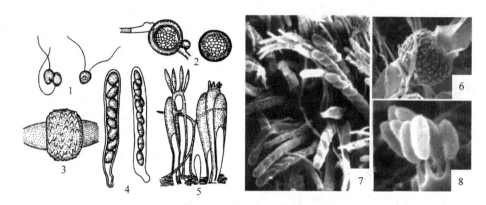

图 1-8　菌物有性生殖产生的孢子类型
1. 合子　2. 卵孢子　3、6. 接合孢子　4、7. 子囊及子囊孢子　5、8. 担子及担孢子

低等鞭毛菌的有性孢子为休眠孢子囊。卵孢子通常经过一定的休眠期才能萌发，萌发产生芽管可直接形成菌丝或在芽管顶端形成游动孢子囊，释放游动孢子。

②接合孢子　由两个形态相似的配子囊交配，双方接触处细胞壁溶解，原生质和细胞核合成一个细胞，发育为厚壁、二倍体的孢子，如接合菌门的有性孢子。

③子囊孢子　通过配子囊接触交配、受精作用和体细胞结合等方式进行质配。质配后的母体产生双核菌丝称为产囊丝。由产囊丝顶端形成子囊，子囊内通常形成 8 个子囊孢子。这种在子囊内形成的孢子称为子囊孢子，如子囊菌门的有性孢子。

④担孢子　高等菌物的双核菌丝顶端发育成棒状的担子，经过核配和减数分裂生成 4 个单倍体细胞核，并在担子上生 4 个小梗，4 个核分别进入 4 个小梗内，最后在小梗顶端形成 4 个外生孢子。这种在担子上产生的孢子称为担孢子，如担子菌门的有性孢子。

休眠孢子囊通常由两个游动配子配合所形成的合子发育而成，因而休眠孢子囊为二倍体孢子，常具厚壁，能抵抗不良环境并长期存活。在环境条件合适时休眠孢子囊开始萌发，萌发时经减数分裂释放出多个单倍体的游动孢子，或者有的释放出 1 个单倍体的游动孢子，此时释放 1 个游动孢子的休眠孢子囊又称休眠孢子，如壶菌的休眠孢子囊和根肿菌的休眠孢子。

休眠孢子囊、卵孢子及接合孢子形成于核配后减数分裂前，都为二倍体厚壁的有性孢子，到萌发时才进行减数分裂。而子囊孢子和担孢子都是减数分裂后形成的单倍体有性孢子。

有性生殖及有性孢子在植物病原危害中起非常重要的作用，首先有性生殖是病原菌物发生变异的主要原因之一，变异可以产生新的致病基因，从而导致寄主植物丧失抗病性，或者产生新的耐药小种；其次有性生殖产生的结构和有性孢子往往具有很强的抗逆性，是越冬和越夏的休眠体，从而成为许多植物病害的主要初侵染来源。

此外，在一些无性态菌物、子囊菌与少数担子菌中，均存在准性生殖现象，尤其对于以无性繁殖为主的无性态菌物而言，准性生殖是其遗传变异的有效方式，起着类似有性生殖的作用。准性生殖可以促进菌物，特别是没有发现有性生殖的无性态菌物的遗传变异性和适应性，保持自然群体的平衡，所以对菌物来说具有重要意义。

1.2.1.3　菌物的生活史

生活史是指菌物从一种孢子开始，经过一定的营养生长和繁殖阶段，最后又产生同

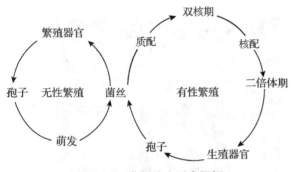

图 1-9 菌物的生活史图解

一种孢子的过程。典型的菌物生活史特指繁殖阶段，包括无性繁殖阶段和有性生殖阶段(图1-9)。无性繁殖阶段是由孢子萌发产生单倍体的营养体，经过一定时期的营养生长，然后由菌丝经过无性繁殖的方式再产生无性孢子的过程。无性繁殖在一个生活史中可连续重复循环发生多次，因而产生的无性孢子数量大，对植物病害的传播、蔓延起着重要的作用。有性生殖阶段是由孢子经过萌发产生营养体菌丝，然后菌丝分化成的雌、雄配子囊，经过有性生殖方式产生有性孢子的过程，有性生殖在一个生活史中往往仅发生一次，有性孢子通常在病原菌侵染植物的发病后期或经过休眠后才产生，有性孢子具有较厚的细胞壁或存在休眠期，有助于病原菌度过不良环境，并成为翌年病害的初侵染来源。

大部分菌物的生活史包括无性阶段和有性阶段，如引起禾本科牧草白粉病的禾布氏白粉菌(*Blumeria graminis*)的生活史包括无性繁殖和有性生殖两个阶段。但在有些菌物的生活史中仅有无性阶段，而缺乏有性阶段，如剪股颖壳二孢(*Ascochyta agrostis*)，而有些高等担子菌的生活史，仅有有性阶段，而缺乏无性阶段，如引起叶锈病的隐匿柄锈菌(*Puccinia recondita*)。病原菌物的生活史具有多样性的特点，许多菌物在整个生活史中可以产生两种或两种以上的孢子，具有孢子多型现象(polymorphism)，如隐匿柄锈菌可以产生性孢子、锈孢子、夏孢子、冬孢子和担孢子5种类型的孢子。菌物寄生方式也是多样化的，多数植物病原菌物在一种寄主植物上就可以完成生活史，称为单主寄生(autoecism)。而有些菌物(如锈菌)则必须在两种或两种以上不同寄主植物上寄生生活才能完成其生活史，称为转主寄生(heteroecism)，如隐匿柄锈菌等。

菌物的生活史非常复杂，只有弄清楚菌物的生活史，方能制订出有效的植物病害防治措施，也可为菌物的开发利用奠定基础。大多数菌物具有很强的无性繁殖能力，在一个生长季节内可以繁殖多次，产生大量的无性孢子，往往对一种病害在生长季节中的传播和再侵染起着重要作用。在发病后期或经过休眠期后进入有性生殖，有性孢子一般一年产生一代，是许多植物病害的主要初侵染源。

1.2.1.4 菌物的分类与命名

(1)菌物的分类

卡伐里-史密斯(Cavalier-Smith)在1981年提出将细胞生物分为八界，即真细菌界、古细菌界、原始动物界、原生动物界、植物界、动物界、真菌界和藻物界。1995年出版的《菌物辞典》(第8版)中接受了生物八界分类系统的观点，并将菌物划分在3个界中，即藻物界(Chromista，也称假菌，或茸鞭生物界Stramenopila)、原生动物界(Protozoa)和真菌界(Fungi)。在随后的第9版、第10版《菌物辞典》中进一步确定了这一分类体系的合理性，从而使菌物进入一个多界化的时代。

①菌物的分类单元 菌物的主要分类单元和其他生物的一样，包括界(Kingdom)、门(-mycota)、纲(-mycetes)、目(-ales)、科(-aceae)、属(genus)、种(species)，必要时在两个分类单元之间还可增加一级，如亚门(-mycotina)、亚纲(-mycetidae)、亚目(-ineae)、

亚科(-oideae)。属以上各分类单元学名具有固定不变的词尾，而属和种无固定拉丁词尾。

种是菌物最基本的分类单元，是指彼此形态非常相像且明显区别于其他类群的个体。菌物在种以下常用：变种(variety)、亚种(subspecies)、专化型(forma specialis)、小种(race)、生理小种(physiological race)、营养体亲和群(vegetative compatibility group)等分类单元。

②菌物的分类系统 本书采用《菌物字典》(第10版)的分类系统，菌物包括3个界的生物，即原生动物界、藻物界(茸鞭生物界)和真菌界。与草地植物病害相关的病原菌物主要分布在原生动物界的黏菌门(Myxomycota)和根肿菌门(Plasmodiophoromycota)，藻物界的卵菌门(Oomycota)，真菌界子囊菌门(Ascomycota)、担子菌门(Basidiomycota)和无性态菌物(Anamorphic fungi)五门一类之中。其分类检索表如下：

1. 营养体为无壁多核的原质团 ·· 原生动物界
   2. 能变形运动和摄入有机物 ·· 黏菌门
   2. 不能运动，缺乏吞噬能力，全部为内寄生；无性阶段有能动细胞(游动孢子)；有性阶段
      产生休眠孢子囊 ··· 根肿菌门
1. 营养体为有细胞壁的丝状体 ·· 3
   3. 营养体为无隔菌丝，细胞壁主要成分为纤维素 ··· 藻物界
      无性阶段有能动细胞(游动孢子)；有性阶段产生卵孢子 ··· 卵菌门
   3. 营养体为有隔菌丝，细胞壁主要成分为几丁质；无性阶段无能动细胞 ··················· 真菌界
      有性阶段产生子囊孢子 ·· 子囊菌门
      有性阶段产生担孢子 ··· 担子菌门
      无性阶段无能动细胞且未发现有性阶段 ·· 无性态菌物

(2) 菌物的命名

菌物的种名采用林奈(Carl von Linné)的"拉丁双名法"来命名。拉丁双名法确定的学名由两个拉丁词组成，第一个词是属名，首字母要大写；第二个词是种加词，一律小写，种加词的后面还要加上命名人的姓或姓的规范缩写，如Linnaeus，缩写为L.。手写体的学名，在属名和种加词下应加横线，电子版和印刷体的学名则使用斜体，命名人的姓或姓名的缩写用正体。如禾柄锈菌的学名为 *Puccinia graminis* Pers.。如果命名人是两个，则用"et"或"&"连接，如瓜枝孢菌的学名为 *Cladosporium cucumerinum* Ell. et Arthur，菌物的学名如需改动或重新组合时，原命名人应置于括号中，如禾生炭疽菌的学名为 *Colletotrichum graminicola* (Ces.) Wilson。

2011年，国际菌物分类委员会召开了"一个菌物一个名称"(One Fungus One Name)的国际研讨会，对菌物的名称进行了新的规定，并达成了共识，主要包括：①根据优先权原则，不管其是有性型还是无性型名称，已被广泛应用却不具优先权的名称可以申请保留；②一个合法有效的某一形态型的名称，不管是无性型还是有性型，均可以合法地转移到另一个合法有效的属中；③避免为新发现的已知种的新形态型拟定新的名称；④2013年1月1日后为同一种真菌同时描述有性型和无性型名称的做法将被视为非法。菌物命名新规则的制定和实施，给子囊菌和担子菌的分类学研究带来了巨大的影响，菌物学家现在需要根据新规定列出一系列菌物的保留名及其同物异名(synonym)名单并加以取舍，为确定"一种菌物一个名称"提供依据。

1.2.1.5 与草地植物病害相关的病原菌物主要类群

（1）卵菌门及其所致病害

营养体为发达的无隔多核菌丝体，少数为原质团或有细胞壁的单细胞，细胞壁由纤维素组成；无性繁殖形成游动孢子囊，其内产生双鞭毛的游动孢子；有性生殖形成卵孢子。大多生活在水中或土壤中，生活在土壤中的卵菌具有两栖性，适应比较潮湿的土壤条件。高等卵菌则是陆生的，其中有些为专性寄生菌。与草地植物关系密切的主要属有腐霉属、疫霉属和霜霉属等。

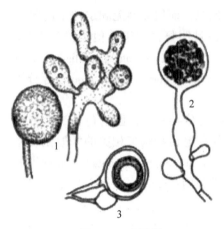

图 1-10　腐霉属
1. 孢囊梗和孢子囊　2. 孢子囊萌发形成囊泡　3. 雄器和藏卵器及卵孢子

①腐霉属（*Pythium*）　菌丝发达，较粗壮，无隔膜，生长旺盛时呈白色棉絮状。无性繁殖在菌丝顶端或中间形成球形或不规则形的游动孢子囊，成熟后一般不脱落，萌发时产生游动孢子。有性生殖在藏卵器内形成一个卵孢子（图 1-10）。腐霉常存在潮湿肥沃的土壤中，使多种牧草发生芽腐、苗腐、苗猝倒、叶腐、根腐和根茎腐，引起幼苗猝倒病。

②疫霉属（*Phytophthora*）　菌丝无隔膜，产生吸器伸入寄主细胞内，孢囊梗比菌丝细，分枝或不分枝，孢囊梗上具膨大的结节。孢子囊柠檬形或卵形，顶生或侧生在孢囊梗上，成熟后脱落或不脱落。藏卵器内形成一个卵孢子，雄器侧生或围生（图 1-11）。寄生性较强，多为两栖或陆生。重要病原菌有大雄疫霉（*Phytophthora megasperma*），引起的苜蓿、三叶草根腐病，是美洲和欧洲栽培苜蓿上的一种毁灭性病害，我国目前仅在宁夏有报道。

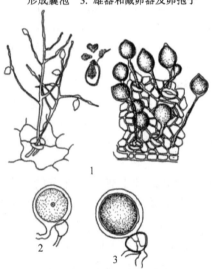

图 1-11　疫霉属（许志刚，2021）
1. 孢囊梗、游动孢子囊及游动孢子　2. 雄器侧生　3. 雄器包围在藏卵器基部

③霜霉属（*Peronospora*）　该属均为专性寄生菌，只危害植物地上部分，在病斑表面形成霜状霉层。菌丝蔓延在寄主细胞间，以吸器伸入寄主细胞内吸收养分。孢囊梗自气孔伸出，单生或丛生，二叉状锐角分枝，末端多尖锐。游动孢子囊在末枝顶端同步形成，卵圆形，无色或淡褐色，无乳突，易脱落，萌发时产生芽管。卵孢子球形，表面光滑或有纹饰（图 1-12）。本属有多种重要的病原菌，如苜蓿霜霉（*P. aestivalis*）、野豌豆霜霉（*P. viciae*）等，可引起豆科、藜科和蓼科等牧草的霜霉病。

（2）子囊菌门及其所致病害

子囊菌为高等菌物，大多陆生，有些腐生在朽木、土壤、粪肥和动植物残体上，有些则寄生于植物、人

图 1-12　霜霉属（陆家云，2001）
1. 孢囊梗及孢子囊　2. 孢子囊　3. 卵孢子

体和牲畜上引起病害。子囊菌门是菌物界中种类最多的一个类群，在形态、生活史和生活习性上差异很大。子囊菌主要特征是菌丝体发达，单核，具隔膜，细胞壁的主要成分为几丁质；无性繁殖发达，除酵母菌以裂殖和芽殖方式繁殖外，多数种类产生形形色色的分生孢子。分生孢子梗与菌丝和寄主细胞共同组成无性子实体——载孢体（分生孢子器、分生孢子盘、分生孢子座和分生孢子束等）；有性繁殖产生子囊和子囊孢子，子囊大多着生在子囊果内。子囊菌都是陆生的，除白粉菌为专性寄生菌外，其他的都是非专性寄生菌，与草地植物有重要关系的有以下几种。

①白粉菌属（*Erysiphe*） 菌丝体表生，以吸器伸入寄主表皮细胞。闭囊壳褐色，扁球形，含多个子囊。附属丝菌丝状，不分枝或稍有不规则分枝。子囊孢子2~8个，椭圆形，单胞，无色（图1-13）。无性态是粉孢属（*Oidium*），分生孢子串生，椭圆形，无色。引起白粉病的重要的病原菌有蓼白粉菌（*E. polygoni*），寄生于豆科、十字花科、伞形科、毛茛科和紫草科植物上；大豆白粉菌（*E. glycines* var. *glycines*），危害大豆、菜豆和野豌豆等多种豆科植物。

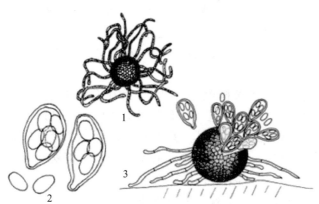

图1-13 白粉菌属（陆家云，2001）
1. 闭囊壳 2. 子囊及子囊孢子
3. 闭囊壳开裂释放子囊及子囊孢子

②内丝白粉菌属（*Leveillula*） 菌丝体大多内生，分生孢子梗从气孔伸出，分枝或不分枝，顶端单生一个分生孢子。分生孢子呈倒棒形或不规则形。闭囊壳不常形成，含多个子囊，附属丝菌丝状。子囊含2个子囊孢子，单胞（图1-14）。无性阶段为拟粉孢属（*Oidiopsis*）。重要种有豆科内丝白粉菌（*L. leguminosarum*）和鞑靼内丝白粉菌（*L. taurica*），前者寄生于骆驼刺属、苦豆子、黄花苜蓿、蒙古岩黄芪和紫花苜蓿等，危害叶片和茎，形成毡状斑块；后者寄生于苜蓿、豌豆和红豆草，引起白粉病。

③布氏白粉菌属（*Blumeria*） 闭囊壳扁球形，褐色，常埋生在菌丝层内。附属丝退化，少而短，菌丝状；子囊多个；子囊孢子单胞，无色至淡黄色。无性态是粉孢属（*Oidium*）。禾布氏白粉菌（*B. graminis*）引起禾本科牧草白粉病。

④小丛壳属（*Glomerella*） 子囊壳埋生在寄主组织内，球形至烧瓶形，散生或群集，深褐色，有喙。子囊棍棒形，内含8个子囊孢子。子囊孢子单胞，无色，椭圆形（图1-15）。无性态为炭疽菌属（*Colletotrichum*），

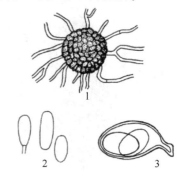

图1-14 内丝白粉菌属（刘若，1984）
1. 闭囊壳 2. 分生孢子 3. 子囊及子囊孢子

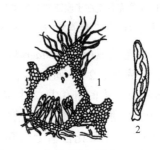

图1-15 小丛壳属（陆家云，2001）
1. 子囊壳 2. 子囊

其中禾生炭疽菌(*C. graminicola*)引起多种禾本科植物的炭疽病，自然状态下其有性阶段的小丛壳很少出现。该菌分生孢子盘黑色，长形，盘中生刚毛，刚毛黑色，有隔膜；分生孢子梗无色至褐色，具分隔；分生孢子单胞，无色，新月形、纺锤形，萌发多产生褐色、不规则形附着胞。野豌豆炭疽病由大豆小丛壳(*G. glycines*)侵染所致。

⑤麦角菌属(*Claviceps*) 寄生于禾草植物的子房内，后期在子房内形成圆柱形至香蕉形的黑色或白色菌核。菌核越冬后产生子座。子座直立，有柄，可育的头部近球形。子囊壳着生在整个头部的表层内。子囊孢子无色，丝状，无隔膜(图1-16)。无性态为蜜孢霉(*Sphacelia*)。寄生于禾本科植物(冰草、无芒雀麦、披碱草、紫羊茅、拂子茅、细柄草、鸭茅、黑麦、羊草和赖草等)的花器，引起麦角病。在穗上先分泌含有大量分生孢子的蜜汁，后产生黑色坚硬的菌核(麦角)，可作药用，但也可使人畜中毒，引起流产、麻痹以及呼吸器官疾病。

⑥香柱菌属(*Epichloe*) 子座初为白色，后变为黄橙色，平铺状，缠在禾本科植物的茎和叶鞘上，形成一个鞘。子囊壳梨形，黄色，埋生在子座内，有明显的孔口，孔口开于子座表面。子囊细长，单囊壁，顶壁厚，具有折光性的顶帽。子囊孢子无色，线状，有隔膜，长度几乎与子囊相等。分生孢子无色，卵形。寄生于冰草、纤毛鹅观草、雀麦、早熟禾和披碱草等禾本科牧草上，引起禾草香柱病，为禾本科牧草常见病害。

⑦赤霉属(*Gibberella*) 子座瘤状或垫状，散生。子囊壳群生或散生于子座上或子座的周围，球形至圆锥形，壳壁蓝色或紫色。子囊棍棒形，有柄，有拟侧丝。子囊孢子纺锤形，无色，有2~3个隔膜(图1-17)。无性态是镰刀菌属(*Fusarium*)。玉蜀黍赤霉(*G. zeae*)可引起紫云英、紫花苜蓿、冰草、燕麦、鸭茅、黑麦草和鹅观草等的赤霉病。

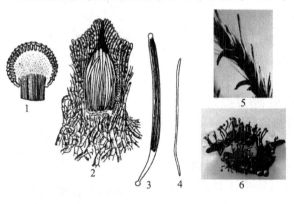
图1-16 麦角菌属(1~4. 陆家云，2001)
1. 子囊壳着生在子座顶端头状体上　2. 子囊壳内子囊着生状
3. 子囊　4. 子囊孢子　5. 麦角　6. 麦角萌发出头状子实体

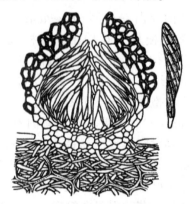
图1-17 赤霉属子囊壳及子囊

⑧小光壳属(*Leptosphaerulina*) 假囊壳聚生，埋生或稍有瘤状凸出，浅棕色。子囊短棍棒状或囊状，2~3列簇生。子囊孢子8个，初期透明，后期变为棕褐色，长圆形，具5个横隔膜，中间部位具2个纵隔膜。其无性态为链格孢属(*Alternaria*)。可致早熟禾、黑麦草和剪股颖等叶斑病或叶枯病。2021年我国首次报道南方小光壳(*Leptosphaerulina australis*，图1-18)在紫花苜蓿上引起叶斑病。

⑨核盘菌属(*Sclerotinia*) 菌核在寄主表面或寄主组织内形成。子囊盘产生在菌核上，盘状或杯状，褐色，有长柄。子囊近圆柱形，孔口遇碘变蓝，平行排列，内含8个子囊孢

子。子囊孢子单胞，无色，椭圆形或纺锤形。不产生分生孢子世代。重要种有核盘菌(*S. sclerotiorum*)和三叶草核盘菌(*S. triforum*)，前者引起多种草本观赏植物幼苗猝倒病和各种软腐病；后者寄生于紫云英、苜蓿和三叶草等豆科牧草，引起菌核病(图1-19)。此外，红豆草菌核病(*S. ciborioides*)和广布野豌豆菌核病(*S. sclerotiorum*)等也可引起牧草病害。

⑩假盘菌属(*Pseudopeziza*) 子囊盘生于寄主表皮下的子座上，较小，浅色，成熟后突破表皮外露。子囊棍棒形，内含8个子囊孢子，排成一列或两列。子囊孢子单胞，无色，椭圆形(图1-20)。重要的致病种类有苜蓿假盘菌(*P. medicaginis*)，寄生于苜蓿，引起褐斑病；三叶草假盘菌(*P. trifolii*)，寄生于三叶草，引起褐斑病。

(3)担子菌门及其所致病害

担子菌约有16 000种，包括人类食用和药用的菌物，如蘑菇、木耳和茯苓等，也有重要的植物病原菌(如锈菌、黑粉菌等)。其主要特征是菌丝体发达、有分隔，细胞一般是双核，有些双核菌丝在细胞分裂时两个细胞之间产生锁状联合；无性繁殖除锈菌外，很少产生无性孢子；有性生殖产生担子和担孢子。与草地植物病害关系比较密切的担子菌有锈菌和黑粉菌。

①锈菌 专性活体寄生菌，主要危害植物的茎、叶，引起局部侵染，可在病斑表面形成铁锈状物(孢子堆)的病征，故称锈病。菌丝以吸器伸入寄主细胞内吸取养分并在细胞间隙中扩展。锈菌对寄主植物有高度的寄生专化性。其生活史中可以产生多种类型的孢子，典型的锈菌具有5种类型的孢子(性孢子、

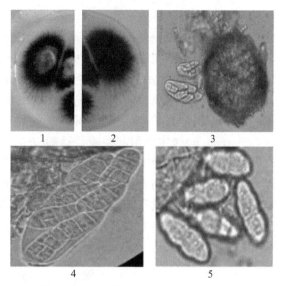

图1-18 南方小光壳(李彦忠，2021)
1、2. PDA培养基上的菌落 3. 子囊果
4. 子囊 5. 子囊孢子

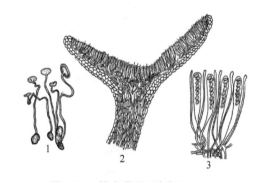

图1-19 核盘菌属(陆家云，2001)
1. 菌核萌发形成子囊盘 2. 子囊盘 3. 子囊及侧丝

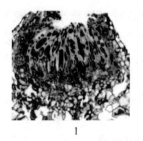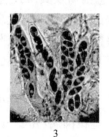

图1-20 苜蓿假盘菌(史娟提供)
1. 子囊盘 2. 培养条件下的子囊盘及子囊 3. 子囊及子囊孢子

锈孢子、夏孢子、冬孢子和担孢子）。冬孢子主要起越冬休眠作用，萌发产生担孢子，常为病害的初侵染源；夏孢子和锈孢子是再次侵染源，起扩大病害蔓延作用。有些锈菌还有转主寄生现象，即完成它的生活史需要通过两种亲缘关系不同的寄主。危害草地植物的主要有单胞锈菌属（*Uromyces*），主要危害豆科、禾本科、菊科、藜科、百合科和旋花科的一些牧草；柄锈菌属（*Puccinia*）危害牧草 190 多种或变种，主要是禾本科、菊科、莎草科、蓼科、蔷薇科、百合科、鸢尾科、车前科、旋花科和茜草科中的一些牧草；多胞锈菌属（*Phragmidium*）主要引起委陵菜锈病（*P. potentillae*）等。

②黑粉菌　在发病部位形成大量黑粉状孢子，大多为兼性寄生，寄生性较强。以双核菌丝在寄主的细胞间寄生，一般有吸器伸入寄主细胞内。典型特征是形成黑色粉状的冬孢子，萌发先形成菌丝和担孢子（图 1-21）。黑粉菌的分属主要根据冬孢子的形状、大小、有无不孕细胞、萌发的方式及冬孢子球的形态等。与牧草关系密切的有黑粉菌属（*Ustilago*）、腥黑粉菌属（*Tilletia*）、条黑粉菌属（*Urocystis*）和轴黑粉菌属（*Sphacelotheca*）等。

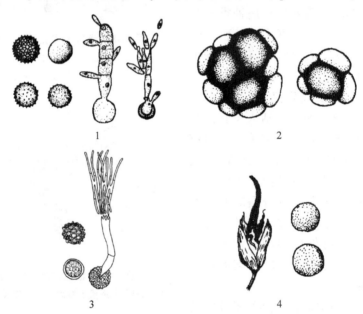

图 1-21　引起牧草黑粉病的主要病原属（陆家云，1997）
1. 黑粉菌属　2. 条黑粉菌属　3. 腥黑粉菌属　4. 轴黑粉菌属

(4) 无性态菌物及其所致病害

该类菌物的生活史中只发现无性阶段，未发现有性阶段，故称半知菌或不完全菌。但当发现其有性阶段时，大多数归属子囊菌，极少数归属担子菌，因此，无性态菌类和子囊菌的关系很密切。无性态菌类的主要特征是菌丝体发达，有隔膜，无性繁殖产生各种类型的分生孢子。

①无孢菌　该类菌物不产生孢子，只有菌丝体，有时可以形成菌核。引起草地植物病害的重要属有丝核菌属（*Rhizoctonia*）。

丝核菌属菌丝褐色，在分枝处缢缩，菌核由菌丝体交结而成，球形、不规则形（图 1-22）。有性态是担子菌的亡革菌属（*Thanatephorus*）、卷担子菌属（*Helicobasidium*）。常见的丝核菌属病原真菌有禾谷丝核菌（*R. cerealis*）、立枯丝核菌（*R. solani*）、玉蜀黍丝核菌（*R. zeae*）和水稻丝核菌(*R. oryzae*)，可侵染植物的根、茎、叶，引起根腐病、立枯病和纹枯病等多种病害。

②丛梗孢菌　分生孢子着生在疏散的分生孢子梗上或孢梗束及分生孢子座上。分生孢子有色或无色，单胞或多胞。引起草地植物病害的重要属有以下几种。

a. 尾孢属(*Cercospora*)：菌丝体表生，子座球形，褐色。分生孢子梗不分枝。分生孢子单生、针形、倒棒形、鞭形，无色或淡色，具隔膜(图 1-23)。有性态是球腔菌属(*Mycosphaerella*)，侵染多种植物叶片，引起灰斑病和褐斑病。主要的致病种有变灰尾孢(*C. canescens*)侵染菜豆、红小豆，引起红斑病；高粱尾孢(*C. sorghi*)，侵染高粱，引起紫斑病；玉蜀黍尾孢(*C. zeae-maydis*)，侵染玉米，引起灰斑病。此外，该属菌物侵染多种作物、林木和牧草植物，引起灰斑病或褐斑病。

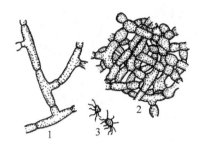

图 1-22　丝核菌属(邢来君，2015)
1. 直角状分枝的菌丝
2. 菌丝纠结的菌组织　3. 菌核

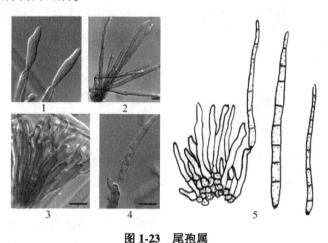

图 1-23　尾孢属
1. 正在产生的分生孢子　2、3. 分生孢子梗　4. 分生孢子从产孢细胞上脱落　5. 分生孢子座及分生孢子

b. 镰刀属(*Fusarium*)：培养条件下，老熟菌丝常产生红、紫和黄等色素。分生孢子梗无色，常基部结合形成分生孢子座。分生孢子有大型和小型两种。大型分生孢子微弯曲，镰刀形，无色，多隔膜；小型分生孢子椭圆形、卵形和短圆柱形，无色，单胞或双胞，单生或串生(图 1-24)。两种分生孢子常在分生孢子座上聚为黏孢子堆。菌丝中间或顶端可形成圆形或椭圆形的厚垣孢子。有性态是赤霉属等。本属种类中有许多种是重要的经济植物病原菌，侵染植物后主要引起 4 种症状：立枯或猝倒，最终导致死苗；萎蔫，侵害植物的输导组织，引起萎蔫；腐烂，包括根腐、茎腐、穗腐、果腐等；刺激细胞增生和增长，病原菌产生赤霉素，引起植株徒长或

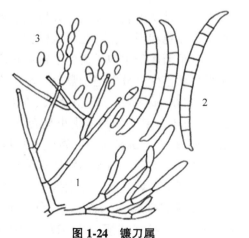

图 1-24　镰刀属
1. 分生孢子梗　2. 大型分生孢子
3. 小型分生孢子

瘿瘤。该属是牧草根腐病的重要病原菌,如引起扁豆根腐病(*F. bulbigenum*)、黑麦根腐病(*F. graminearum*)、苜蓿根腐病(*F. oxysporum*)和红豆草根腐病(*F. solani*)等。

　　c. 轮枝孢属(*Verticillium*):分生孢子梗直立,无色,具隔膜,简单或轮生分枝。分生孢子球形、卵形或椭圆形,无色单胞,单生或聚生(图1-25)。有性态为丛赤壳属(*Nectria*)、肉座菌属(*Hypocrea*)。重要的致病种有黑白轮枝孢(*V. albo-atrum*)、大丽花轮枝孢(*V. dahliae*)。侵染多种植物(如直立黄芪、白花草木樨和红豆草)的根部引起黄萎病。黑白轮枝孢是一种检疫性病害。

　　d. 弯孢属(*Curvularia*):分生孢子梗单枝或分枝,直或弯曲,上部屈膝状,有隔,褐色;分生孢子顶侧生,椭圆形、梭形、舟形或梨形,常向一侧弯曲,3~4个隔膜,褐色,中间细胞膨大颜色深,两端细胞稍浅

图1-25 轮枝孢属的分生孢子梗和分生孢子

(图1-26)。分生孢子的形状、大小、分隔数、最宽细胞位置、脐部是否凸出等特征都是区分种的重要依据。重要病原菌有新月弯孢(*Curvularia lunata*),有性型为新月旋孢腔菌(*Cochliobolus lunatus*)、间型弯孢(*C. intermedia*)和膝曲弯孢(*C. geniculata*)等22种,可以侵染几乎所有的禾草,造成弯孢霉叶枯病(又称凋萎病)。

　　e. 离蠕孢属(*Bipolaris*):又称平脐蠕孢属,分生孢子梗单生,少数集生,圆筒状或屈膝状,具隔膜,榄褐色至褐色。分生孢子直或弯曲,纺锤形或长椭圆形,棕褐色至黑

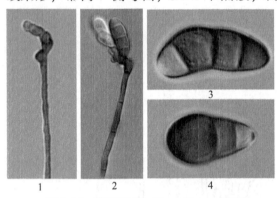

图1-26 弯孢属(Ji-Chuan Kang, 2015)
1. 分生孢子梗　2. 分生孢子产生在分生孢子梗上　3、4. 分生孢子

色,具2~12个隔膜。可引起冰草叶斑病、鹅观草叶斑病、狗尾草根腐病等。

　　③黑盘孢菌　菌丝体生于寄主组织内,分生孢子盘生于寄主植物的角质层或表皮下,成熟后突破寄主表皮外露。分生孢子形态、色泽多样,群集时孢子团呈白色、乳白色、粉红色、橙色和黑色,引起草地植物病害的重要属有炭疽菌属(*Colletotrichum*)。

　　炭疽菌属分生孢子盘生于寄主角质层下,有时生有褐色、具分隔的刚毛,分生孢子梗呈栅栏状密生于分生孢子盘上。分生孢子无色,单胞,长椭圆形或新月形。有性态是小丛赤壳属(*Glomerella*)、球座菌属(*Guignardia*)。其中,重要的致病种类有禾生炭疽菌[*C. graminicola*,有性型为禾生小丛壳(*Glomerrella graminicola*)]、大豆炭疽菌(*C. glycines*)和豆类炭疽菌(*C. truncatum*)。寄生于豆科和禾本科植物上,引起炭疽病。

　　④球壳菌　菌丝体发达有分枝,分生孢子器表生、半埋生或埋生,单生或聚生于子座上,球形、烧瓶形。分生孢子形态多样,可分为干孢子或黏孢子。

　　a. 壳二孢属(*Ascochyta*):分生孢子器球形,褐色,散生。分生孢子椭圆形、圆柱形,无色,具1~2个隔膜(图1-27)。有性态为球腔菌属(*Mycosphaerella*)、小球腔菌属(*Leptosphaeria*)。侵染多种植物,引起斑点病。常见的致病种类有甜菜壳二孢(*A. betae*),侵染甜菜叶,引起轮纹病;豌豆壳二孢(*A. pisi*),侵染香豌豆属(*Lathyrus* sp.)、苜蓿属(*Medicago* sp.)、菜豆属(*Phaseolus* sp.)、豌豆属(*Pisum* sp.)、车轴草属(*Trifolium* sp.)和蚕豆属(*Vicia* sp.)等植物的叶片、茎及叶,引起褐斑病;禾生壳二孢(*A. graminicola*)在草地早熟禾、高羊茅、紫羊茅和多年生黑麦草叶片上引起较为常见的壳二孢叶枯病。

图1-27 壳二孢属
1. 分生孢子 2. 短小的分生孢子梗
3. 分生孢子

b. 茎点霉属(*Phoma*):分生孢子器埋生、半埋生。分生孢子椭圆形、圆柱形,无色,单胞(图1-28)。有性态为格孢腔菌属(*Pleospora*)和球腔菌属(*Mycosphaerella*)。重要的致病种类有甜菜茎点霉(*P. betae*)和黑茎茎点霉(*P. lingam*),侵染苜蓿引起黑茎病。

c. 叶点霉属(*Phyllosticta*):分生孢子器埋生,暗褐色至黑色。分生孢子近球形、卵形、椭圆形(图1-29)。有性态为球座菌属(*Guignardia*)、盘壳菌属(*Discochora*)和球腔菌属(*Mycosphaerella*)。重要的致病种类有苜蓿叶点霉(*P. medicaginis*),侵染苜蓿叶片,引起斑点病;高粱叶点霉(*P. sorghina*),侵染高粱、苏丹草和黍叶引起斑点病。

d. 壳针孢属(*Septoria*):分生孢子器埋生,球形。分生孢子线形,无色,具多个隔膜(图1-30)。有性态为球腔菌属(*Mycosphaerella*)、小球腔菌属(*Leptosphaeria*),侵染植物的叶、茎和果实,引起各种病害。重要的致病种类有向日葵壳针孢(*S. helianthi*),侵染向日葵,引起褐斑病;苜蓿壳针孢(*S. medicaginis*),侵染苜蓿叶,引起斑枯病;鹅观草颖枯病(*S. nodorum*)和两栖蓼斑枯病(*S. polygonina*)等。

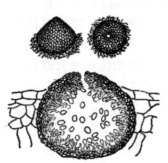

图1-28 茎点霉属(茎点霉分生孢子器及其剖面)

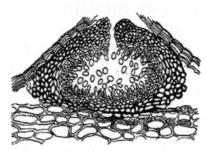

图1-29 叶点霉属(分生孢子器及内部的分生孢子梗和分生孢子)

图1-30 壳针孢属(分生孢子器及线形分生孢子)

1.2.2 植物病原原核生物

原核生物(prokaryotes)是一类具有原核细胞结构的单细胞生物。原核细胞的细胞核没有核膜和核仁,只有由一条双螺旋的DNA链折叠而成的拟核是其遗传物质。细胞壁为多层次结构,特有成分为肽聚糖。细胞膜向细胞质内陷形成间体。细胞质中含有小分子的核蛋白体(70S),没有内质网、线粒体和叶绿体等细胞器。

原核生物中的一些种类是重要的病原菌,从大的类群分主要有细菌、植原体和螺原体等。它们的重要性仅次于真菌和病毒。例如,苜蓿细菌性茎疫病、苜蓿细菌性凋萎病和三叶草细菌性根癌病等都是牧草生产中的重要病害。

1.2.2.1 原核生物的一般性状

自然界细菌有球状、杆状和螺旋状 3 种基本形态,而植物病原细菌大多为杆状,菌体大小为 (0.5~0.8) μm×(1~3) μm。细菌的细胞壁为多层次结构,由肽聚糖、脂类和蛋白质等组成。由于细胞壁结构和组成的不同,经革兰染色把细菌分为革兰阳性(G^+)细菌和革兰阴性(G^-)细菌。细胞壁内是半透性的细胞质膜。细菌的细胞核为拟核,由一条双螺旋的 DNA 链折叠而成的核物质集中在细胞质的中央,形成一个核区。在有些细菌中,还有独立于拟核之外呈环状结构的小 DNA 分子,具有遗传特性,称为质粒(plasmid),它编码细菌的抗药性或致病性等性状。细胞质中还有一些颗粒状内含物,如异粒体、中心体气泡、液泡和核糖体等。除以上基本结构外,有些细菌在一定条件下生长到一定时期还会产生荚膜、鞭毛和芽孢等特殊结构(图 1-31)。荚膜(capsule)是细菌在细胞壁外产生的一层多糖类物质,比较厚,而且有固定形状。采用负染色法后在显微镜下可以观察到荚膜。如果细胞壁外产生的多糖类物质层较薄且容易扩散,不定形,则称为黏液层(slime layer)。植物病原细菌的细胞壁外有薄厚不等的黏液层,但很少有荚膜。这些黏液层中的多糖在病

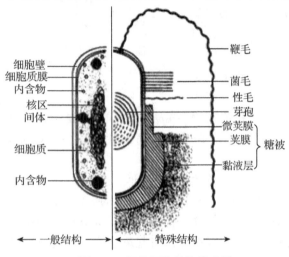

图 1-31 细菌细胞结构模式图

原菌与寄主的识别、病原菌的致病性等方面有重要作用。鞭毛(flagellum)是从细胞质膜下粒状鞭毛基体上产生的,穿过细胞壁延伸到体外的蛋白质组成的丝状结构,使细菌具有运动性。鞭毛细而有韧性,直径仅 20 nm,长 15~20 μm,采用鞭毛染色法使鞭毛加粗才能在显微镜下观察到。细菌的鞭毛只在一定的生长时期产生。具有鞭毛的细菌其鞭毛数目和在细胞表面的着生位置因其种类不同而异(图 1-32)。在细胞一端仅着生有一根鞭毛,称为单生鞭毛;在细胞一端或两端着生有多根鞭毛,称为丛生鞭毛;细胞四周都着生有鞭毛,称为周生鞭毛。细菌鞭毛的数目和着生位置在属的分类上有重要意义。大多数的植物病原细菌有鞭毛。芽孢是一些芽孢杆菌在生活过程中菌体内形成的一种内生孢子,具有很强的抗逆能力,是细菌的一种休眠状态。植物病原细菌通常无芽孢。

原核生物是单细胞生物,其生长即个体体积的增大是很有限的,一般不易被观察到,通常以细胞数量的增加来衡量其生长。菌体数量增加是繁殖的结果。细菌的繁殖方式为分裂繁殖,简称裂殖。裂殖时菌体先稍微伸长,细胞膜自菌体中部向内延伸,同时形成新的

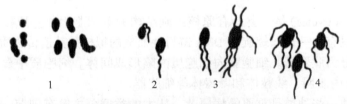

图 1-32 植物病原细菌的形态和鞭毛类型
1. 无鞭毛 2. 单生鞭毛 3. 丛生鞭毛 4. 周生鞭毛

细胞壁,最后母细胞从中间分裂为两个子细胞。遗传物质 DNA 在细胞分裂时先复制,然后平均地分配给子细胞。质粒也同样地复制并均匀分配在两个子细胞中。遗传物质的复制和平均分配保证了亲代的各种性状能稳定地遗传给子代。细菌的繁殖速度很快,在适宜的条件下,大肠埃希菌每 20 min 就可以分裂一次。植原体一般认为以裂殖、出芽繁殖或缢缩断裂法繁殖;螺原体繁殖时是芽生长出分枝,断裂而成子细胞。

植物病原细菌绝大多数为好氧性菌,少数为兼性厌气菌。生长适宜 pH 为 7.0~7.5,在 pH 4.5 以下难以生长。生长的最适温度为 26~30℃,少数种类生长温度较高或较低。不同的细菌对营养要求略有不同,大多数病原细菌在肉汁胨培养基上可以生长,只有少数种类不能人工培养,如木质部小菌属(*Xylella*)和韧皮部杆菌属(*Liberobacter*)。植原体至今还不能人工培养。

植物病原细菌在固体培养基上形成的菌落颜色多为白色、灰白色或黄色等。而螺原体需在含有甾醇的培养基上才能生长,在固体培养基上形成"煎蛋形"菌落。

1.2.2.2 原核生物分类概述

原核生物分类的主要依据是菌体形态特征、运动性、革兰染色反应、对氧的需求、能源及营养利用、细胞壁成分分析、蛋白质和核酸的组成、核酸杂交和 rRNA 序列分析等。

根据《伯杰氏系统细菌学手册》的描述,细菌"种"的概念是以一个模式菌系(type-strain)为基础,由一些具有许多相同特征的菌系组成的群体。在种以下,常用的概念还有亚种或变种。一个细菌种内有些菌系的特征与模式菌系的特征基本相符,但有较少表型或遗传特性不同,而这些特征是稳定的,就将这些菌系称为这个种的亚种(subspecies,简称subsp.)。致病变种(pathovar,简称 pv.)是国际系统细菌学委员会(ICSB)对细菌名称做统一整理核准后,在种以下以寄主范围和致病性为差异来划分的组群。

1.2.2.3 植物病原原核生物的主要类群

(1) 薄壁菌门

这是一类具细胞壁的革兰染色阴性的真细菌。细胞壁薄,厚 7~8 nm,细胞壁中肽聚糖含量 8%~10%,重要的植物病原细菌属有以下几种。

①土壤杆菌属(*Agrobacterium*) 是一类土壤习居菌。革兰染色阴性,菌体短杆状,大小为(0.6~1.0)μm×(1.5~3.0)μm。单生或双生,周生或侧生 1~6 根鞭毛,无芽孢。好气性,代谢为呼吸型。氧化酶、过氧化氢酶、脲酶反应阳性。化能有机营养型。DNA 中(G+C)mol% 含量为 57%~63%。营养琼脂上菌落为圆形、隆起、光滑、灰白色至白色。不产生色素。在含碳水化合物的培养基上,菌落质地黏稠。该属共有 5 个种,已知的植物病原菌有 4 个种,这些病原细菌细胞中都带有质粒,它控制着细菌的致病性和抗药性等,如侵染寄主引起肿瘤症状的质粒称为致瘤质粒(tumor inducing plasmid,Ti 质粒),引起寄主产生不定根的质粒称为致发根质粒(rhizogen inducing plasmid,Ri 质粒)。根癌农杆菌(*A. tumefaciens*)是重要的病原菌,其寄主范围极广,可侵害 90 多科 300 多种双子叶植物,以蔷薇科植物为主,引起根癌病。三叶草根癌病就由该菌侵染所致。

②欧文氏菌属(*Erwinia*) 菌体短杆状,大小为(0.5~1.0)μm×(1~3)μm,革兰染色阴性,单生或双生,短链状,有多根周生鞭毛,无芽孢。化能有机营养型,兼性厌气,代谢为呼吸型或发酵型,氧化酶阴性,过氧化氢酶阳性。DNA 中(G+C)mol% 含量为 50%~58%。营养琼脂上菌落圆形、隆起、灰白色。重要的植物病原菌有胡萝卜软腐欧文氏菌

(*E. carotovora*)。其寄主范围很广，可侵害十字花科、禾本科、茄科、葫芦科、天南星科等20多科的数百种植物，引起肉质或多汁组织的软腐，如十字花科蔬菜软腐病(*E. carotovora* subsp. *carotovora*)。

③假单胞菌属(*Pseudomomas*)　菌体短杆状或略弯，大小为(0.5～1.0)μm×(1.5～5.0)μm，革兰染色阴性，单生，1～4根或多根极生鞭毛，无芽孢。严格好气性，代谢为呼吸型，化能有机营养型，氧化酶多为阴性，少数为阳性，过氧化氢酶阳性。DNA中(G+C)mol%含量为58%～70%。营养琼脂上的菌落圆形、隆起、灰白色，多数具荧光反应，有些种产生褐色素扩散到培养基中。该属成员很多，其中丁香假单胞菌(*P. syringae*)寄主范围很广，为害多种木本和草本植物，引起叶斑、坏死、溃疡、枝枯、腐烂。例如，丁香假单胞菌紫黑色致病变种(*P. syringae* pv. *atropurpurea*)可侵染无芒雀麦和雀麦属、冰草属的植物，引起叶斑病。

现代细菌分类中的布克氏菌属(*Burkholderia*)、拉尔氏菌属(*Ralstonia*)、食酸菌属(*Acidovorax*)是从原来的假单胞菌属中独立出来的新属，可引起一些植物的病害。

④黄单胞菌属(*Xanthomonas*)　菌体杆状，单生，大小为(0.2～0.8)μm×(0.6～2.0)μm，革兰染色阴性，极生单鞭毛。严格好气性，有机营养型，代谢为呼吸型，氧化酶阴性，过氧化氢酶阳性。DNA中(G+C)mol%含量为63%～70%。营养琼脂上的菌落圆形、隆起、蜜黄色，产生非水溶性黄色素，不产生荧光色素。油菜黄单胞菌苜蓿致病变种(*X. campestri* pv. *alfalfae*)可引起苜蓿细菌叶斑病，油菜黄单胞菌禾草致病变种(*X. campestri* pv. *cerealis*)可引起雀麦、黑麦、偃麦草等禾草细菌条斑病，油菜黄单胞菌禾本科致病变种(*X. campestri* pv. *graminis*)可引起黑麦草、羊茅、鸭茅、看麦娘、燕麦等细菌萎蔫病。

(2)厚壁菌门

这一类细菌为革兰阳性菌。细胞壁厚30～40 nm，单层结构，肽聚糖含量占细胞壁成分的60%～90%。重要的植物病原细菌有棒形杆菌属和节杆菌属。

①棒形杆菌属(*Clavibacter*)　菌体短杆状，直或稍弯，有的菌体呈楔形或棍棒形，大小为(0.4～0.75)μm×(0.8～2.5)μm。多数菌体单生，也有的排列呈V、Y和栅栏状，革兰染色阳性，无鞭毛，无芽孢。好气性，呼吸型代谢，氧化酶阴性，过氧化氢酶阳性。DNA中(G+C)mol%含量为67%～78%。营养琼脂上菌落为圆形、光滑、凸起、不透明乳白色。密执安棒形杆菌诡谲亚种(*C. michiganense* subsp. *insidiosum*)引起苜蓿细菌萎蔫病，还可以侵染野苜蓿、白香草木樨以及驴豆属和车轴草属植物。鸭茅草棒形杆菌(*C. rathayi*)可侵染鸭茅、狗牙根、黑麦草引起密穗病。木质部棒形杆菌狗牙根草亚种(*C. xyli* subsp. *synodontis*)引起狗牙根草矮化病。

②节杆菌属(*Arthrobacter*)　在新鲜培养物中，菌体杆状或V形等不规则形，在3 d以上的培养液中，菌体球形。革兰染色阳性，无芽孢，不运动或偶有运动。好气性，过氧化氢酶阳性。DNA中(G+C)mol%含量为59%～66%。营养琼脂上菌落为圆形、黄色、隆起。目前，只发现可引起美国冬青疫病(*A. ilicis*)。

1.2.2.4　病原细菌对植物的影响

植物病原细菌侵染植物后，一旦与植物建立寄生关系，就会对植物产生影响，使植物在生理上、组织上产生病变，最后在形态上表现出各种症状。植物病原细菌对植物产生的影响主要有引致坏死、腐烂、萎蔫、组织变形或增生和变色等。

1.2.3 病毒

病毒(virus)是微生物大家庭中的一个主要成员,个体非常微小,没有细胞结构,是一种分子状态的专性寄生物,寄生于生物的细胞中。病毒是包被在蛋白或脂蛋白保护性外壳中,只能在合适的寄主细胞内完成自身复制的一个或多个基因组的核酸(DNA或RNA)分子,又称分子寄生物。病毒具有下列基本特征:①结构简单,没有细胞结构,主要由核酸和蛋白质组成;②只含一种核酸(DNA或RNA);③只能在特定的寄主细胞内以复制增殖方式进行繁殖;④病毒的核酸复制及蛋白质合成需要寄主提供原材料和场所。寄生植物的称为植物病毒,寄生动物的称为动物病毒,寄生细菌的称为噬菌体。

目前,已命名的植物病毒达1600多种,其中许多能引起重要的农作物病毒病害,其在农业生产上所造成的损失仅次于菌物病害。草地植物在生长过程中也易受到植物病毒的侵染和危害,如苜蓿花叶病在我国西北、华北地区发生较为普遍,局部区域发病率达50%以上,受病毒感染的苜蓿植株蛋白质含量下降、牧草干重降低、根瘤数和花粉萌发率降低,严重影响苜蓿的产量及品质,造成鲜草损失和种子减产,易受干旱或霜冻的危害,也易被其他病害危害;同时,苜蓿感染病毒后,便成为病毒的多年生活体寄主,为病毒及其传毒介体提供了场所,有利于病毒的扩散侵染,导致其他农作物的产量损失。

1.2.3.1 植物病毒的一般性状

(1)形态和结构

①形状和大小 病毒的基本个体单位称为粒体(virion, virus particle)。植物病毒粒体很小,仅在电子显微镜下才能观察到,其度量单位为纳米(nm)。大多数植物病毒粒体为球状、杆状和线状,少数为弹状(图1-33)。球状病毒直径大多在20~30 nm,少数70~80 nm,是由20个正三角形拼接形成的二十面体结构。杆状病毒多为(20~80)nm×(100~250)nm,两端平齐,粒体刚直不弯曲。线状病毒多为(11~13)nm×(750~2 000)nm,两端也平齐,不同程度的弯曲。许多植物病毒由不止一种粒体构成,如苜蓿花叶病毒(alfalfa mosaic virus, AMV)有5种粒体组分,大小分别为(49~55)nm×(16~18)nm、(42~48)nm×(15~19)nm、(34~38)nm×(15~19)nm、(26~30)nm×(16~20)nm、(18~23)nm×(16~21)nm。

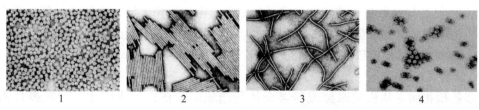

图1-33 植物病毒粒体的形态(宗兆峰,2010)
1. 球状 2. 杆状 3. 线状 4. 弹状

②结构 完整的病毒粒体是由一个或多个核酸分子(DNA或RNA)包被在蛋白或脂蛋白衣壳里构成的。衣壳和核酸统称为核衣壳(nucleocapsid)。绝大多数病毒粒体只是由核酸和蛋白衣壳(capsid)组成的,植物弹状病毒(plant rhabdovirus)粒体外面还有囊膜

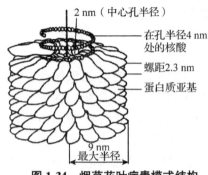

图 1-34 烟草花叶病毒模式结构
（李阜棣，1993）

(envelope)包被。衣壳的化学成分是蛋白质，绝大多数植物病毒的衣壳只有一种蛋白质，蛋白多肽链经过三维折叠形成衣壳的基本机构单位，称为蛋白质亚基(subunit)。在球状病毒上，多个蛋白亚基聚集起来形成壳基(capsomer)(图 1-34)。壳基是个形态单位，因聚集的蛋白亚基数目不同而分别称为二聚体、三聚体和五邻体、六邻体，很多壳基组成的衣壳起到保护核酸链的作用。由于不同病毒的蛋白亚基在衣壳上的排列不同，也导致不同的病毒粒体形态结构也不同。

(2) 化学组成

植物病毒的主要成分是核酸和蛋白质。少数病毒还含有脂类和糖类物质。病毒只含一类核酸(DNA 或 RNA)。大多数植物病毒的核酸为 RNA，少数为 DNA。含 DNA 的病毒称为 DNA 病毒，含 RNA 的病毒称为 RNA 病毒。无论是 DNA 病毒还是 RNA 病毒，都有单链(single strand, ss)和双链(double strand, ds)之分。按照植物病毒的核酸类型和核酸复制过程中的功能不同，植物病毒可以分为 6 种类型(4 种 RNA 类型、2 种 DNA 类型)：正单链 RNA [positive-sense single-stranded RNA, (+)ssRNA]病毒、负单链 RNA [negative-sense single-stranded RNA, (-)ssRNA]病毒、双链 RNA (double-stranded RNA, dsRNA)病毒、单链 RNA 逆转录 [ssRNA-reverse transcribing, ssRNA(RT)]病毒、单链 DNA(single-stranded DNA, ssDNA)病毒和双链 DNA(double-stranded DNA, dsDNA)病毒。其中，70%以上的植物病毒为+ssRNA 病毒。

(3) 生物学特性

①传染性　植物病毒具有传染性。通过机械摩擦或携带植物病毒的介体的刺吸，植物病毒侵入植物细胞与植物建立寄生关系，在寄主体内增殖，形成发病中心，再通过介体传播或非介体传播进行病害扩展。

②复制性　病毒侵入植物细胞后利用植物细胞内的物质和能量分别进行自身核酸复制和相关蛋白质的合成，然后在寄主细胞内将相关的核酸和蛋白质组装成子代病毒粒体。

③抗原性　植物病毒具有很强的抗原性，能够刺激动物产生抗体。抗原特性来自分布在蛋白质衣壳表面或包膜蛋白表面的一些特殊的化学基团，称为抗原决定簇(antigenic determinant)，其特异性取决于氨基酸组成及其三维结构的差异。抗原抗体的特异性反应，是血清学方法鉴定病毒的依据。因此，可用血清学反应检测和诊断植物病毒病害。

1.2.3.2 植物病毒的侵染和传播

(1) 植物病毒的侵染

大多数植物病毒从机械摩擦或传毒介体所造成的微伤口侵入寄主，少数经过内吞作用，包膜病毒通过融合方式进入寄主细胞。

(2) 植物病毒的复制和增殖

植物病毒没有细胞结构，不像菌物通过形成繁殖器官进行无性繁殖和有性生殖，也不像细菌能进行裂殖，而是分别合成核酸和蛋白质，再组装成子代病毒粒体，最后以各种方式释放到细胞外感染其他细胞，这种特殊的繁殖方式称为复制增殖。因此，病毒侵入植物后，在活细胞内增殖后代病毒需要两个步骤：一是病毒核酸的复制，即病毒的基因传递；

二是病毒基因的表达，即病毒蛋白质的合成。

(3) 植物病毒的传播

病毒是专性寄生物，在寄主活体外存活的时间一般比较短。植物病毒没有主动侵入寄主细胞的能力，也不能从植物的自然孔口侵入，因此，只有被动传播。植物病毒从一个植株转移或扩散到其他植物的过程称为传播，而从植物的一个局部到另一局部的过程称为移动。根据自然传播方式的不同，传播可以分为介体传播和非介体传播两类。介体传播是指病毒依附在其他生物体上，借助其他生物体的活动而进行的传播。植物病毒的介体种类很多，包括动物介体、菌物介体和植物介体三类，主要有昆虫、螨类、线虫、菌物、菟丝子等，其中，以昆虫类最为重要。非介体传播是指在病毒传播中没有其他生物介体介入的传播，主要通过机械传播(也称汁液传播)、无性繁殖材料和嫁接传播、花粉和种子传播。

病毒在植物叶肉细胞间的移动称为细胞间转移，这种转移的速度很慢。病毒通过维管束的转移称为长距离转移，转移速度较快。由图1-35也可以看出，系统侵染的植物病毒病株除了接种叶，地上部心叶最先出现症状。

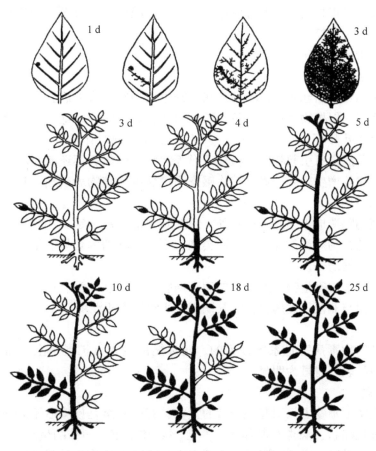

图 1-35　烟草花叶病毒在番茄植株中移动示意图(Samuel, 1934)

1.2.3.3　重要的植物病毒及其所致病害

(1) 苜蓿花叶病毒

正单链 RNA [positive-sense single strand RNA, (+)ssRNA] 病毒, 雀麦花叶病毒科苜蓿

花叶病毒属(*Alfamovirus*)。苜蓿花叶病毒(alfalfa mosaic virus，AMV)往往含有 5 种病毒粒体，分别呈杆状、短杆状和球状。AMV 寄主范围广泛，可以侵染 51 科 430 多种双子叶植物，如马铃薯、烟草、番茄、大豆、苜蓿、芹菜、豌豆、三叶草等。AMV 可通过汁液摩擦传播和蚜虫传播，多种蚜虫以非持久性方式传播，在苜蓿、辣椒等植物上可通过种子传播，目前尚无有效的防治方法，所以培育抗 AMV 的作物新品种成为亟待解决的问题。

(2) 大麦黄矮病毒

(+)ssRNA 病毒，黄症病毒属(*Luteovirus*)代表种。病毒粒体球形。大麦黄矮病毒(barley yellow dwarf virus，BYDV)世界性分布，可侵染 100 种以上单子叶植物，如大麦、燕麦、小麦、黑麦和许多草坪草、田园和牧场杂草等，具有显著的株系分化现象，是麦类作物的重要病毒病原。BYDV 是韧皮部限制性病毒，仅存在于韧皮部。受侵植物因韧皮部坏死导致生长延缓、叶绿素减少，从而表现为黄化、矮化等症状。BYDV 由长管蚜、无网长管蚜、麦二叉蚜和缢管蚜等蚜虫以持久性方式传播。不同株系的病毒往往由不同的蚜虫传播。田间栽培及野生的寄主植物是 BYDV 的侵染源，经蚜虫传播到麦类作物上，病害的发生流行与传毒蚜虫的数量呈正相关。可通过应用抗病品种、减少初侵源、药剂灭蚜、改变耕作制度等措施进行病害防控。

1.2.3.4 草地植物病毒病害的症状特点

(1) 症状类型

大多数植物病毒能引起系统侵染的症状。寄主植物感染病毒后，或早或迟都会在全株表现出病变和症状，但植物病毒病害只有明显的病状而无病征。绝大多数植物病毒侵入寄主后可以引起植物叶片不同程度的斑驳、花叶或黄化，同时伴随有不同程度的植株矮化、丛枝等症状。一些病毒可引起卷叶、植株畸形等症状，少数病毒还能在叶片上或茎秆上造成局部坏死和肿瘤等增生现象。通常植物感染病毒后可使植物表现出 3 种主要的症状：变色、组织坏死和畸形。

病毒侵染植物除造成上述外部症状外，还在其内部形成一定大小和形状的物质，称为内含体。不同属的植物病毒往往产生不同类型、不同形状的内含体。植物病毒内含体是植物病毒病诊断的根据之一。

植物病毒是分子内寄生物，所引起的病毒病害只有病状，没有病征。这易与菌物和细菌病害相区分，但与非侵染性病害，尤其缺素症所致病害相混淆。

(2) 系统侵染

绝大多数植物病毒病害是系统侵染的。病毒能由侵入点扩展至全株而表现全株性症状，以叶片、嫩枝表现得最为明显。

(3) 症状潜隐

有些病毒在寄主植物上只引起很轻微的症状，有的甚至是侵染后不表现明显症状。尽管这些植株不表现症状，病毒在其体内还是会蔓延和繁殖，病株的生理活动也有所改变。这种现象称为症状潜隐。受到病毒侵染而不表现症状的植物称为带毒者。植物病毒在栽培植物和野生植物上的潜伏侵染是普遍存在的。

(4) 隐症现象

环境条件有时对病毒病害的症状有抑制或增强作用。例如，植物病毒引起花叶症状，在高温或低温条件下常受到抑制，而在强光照条件下则表现得更为明显。由于环境条件的改变，发病的植物原有症状逐渐减退直至消失，一旦环境恢复，隐症的植物还会重新显症，这种现象称为隐症现象。

1.2.4 植物病原线虫

线虫(nematode)又称蠕虫，属于无脊椎动物的线形动物门线虫纲。植物寄生线虫通过分泌有毒物质和吸收营养物质破坏寄主的细胞和组织，由于植物被害后表现的症状与一般植物病害的症状相似，因此，习惯上将植物病原线虫作为病原物来研究。

自然界中，线虫种类繁多，分布广泛，许多种类生活在各种水域和土壤中，也有部分种类寄生于动物上，如常见的蛔虫、钩虫等，对人畜健康带来很大影响。危害植物的称为植物病原线虫或植物寄生线虫，简称植物线虫。对草地植物危害较严重的有苜蓿根结线虫病、禾草种子线虫病，后者致使禾草种子严重减产。

植物线虫对植物的危害，除吸取寄主的营养和对植物的组织造成损伤外，其分泌物和唾液等能引起植物产生一系列的生理病变，从而破坏植物的正常代谢和机能，影响生长和发育，致使植物产量减少，品质降低，严重时导致植物死亡和绝产。此外，植物线虫还能与某些真菌、细菌和病毒互作共同致病，造成复合病害，或以刺激、诱导、传带等方式促进这3种病原的加重危害。植物受线虫危害后所表现的症状，与一般的病害症状相似，因此常称线虫病。症状一般表现为植株矮小、畸形、叶片变色、萎蔫、早枯、产量下降等，容易与缺水、缺肥和缺素等生理性病害混淆。

1.2.4.1 线虫的一般性状

植物病原线虫多为无色，不分节，体形呈圆筒形、两端略尖细的线形体。线虫体宽 15~35 μm，长度 0.2~2 mm，个别种类体长达 4 mm。大多数种类雌雄同形，少数种类雌雄异形，即雄虫体保持细长的线状，雌虫体显著膨大成囊状、梨形或球形等，体内有大量卵，如根结线虫属(*Meloidogyne*)、异皮线虫属(*Heterodera*)。同一种线虫，虫体大小的变化与寄主、抗病性和地理分布有一定的关系。

植物病原线虫虫体结构较为简单，体壁透明，外层是不透水的角质层。体腔内充满体液，体腔液湿润各个器官，并供给所需要的营养物质和氧，起着呼吸和循环系统的作用。线虫的体腔无体腔膜，称为假体腔。体腔内由消化系统、生殖系统、神经系统、排泄系统等组成。线虫头部由头架、口孔、感觉器官和侧器组成。唇区顶面观的典型模式是有一块卵圆形的唇盘，唇盘中央有一卵圆形的口孔，唇盘基部有6个唇片。线虫的消化系统包括口孔、吻针、食道、肠、直肠和肛门。线虫的吻针能刺穿植物的细胞和组织，并向植物组织内分泌消化酶，消化寄主细胞中的物质，然后吸入食道。

雌虫生殖系统由卵巢、输卵管、受精囊子宫、阴道和阴门组成；雄虫生殖系统由睾丸、精囊、交合刺、引带和交合伞等组成(图1-36)。

1.2.4.2 植物病原线虫的生态学特性

(1)线虫的生态习性

线虫的生活史包括卵、幼虫和成虫3个阶段。幼虫通过蜕皮经历4个龄期发育为成虫。植物根结线虫常以二龄幼虫侵染植物根尖的生长区，并在生长锥内定居。在适宜的环境条件下，多数植物线虫完成一代需要3~4周，温度低或其他条件不适宜，则需要时间较长。在自然条件下，线虫完成一个世代所需要的时间受许多因素的影响。例如，线虫的种类、

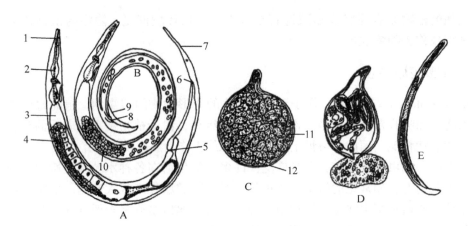

图1-36 线虫的形态结构(王连荣,2000)
A. 雌线虫 B. 雄线虫 C. 梨形线虫(胞囊线虫属)雌虫 D. 梨形线虫(根结线虫属)雌虫
E. 梨形线虫(根结线虫属)雄虫
1. 头部及吻针 2. 食道球部 3. 肠 4. 卵巢 5. 阴门 6. 肛门 7. 尾部
8. 交合刺 9. 交合腺 10. 睾丸 11. 卵 12. 肛门

危害方式、寄主的生长状况、气候条件、土壤理化状况等。

植物线虫除了休眠状态的幼虫、卵外,都需要在适当的水中,或寄生于寄主植物的组织内。活动状态的线虫若长时间暴露在干燥的空气中,会很快死亡。不同线虫种类其发育最适温度各不相同,一般在15~35 ℃,45~50 ℃的热水中10 min即可杀死线虫。土壤是线虫最主要的生态环境,以土壤耕作层15 cm土层中最多。植物根际的分泌物对线虫有一定的吸引力,因此在土壤根际周围的线虫最多。在整个生长季中,线虫在土壤中的活动范围非常有限,很少超过1 m。因此,线虫主要通过人为传播、种苗运输、灌溉水及耕作农具的携带等进行远距离传播。

(2)线虫的致病性

植物病原线虫都是专性寄生物,只能在活的植物细胞或组织内取食和繁殖,在植物体外就依靠它体内贮存的养分生活或休眠。除了线虫侵入寄主植物时以其尖锐的吻针机械刺穿植物表面细胞组织造成机械损伤,对植物的生长发育具有一定的影响外,更重要的是线虫背食道腺分泌物对植物的破坏作用:①刺激寄主细胞增大,形成巨型细胞或合胞体(syncytium);②刺激细胞分裂,使寄主组织形成肿瘤和根部的恶性分枝;③抑制根茎顶端分生组织细胞的分裂,导致植株矮化;④溶解中胶层,使植物组织细胞离析,溶解和破坏细胞壁,造成植物组织溃烂坏死。

1.2.4.3 线虫病的侵染循环

植物病原线虫大多数为活养生物,少数为半活养生物。危害植物的根、茎、叶、花等器官。根据取食习性,常将线虫分为外寄生型和内寄生型两大类。外寄生型线虫在植物体外生活,仅以吻针刺穿植物根毛组织表皮而取食,虫体不进入植物体内;内寄生型线虫则进入植物组织内取食。然而,也有少数线虫先进行一段时间外寄生,然后进行内寄生。

线虫一般以卵、幼虫在植物组织内或土壤中越冬。线虫在田间传播主要通过灌溉水、土壤、人类的农事活动等。远距离传播则是依靠种子、球根及种苗的调运来实现。

1.2.4.4 植物病原线虫的分类和主要类群

(1)植物病原线虫的分类

目前,线虫分类主要依据形态学的差异。线虫的种类和数量很多,据 Hyman(1951)的估计,全世界有 50 多万种,在动物中是仅次于昆虫的庞大类群。Chitwood 夫妇(1950)提出将线虫单独建立一个门——线虫门(Nematoda),再根据侧尾腺口(phasmid)的有无,分为2 个纲:侧尾腺口纲(Secernentea)和无侧尾腺口纲(Adenophorea)。目前关于线虫分类系统,较新的是由 Maggenti(1991)提出的,其在线虫门下设上述 2 纲 18 目 38 总科,植物病原线虫主要分布在垫刃目、矛线目和三矛目中,其中三矛目是从原矛线目新分出的一个目。

(2)草地上重要的植物病原线虫

①粒线虫属(Anguina) 多寄生于禾本科植物的地上部,在茎、叶上形成虫瘿,或者破坏花器的子房形成虫瘿。粒线虫属至少包括 17 个种,模式种为小麦粒线虫(A. tritici),侵染小麦、黑麦,引起小麦粒线虫病。剪股颖粒线虫(A. agrostis)侵染剪股颖穗部产生虫瘿,使种子失去种用价值。侵染羊草植株,苗期或返青期虽无明显症状,但在生长后期,病株较矮,生育期延迟,开花推迟 15~20 d,部分小穗不能结实而变为虫瘿。

粒线虫生活史中的大部分是在子房被破坏而形成的虫瘿中完成。带虫瘿的种子播种后在潮湿的土壤中吸水膨胀,二龄幼虫爬出活动,从芽鞘侵入植物幼苗,在叶鞘和幼茎间营外寄生。茎、叶受害发生扭曲或畸形,偶尔也可在叶片内寄生形成虫瘿。幼穗分化后,幼虫侵入花器,寄生于子房内,刺激子房形成虫瘿。侵入子房的幼虫一般 7~8 条,有时可达40 条。幼虫在子房内很快发育为成虫。两性成虫交配后,雄虫即死去,每条雌虫可产卵2 000 余粒。虫瘿内的卵随即孵化为一龄幼虫,很快发育为二龄幼虫。当植物开花时,虫瘿已完全形成,成熟的虫瘿呈黑褐色。虫瘿内的二龄幼虫存活力很强,干燥条件下可存活10 年。土壤中的二龄幼虫存活期较短,仅 1~2 个月。粒线虫每年发生一代,二龄幼虫期时间很长,只在未成熟的虫瘿中才能看到成虫。

粒线虫病在世界各地普遍发生,虫瘿是其主要传染来源,只要播种不带虫瘿的种子该病就能得到控制。

②茎线虫属(Ditylenchus) 为内寄生型,可以危害植物地上部的茎叶和地下部的根、鳞茎和块根等,有的可以寄生于昆虫和食用菌等。主要症状是造成植物组织茎节膨大、节间缩短,组织坏死。温暖潮湿的天气时,叶片卷曲、变形,变成白色。茎线虫属已报道的超过 80 种,模式种为起绒草茎线虫(鳞球茎茎线虫,D. dipsaci),是危害最严重和最常见的种,在世界各地都有发生,受害植物在 300 种以上。

在适宜的温度下,茎线虫完成一代生活史所需的时间只要 19~25 d,每年发生多代。茎线虫具有世代重叠现象,在植物组织内可以发现其生活史中的各个虫态。茎线虫的防治主要是选用无线虫的种子育苗,必要时采用轮作和土壤消毒等措施。

③根结线虫属(Meloidogyne) 性状与胞囊线虫相似,直到 1949 年还作为胞囊线虫属内的一个种(Heterodera matini)。根结线虫与胞囊线虫的主要区别是植物受根结线虫危害后的根部肿大,形成瘤状根结的典型症状;根结线虫成熟雌虫的虫体角质层不变厚,不变为深褐色,以及雌虫的卵全部排至体外的胶质卵囊中。根结线虫是一类危害植物最严重的线虫,可以侵染单子叶和双子叶植物根部,形成瘤状根结。该属广泛分布在世界各地,是热带、亚热带和温带地区最重要的植物病原线虫。据统计,根结线虫属已报道的有 62 种,其

中最重要的有4种：南方根结线虫(*M. incognita*)、北方根结线虫(*M. hapla*)、花生根结线虫(*M. arenaria*)和爪哇根结线虫(*M. javanica*)。

根结线虫均为雌雄异形，雌虫成熟后膨大成梨形，双卵巢，阴门和肛门在身体后部。雌虫阴门周围的角质膜形成特征性的会阴花纹(perineal pattern)，是该属线虫鉴定种的重要依据。雄虫细长，尾短，无交合伞，交合刺粗壮。此外，根结线虫的二龄幼虫形态也是鉴定的重要依据。每个雌虫可产卵500粒以上，孵化后的幼虫吻针穿透力不强，所以二龄幼虫一般从根尖侵入寄主。雌虫的幼虫和成虫都在寄主组织内活动，而雄虫只有幼虫在寄主组织内固定寄生。雌虫的分泌物可以刺激寄主组织形成巨型细胞，使细胞过度分裂膨大形成肿瘤。

寄生于植物组织内的幼虫，虫体逐渐变粗呈长椭圆形，幼虫分为4个龄期。在寄主营养条件较充足和环境条件适宜情况下，雌虫可以孤雌生殖，卵产在胶质卵囊中，有时部分留在体内。雌虫寄生部位不深的，卵囊可露到根外，或长期留在细根上；寄生部位很深的，所产的卵留在根组织内。卵囊和根组织内的卵能抵御不利的环境条件而长期存活，在条件适宜时才孵化。排出植物体外的卵，孵化的幼虫可侵染新的寄主。留在根结组织内的卵孵化的幼虫，可以继续在组织内发育而完成生活史，也可迁移离开根瘤组织侵染新根。在适宜温度下(27~30 ℃)，根结线虫完成一代只要17 d左右；温度低(15 ℃)则需要57 d左右。因此，根结线虫在南方发生的代数较多，危害也重。针对根结线虫的防治，主要采取土壤消毒和利用抗病品种，长期淹水和在烈日下连续暴晒也有一定效果。

1.2.4.5 线虫病害的症状特点

（1）局部症状

地上部的症状有顶芽、花芽坏死，茎叶卷曲或组织坏死。地下部的症状在根部，生长停滞或卷曲，有的形成肿瘤、根结或丛根，有的组织坏死和腐烂；在地下茎上，可使细胞、组织坏死，引起整个茎块腐烂。

（2）全株型症状

植株生长缓慢、衰弱、矮小、发育迟缓、叶色变淡，甚至萎黄，类似缺肥营养不良的症状；有的也呈现全株性枯萎，如寄生于松树枝干木质部中的松材线虫(*Bursaphelenchus xyophilus*)引起全株枯萎等症状。

1.2.5 寄生性种子植物

有些植物由于根系或叶片退化，或缺少叶绿素不能自养，而必须寄生于其他高等植物才能生长和繁殖，称为寄生性植物。由于大都是高等植物中的双子叶植物，能开花结籽，故又称寄生性种子植物。

1.2.5.1 寄生性种子植物的寄生性

根据对寄主依赖程度的不同，寄生性种子植物可分为全寄生和半寄生两种类型。全寄生种子植物由于叶片退化，叶绿素缺失，不能进行光合作用，需要从寄主植物上获取自身需要的所有营养物质，包括水分、无机盐和有机物质，如菟丝子、列当和无根藤等。半寄生种子植物本身具有叶绿素，能够通过光合作用来合成有机物质，但由于根系缺乏而需要从寄主植物中吸取水分和无机盐，如槲寄生、樟寄生和桑寄生等。由于它们与寄主植物的寄生关系主要是水分的依赖关系，故又称水寄生。另外，按照寄生部位，又可将其分为根寄生和茎寄生等。前者如列当和独脚金，后者如菟丝子和槲寄生。

寄生性种子植物以种子繁殖，传播方式多样，种子成熟后弹射或依靠风力、鸟类取食携带、混杂于寄主种子调运等途径进行传播蔓延。

1.2.5.2 寄生性种子植物的危害特点

寄生性种子植物对寄主植物的致病作用主要表现为对营养物质的争夺。一般来说，全寄生种子植物比半寄生种子植物的致病能力要强。例如，全寄生种子植物菟丝子和列当，主要寄生于1年生草本植物上，可引起寄主植物黄化和生长衰弱，严重时造成大片死亡，对产量影响极大。半寄生种子植物如槲寄生和桑寄生等则主要寄生于多年生的木本植物上，寄生初期对寄主生长无明显影响，当寄生植物群体较大时会引起寄主生长不良和早衰，虽有时也会造成寄主死亡，但与全寄生种子植物相比，发病速度较慢。除了争夺营养外，有些寄生植物如菟丝子还能起桥梁作用，将病毒、植原体等从病株传导到健康植株上。

危害草类植物的寄生性植物主要有菟丝子和列当，危害症状容易识别，病征即是寄生性植物本身。常用的防治方法是使用清洁的种子、早期局部割除深埋、轮作、喷洒除草剂等。

思考题

1. 什么是草地植物病害？
2. 根据病原不同，草地植物病害分为哪两大类？
3. 侵染性病害和非侵染性病害有何区别？
4. 引起侵染性病害的病原有哪些？
5. 什么是症状？怎样区分病状与病征？
6. 试述草地植物病害系统中各主要因素间的关系。
7. 植物病原原核生物有哪几大类群？重要的植物病原细菌有哪几个属？
8. 什么是病毒？植物病毒的组成成分及其功能是什么？
9. 植物病毒有哪些传播方式？
10. 植物病毒病害有哪些症状和特点？
11. 植物病毒有哪些典型的传播方式？
12. 简述线虫对植物的致病机制。
13. 线虫危害寄主植物的典型症状有哪些？

第 2 章
草地植物病害的诊断与病害循环

　　草地植物病害的诊断是草地保护工作者把有关植物病理学的基础知识和基本理论应用到草地生产的实践中，诊断的目的是为了查明草地植物发病的原因，确定病原类型和病害种类，为病害防治提供科学依据。病害循环是研究草地植物和病原物的相互关系，是研究草地植物病害发生发展规律的基础，也是研究植物病害防治的中心问题。

2.1　草地植物病害的诊断

2.1.1　科赫法则

　　科赫法则(Koch's postulate)又称柯霍证病律，是人体医学、动物医学与植物医学用来确定侵染性病害病原物的验证程序。其具体步骤是：①在一种病植物上常有一种特定的微生物存在；②该微生物可在离体的或人工培养基上分离纯化并得到纯培养；③将该纯培养物接种到相同品种的健康寄主上，能出现症状相同的病害；④从接种发病的寄主上能再次分离到这种纯培养物，其性状与原来的分离物相同。

　　严格按照上述四步对所分离的微生物进行了验证，就可以确认该种微生物是否为这种病害的病原物。非专性寄生物（如绝大多数植物病原菌物和细菌）所引起的病害，可以很方便地应用科赫法则来验证排除；但有些专性寄生物（如病毒、植原体和一些线虫等），目前还不能在人工培养基上培养，常被认为不适合应用科赫法则，但也已证明，这些专性寄生物同样可以采用科赫法则来验证，只是在进行人工接种时，直接从病组织上采集病原物，或采用带病毒或菌原体的汁液、枝条、昆虫等进行接种。因此，从理论上说，所有侵染性病害的病原物的诊断鉴定都可按照科赫法则进行。

　　根据科赫法则确定病原生物以后，再根据该病原生物的形态和结构等，与已知种类进行比较，将其鉴定到属和种。科赫法则的原理同样也适用于对非侵染性病害的诊断，只是以某种怀疑因子来代替病原物的作用。例如，当判断是否缺乏某种元素而引起病害时，可以补施某种元素，补施后若症状得到缓解或消除，即可确认此病是缺乏某种元素所致。

　　近年来随着分子生物学的发展，基因水平的科赫法则(Koch's postulates for genes)应运而生，在生物实验室应用。已经取得共识的有以下几点：①应在致病菌株中检出某些基因或其产物，而无毒力菌株中无此基因或其产物；②如有毒力菌株的某个基因被损坏，则该菌株的毒力应减弱或消除，或将此基因克隆到无毒菌株内，后者即可成为有毒力菌株；③将病原菌接种寄主时，这个基因应在感染的过程中表达；④在接种寄主体内能检测到这个基因产物的抗体，或产生免疫保护。该法则也适用于细菌以外的微生物，如病毒。

2.1.2 草地侵染性病害的特点与诊断

2.1.2.1 草地侵染性病害的特点

侵染性病害是由菌物、细菌、病毒、线虫等病原生物侵染所致，是一个发生传播危害的过程。因此，这类病害都具有传染性。在田间发生时，一般呈分散状分布，但具有明显的由点到面，即由一个发病中心逐渐向四周扩大的过程。有的病害在田间扩展，还与某些昆虫有关。传染性病害的病原中除了病毒、菌原体外，在病部大多都会产生病征。其中，菌物病害的病征很明显，在病部表面可见粉状物、霉状物、颗粒状物、锈状物等各种特有的结构。细菌病害在潮湿条件下一般在病部可见滴状或一层薄的脓状物，通常呈黄色或乳白色，即细菌的菌脓。寄生性种子植物所致的病害，在病部很容易看见寄生的植株。线虫病害在病部也能看见线虫。病毒所致病害虽不产生病征，但所致病害病状有显著特点，如变色、畸形等全株性病状。

2.1.2.2 草地侵染性病害的诊断

(1) 观察症状

认真细致地在现场观察发病植物的所有症状和特点，包括地上部(根、茎、叶、花、果)和地下部(根系、根茎和茎基部)的所有异常状态，特别是有无诊断性症状或特征性症状、有无明显的病症、内部病变和外部病变。如要抽样，尽量采集典型的标本，以备实验室进一步诊断和鉴定。记录时要尽可能使用规范的专业术语来描述这些症状，并拍照存档。

(2) 了解病史

调查了解发病草地植物的生长环境和已有的管理措施，病害在田间的分布情况和发生时期，明确病害在田间是点片发生，还是随机分布；有无明显的发病中心；是苗期、生长前期发生，还是中后期、成株期发生；周围有无污染源等。详细调查和了解病害发生的过程，是由点到面，随时间的延续不断扩展，有明显的发展过程；抑或发病过程不明显，病害突然同时大面积出现；发病植物是否有明显的固定部位等。

了解病害发生与气候、农事操作和周围环境的关系，近期的天气是否有过冷、过热的突变，有无酸雨和雷电过程，周围有无污染源，病前是否施用过农药、激素或化肥，周围作物是否喷施过除草剂，施药时是否有风，其风向如何等。

对发病情况和发病环境了解的越充分、越清楚、越准确，则越有利于对病害做出快速而准确的诊断。

(3) 实验室检测与鉴定

对于一时难以判断病因的要在现场采样，需进行进一步的检测鉴定。常规检测项目包括光学显微镜检查、病原物的分离培养和接种、生物学和生理生化检验、免疫学检测、电子显微镜观察、分子生物学的检测等，具体检测与鉴定方法可参考《草地保护学》(刘长仲、姚拓主编)侵染性病害实验室检测与鉴定方法或其他相关资料。

2.1.3 草地非侵染性病害的特点与诊断

草地非侵染性病害是由不适宜的环境条件引起的，其发生的原因很多，最主要的原因是土壤和气候条件的不适宜，如营养元素的缺乏、水分供应失调、高温和干旱、低温和冻害，以及环境中的有毒物质等。根据非侵染性病害的发生特点，在诊断中应详细观察和调查发病植物所处的环境条件和栽培管理等因素，必要时，可分析植物所含营养元素、土壤酸碱度、有毒物质等，还可进行营养诊断和治疗试验、温湿度等环境影响的试验，以明确病原。

2.1.3.1 草地非侵染性病害的特点

非侵染性病害具有的特点：①非侵染性病害没有传染性，田间无发病中心，病株在田间的分布具有规律性，一般比较均匀，往往是大面积成片发生。没有从点到面扩展的过程；②症状具有特异性，除了高温引起的灼伤和药害等个别原因引起局部病变外，病株常表现全株性发病，如缺素症、涝害等；③株间不互相传染；④病株只表现病状，无病征，但是患病后期由于抗病性降低，病部可能会有腐生菌类出现，在适宜的条件下，有的病状可以恢复；⑤病害发生与环境条件、栽培管理措施密切相关。因此，在发病初期，消除致病因素或采取挽救措施，可使病态植株恢复正常。

2.1.3.2 草地非侵染性病害的诊断

（1）田间观察

田间观察是诊断病害首要的工作，根据非侵染性病害的发病特点，田间观察时应注意观察病害在田间的分布状况、病株的发病情况及发病条件等。

①病害在田间的分布状况　非侵染性病害在田间开始出现时一般表现为较大面积均匀发生，发病程度可由轻到重，但没有由点到面即由发病中心向周围逐步扩展的过程。

②病株的发病情况　一般非侵染性病害的症状主要表现为变色、枯死、凋萎、落叶、畸形和其他生长不正常等现象。首先要排除侵染性病害，当初步确定为非侵染性病害时，可检查发病的症状类型，分析发病原因，确定病害种类。

③发病条件　调查发病植物的周围地势、地貌和土质及土壤酸碱度，了解当年气象条件的特殊变化(如洪水、干旱、过早或过晚的霜冻等)，详细记载施肥、排灌和喷洒化学农药等栽培管理措施。对发病植物所在的发病条件等有关问题进行调查和综合分析后，从而确定致病原因。

（2）病原鉴定

草地植物病害分为非侵染性病害和侵染性病害两大类，这两类病害的病原完全不同。诊断时，首先应确定所发生的病害属于哪一类，然后做进一步的鉴定。对非侵染性病害病原鉴定，通常采用化学诊断法、人工诱发试验和指示植物鉴定法。

2.2　病原物的侵染过程和病害循环

2.2.1　侵染过程

侵染过程(又称病程)指病原物与寄主植物可侵染部位接触后，侵入寄主并在其体内扩展至寄主表现症状的过程。由于病原物种类和植物病害的种类繁多，其侵染过程的特点不同，为便于分析和研究，一般将侵染过程人为地分为接触期、侵入期、潜育期和发病期4个时期。侵染是一个连续的过程，各个时期并没有绝对的划分界限。

2.2.1.1 接触期

接触期指从病原物与寄主接触，或到达受到寄主外渗物质影响的根围或叶片后，开始向侵入的部位生长或移动，并形成某种侵入结构的一段时间。接触期病原物处于寄主体外的复杂环境中,受到外界因素(物理、生化和生物)的影响较大,必须克服各种对其不利的因素才能进一步侵染,是比较脆弱的阶段,这个时期决定着病原物能否成功侵入寄主,所以是防治植物病害的有利时期。

大多数病原物是被动地由风、雨水和昆虫携带,随机落到各种物体上,且绝大多数落在不能被侵染的物体上,只有极少部分能够落在感病寄主植物的敏感部位上。接触期病原物受环境条件的影响较大,其中以湿度和温度的影响最大。几乎所有的病原物在其营养阶段都能够立即引起侵染,但菌物孢子和寄生性植物的种子首先必须萌发。孢子萌发需要适宜的温度和湿度条件,如雨水、露水、植物表面的水膜,或至少有较高的相对湿度。对于土壤传播的菌物或孢子在土壤中的萌发,除根肿菌、壶菌、丝壶菌和卵菌以外,土壤湿度过高对于孢子的萌发和侵入是不利的。湿度过高,不仅影响病原物的正常呼吸作用,而且还可以促使对病原物有拮抗作用的腐生生物的生长。

2.2.1.2 侵入期

从病原物侵入寄主到建立寄主关系的这段时间称为病原物的侵入期。各种病原物的侵入方式有所不同,分为主动侵入和被动侵入两种。侵入植物的途径包括直接穿透侵入、自然孔口侵入和伤口侵入。

(1)直接穿透侵入

直接穿透侵入是指病原物直接穿透寄主的角质层和细胞壁进入植物。植物病原线虫、寄生性种子植物和部分菌物能够直接侵入寄主。病原菌物中最常见和研究最多的是炭疽菌属(*Colletotrichum*)、白粉菌属(*Erysiphe*)和黑星菌属(*Venturia*)等。菌物直接侵入的典型过程为:落在植物表面的菌物孢子在适宜的条件下萌发产生芽管,芽管的顶端膨大形成附着胞,附着胞以其分泌的黏液和机械压力将芽管固定在植物的表面,然后从附着胞与植物接触的部位产生纤细的侵染钉直接穿过植物的角质层。菌物穿过角质层后或在角质层下扩展、或随即穿过细胞壁进入细胞内、或穿过角质层后先在细胞间扩展,然后穿过细胞壁进入细胞内。一般来说,直接侵入的菌物都要穿过细胞壁和角质层。侵染钉穿过角质层和细胞壁以后,就变粗而恢复为原来的菌丝状(图2-1)。

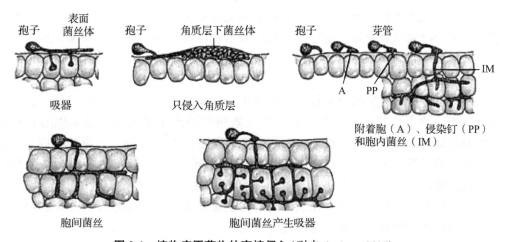

图2-1 植物病原菌物的直接侵入(引自 Agrios,2005)

(2) 自然孔口侵入

植物的许多自然孔口(如气孔、皮孔、水孔、柱头、蜜腺等)，都可能是病原物侵入的通道。许多菌物和细菌都是从自然孔口侵入的，尤其以气孔最为重要，菌物孢子一般在植物表面萌发，芽管随后侵入气孔。芽管通常先形成附着胞紧密附着于气孔，随后附着胞下产生一个纤细的菌丝侵入气孔，菌丝在气孔下室变粗，并产生一到多个菌丝分枝直接侵入或通过吸器侵入寄主植物的细胞。位于叶尖和叶缘的水孔几乎是一直开放的孔口，水孔与叶脉相连接，分泌出含多种营养物质的液滴，细菌利用水孔作为进入叶片的途径。

(3) 伤口侵入

植物表面的各种伤口都可能成为病原物侵入的途径，包括外因造成的机械损伤(冻伤、灼伤、虫伤、物理因素或动物取食造成的伤口)和植物自身生长过程中造成一些自然伤口(叶片脱落后的叶痕和侧根穿过皮层时所形成的伤口等)，所有的植物病原原核生物、大部分的病原菌物、病毒均可通过不同形式造成伤口侵入。

有人用主动侵入和被动侵入来描述病原物的侵入过程。主动侵入相当于直接侵入，而被动侵入则相当于自然孔口侵入或伤口侵入。病原物的侵入途径与防治方法有关，例如，对于通过伤口侵入而引起的植物病害，应该注意在栽培或收获操作过程中避免造成植物的损伤，或用药剂处理伤口。

2.2.1.3 潜育期

潜育期是指病原物与寄主建立寄生关系到出现明显症状的时期，也是寄主对病原物的扩展表现不同程度抵抗性的时期，人们的感官不能察觉它的存在。通常，一个具体病害的潜育期，可以通过接种试验来确定，以接种之日到症状出现之日的这段时间为潜育期。病原物的侵入并不表示与寄主一定能建立寄生关系，建立了寄生关系的病原物能否进一步发展而引起病害，还受寄主植物的抵抗力和环境因素等很多条件影响。

潜育期是植物病害侵染过程中的重要环节，由于其变化过程都是在植物内部发生，故很难观察。当植物表现明显症状后，虽然可以看到病原物的致病作用和植物的病理变化，但这些都是病原物和寄主植物相互作用的结果，而不是它们的过程。形态学上的病理变化是内部生理和生化变化的反映与结果，研究早期生理和生化的变化，并将病原物生理的研究和寄主生理的研究结合起来，就有可能逐渐揭示病原物和寄主的相互关系，从而达到进一步控制病害的目的。

2.2.1.4 发病期

发病期是指寄主出现症状以后到停止发展为止的这段时间。症状出现以后，病原物仍有一段或长或短的生长和扩展时期，然后进入繁殖阶段产生子实体，症状也随着有所发展。发病期是病原物大量增殖、扩大危害的时期。随着症状的发展，菌物性的病害往往在受害部位产生孢子等子实体，称为产孢期。新产生的病原物的繁殖体可成为再侵染的来源。大多数的菌物是在发病后期或在死亡的组织上产生孢子，有性孢子的产生更迟一些，有时要经过休眠期才产生或成熟。在这段时期寄主植物也表现出某种反应，如限制病斑发展、抑制病原物产生繁殖体、加强自身代谢补偿等。

2.2.2 病害循环

病害循环是指病害从前一生长季节开始发病，到下一生长季节再度发病的过程。侵染性病害的延续发生，在一个地区首先要有侵染的来源，病原物必须经过一定的途径传播到寄主植物上，发病以后在病部还可产生子实体等繁殖体，引起再次侵染，病原生物还要以一定的方式越夏和越冬，度过寄主的休眠期，才能使寄主下一生长季再次发病。

对一种植物病害侵染循环的分析，主要牵涉3个方面：初侵染和再侵染、病原物的越冬和越夏、病原物的传播途径。

(1) 初侵染和再侵染

在一个生长季节中，经过越冬或越夏的病原物，在新一代植株上引起的第一次侵染称为初次侵染或初侵染；由初侵染植株发病后在病斑上新产生的孢子或其他繁殖体，不经休眠就又侵染其他植株，这种重复侵染称为再侵染，许多侵染性病害在一个生长季节中，病原物可能有多次再侵染。

有些病害在一个生长季节中只有一次初侵染而没有再侵染，称为单循环病害(monocyclic disease)，如禾草散黑穗病、腥黑穗病及玉米丝黑穗病，这类病害潜育期一般都很长，从几个月到一年不等。有些病害潜育期并不特别长，很可能是由于寄主组织感病时间很短，而不能发生再侵染。

多数植物病害，在一个生长季内有多次再侵染，这类病害称为多循环病害(polycyclic disease)。如禾谷类锈病，这类病害的潜育期都较短，如环境条件适宜，则迅速传播蔓延造成病害流行。但也有些病害虽然可以发生再次侵染，但并不引起很大的危害，如禾生指梗霉(*Sclerospora graminicola*)引起的粟白发病，再侵染只在叶片上形成局部斑点，并不会引起全株性侵染。

一种病害是否有再次侵染，与这种病害的防治方法、防治时期和防治效率有关。只有初次侵染而没有再次侵染的病害，只要防止其初次侵染，就能完全控制住病害。对于可以发生再次侵染的病害，情况就比较复杂，除要注意初次侵染以外，还要解决再次侵染的问题，防治效率的差异就很大。

(2) 病原物的越冬和越夏

病原物的越冬和越夏指当寄主植物收获后或休眠后病原物的存在方式和存活场所。病原物越冬和越夏的方式有寄生、腐生和休眠，专性寄生物不能腐生，只有在活体新主上寄生或在寄主体外休眠，非专性寄生物则寄生、腐生、休眠都可以。病原物的越冬和越夏(初次侵染)的场所很多，主要的有下列几种。

①田间病株　病原物都可以其不同的方式在田间生长的病株体内或体外越冬和越夏。

②种子、苗木和其他繁殖材料　作为病原物越夏和越冬的场所，情况多种多样。病原物可与它的休眠体和种子混杂在一起，或以休眠孢子附着在种子上。关系更密切的是病原物可以侵入而潜伏在种子、苗木和其他繁殖材料的内部。种苗和其他繁殖材料的带菌常是翌年初次侵染最有效的来源，更是植物病原物远距离传播的载体，从而在植物检疫中成为检疫的重点。

③土壤　土壤是病原物在植物体外越冬或越夏的主要场所，病原物的休眠体可以在土壤中长期存活。休眠体在土壤中存活期限的长短与环境条件有关，土壤的温度低，可保护病原物休眠状态，存活的时期就比较长。土壤中的微生物可以分为土壤寄居菌和土壤习居菌两类。土壤寄居菌在土壤中病株残体上的存活期较长，但不能单独在土壤中长期存活，大部分植物病原菌物和细菌都属于这一类。土壤习居菌对土壤的适应性强，在土壤中可以

长期存活，并且能够在土壤有机质上繁殖，腐霉属(*Pythium*)、丝核菌属(*Rhizoctonia*)等都是土壤习居菌的代表。

④病株残体　非专性寄生物在寄主存在时可营寄生生活，寄主死亡后可以腐生。因此，这类病原物可以在多种病株残体，(如根、茎、叶、穗、铃、果等部位)腐生或潜伏在其中越冬。许多重要病害的病原菌(如玉米大、小斑病菌等)都是以病株残体作为它们越冬主要的场所。残体中病原物存活时间的长短，一般决定于残体分解的快慢。病原物多半是以菌丝体或形成子座在作物的残体中存活，经过越冬或越夏以后，它们可以产生孢子传播。因此，及时清理病株残体，可杀灭许多病原物，减少初次侵染来源，达到预防病害的目的。

⑤粪肥　粪肥中常带有大量的病原物(尤其是未经腐熟的粪肥)。在多数情况下，人为地把病株残体用作积肥掺进去的，少数是牲畜排出的粪中带菌。用带有病原物休眠孢子的病株喂牲畜，排出的粪中就可能带菌，如不充分腐熟，就可能传到田间引起发病。

⑥机具　刈割等机具携带或残留刈割下的病株残体等，可能成为病原物越冬和越夏的场所。再次刈割时，带入健康的草地，可以成为侵染来源。例如，苜蓿褐斑病就可以这种方式度过休眠阶段。

根据病原物越冬和越夏的场所和方式，可以拟定相应的消灭初侵染源的措施。

(3)病原物的传播途径

病原物的传播主要依赖外界的因素，其中有自然因素和人为因素。自然因素中，以风、雨水、昆虫和其他动物传播的作用最大；人为因素中，以种苗、种子、块茎、块根和鳞球茎等调运、农事操作和农业机械的传播最为重要。

①气流传播(又称空气传播)　气传、风传是多数产孢菌物最主要的传播方式。孢子是菌物繁殖的主要形式，菌物产生孢子的数量很大，由于孢子小而轻，很容易随气流传播。有些菌物的子实体还有特殊的机能，能将孢子主动弹射到空气中。霜霉菌和接合菌的孢子囊，大部分子囊菌的子囊孢子和分生孢子、半知菌的分生孢子、锈菌的各种类型孢子、白粉病和黑粉菌的孢子都可以随着气流传播，在短期内不断再侵染而使病害蔓延。

②雨水和流水传播　黑盘孢目和球壳孢目菌物的分生孢子多半是由雨水传播的，它们的子实体内大多都有胶质，胶质遇水膨胀和溶化后，分生孢子才能从子实体或植物组织中散出，随着水滴的飞溅而传播。限毛菌的游动孢子只能在水滴中产生并保持它们的活动性，故一般由雨水和流水传播。存在于土壤中的一些病原物，如烟草黑胫病菌、软腐病细菌和青枯病细菌及有些植物病原线虫，可经过雨水飞溅到植物上，或随流水传播。与各种病原物相比而言，在细菌病害中雨水、露水和流水传播尤为重要。

③生物介体　昆虫、螨和某些线虫都是植物病毒的主要生物介体，其中昆虫及螨的传播与病毒病害的关系最大。一般而言，昆虫传播病害的作用，主要是引起植物的损伤，增加侵入的机会。

④土壤传播和肥料传播　带菌的土壤能黏附在牧草根部、茎秆和叶片上被有效地远距离传播病原物。人的鞋靴、动物的蹄脚可近距离地传播病土。同样，候鸟在迁徙过程中落地取食时也可沾带病土，将危险性病原物传播至远方。混入农家肥料的病原物，若未充分腐熟，其中的病原物很容易随粪肥的施用而得到传播。

⑤人为因素传播　带病的种子、苗木和其他繁殖材料的流动最重要。农产品和包装材料的流动与病原物传播的关系也很大，它不像自然传播那样有一定的规律，并且是经常发生的，尤其是在现代交通极为便捷、频繁的情况下，病原物更容易被传播。人为因素中，也不能忽视一般农事操作与病害传播的关系。例如，烟草花叶病毒是可以接触传染的，所以在烟草移苗和打顶去芽时都可能传播病毒，病原体附着在农具或人畜躯体上传播也是常见的，但是这种病原传播距离一般都是近的。

2.3　草地植物病害调查与预测预报

2.3.1　草地植物病害调查

2.3.1.1　草地植物病害调查的类别

依调查目的不同，草地植物病害调查可分为一般调查和重点调查两类。

①一般调查(又称普查或踏查)　当一个地区有关草地植物病害发生情况的资料很少，可先进行一般调查，目的是了解草地植物病害的种类、分布、危害程度等。普查面要广，并且要有代表性。由于调查的病害种类很多，对发病率的计算并不要求十分精确。

②重点调查　对已发生或经过调查发现的重要病害，可作为重点调查的对象，深入了解它的分布、发病率、损失、环境影响和防治效果等。重点调查的次数要多一些，发病率的计算也要求比较准确。

2.3.1.2　草地植物病害调查的方法

这里以重点调查为主介绍，一般调查可参考重点调查并依据调查目的和实际情况做适当调整。

①取样原则　遵循"可靠而又可行"的原则。

②取样时间　为了节约人力和物力，对一般发病情况的调查，最好是在发病盛期进行。例如，禾草病害调查的适当时期一般为：叶枯病在抽穗前，条锈病在抽穗期。如果一次要调查几种草地植物或几种病害的发生情况，可以选一个比较适中的时期。但对于重点调查的病害，取样的适当时期应根据调查病害的种类、调查内容、病害发生规律等做具体安排，选择适合的时期。又如谷粒病害，可在谷粒成熟时、收获前分别取样调查。贮藏中的牧草种子病害，则可以在贮藏过程中不断取样记载。

③取样地点和方法　田边植株往往不能代表一般发病情况，因此取样时应避免在牧草田边取样，最好在离开田边5~10 m取样(视草地面积大小而定)。取样时至少5处随机取样，或者从田块四角两根对角线的交点和交点至每一角的中间4个点，共5个点取样，或其他方法取样(图2-2，视牧草田具体情况而定)。

④样本类别　样本可采集整株(苗枯病、枯萎病、病毒病等)、叶片(叶斑病)、穗、秆(黑粉病)等作为计算单位。取样单位应视草地植物病害种类和调查目的而定，但应做到简单而且能正确地反映发病情况。同一种病害，由于危害时期和部位不同，必须采取不同的取样方法。例如，叶部病害的取样大多数是从田间随机采取叶片若干，分别记载发病情况，求得平均发病率；但也有从植株的一定部位采取叶片，以此叶片代表植株的平均发病率；或记载植株上每张叶片(必要时也可采下)的发病率，求得平均数。

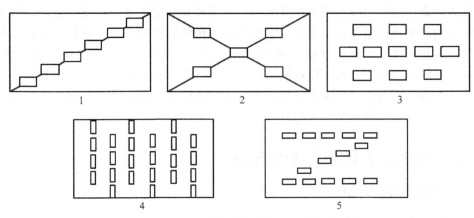

图 2-2 田间调查取样方法示意图
1. 单对角线 2. 双对角线 3. 棋盘式 4. 平行线式 5. Z 字形法

⑤样本数目 取决于病害的性质和环境条件。空气传播而分布均匀的植物病害(如锈病等),样本数目可以少一些;土壤传染的植物病害(如镰刀菌根腐病等)样本相对要多一些。一般的方法是一块牧草田随机调查至少 5 个点,在一个地区调查 10 块有代表性的植物。每个取样单位中的样本数量不一定要太多,但要有代表性。

2.3.1.3 草地植物病害调查内容记录

①一般调查 主要是了解病害的分布和发病程度,有多种记录方法,可以参考表 2-1 或表 2-2,也可视调查目的设计其他表格进行记录。

②重点调查 内容记录可以参考表 2-3 或其他记录方式。

表 2-1 牧草病害一般调查记录表(田块记录法)

牧草类型:_____ 调查地点:_____ 调查日期:_____ 调查人:_____

病害名称	发病率										
	田1	田2	田3	田4	田5	田6	田7	田8	田9	田10	平均
锈病											
白粉病											
黑粉病											
霜霉病											
褐斑病											
枯萎病											
根腐病											
……											

表 2-2　牧草病害一般调查记录表（种类记录法）

牧草类型：_____　调查地点：_____　调查日期：_____　调查人：_____

病害名称	危害部位	发生特点	发病程度
1.			
2.			
3.			
4.			
5.			
6.			
……			

注：发病程度有时可用"无病""轻""重""很重"，或者用"-""+""++""+++"等符号表示，但必须对符号加以说明，不加说明的符号是没有意义的。

表 2-3　牧草病害重点调查记载

调查日期：_____　调查地点：_____　调查人：_____

牧草类型：_____　草种和品种：_____　种子来源：_____　病害名称：_____

发病率和田间分布情况：_____　土壤性质和肥沃度：_____

当地温度和降雨（注意发病前和病害盛发时的情形）：_____

土壤湿度：_____　灌溉和排水情况：_____　施肥情况：_____

牧草建植与管理方式：_____　其他重要的病虫害：_____　防治方法和防治效果：_____

发病率：_____　感病指数：_____　群众经验：_____

注：重点调查除田间观察外，更要注意访问和座谈。

2.3.1.4　发病程度及其计算

发病程度包括发病率、严重度和感病指数。

①发病率　是指发病的田块、植株或器官（根、茎、叶）数占调查田块、植株或器官（根、茎、叶）总数的百分率，表示发病的普遍程度。

$$发病率 = \frac{发病田块（株、器官）数}{调查总田块（株、器官）} \times 100\%$$

②严重度　表示发病的严重程度，多用整个植株或某一器官（或田块）发病面积占总面积的比例分级表示，用以评定植株或器官（或田块）的发病严重程度。发病严重级别低，则发病轻；反之，则发病重。调查牧草病害严重度时，要有分级标准，分级标准可以病斑数量、发病面积、发病株数等所占的比例而定，但适合的分级标准需在大量的工作中反复验证才能确定。表 2-4 是叶斑病严重度分级标准。

表 2-4　叶斑病严重度分级标准

严重度级别代表值	分级标准	严重度级别代表值	分级标准
0	无病	3	病斑面积占叶面积的 1/2~3/4
1	病斑面积占叶面积的 1/4 以下	4	病斑面积占叶面积的 3/4 以上
2	病斑面积占叶面积的 1/4~1/2		

表 2-5　国际通用的标准分级体系(SES)

代表值	病情	抗性符号
0	无可见症状	I 免疫
1	病斑(或病株)占样本面积的 1%~3%(1~2 个病斑)	HR 高抗
2	病斑(或病株)占样本面积的 4%~10%(<10 个病斑)	
3	病斑(或病株)占样本面积的 11%~25%	MR 中抗
4	病斑(或病株)占样本面积的 26%~50%	
5	病斑(或病株)占样本面积的 51%~75%	MS 中感
6	病斑(或病株)占样本面积的 76%~85%	
7	病斑(或病株)占样本面积的 86%~90%	HS 高感
8	病斑(或病株)占样本面积的 91%~95%	VS 极高感
9	病斑(或病株)占样本面积的 96%以上	

严重度常采用 0~9 共 10 级表示法。表 2-5 是国际通用的标准分级体系(SES)，在实际应用中，常用 0、1、3、5、7、9 级。

③感病指数　表示发病普遍程度和严重程度的综合指标。

$$感病指数 = \frac{\sum 病株(叶)数 \times 该级严重度代表值}{调查总株数 \times 发病最重级严重度代表值} \times 100$$

2.3.2　草地植物病害的预测预报

草地植物病害预测预报的主要目的是为防治决策提供参考和确定药剂防治的时间、次数和范围等。依据草地植物病害的流行规律，结合当地的气象因素、寄主生长发育状况及草地植物病害历年发生和流行的有关资料，利用经验或系统模拟方法，估计一定时限之后病害的流行状况(是否发生、时间率、程度轻重等)，称为预测；由权威机构发布预测结果，称为预报。有时对两者并不做严格的区分，通称病害预测预报(简称病害测报)。

2.3.2.1　预测的种类

(1)依据预测时限分为长期预测、中期预测和短期预测

①长期预测　习惯上指 1 个季节以上，有的是 1 年或多年。多根据菌量、病害流行的周期性和长期天气预报等资料做出预测。

②中期预测　一般为 1 个月至 1 个季度。多根据当时发病数量或菌源数量、牧草生育期的变化、实测的或预测的天气等做出预测。

③短期预测　一般在 1 周之内。主要根据天气和菌源情况做出预测。短期预测结果用以确定防治适期。

(2)依据预测内容分为发生期预测、流行程度预测和损失预测

①发生期预测　又称侵染预测。预测病害可能发生的时期。多根据小气候因子预测病原菌集中侵染的时期，以确定喷药防治的适宜时机等。

②流行程度预测　又称扩展蔓延预测。预测病害扩展蔓延。预测结果可用具体的发病数量(发病率、严重度、病情指数等)做定量的表达。

③损失预测　又称损失估计。主要根据病害流行程度预测减产量，有时还将品种、栽

培条件、气象条件等因素用作预测因子。预测病害可能造成产量损失等。

2.3.2.2 预测的根据

病害流行预测的预测因子应根据病害的流行规律，在寄主、病原物和环境等因素中选取。一般地，病害预测的根据主要是菌量多少、气象条件、栽培管理条件和寄主植物生育状况等。除此之外，还应结合病害的发生规律、病原菌的生物学特性以及当地过去或目前的发病情况、气象资料（包括未来的）等进行预测。例如，对禾草黑粉病等许多单循环种传病害，可通过检查种胚内带菌情况，确定种子带菌率和翌年病穗率，我国北方多年生禾草锈病的春季流行通常依据上年秋季发病程度、病原物越冬率和春季降水情况预测等。

2.3.2.3 预测方式

病害的预测方式可以分为经验式预测和系统模拟预测模型。

①经验式预测　主要包括综合分析预测法和数理统计预测法。二者均以有关病情与流行因素的多年多点历史资料为主要依据，经过综合分析或统计计算建立经验预测模型。

综合分析预测法是一种经验推理方法，多用于中、长期预测。通过调查和收集有关品种、菌量、气象和栽培管理等方面的资料，与历史资料进行比较，经过全面权衡和综合分析后，依据主要预测因子的状态和变化趋势估计病害发生期和流行程度。

数理统计预测法是运用统计学方法根据多年多点历史资料，建立数学模型预测病害的方法。目前，主要用回归分析、判别分析和其他多变量统计方法选取预测因子，建立预测式。

②系统模拟预测模型　是一种机理模型。把从文献、实验室和田间收集的有关信息进行逻辑汇总，形成概念模型，再将其通过试验加以改进，并用数学语言表达即数学模型，再译为计算机程序，经过检验和有效性、灵敏度测定后即可付诸使用。使用时在初始条件下输入数据，使状态变数的病情依据特定的模型按给定的速度逐步积分或总和，外界条件通过影响速度变数而影响流行，最后打印出流行曲线图。

思考题

1. 阐述病程、侵染循环的概念。
2. 病原物越冬和越夏的场所有哪些？
3. 病原物被动传播的形式有哪几种？
4. 什么是初侵染和再侵染、单循环病害和多循环病害及病害流行？
5. 影响病害流行的主要因素有哪些？
6. 试述单循环病害和多循环病害的流行学特点。
7. 草地植物病害预测的种类及依据是什么？
8. 草地植物病害预测的主要方式有哪些？

第 3 章
病原物的致病性与寄主的抗病性

植物病害的发生是在特定的环境条件下，病原物与寄主植物接触，经识别、侵入、扩展、致病等一系列复杂的过程。但同时，寄主植物也产生了一系列抗病反应，整个病害发生过程就是寄主植物和病原物相互作用的过程，简称"互作过程"。

3.1 病原物的寄生性和致病性

3.1.1 病原物的寄生性

寄生性(parasitism)是指病原物从寄主活体内获取营养进行生存和繁殖的能力。不同病原物从寄主获得营养的能力有所不同。只能从活的寄主细胞和组织中获得所需要的营养物质，这种营养方式称为活体营养(biotroph)。先杀死寄主的细胞和组织，然后从死亡的寄主组织上获取营养，这种营养方式称为死体营养(necrotroph)。依据从寄主获得营养的方式和能力大小，将病原物分为专性寄生物(obligate parasite)和兼性寄生物(facultative parasite)。

专性寄生物的寄生能力最强，只能从活的寄主细胞和组织中获得营养。当寄主的细胞和组织死亡后，病原物也停止生长和发育。这类寄生物对寄主细胞的直接杀伤作用较小，寄主范围较窄，包括所有的植物病毒、植原体、寄生性种子植物、大部分植物病原线虫和霜霉菌、白粉菌、锈菌等部分真菌。它们对营养的要求比较复杂，一般不能在普通的人工培养基上培养。

兼性寄生物或兼性腐生物也称非专性寄生物(noobligate parasite)，是指一些寄生物在其生活史中有一段时间的营养方式为死体营养，即营腐生生活。兼性寄生物与兼性腐生物之间没有严格的界限，是相对而言的。兼性寄生物寄生性很强，以获得活体营养生活为主，但也有一定获得死体营养的能力。它们虽然可以在人工培养基上勉强生长，但难以完成生活史，如疫霉菌、外子囊菌、外担子菌等。兼性腐生物一般寄生性较弱，它们只能侵染生活力弱的活体寄主植物或处于休眠状态的植物组织或器官，但寄主范围较广，如腐霉菌、丝核菌等。兼性腐生物易于进行人工培养，可以在人工培养基上完成生活史。

3.1.2 寄主范围与寄生专化性

病原物能够寄生的植物种的范围称为寄主范围。各种病原物的寄主范围差别很大。有的只能寄生于一种或几种植物上，有的却能寄生于几十种或上百种植物上，故病原物对寄主植物具有选择性。一般来说，专性寄生物的寄主范围较窄，兼性寄生物的寄主范围较宽。对病原物寄主范围的研究，可为采用轮作和铲除野生寄主的防病措施提供理论基础。

同一种病原物对寄主植物的科、属、种或品种的选择性，称为寄生专化性(parasitical specialization)。一种病原物的寄生专化性往往被区分为变种、专化型、生理小种等。病原物寄生的专化性还表现在病原物的转主寄生方面，即有的病原物必须经过在两种亲缘关系不同的寄主植物上寄生生活才能完成其生活史。

对病原物寄生专化性的研究，特别是在专性寄生物和强寄生物中，寄生专化性是非常普遍的现象。例如，禾谷秆锈菌（形态种）的寄主范围包括300多种植物，依据对寄主属的专化性分为十几个专化型；同一专化型内，根据对寄主种或品种的专化性又分为若干生理小种。

在草地植物病害防治中，了解当地存在的具体草类植物病害病原物的生理小种，对选育和推广抗病品种、分析病害流行规律和预测预报具有重要的实践意义。

3.1.3 病原物的致病性

3.1.3.1 致病性概念

致病性（pathogenicity）是病原物所具有的破坏寄主引起病害的能力。病原物都有寄生性，病原物就是寄生物，但并不是所有的寄生物都是病原物，寄生性不等同于致病性。例如，根瘤细菌和许多植物的菌根真菌都是寄生物，但并不是病原物。寄生性的强弱和致病性的强弱没有一定的相关性。专性寄生的锈菌的致病性并不比非专性寄生的强。例如，引起腐烂病的病原物大都是非专性寄生的，有的寄生性很弱，但是它们的破坏作用却很大。病原物对寄主植物的致病和破坏作用，一方面表现在对寄主体内水分和养分的大量消耗；另一方面是病原物可分泌各种酶、毒素、生长调节物质等，直接或间接地破坏植物细胞和组织，使寄主植物发生病变，不同个体或群体，它们的致病能力（程度和速度）有差别，称为致病力或毒性的差异。

3.1.3.2 致病性分化

同一种病原物中，不同菌株对寄主植物中不同的属、种或品种的致病性存在差异的现象称为病原物致病性分化（pathogenic differentiation）。它和上述寄生专化性是植物病原物的同一特性，不同类型病原物种内致病性分化可用不同的术语表示。例如，植物病原菌物中常用生理小种表示，细菌中常用致病变种和菌系表示，病毒中常用株系表示等。

用于测定一种病原物群体中个体之间致病性分化的一套品种或材料称作鉴别寄主（differential host）。一套理想的鉴别寄主所采用的品种或材料都是近等基因系。生理小种的数量可以随着选择的鉴别寄主数量多少而改变。生理小种命名一般采用数字表示，如黑麦草大斑病菌2号小种等。病原物致病性分化是导致植物品种抗病性丧失的一个重要原因。因此，准确鉴定生理小种对植物品种合理布局和抗性利用具有重要指导意义。

3.1.4 病原物的致病机制

病原物致病作用的机制很复杂，大致有以下几种方式：

（1）施加机械压力

病原物通过对寄主植物表面施加机械压力而侵入，如菌物的菌丝和寄生性植物的胚根首先接触并附着在寄主表面，继而其前端膨大，形成附着胞，由附着胞产生纤细的侵入钉，对植物表皮施加机械压力，并分泌相应的降解酶软化角质层和细胞壁而穿透表皮侵入；线虫则先用吻针反复穿刺，最后刺破寄主表皮，进入植物体细胞和组织中。另外，一些病原真菌在寄主表皮下形成子实体后，对表皮施加一定机械压力，使表皮凸起和破裂，将其子实体外露，有利于孔口打开或繁殖体释放，如禾草叶锈病菌、炭疽病菌等。

(2) 夺取寄主的营养物质和水分

病原物具有寄生性，能够从寄主获得必要的生活物质。例如，寄生性种子植物通过吸盘、吸器与寄主植物的维管束相连，直接从寄主体内吸取养分和水分；线虫以吻针从寄主组织中吸取所需要的养分；菌物主要靠吸器或菌丝体从寄主细胞和组织中获取营养物质和水分；细菌依靠渗透作用从寄主细胞和组织中获取养分；病毒依赖寄主细胞内的营养物质进行合成和复制。病原物通过吸取寄主的营养物质使寄主生长衰弱，植株发黄、矮化，甚至导致植株枯死。

(3) 分泌多种降解酶

病原物可分泌角质酶、果胶酶、纤维素酶、半纤维素酶、木质素酶、蛋白酶、酯酶、淀粉酶等降解酶类，使其便于侵入寄主、消解和破坏植物组织和细胞、降解植物细胞内含物等引起病害。例如，软腐病菌分泌的果胶酶可分解消化寄主细胞间的果胶物质，使寄主组织的细胞彼此分离，组织软化而呈水渍状腐烂。

(4) 分泌毒素

病原物可在寄主组织中和人工培养条件下都可以产生毒素，使寄主植物组织中毒，引起褪绿、坏死、萎蔫等不同症状。两种条件下产生的毒素可引起相同或相似的症状。毒素可以破坏寄主细胞的膜系统，损伤线粒体、叶绿体等细胞器，造成细胞核和核糖体的膜破裂和泡囊化，影响寄主的代谢过程和能量改变，导致生理失调、细胞死亡甚至整个植株枯死。

依据对毒素敏感的植物范围和毒素对寄主种或品种有无选择性，可将病原菌产生的毒素分为寄主选择性毒素(host-selective toxin, HST)和非寄主选择性毒素(non-host-selective toxin, NHST)。寄主选择性毒素也称寄主专化性毒素(host-specific toxin)，是一类对寄主植物有较高致病性，而对非寄主植物或抗病品种基本无毒害作用的毒素。大多数寄主选择性毒素是病原菌致病性的决定因子。非寄主选择性毒素又称非寄主专化性毒素(non-host-specific toxin)，是一类不仅对寄主植物有致病性，而且对非寄主植物也有毒害作用的毒素，即该类毒素对寄主植物没有严格的专化性和选择性。

(5) 分泌植物生长调节及多糖类物质

许多病原真菌、细菌、植原体、线虫等能合成与植物生长调节物质相同或类似的物质，侵染后干扰植株体内激素的正常代谢，从而打破植株体内的激素平衡，使植株表现徒长、矮化、畸形、肿瘤和丛生等症状。植物病原菌产生的生长调节物质主要有生长素、细胞分裂素、赤霉素、脱落酸、乙烯等。有些病原物，如炭疽菌、镰刀菌等产生多糖类物质，可与病原物降解酶降解寄主组织和细胞结构产生的大分子物质协同作用，破坏和堵塞维管束，造成萎蔫。

(6) 产生黑色素

黑色素(melanin)的合成对于许多病原菌的生长和发育不是必需的，但与一些病原菌的致病性密切相关。有的病原菌形成的黑色素沉积在附着胞细胞壁的内层，使附着胞吸水后膨胀，内部形成的膨压促进侵染钉刺穿植物胞壁组织，还有的病原菌产生的黑色素有利于芽管和微菌核的形成，提高该病原菌的致病性。另外，生物合成黑色素可以增强病原菌的抗逆性。

不同的病原物往往有不同的致病方式。有的病原物同时具有上述两种或多种致病方式，也有的病原物在不同的阶段具有不同的致病方式。

3.2 寄主的抗病性

3.2.1 抗病性的概念和类别

抗病性是指植物避免、中止或抵抗病原物侵入与扩展，减轻发病和损失程度的一种可遗传的特性。植物抗病性是植物普遍存在的相对性状，主要表现为免疫、高度抗病、抗病、感病到高度感病的连续系列反应。抗病性强即感病性弱，抗病性弱即感病性强，没有绝对的感病性和感病品种。抗病性虽然具有一定的稳定性，但也会发生变异。依遗传方式可分为主效基因抗病性（由单个或少数几个主效基因控制，为质量性状，即垂直抗性）和微效基因抗病性（多个微效基因控制，为数量性状，即水平抗性，也称广谱抗病性）。

病原物的寄生专化性越强，则寄主植物的抗病性分化越明显。对锈菌、白粉菌、霜霉菌等及其他专性寄生物和部分兼性寄生物，寄主的抗病性可以仅针对病原物群体中的少数几个特定小种，称为小种专化抗病性。小种专化性抗病性通常是由主效基因控制的，其抗病效能较高，是当前抗病育种中广泛利用的抗病性类别，主要缺点是其抗病性易因病原物小种组成的变化而"丧失"。与小种专化抗病性相对应的是非小种专化抗病性，具有该种抗病性的寄主品种与病原物小种间无明显特异性相互作用，通常是由微效基因控制的，它对多数病原物有一定的抗性。

植物抗病性反应是由多种抗病因素共同作用、顺序表达的动态过程。根据其表达的病程阶段不同可划分为抗接触、抗侵入、抗扩展、抗损害和抗再侵染等阶段。其中，抗接触又称避病，抗损害又称耐病，而植物的抗再侵染则可称为诱导抗病性。

3.2.2 寄主植物抗病性与病原物致病性间的遗传互作

3.2.2.1 寄主植物与病原物的遗传互作模式

寄主植物与病原物的相互作用影响病原物能否成功侵染并引起病害，或者寄主植物能否表现出感病或抗病性状。病原物能成功侵染植物、引起植物发病过程中表现出的一类特征称为亲和性互作，而病原物侵染失败植物表现出抗病的特征称为非亲和性互作。植物与病原物互作可发生在群体、组织、细胞和分子不同层次的水平上，涉及植物与病原物之间的识别、信号传导及植物防卫反应的激活等事件，植物与病原物互作的特征受植物和病原物基因型的调控。

植物与病原物既相互依存，又相互对立，因此植物的抗病性不仅取决于植物本身的基因型，还取决于病原物的基因型，植物与病原物互作的遗传基础构成了植物抗病的遗传基础。

20世纪中期，弗洛尔提出的"基因对基因学说"，阐明了寄主植物与病原物相互作用的遗传关系。该学说认为：寄主植物具有抗病基因（R）和感病基因（r），病原物方面也存在与之匹配的无毒基因（avr）或毒性基因（Vir）。双方的相互作用产生特定的表型，任何一方的基因都只有在相对应的另一方基因发挥作用的条件下才被鉴别出来。两者基因的互作组合，决定抗病或感病反应。"基因对基因学说"不仅可作为改进品种抗病性与病原物致病性的鉴定方法，预测病原物新小种的出现，同时对于抗病机制和植物与病原物共同进化理论的研究也有指导作用。

利用抗病基因介导的抗性，进行抗病育种是一种行之有效的控制病害、减少产量损失的绿色病害防控策略。然而，这种策略具有一定的挑战性和风险性，当单一的 R 基因被大范围和长时间部署时，高质量的抗性会对病原物种群施加强大的定向选择。在这种情况下，具有更强致病力的病原物可能很快在病原物种群中出现，导致抗性基因完全崩溃。

3.2.2.2 寄主植物与病原物互作的相关基因

(1) 病原物的无毒基因

病原物无毒基因（avr）可与寄主抗性基因（R）相互作用，其产物作为激发子与寄主植物的受体结合引发植物防卫反应。目前，已从真菌、细菌、病毒和卵菌中均克隆到多个无毒基因。现已发现大多数病原物 avr 基因具有双重功能，即在抗病的寄主植物中，与植物 R 基因互作导致小种-品种专化性抗性产生，而在不含 R 基因的感病寄主植物中，起到促进病原物侵染或有利于病原物生长发育等毒性作用。现有研究结果证实，avr 基因的产物具有致病性效应分子的作用，通常是植物先天免疫或基本抗性的抑制因子。

(2) 植物的抗病相关基因

植物抗病相关基因包括抗病基因和防卫反应基因两大类。抗病基因（R）是寄主植物中一类与抗病有关的基因，其表达产物与病原物无毒基因产物互作，使植物表现抗病表现型。抗病基因决定寄主植物对病原物的专化性识别并激发抗病反应。防卫反应基因是被物理、化学或生物激发子激活而表达的，其产物参与植物主动防卫反应的一类基因。目前，已经克隆的植物防卫反应基因主要有三类：植物保卫素和木质素合成的关键酶基因、富含羟脯氨酸糖蛋白基因、病程相关蛋白编码基因。

3.2.3 抗病性机制

3.2.3.1 物理抗病因素和化学抗病因素

植物的抗病机制是多因素的。既有先天具备的被动抗病性因素，也有病原物侵染引发的主动抗病性因素。依据植物抗病因素的性质，可将其划分为物理抗病因素（包括形态的、机能的和组织结构的抗病因素）和化学抗病因素（包括生理、生物化学的因素）。

(1) 物理抗病因素

植物固有的形态结构因子构成植物防御病原物侵染的第一道屏障，与植物的抗侵入有关。这些结构因子包括表皮毛的数量、覆盖表皮细胞上的蜡质层和角质层的厚度，表皮细胞壁的结构特别是木栓化、木质化、钙化和硅化的程度，以及气孔、皮孔等自然孔口的数量、形状、大小、位置等。气孔等自然孔口是许多病原物的侵入途径，故气孔少、孔隙小的品种或器官比较抗病。较厚或纤维素较多的植物细胞壁可限制一些穿透力弱的病原真菌的侵入和定殖，表皮细胞的木栓化、木质化、钙化和硅化可增强细胞膜的强度，提高植株抗侵染能力。维管束阻塞是植物抵抗维管束病害的主要保卫反应。它既能防止真菌孢子和细菌等病原物随蒸腾液流上行扩展，又能导致寄主抗菌物质积累和防止病菌酶和毒素扩散。

(2) 化学抗病因素

化学抗病因素主要包括以下几种：

①过敏性反应　即受侵染植物的细胞及其邻近细胞迅速坏死，进而使病原物受到遏

制、死亡或被封锁在枯死组织中，是植物发生最普遍的保卫反应类型。

②活性氧迸发　即植物在受病原物侵染初期，植物细胞内外迅速积累并释放大量活性氧的现象，是植物与病原物互作过程中普遍产生的现象之一。

③植物保卫素　即植物受到病原物侵染后或受到多种非生物因子(金属粒子、叠氮化钠和放线菌酮等化学物质、机械刺激等)激发后所产生或积累的一类低相对分子质量抗菌性次生代谢产物，多为类异黄酮(如豌豆素、菜豆素、基维酮和大豆素等)和类萜化合物(如日齐素、防疫素等)。

④病程相关蛋白　即植物受病原物侵染或不同因子的刺激后产生的一类水溶性蛋白。在遗传控制上，病程相关蛋白(PR)都是由多基因编码，通常称为基因家族。PR蛋白可攻击病原物，具有分解病原物细胞壁大分子，降解病原物的毒素、抑制病毒外壳蛋白与植物受体的结合等功能。

3.2.3.2　植物的避病和耐病

避病和耐病是构成植物保卫系统的最初和最终两道防线，即抗接触和抗损害。

植物因不能接触病原物或接触的机会减少而不发病或发病减少的现象称为避病。植物可能因时间错开或空间隔离而躲避或减少了与病原物的接触，前者称为"时间避病"，后者称为"空间避病"。避病现象受到植物本身、病原物和环境条件等方面许多因素以及相互配合的影响。植物在受侵染的生育阶段与病原物有效接种体大量散布时期是否相遇是决定发病程度的重要因素之一。植物的形态和机能特点可能成为重要的空间避病因素。对于只能在幼芽和幼苗期侵入的病害，种子发芽势强，幼芽生长和幼苗组织硬化较快，缩短了病原菌的侵入适期。例如，禾草散黑穗病菌由花器侵入，因而闭颖授粉的品种发病较少。

耐病品种具有抗损害的特性，在病害严重程度与感病品种相同时，其产量和品质损失程度较轻。关于植物耐病的生理机制现在还所知不多。禾谷类作物耐锈病的原因主要可能是生理调节能力和补偿能力较强。另外，还发现植物对根病的耐病性可能是由于发根能力强，被病原菌侵染后能迅速生出新根。

3.2.3.3　非寄主抗病性

一种病原物只能侵害特定的寄主种类，而不能侵染其他种类的植物，不能与寄主以外的植物建立寄生关系，这些植物的抗性称为非寄主抗性。这是植物对大多数潜在致病性微生物表现出的最常见、最持久的抗性形式。非寄主抗性的产生与植物和病原物长期的共同进化相关。禾谷类锈菌表现出高度寄主特异性，一种锈菌通常只侵染一种禾谷类作物。利用作物的非寄主抗性，在不同品种间转移非寄主抗性基因，已被认为是一种持久抗锈育种策略。非寄主抗性是自然界中最普遍的抗性，具有广谱性和持久性的特点，为育种者提供了新的抗性来源，用以开发新的抗性品种或阻止抗性品种的抗性丧失。

3.2.3.4　诱导抗病性

诱导抗病性又称诱发抗病性，是植物经各种生物预先接种后或受到化学因子、物理因子处理后所产生的抗病性，也称获得抗病性。它是一种针对病原物再侵染的抗病性。诱导抗病性可分局部诱导抗病性和系统诱导抗病性两种类型。局部诱导抗病性表现在诱发接种部位。系统诱导抗病性能在植株未做诱发接种的部位和器官表达。大量的研究表明，诱导抗病性的产生涉及植物防卫反应的激活，其中包括免疫信息物质、病程相关蛋白、植物激素、木质素及酚类物质的合成等都用于解释诱发抗病性。利用植物诱发抗病性来控制病害是一个值得深入探讨的研究方向。人们很早就试图利用病毒的弱毒株系或病原菌弱毒菌系来诱发植物抗病性，用来防治病害。近年来，人们合成了许多能够诱发系统获得抗病性的化学物质。这类化合物不具有体外抗菌活性，在植物体内也不能转化为抗菌物质，但能激活植物的防卫反应，获得免疫效果，如水杨酸、茉莉酸、茉莉酸甲酯、2,6-二氯异烟酸和苯并噻二唑等。

3.2.4 寄主抗病性变异

抗病性变异的实质是植物对病原物某一种或某一个生理小种的抗性发生了改变，可分为抗病性基因型的表型变异和寄主抗病性的遗传性变异两种类型。

（1）抗病性基因型的表型变异

寄主抗病性基因型的表型变异可以因病原物致病力的改变、寄主植物自身的变异以及环境因素的影响而发生变化。

①病原物致病性基因型不同引起的变异　同一抗病性基因型，如遇不同的病原物致病性基因型，则抗病表现可能不同。病原物致病力的变异主要通过有性杂交、突变、异核作用、准性生殖等途径发生。

②病原物数量、接种势能不同引起的变异　同一抗病性基因型，如所遭受的接种势能强弱不同，抗病性表现也可能有所不同，这在微效基因抗病性中是普遍存在的现象。一个中度抗病品种，如接种量很大，接种势能（包括接种量和诱发侵染的环境条件）很强，也会表现为高度感病。

③环境条件不同引起的变异　主效基因抗病性中有些是对环境条件敏感的，环境条件不同，感抗表现不同，对温度敏感的最为常见。微效基因抗病性受环境条件影响的现象就更为普遍和明显了。温度、湿度、光照、营养元素、栽培管理、农药施用、虫害等环境因子的改变，以及植物体内外微生物区系变化，都可能不同程度的影响寄主植物的抗病性。

（2）寄主抗病性的遗传性变异

寄主抗病性的遗传性变异途径是自身基因突变，或是杂交后的基因重组。变异方向可能使抗病性增强，也可能减弱。变异的速度取决于选择方向和选择压力。其具体情况又因主效基因和微效基因而有所不同。

①主效基因抗病性的变异　由于大多数主效基因抗病性都为显性，所以由抗病性（RR）变感病（Rr），当时是表现不出来的，通过后续的杂交重组、产生双隐性个体（rr）才得以表现，加上突变率一般都很低，因而这种现象很少被人发现。而由感病性变抗病性则只要有病害发生，当代就能显露，尽管突变率很低，却成为抗病育种中从感病品种群体筛选抗病单株的主要手段。

如果不论人工有意识的单株选择，只靠自然选择和一般的人工选择，那么，从群体看，主效基因抗病性的变异速度很慢，甚至很难觉察，对生产和病害防治的影响并不很大。

②微效基因抗病性的变异　产生原因与主效基因抗病性相同，但其中每个微效基因的作用很小，一个基因的突变或基因型有所重组，其表型效应自然比主效基因抗病性更小。但是，从群体看，微效基因抗病性的变异却较主效基因抗病性更快一些、更明显，因而在生产和病害防治中显得更为重要。

思考题

1. 阐述病原物寄生性、致病性的概念。
2. 举例说明活体寄生与死体寄生的病原物有哪些不同的致病特点。
3. 简述病原物的致病机理。
4. 草地植物的抗病类型有哪几种?
5. 为什么说植物保卫素、活性氧和病程相关蛋白是重要的生理生化抗病性因素?
6. 什么是寄主植物与病原物的"互作过程"?研究它的意义是什么?
7. 简述植物抗病基因的结构和功能。

第 4 章
昆虫形态学

昆虫的种类繁多，形态各异，即使是同种昆虫，常因地理分布、发育阶段、性别甚至季节的不同也呈现明显差异。但是，不管昆虫形态如何变化，其基本结构一致，种种变异只是其基本构造的特化。学习昆虫的形态基本结构，掌握形态术语，进而理解昆虫的形态描述，为昆虫分类奠定基础。本章节从昆虫外部形态和内部器官展开，前者重点讲述昆虫头、胸和腹部基本构造和附肢类型，后者从消化、排泄、循环、呼吸、神经和生殖六大系统简要说明昆虫内部器官与其功能。

4.1 昆虫的形态特征

昆虫纲(Insecta)是节肢动物门(Arthropoda)中最大的纲，也是动物界(Animalia)中最大的一个纲。昆虫纲与其他节肢动物一样，体躯由坚硬的外壳和包藏的内部组织与器官组成，外壳一般由一系列的体节组成。昆虫体躯分为头、胸、腹 3 个明显的体段(图 4-1)，每个体段着生不同的附肢，如头部着生 1 个口器、1 对触角、1 对复眼和 0~3 单眼，是昆虫的取食与感觉中心；胸部分为前胸、中胸和后胸，每个胸节各着生 1 对足，在中胸和后胸着生 2 对翅，是昆虫的运动与支撑中心；腹部多为 11 节，腹部末端着生生殖附肢，腹部内部有脏器，是昆虫的生殖与代谢中心。昆虫纲的形态特征简单总结为"三体段六中心"。

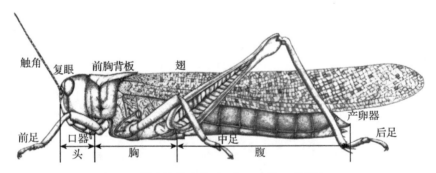

图 4-1 昆虫的基本构造(东亚飞蝗)(仿周尧)

4.2 昆虫的外部形态

4.2.1 昆虫的头部

头部是昆虫体躯的第一个体段，头壳坚硬，头壳表面着生有触角、复眼与单眼，前下方生有口器，后面有后头孔，其与胸部以膜质相连。

4.2.1.1 头部的构造与分区

昆虫的头多为球形,高度骨化,只有一些次生的线与沟将头壳表面分成不同区域。昆虫头部通常分头顶、额、唇基、颊和后头。头顶位于头部的前上方,额则位于头顶正下方,唇基在额的下方,额和唇基中间以额唇基沟为界,颊在头部两侧,头的后方连接一条狭窄拱形的骨片,即后头(图4-2)。

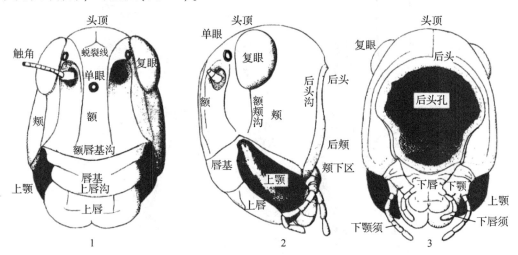

图4-2　昆虫头部分区(蝗虫)(仿周尧)
1. 背视　2. 侧视　3. 后视

4.2.1.2 触角

昆虫的触角由柄节、梗节和鞭节构成,其中柄节是最基部的一节,常粗短;梗节是触角的第2节,较小,有些昆虫在梗节上生有一个特殊的感觉器,即江氏器;鞭节是触角的端节,常分成若干亚节,此节在不同昆虫间常多变。

根据触角的形状、长度、结构等将触角分为12个基本类型(图4-3)。其中,线状触角是昆虫最为常见的类型,如蝗虫、螽斯等。触角鞭节端部亚节特化为特殊的形状,形成棒状、锤状、锯齿状、鳃叶状、念珠状、栉齿状、羽状、环毛状等。此外,触角在梗节弯曲,形成膝状(或肘状)触角。

4.2.1.3 复眼与单眼

昆虫的眼分为单眼和复眼。复眼1对,位于颅侧区,多为圆形、卵圆形。复眼是由许多小眼组成的,小眼的数目、大小和形状在各种昆虫中变化很大,一般1~28 000个。在双翅目和膜翅目中,雄性的复眼常较雌性的大,甚至两个复眼可在背面相接,称为接眼式(holoptic type);雌性的复眼则相离,称为离眼式(dichoptic type)。复眼为昆虫的主要视觉器官,能够感光和分辨近处的物体,特别对运动物体的影像、对光的强度、波长和颜色等都有较强的分辨能力。大多数昆虫对紫外线有很强的反应,并呈正趋性。因此,可利用黑光灯、双色灯等诱杀害虫。也有很多害虫有趋绿性,蚜虫有趋黄性。人们经常利用这些特性进行害虫测报和防治。

昆虫的单眼包括背单眼和侧单眼两类。背单眼一般2~3个,位于额区上端两复眼之间。侧单眼的数目在各类昆虫中变化很大,常为1~7对。单眼只能辨别方向和光的明暗。

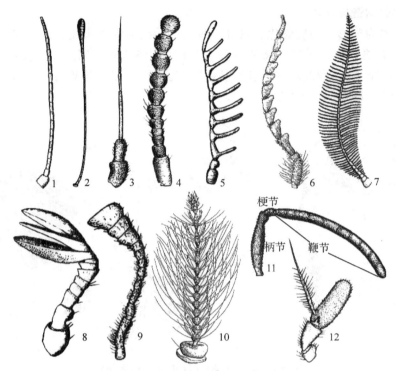

图 4-3　昆虫触角类型(仿周尧和彩万志)

1. 线状(蝗虫)　2. 棒状(蝴蝶)　3. 刚毛状(蝉)　4. 念珠状(白蚁)　5. 栉齿状(绿豆象)　6. 锯齿状(锯角大蚊)
7. 羽状(蛾)　8. 鳃叶状(金龟甲)　9. 锤状(郭公虫)　10. 环毛状(摇蚊)　11. 膝状(象甲)　12. 具芒状(蝇)

4.2.1.4　昆虫的口器

口器是昆虫的取食器官，位于头的下方或前端。昆虫的口器分为9种类型。昆虫最原始、最常见的口器是咀嚼式口器，其由上唇、上颚、下颚、下唇和舌组成(图4-4)；该口器的主要特点为上颚发达，可以咀嚼固体食物，如缨尾目、衣鱼目、襀翅目、直翅类、大部分脉翅目、部分鞘翅目、部分膜翅目成虫及很多类群的幼虫或稚虫的口器都属于咀嚼式口器。刺吸式口器(图4-5)中的上颚和下颚演化成为4根口针，插入寄主后可形成食物道和唾液道，吮吸汁液，并将唾液注入寄主体内，该口器为半翅目、蚤目及部分双翅目昆虫所具有。另外，昆虫还有其他7种类型的口器，如膜翅目蜜蜂总科的嚼吸式口器；鳞翅目昆虫的虹吸式口器；双翅目蝇类的成虫为舐吸式口器，幼虫为刮吸式口器；缨翅目蓟马为锉吸式口器；双翅目虻类昆虫为刺舐式口器；脉翅目草蛉幼虫为捕吸式口器。

4.2.2　昆虫的胸部

胸部是昆虫体躯的第二个体段，其前端与头部相连，后端与腹部相连。胸部由前胸、中胸及后胸3体节组成，每个胸节着生1对足，分别为前足、中足和后足。大多数有翅亚纲昆虫的中胸、后胸上有1对翅，分别称为前翅和后翅，中、后胸称为具翅胸节。

4.2.2.1　胸部的基本构造

昆虫的胸部每个胸节都由4块骨片构成，分别为背面的背板、两侧的侧板、腹面的腹板(图4-6)。背板主要分为端背片、前盾片、盾片和小盾片，其中，盾片是背板的主体。

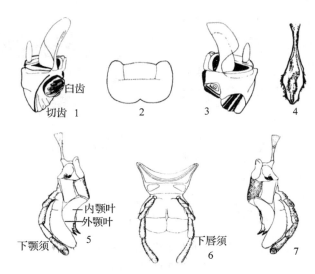

图 4-4　昆虫的咀嚼式口器(蝗虫)(仿彩万志)
1. 左上颚　2. 上唇　3. 右上颚　4. 舌　5. 左下颚　6. 下唇　7. 右下颚

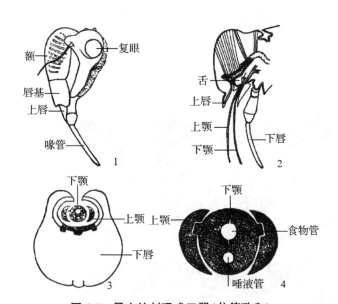

图 4-5　昆虫的刺吸式口器(仿管致和)
1. 头部侧面观　2. 头部纵切面　3. 喙横切面　4. 上下颚口针横切面

腹板分为前腹片、基腹片、小腹片和间腹片4片，在蝗虫腹板分类中仅分为中隔和侧叶。侧板分为前侧片和后侧片，两侧片被一横沟分为4个骨片，如上前侧片、下前侧片、上后侧片和下后侧片。

4.2.2.2　胸足的构造和类型

成虫胸足由基节、转节、股节、胫节、跗节和前跗节6节构成，每节之间由关节相连(图4-7)。基节是胸足最基部的一节，常短粗，如螳螂捕捉足基节常延长。转节为胸足的第2节，一般较小，其前端与基节相连，其后端与股节相连。股节又称腿节，常是胸足各节中最为发达的一节，其基部与转节相连，端部与胫节相接，如蝗虫后足为跳跃足，股

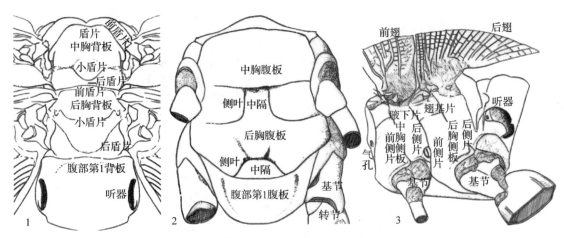

图 4-6 昆虫胸部的基本构造(飞蝗)(仿周尧)
1. 背板 2. 腹板 3. 侧板

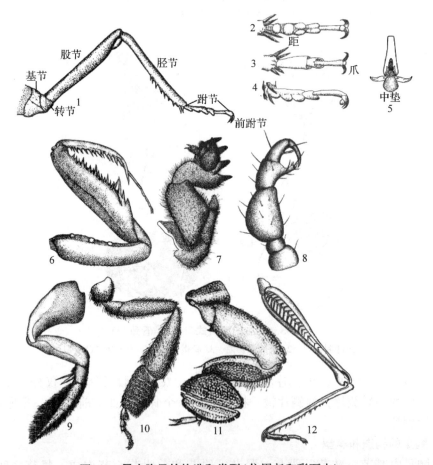

图 4-7 昆虫胸足的构造和类型(仿周尧和彩万志)
1. 步行足,胸足的基本构造 2~4. 足的末端腹视、背视和侧视 5. 足的前跗节前视 6. 捕捉足(螳螂的前足)
7. 开掘足(蝼蛄的前足) 8. 攀握足(人虱的前足) 9. 游泳足(龙虱的后足)
10. 携粉足(蜜蜂的后足) 11. 抱握足(雄性龙虱的前足) 12. 跳跃足(蝗虫的后足)

节发达。胫节一般细长，可折叠到股节之下。跗节常由 1~5 个亚节，有翅亚纲的成虫及不全变态若虫或稚虫跗节多为 2~5 节。前跗节是胸足最末节，一般昆虫前跗节具两个侧爪，直翅目等昆虫两爪中间具中垫。

大部分昆虫胸足的功能是行走，由于生活环境的不同，足的功能与形态发生变化。根据其结构与功能，可将昆虫的足分为步行足、捕捉足、开掘足、攀握足、游泳足、携粉足、抱握足、跳跃足等常见类型。

4.2.2.3 翅的构造和类型

昆虫纲中有翅亚纲昆虫一般具有 2 对翅，但少数物种仅具 1 对翅，1 对翅退化为平衡棒，如双翅目昆虫后翅退化为平衡棒，捻翅目昆虫前翅退化为平衡棒。此外，少数昆虫的翅完全退化或消失，如鳞翅目草原毛虫的雌虫等。

翅常呈三角形，其基本构造可总结为"3 边 3 角 4 区"，其中，"3 边"分别为前缘、外缘和内缘；"3 角"分别为顶角、臀角和肩角；"4 区"则是指臀褶、轭褶和基褶将翅面分为臀前区、臀区、轭区和腋区(图 4-8)。昆虫翅面有气管的部位加厚，形成对翅面有支架作用的翅脉。翅脉在翅面的分布形式，称为脉序或脉相。脉序在同一科、同一属内形式较为稳定，常作为分类的重要依据。翅脉有纵脉与横脉之分，纵脉是从翅基部发出，延伸到翅边缘的脉，是翅脉的主体；而横脉是横列在纵脉间的短脉，起加固翅面的作用。昆虫学者归纳概括出一种模式脉序，称为标准脉序(图 4-9)。标准脉序由 7 条纵脉和 6 条横脉构成，其中，7 条纵脉从前至后依次为：

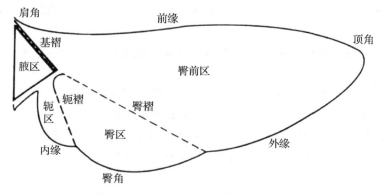

图 4-8　昆虫翅的基本构造

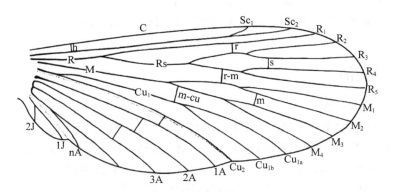

图 4-9　昆虫翅的模式脉序图

①前缘脉(C)　位于翅的最前方的一条不分支的脉,常为翅的前缘。

②亚前缘脉(Sc)　位于前缘脉之后的脉,常为2分支:第1亚前缘脉(Sc_1)和第2亚前缘脉(Sc_2)。

③径脉(R)　常为5条脉,先分2支:前支为第1径脉R_1,后支为径分脉(Rs),该脉序经历2次分支,形成径脉,分别为R_2、R_3、R_4和R_5。

④中脉(M)　位于翅的中部,经历2次分支形成中脉,分别为M_1、M_2、M_3和M_4。

⑤肘脉(Cu)　分为2支:第1肘脉(Cu_1)和第2肘脉(Cu_2),其中第1肘脉又分为2支,即Cu_{1a}和Cu_{1b}。

⑥臀脉(A)　位于臀区,常为3条,命名时从前到后依次用1A,2A,3A,…,nA,臀脉编号位于翅脉简称的前方。

⑦轭脉(J)　位于轭区,常为1~2条,第1轭脉(1J)和第2轭脉(2J),轭脉编号也位于翅脉简称的前方。

昆虫脉序中6条横脉的命名不同于纵脉,其用小写字母表示。在同一纵脉间的横脉,常用所属纵脉简称的小写字母表示,如径横脉(r)、中横脉(m);不同纵脉相连的横脉,用其所属纵脉简称的小写字母表示,如径中横脉(r-m)和中肘横脉(m-cu)。还有2条特殊的横脉,肩横脉(h)和分横脉(s)。

昆虫翅的主要功能是飞翔,由于昆虫会适应特殊的生活环境,而演化出不同功能的翅,其在形态上也发生了变化。根据翅的形状、质地与功能可将翅分为9种类型:

①膜翅　翅薄、透明,质地为膜质,翅脉明显,如蜂类、蝇类和蚜虫的翅,以及甲虫的后翅。

②鞘翅　翅坚硬,质地为角质,无翅脉,可保护昆虫体躯,如金龟甲、叶甲、瓢虫等的前翅。

③鳞翅　翅质地为膜质,翅面上覆有鳞片,如鳞翅目昆虫的翅。

④半鞘翅　翅基部为革质,端部为膜质,如蝽类昆虫的前翅。

⑤覆翅　翅半透明,翅质地为革质,具翅脉,如蝗虫、蝼蛄的前翅。

⑥半覆翅　翅面的臀前区质地为革质,剩余部分质地为膜质,如大部分蜻目昆虫的后翅。

⑦缨翅　翅狭长,质地为膜质,翅缘着生许多缨毛,如蓟马的翅。

⑧毛翅　翅质地为膜质,翅面密生细毛,如毛翅目昆虫的翅。

⑨平衡棒　翅特化成小棒状,可在飞翔中平衡身体,如双翅目昆虫后翅和捻翅目昆虫的前翅。

4.2.3　昆虫的腹部

4.2.3.1　腹部的基本构造

腹部是昆虫体躯的第三个体段,其前端与胸部相连,末端有尾须和外生殖器。昆虫的主要内器官在腹腔内,故腹部是昆虫的生殖和代谢中心。昆虫腹部通常由9~11节组成。腹部第1~7节(雌虫)或第1~8节(雄虫),各节的构造简单且相似,称为生殖前节,或内脏节,每腹节两侧常着生1对气门。雌虫腹部第8、9节或雄虫腹部第9节上有附肢特化而来的产卵器或交尾器,称为生殖节。第10节和第11节统称生殖后节,最多为2节,其中,

第 11 节又称臀节,其上背板称为肛上板,肛上板之下为肛门,有些昆虫臀节上有尾须。

4.2.3.2 昆虫的外生殖器

雌性外生殖器通常称为产卵器,位于第 8 腹节和第 9 腹节腹面。产卵器主要由 3 对产卵瓣组成,第 1 对着生于第 8 腹节的第 1 负瓣片上,称为腹产卵瓣;第 2~3 对均着生于第 9 节的第 2 负瓣片上,分别称为内产卵瓣和背产卵瓣。生殖孔开口在第 8 或第 9 节的腹面(图 4-10)。昆虫产卵器的形状和构造多样,如蝗虫的产卵器呈凿状,蟋蟀和螽斯的产卵器呈矛状和剑状等。部分昆虫无特化产卵器,如蝇类、甲虫、蝶、蛾等。有些昆虫产卵器特化为螫针,如蜜蜂。

雄性外生殖器通常称为交尾器或交配器,位于第 9 腹节腹面,构造较复杂,具有种的特异性,是昆虫分类最为重要的特征。交配器主要包括一个将精液射入雌体的阳具和 1 对抱握雌体的抱握器构成(图 4-10)。阳具着生于第 9 腹节腹板后方的节间膜上,此膜内陷形成生殖腔,阳具可伸缩其中,平时阳具常隐藏于腔内。抱握器多不分节,功能是交配时抱握雌体,其形状多变化,如叶状、钩状、钳状和长臂状。

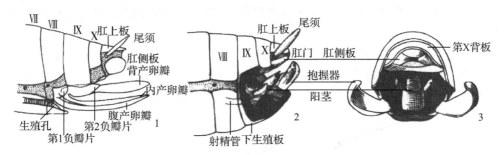

图 4-10 昆虫外生殖器的基本构造(仿刘长仲)
1. 雌性外生殖器 2、3. 雄性外生殖器

4.2.3.3 尾须

尾须是腹部第 11 节的 1 对附肢,蜉蝣目和缨尾目的尾须细长且分节,呈丝状,而蝗虫的尾须短小而不分节。许多高等昆虫由于腹节的减少而无尾须。

4.2.4 昆虫的体壁

昆虫的体壁是体躯的最外层组织,相当于脊椎动物的骨骼,因此也称外骨骼。昆虫体壁的功能是防止体内水分的蒸发,以及病原体、有毒物质等的侵袭;表皮硬化可保持昆虫体型体,壁内陷供肌肉着生;体壁可贮存营养物质;体壁表面还有各种感受器和腺体,可调节昆虫的行为。了解昆虫体壁的形态和理化特性,在害虫防治方面有重要的实践意义。

4.2.4.1 体壁的构造与特性

体壁从内向外分别是底膜、皮细胞层和表皮层(图 4-11),其中表皮层和底膜均为皮细胞的分泌物。

(1)底膜

底膜位于皮细胞基膜下方,由含糖蛋白的胶原纤维构成,厚度约 50 μm,内层为无定型的致密层,外层为网状层。具有选择通透性,能选择血液中的化学物质和激素进入皮细胞层。

(2) 皮细胞层

皮细胞层又称真皮层,位于底膜与表皮层中间,是体壁中唯一的活组织,由单层圆柱形或立方形上皮细胞构成,彼此依靠桥粒相连。皮细胞层形态结构随着变态和脱皮周期而变化,其在幼虫期最为发达,成虫期则退化。皮细胞在发育过程可特化成绛色细胞、毛原细胞、感觉器及腺体。

(3) 表皮层

表皮层位于体壁的最外层,结构复杂,可分为内表皮、外表皮和上表皮3层,在体壁中主要起屏障作用。

①内表皮 紧邻皮细胞层,是表皮层中最厚的一层,10~200 μm,由重叠的薄片构成,主要成分为几丁质和蛋白质。内表皮使表皮层具有特殊的弯曲和伸展性能。此外,内表皮还具有贮备营养成分的功能,当昆虫饥饿和蜕皮时,内表皮可被消化、吸收。

②外表皮 外表皮位于内表皮和最外层的上表皮之间,由内表皮转化而来,3~10 μm,其质地坚硬、致密,为表皮中最为坚硬的一层。昆虫在蜕皮时,外表皮全部蜕去。昆虫内、外表皮之间常有贯穿的孔道,是表皮磨损和表皮鞣化过程中供皮细胞补充供应所需物质的通道。

③上表皮 上表皮是表皮层的最外层,也是最薄的一层,1~3 μm,主要成分为脂类和蛋白质,不含几丁质,常覆盖于昆虫的体表、气管壁及化学感受器表面。上表皮的结构和性质是表皮层中最为复杂的,其从内向外依次为表皮质层、蜡层和护蜡层。

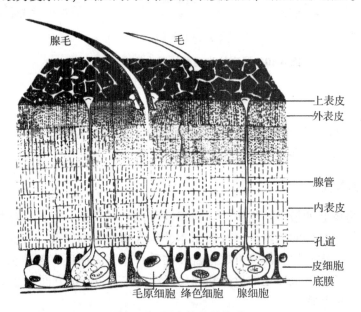

图4-11 昆虫体壁的构造

4.2.4.2 体壁的构造与化学防治的关系

由于昆虫体壁的特殊结构,特别是蜡层和护蜡层都具有良好的疏水性,对杀虫剂的进入有阻碍作用。脂溶性或含有二甲苯等溶剂的杀虫剂更易穿透蜡层,进入虫体,对害虫防治效果较好。另外,昆虫身体不同部位,不同发育阶段、体壁的厚度和硬度均会影响触杀剂进入虫体。一般昆虫节间膜、侧膜、微孔道、气门等处以及幼期和刚蜕皮时,药剂更易进入虫体。此外，同一药物，乳剂效果比可湿性粉剂的效果更佳。

4.3 昆虫的内部器官

昆虫体躯外部是体壁，体躯的内部是一个联通的腔体，称为通腔或血腔。昆虫内部器官位于血腔内，浸没于血淋巴中。昆虫血腔被膈膜纵向分割成3个小血腔，称为血窦。位于腹部背面的背膈分割成的血腔称为背血窦，位于腹部腹面的腹膈分割成的血腔称为腹血窦，昆虫的消化道、排泄器官、大部分的气管系统、生殖器官和脂肪体等均位于围脏窦中(图4-12、图4-13)。

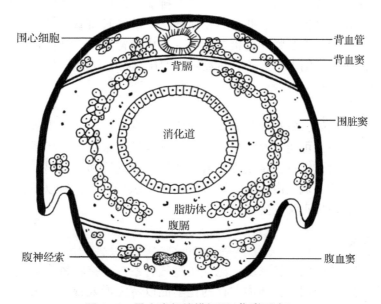

图 4-12 昆虫腹部的横切图(仿彩万志)

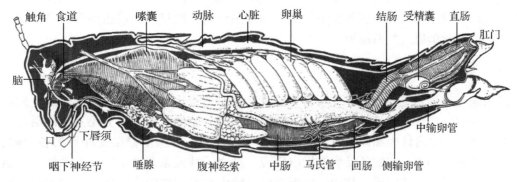

图 4-13 昆虫腹部的纵剖面(仿彩万志)

4.3.1 消化系统

昆虫的消化系统包括消化道和消化相关的唾腺，其中消化道自口腔至肛门，贯穿于血腔中央。咀嚼式口器昆虫的消化道分为前肠、中肠和后肠3部分，其中，前肠具有摄食、磨碎和暂时贮存食物的功能；中肠是分泌消化液、消化食物和吸收营养物质的场所，消化酶能将食物中的糖、脂肪、蛋白质等水解成小分子物质，由肠壁细胞吸入血淋巴；后肠具有排出食物残渣和代谢废物、回吸水分和无机盐类、调节血淋巴渗透压和矿质离子平衡的功能。在前肠、中肠之间有贲门瓣，用以调节食物进入中肠的量，而在中肠、后肠之间的幽门瓣，用以控制进入后肠的食物残渣量。咀嚼式口器的昆虫通常取食固体食物，其消化道一般比较粗短，吸收式口器的昆虫会取食液体食物，消化道较细长。

4.3.2　排泄系统

昆虫的排泄系统由马氏管、体壁、消化道、脂肪体、下唇腺和围心细胞等构成，其中马氏管是昆虫最主要的排泄器官。该系统除了有排泄代谢废物的功能外，还能维持昆虫体内盐类和水分的平衡。马氏管是一些浸浴在血淋巴中的细长盲管，其基部着生于中肠、后肠交界处，端部游离或与直肠紧密连接在一起，组成隐肾结构。马氏管的数目在昆虫类群间差异大，少则2条，多则100多条。多数昆虫的排泄物主要成分为尿酸。

4.3.3　循环系统

循环系统是开放式的，所有内部器官都浸浴在血淋巴中，从中得到养分、激素等，而新陈代谢后产生的废物又可通过血液传递给马氏管等排泄系统。循环系统主要功能是运输养分、激素和代谢废物，维持正常生理所需的血压、渗透压和矿质离子平衡等。昆虫的循环系统无运输氧的功能，氧气由气管系统直接输入组织器官内，所以昆虫大量失血后，不会危及其生命，但会破坏正常的生理代谢。

4.3.4　呼吸系统

昆虫呼吸系统又称管状气管系统，昆虫通过气管系统直接将氧气输送给需氧组织、器官或细胞，再经过呼吸作用，将体内贮存的化学能以特定形式释放，为生命活动提供所需要的能量。该系统由管状气管、微气管和气门构成。气门是体壁内陷留在体节两侧的孔口。气管在活体中呈银白色，其组织结构与体壁大致相同。气管由主干再分出许多分支，最终分成许多微气管，分布到各组织的细胞间或细胞内，把氧气直接送到身体各部分，并将产生的二氧化碳通过气门排出。

4.3.5　神经系统

昆虫通过神经系统与外界环境联系，协调虫体的快速运动，并调节其内部的生理状态与复杂多变的外界环境保持一致，神经系统通过神经分泌细胞控制内分泌系统的活动。昆虫的神经系统联系着体表和体内的各种感受器和反应器，由感受器接受外界的各种刺激，经过神经系统的协调，支配各反应器做出反应。昆虫的神经系统由中枢神经系统、交感神经系统和周缘神经系统组成，其中，中枢神经系统由脑和腹神经索构成，交感神经系统可分为口道神经系统、中神经和复合神经节，周缘神经系统包括所有的感觉神经元和运动神经元及其树状突和端丛所连接的感觉器和效应器。

4.3.6　生殖系统

昆虫的生殖系统是繁衍后代、延续种群的器官，包括外生殖器和内生殖器两部分。外生殖器由腹部末端的体节和附肢组成,以完成两性的交配和受精,如产卵器、阳茎和抱握器等。内生殖器主要由生殖腺和附腺组成。雌性内生殖器主要包括卵巢、侧输卵管、中输卵管、阴道、附腺和受精囊;雄性内生殖器为睾丸、输精管、射精管、阳茎、储精囊和生殖附腺等。昆虫内生殖器的作用是产生成熟的性细胞(卵子或精子)。当雌、雄虫交配时,雄虫排出的精子贮存于雌虫的受精囊,待成熟的卵子排出时,精子从卵的受精孔进入卵内,完成受精。

思考题

1. 昆虫纲的主要体躯特征是什么?
2. 昆虫的3体段6中心是什么?
3. 昆虫的触角类型有哪些类型?其功能是什么?
4. 咀嚼式口器的基本构造是什么?
5. 昆虫胸足的类型有哪些?其功能是什么?
6. 昆虫翅的类型有哪些?翅脉的主要纵脉和横脉有哪些?
7. 昆虫体壁由哪些部分构成?其功能是什么?
8. 昆虫消系统由哪些部分构成?其功能分别是什么?
9. 昆虫的神经系统有哪几个类别?
10. 昆虫的呼吸和循环各有什么特点?

第 5 章
昆虫生物学

昆虫生物学是研究昆虫个体发育过程中各种生命现象及其特点的科学，包括昆虫的生殖、生长发育、生命周期、各发育阶段的习性及行为、某一段时间内的发生特点等。在进化的历史长河中，不同种类的昆虫生存环境千差万别，形成了各自独特的生存策略，与之对应的生物学特性也各具特色。研究昆虫生物学对于开展害虫防治、生态保护等具有重要的指导意义。

5.1 昆虫的生殖方式

昆虫大多数属于雌雄异体动物，但也有少数为雌性同体。雌雄异体的动物总体上进行两性生殖，但在种类繁多的昆虫中，也存在很多其他类型的生殖方式，反映了昆虫不同的适应方式。

5.1.1 两性生殖

两性生殖(sexual reproduction)是大多数昆虫的生殖方式。雌性产生卵细胞，雄性产生精子，雌雄交配，雄性将精子送入雌性体内，精子与卵子结合后产生受精卵并发育成新的个体。细胞学上，雌虫的卵必须接受精子以后，卵核才进行减数分裂；而雄性在排精时，精子已经进行了减数分裂。

5.1.2 孤雌生殖

昆虫的卵不经过受精，直接发育成新个体的现象，称为孤雌生殖(parthenogenesis)。孤雌生殖对于昆虫的广泛分布起着非常重要的作用，即使是只有雌虫，整个种群也能够快速繁殖起来。常见的孤雌生殖方式有三类。

(1)兼性孤雌生殖

兼性孤雌生殖又称偶发性孤雌生殖。该类昆虫在大多数情况下进行两性生殖，偶尔会出现不受精的卵发育成新个体的现象，如家蚕和一些毒蛾等。

(2)经常性孤雌生殖

此类昆虫的繁殖大部分通过孤雌生殖完成。经常性孤雌生殖的昆虫，自然情况下基本不产生雄虫，几乎完全通过孤雌生殖产生后代，如叶蜂、蓟马、介壳虫、粉虱、小蜂等。在蜜蜂群体中，孤雌生殖则是为了产生雄蜂。蜂后产卵的时候并非所有的卵都是受精的，未受精的卵发育成雄蜂，受精的卵则发育成雌蜂(蜂后或工蜂)。

(3)周期性孤雌生殖

周期性孤雌生殖是指两性生殖与孤雌生殖随季节的变迁而交替进行。此种生殖方式常见于蚜虫和瘿蜂中。许多蚜虫在冬季来临时才产生雄蚜，进行雌雄交配，产受精卵越冬；而从春季至秋季，连续产生十余代都以孤雌生殖繁殖后代，这段时间几乎只产生雌蚜。

5.1.3 多胚生殖

多胚生殖（polyembryony）是指1个卵可以发育成2个或2个以上胚胎的生殖方式。多胚生殖多与寄生、胎生及孤雌生殖相关，多见于寄生性膜翅目昆虫（如小蜂科、细蜂科、茧蜂科、姬蜂科、螯蜂科等类群）中。多胚生殖是昆虫对活体寄生的一种适应方式，此类昆虫一旦遇到合适的寄主，就可以充分利用寄主的营养物质产生尽可能多的后代。

5.1.4 胎生

胎生（viviparity）是指卵在母体内孵化，子代离开母体时虫态为若虫或幼虫的生殖方式。根据幼虫离开母体前的营养方式，可以将胎生分为卵胎生、腺养胎生、伪胎盘胎生、血腔胎生四类。

5.1.5 幼体生殖

幼体生殖（paedogenesis）是孤雌生殖的一个特殊类型，昆虫母体还在幼体阶段，生殖系统已经发育成熟，胚胎即可以在母体内开始发育，如蚜虫，幼体的发育在母体的生殖系统中便已开始。幼体生殖完成一个世代的时间很短，又兼顾孤雌生殖和胎生的优点，有利于扩大分布和不良环境下保持种群。

5.2 昆虫的变态与生长发育

昆虫个体发育是指从受精卵开始到成虫性成熟能够交配产生下一代为止的发育过程。昆虫个体发育可以分为胚胎发育和胚后发育两个阶段。胚胎发育是指卵细胞从开始分裂到孵化为止，包括卵裂和胚盘形成，胚带、胚膜、胚层形成，器官系统分化等阶段，这一过程在卵内完成，又称卵内发育。胚后发育是指昆虫从卵孵化至成虫性成熟为止，一般包括幼虫（若虫）期、蛹期、成虫期几个阶段。

5.2.1 变态及其类型

昆虫的个体发育过程中，不仅有体积的增大，同时外部形态也在发生变化。在胚后阶段要经过一系列形态上的变化，称为变态（metamorphosis）。根据昆虫体节的变化、虫态的分化及翅的发生等特征，可以将昆虫的变态可以分为5种类型，即增节变态、表变态、原变态、不全变态和完全变态。其中，最主要的变态类型为不全变态和完全变态。

5.2.1.1 不全变态

不全变态（incomplete metamorphosis）又称直接变态，幼期和成虫期形态相似，翅在体外发育，成虫特征随着幼期的发育逐步显现。这种变态类型的特点是昆虫的发育只经过卵期、幼期和成虫期3个阶段。不全变态又分为半变态、渐变态、过渐变态3种亚型。

①半变态（hemi-metamorphosis） 幼期和成虫期在口器、行动器官、体形、生存环境及行为等方面均有较大差距。半变态昆虫的幼期状态称为稚虫（naiad）。

②渐变态(pauro-metamorphosis)　幼期与成虫期在体形、器官、栖境、食性等方面都很相像，转变为成虫后，除了翅与生殖系统完全长成外，形态与幼期没有重要差别。渐变态昆虫的幼期状态称为若虫(nymph)(图 5-1)。

③过渐变态(hyperpauro-metamorphosis)　幼期在转变为成虫期前有一个不食不动类似于蛹期的阶段，比一般的渐变态复杂(图 5-2)。如缨翅目、半翅目粉虱科及雄性介壳虫的变态方式。

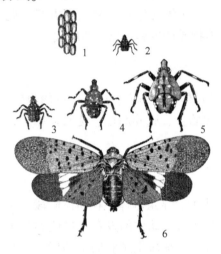 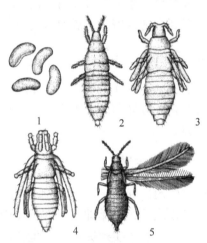

图 5-1　斑衣蜡蝉的渐变态(仿周尧)
1. 卵　2.1 龄若虫　3.2 龄若虫
4.3 龄若虫　5.4 龄若虫　6. 成虫

图 5-2　过渐变态昆虫(梨蓟马)
1. 卵　2.1 龄若虫　3. 前蛹期
4. 蛹期　5. 成虫

5.2.1.2　全变态

全变态(complete metamorphosis)方式发育的昆虫包括有翅亚纲中比较高等的各目。其幼期时翅隐藏在体壁下发育，不显露在体外。全变态昆虫的特点是一生经过卵、幼虫、蛹、成虫 4 个不同虫态(图 5-3)。其成虫与幼虫不仅在外形和内部结构上不同，食性、栖境和习性方面具有较大差异。如金龟的幼虫生活在土中，以植物根茎为食，成虫则生活在地上取食植物叶片或果实。在幼虫和成虫之间必须经历一个过渡虫态，即蛹。全变态昆虫中，某些昆虫的幼虫阶段，不同虫龄之间在形态、取食方式和取食对象等方面具有很大差异，称为复变态(hypermetamorphosis)。例如，芫菁 1 龄幼虫具发达的胸足，称为三爪蚴，能够迅速搜寻和捕食蝗卵，取食后变为胸足退化的蛴螬型幼虫；幼虫老熟时，便深入土中，转变为胸足更加退化的伪蛹，翌年再化蛹羽化为成虫。

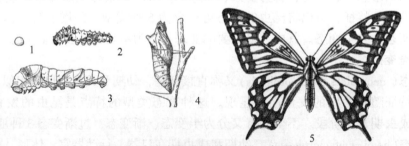

图 5-3　全变态昆虫(柑橘凤蝶)(仿周尧)
1. 卵　2. 初龄幼虫　3. 末龄幼虫　4. 蛹　5. 成虫

5.2.2 昆虫的发育

5.2.2.1 卵期

卵期指卵产出母体至孵化为幼虫所经历的时间。这段时间包括卵的休眠期和胚胎发育期，其长短因昆虫种类和气候条件而异，有的仅需数小时，有的可长达数月。

卵是一个大型细胞，最外面一层为卵壳，卵壳下为一层薄膜称为卵黄膜，其下包围着原生质、卵核以及充塞于原生质网格间丰富的卵黄。紧贴卵黄膜下的原生质中没有卵黄，这部分原生质称为周质。卵核一般位于卵的中央。卵的前端有1个或若干个贯通卵壳的小孔，称为卵孔，是受精时精子进入卵内的通道，又称为精孔或受精孔。

昆虫的卵形状多样，一般为卵圆形或肾形，也有桶形、纺锤形、半球形、球形、哑铃形，还有些为不规则形（图5-4）。卵的大小差距较大，最大将近10 mm，最小仅为0.02~0.03 mm。大部分的卵初产时为乳白色或者淡黄色，后期颜色会逐渐加深，呈现绿色、红色、褐色等，孵化前颜色也会加深，可以据此推断卵的发育进度。

昆虫的产卵方式多样，每一种昆虫都有其独特的产卵方式与场所。有的卵为单颗散产，有的卵聚集在一起，呈片状或块状。产卵地点也非常多样，有的产在寄主或猎物或其他物体表面，有的则比较隐蔽，如产在土中、岩石缝隙中、寄主组织中等。有的则覆盖有卵鞘、蜡粉或胶质等保护层，为卵提供了一个适宜的发育环境。了解昆虫的产卵方式与场所，有助于害虫种类的识别、虫情调查和害虫防治。

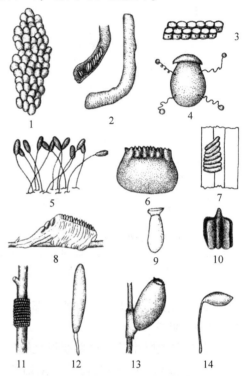

图 5-4 昆虫卵的形状（仿周尧）
1. 玉米螟 2. 飞蝗 3. 一种菜蝽 4. 蜉蝣
5. 草蛉 6. 美洲蜚蠊 7. 灰飞虱 8. 中华大刀螳
9. 米象 10. 木叶蝶 11. 天幕毛虫 12. 高粱瘿蚊
13. 头虱 14. 一种小蜂

5.2.2.2 幼虫期

昆虫完成胚胎发育后破卵而出的现象称为孵化（hatching）。从孵化开始到蛹期或成虫期之前的发育阶段称为幼虫期（larval stage）或若虫期（nymph stage）。昆虫的生长主要在若虫期或幼虫期，其增长速率高，取食量大，危害严重。幼虫（若虫）期一般为15~20 d、长的可达几个月、甚至几年。

昆虫孵化之后，随着虫体的生长，会重新形成新表皮，将旧表皮脱去的过程称为蜕皮（moulting）。每脱1次皮，虫龄（instar）便会增加1龄。两次脱皮之间的时间称为龄期（stadium）。昆虫的龄数和龄期受种类与环境的影响，同种昆虫的不同龄期长短与形态也常有差别，因此，了解和掌握昆虫的龄数和龄期，对于害虫的识别、预测预报及防治都有重要的意义。

由于全变态类昆虫种类繁多，生境、食性、习性差别很大，因此，幼虫的形态变化也非常复杂。根据足的多少及发育情况可以把幼虫分成四大类(图5-5)。

①原足型幼虫　幼虫腹部分节不明显，胸足只是有简单的凸起，器官发育不完全。如一些寄生蜂种类，如小蜂、姬蜂等。

②多足型幼虫　除了3对胸足外，腹部有多对附肢，可分为蛃型幼虫，其身体略扁、足较长，如脉翅目幼虫，以及蠋型幼虫，其身体圆筒形、足较短，如鳞翅目幼虫和部分膜翅目幼虫，有5~8对腹足。

③寡足型幼虫　仅有3对胸足，无腹足，常见有步甲型、蛴螬型和叩甲型等类型。步甲型幼虫为捕食性，如芫菁1龄幼虫等；蛴螬型幼虫常弯曲呈"C"形，如金龟幼虫；叩甲型幼虫身体细长，如叩甲、拟步甲的幼虫等。

④无足型幼虫　又称蠕虫型幼虫，其特点是无胸足和腹足。分为全头型、半头型和无头型3种类型。全头型幼虫的头部完整，如象甲

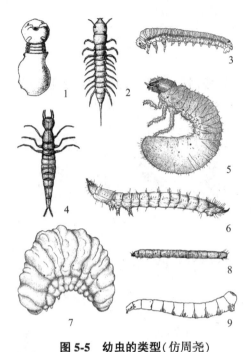

图5-5　幼虫的类型(仿周尧)
1. 原足型　2. 蛃型　3. 蠋型　4. 步甲型　5. 蛴螬型
6. 叩甲型　7. 全头型　8. 半头型　9. 无头型

的幼虫；半头型幼虫的头部仅前端骨化外露，如虻类的幼虫；无头型幼虫的头部退化，仅露出口钩，如家蝇的幼虫。

5.2.2.3　蛹期

全变态类昆虫从幼虫期获得足够的营养后，转变为一个不食不动的虫态，这个过程称为化蛹(pupation)。蛹期是指从化蛹到羽化所经历的时间。昆虫的蛹期因种类与气候条件不同而异，从数天至数月不等。根据蛹壳、附肢、翅与身体主体的接触情况，可以将蛹分为离蛹、被蛹、围蛹3种类型(图5-6)。离蛹(exarate pupa)又称裸蛹，其附肢和翅不贴附在蛹体上，可以活动，腹部各节间也可以活动，如脉翅目、鞘翅目、膜翅目等昆虫的蛹。被蛹(obtect pupa)的体壁坚硬，附肢和翅紧贴在蛹体上，不能活动，腹部各节不能扭动或者仅个别节能动，如鳞翅目、鞘翅目隐翅甲科、双翅目直裂类的蛹。围蛹(coarctate pupa)的蛹本身属于离蛹，只是蛹体被第3、4龄幼虫的蜕形成的蛹壳所包围，为双翅目蝇类所特有。

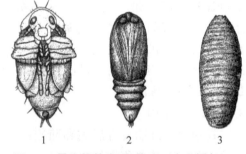

图5-6　昆虫蛹的类型(仿彩万志和周尧)
1. 离蛹　2. 被蛹　3. 围蛹

5.2.2.4　成虫期

全变态类昆虫的蛹或不全变态类昆虫的末龄若虫(或稚虫)最后一次脱皮的过程称为羽化(emergence)，昆虫羽化后即进入成虫阶段。成虫从羽化至死亡所经历的时间称为成虫期。成虫期为昆虫的繁殖时期，其主要任务是繁殖后代，即交配、产卵。

羽化后的成虫外部形态已经完全具备了种的形态特征，基本不会再有变化，可以作为

昆虫分类的重要依据。很多昆虫具有雌雄二型现象(sexual dimorphism),是指同种昆虫雌雄之间的差异不仅表现在生殖器官第一性征上,在大小、颜色、结构等第二性征方面也具有明显的差异,如锹甲、短额负蝗等。此外,同种昆虫同一性别的个体间在大小、颜色、结构等方面存在明显差异,称为多型现象(polymorphism),如飞蝗的散居型与群居型、蚜虫的有翅蚜和无翅蚜、蜜蜂的蜂王、雄蜂和工蜂等。

5.3 昆虫的世代及生活史

5.3.1 世代与生活史

昆虫的新个体(卵、幼虫、若虫或稚虫)从离开母体到性成熟产生后代为止的发育过程称为一个世代(generation)。昆虫在一年之中的发育过程称为年生活史(annual life history),指从当年越冬虫态开始活动,到第二年越冬结束的发育经过。

昆虫在一年内发生的世代数称为化性。1 年发生 1 代的昆虫称为一化性(univoltine)昆虫,如草原毛虫;1 年发生 2 代称为二化性(bivoltine)昆虫,如苜蓿夜蛾;1 年发生 3 代以上称为多化性(polyvoltine)昆虫,如蚜虫、蓟马等;2 年以上才完成一个世代,称为部化性(partvoltine)昆虫,如金针虫、华北蝼蛄等。

多化性昆虫发生的世代数因昆虫种类而不同,也会因环境不同而不同,尤其与气候因子关系密切。多化性昆虫的代数一般以卵为起点进行划分,如果昆虫以其他虫态越冬,则以越冬虫态所产的卵作为第 1 代的开始。越冬虫态属于前一年的最后一个世代,称为越冬代。

5.3.2 世代重叠与世代交替

5.3.2.1 世代重叠

二化性和多化性昆虫由于发生期与成虫产卵期较长,或越冬虫态出蛰期不同等原因,使不同世代间同一虫态同时出现重叠的现象,称为世代重叠(generation overlapping)。每年发生多代的昆虫,如蚜虫、蓟马、盲蝽等,易出现世代重叠现象。

5.3.2.2 世代交替

大部分多化性昆虫全年各个世代相对应的虫态,其习性、食性、生殖方式大致相同。但有些多化性昆虫在一年中的若干世代间在生殖方式、生活习性等方面具有明显差异,常以两性世代和孤雌生殖世代交替,这种现象称为世代交替,常见的昆虫有蚜虫、瘿蜂、瘿蚊等。

5.3.3 休眠与滞育

昆虫的生活史中,当遇到不良的环境时,昆虫常出现一段生长发育和生殖停滞的时期,以度过不良的环境。根据引起和解除停滞的条件,可以将其分为休眠(dormancy)和滞育(diapause)两类。休眠是由不良环境直接引起的生长发育停滞现象,当不良环境条件消除后,昆虫就可恢复生长发育。滞育也是由环境条件引起,但在不良环境到来之前,即进入生长发育停滞阶段。滞育具有遗传稳定性,当不良环境消除,昆虫也不会马上恢复生长发育,必须经过一定的条件刺激,方能解除。凡是滞育的昆虫,各有固定的滞育虫态。

滞育可以分为两类，即兼性滞育和专性滞育。兼性滞育昆虫不一定每个世代都会滞育，可以随着地理位置和季节性气候等条件改变，如玉米螟在各地代数不同，但都以末代老熟幼虫滞育越冬。专性滞育多发生在一化性昆虫中，其滞育发生在固定的代数和发育期，即无论外界条件如何变化，只要到了滞育虫态，都会进入滞育，如大地老虎等。

引起昆虫滞育的因素有光周期、温度、湿度、食物等，其中光周期是引起昆虫滞育的主要因子。引起昆虫种群中50%个体进入滞育的光周期称为临界光周期（critical photoperiod）。如草地螟的临界光周期为14 h光照，临界光周期以内，温度越低滞育率越高。

5.4 昆虫的行为与习性

5.4.1 昼夜节律

昆虫的昼夜节律（cricadian rhythm）是指昆虫在长期进化过程中形成的与昼夜变化规律相吻合的节律。绝大多数昆虫的活动，如取食、飞翔、交配等，均有固定的昼夜节律。在白天活动的昆虫，称为日出性昆虫，如蝴蝶、蜻蜓等；在夜间活动的昆虫，称为夜出性昆虫，如蛾类等；在黎明或黄昏活动的昆虫，称为弱光性昆虫，如蚊子。昆虫的昼夜节律主要受光的影响，除此之外，湿度、食物的变化等均会对昼夜节律产生影响。

5.4.2 食性

食性（feeding habits）即取食的习性。根据食物的性质，可以把昆虫分为植食性、肉食性、腐食性、杂食性等类别。根据昆虫取食谱的范围，可以将昆虫分为多食性、寡食性、单食性3种类型。多食性昆虫可以取食属于不同科的多种植物，如草地螟可以取食莎草科、禾本科、豆科、蓼科、蔷薇科等35科近300种植物；寡食性昆虫可以取食一个科或者近似科的若干植物，如飞蝗可以取食禾本科及莎草科的植物；单食性昆虫只能取食一种植物，如三化螟只取食水稻。

5.4.3 趋性

趋性（taxis）是指昆虫对于外部的刺激，如光、温度、湿度、声音、化学物质等，产生定向运动的现象。根据昆虫对刺激源反应的趋向和回避，可以将反应范围正趋性和负趋性。昆虫的趋性主要有趋光性、趋热性、趋湿性、趋声性、趋化性等。了解昆虫的趋性，可以利用这些趋性进行害虫的趋避、诱杀、预测预报等。

5.4.4 群集与迁飞

群集（aggregation）是指同种昆虫大量个体高密度的聚集在一起的习性。根据昆虫集群时间的长短，可以将其分为临时性群集和永久性群集。临时性群集是指昆虫某个虫态或者某个时间段内会群集，过后会分散，如飞蝗，散居型飞蝗在高密度下会转变成为群居型飞蝗，从而产生集群的习性，形成迁飞性蝗群；当密度下降，则会转变为散居型飞蝗，不再群集。永久性群集是指昆虫终生生活在一起的群集现象。社会性昆虫，如白蚁、蜜蜂等，为永久性集群昆虫。

迁飞（migration）指某种昆虫通过飞行，持续而有规律地从一个地方长距离迁移到另一个地方的习性。迁飞现象在昆虫中十分常见，如飞蝗、黏虫、褐飞虱、小地老虎、棉铃虫、多种蚜虫等，均具有迁飞的习性。

思考题

1. 昆虫的生殖方式有哪些？各有什么特点？
2. 孤雌生殖包括哪几种类型？
3. 昆虫的主要变态类型有哪些？各有什么特点？
4. 昆虫各种幼虫包括几种类型？主要区别是什么？
5. 昆虫蛹的类型有哪些？各有什么特点？
6. 什么是世代、一化性昆虫、多化性昆虫？
7. 世代重叠与世代交替各指什么？两者之间有什么区别？
8. 什么是趋性？趋性有哪些主要类型？了解昆虫趋性有何意义？
9. 什么是休眠和滞育？它有何异同？

第 6 章
昆虫分类学

昆虫分类学（taxonomy of hexapods，或 taxonomy of insects）是研究昆虫的命名、鉴定、描述及其系统发育和进化的科学。鉴定和描述物种是昆虫分类学的最基本任务之一。正确鉴定昆虫，查询其相关的习性与分布等基础知识，制订合理的防治措施或保护措施，最终实现草地害虫的防治和益虫的保护利用。

狭义昆虫纲分为 2 亚纲 [无翅亚纲（Apterygota）和有翅亚纲（Pterygota）] 31 目，其中，无翅亚纲包括石蛃目和缨尾目 2 目；有翅亚纲 29 目。有翅亚纲根据翅能否向后折叠于背部分为古翅类（Palaeoptera）和新翅类（Neoptera），其中古翅类包括蜉蝣目和蜻蜓目，新翅类主要分为多新翅类（Polyneoptera）、副新翅类（Paraneoptera）和内翅类（Endopterygota）[= 完全变态类（Holometabola）] 三大类。多新翅类有 11 目，分别为革翅目、缺翅目、䗛目、直翅目、螳螂目、蜚蠊目、螳䗛目、蛩蠊目、䗛目、等翅目和纺足目；副新翅类有 5 目，分别为啮虫目、食毛目、虱目、缨翅目和半翅目；内翅类有 11 目，分别为鞘翅目、捻翅目、脉翅目、广翅目、蛇蛉目、长翅目、毛翅目、鳞翅目、双翅目、蚤目和膜翅目。草地上常见昆虫主要包括直翅目、半翅目、缨翅目、脉翅目、鳞翅目、鞘翅目、膜翅目和双翅目 8 目。

6.1 直翅目

直翅目（Orthoptera）包括蝗虫、蚱蜢、螽斯、蟋蟀、蝼蛄等，因前、后翅的纵脉直而得名。

6.1.1 形态特征

体小型至大型。典型的咀嚼式口器。触角多为丝状，少数种类触角呈剑状或棒状。复眼发达，单眼一般 2~3 个，少数种类无单眼。前胸背板发达，常向后延伸呈马鞍形。多数种类具前翅与后翅；前翅为覆翅，停息时覆盖在体背；后翅膜质，臀区发达，停息时呈折扇状纵褶于前翅下。部分种类无翅或前翅、后翅退化。后足为跳跃足，或前足为开掘足。腹末具尾须 1 对，不分节。

6.1.2 生物学特性

卵生，渐变态。卵的形状与产卵方式因种类而异。蝗虫产卵于土中，螽斯常产卵于植物组织中。绝大多数种类为植食性，是农牧业的重要害虫。栖息习性常见为植栖和土栖。螽斯和蝗虫为植栖类；蝼蛄为土栖类，大部分时间生活在土壤内。许多种类都有鸣声的习性，如螽斯和蟋蟀。

6.1.3 主要科及其形态特征

(1) 螽斯科

触角线状，长于体长。翅通常发达，少数种类为短翅或无翅。雄虫前翅具发音器。前足胫节基部具听器。跗节4节。产卵器剑状，尾须短（图6-1）。草原上常见种有中华草螽（*Conocephalus chinensis*）、日本露螽（*Holochlora japonica*）等。

(2) 蟋蟀科

触角线状，长于体长。雄虫前翅具发音器，后翅发达，长过前翅。前足胫节基部具听器。跗节3节。尾须长，但不分节。产卵器针状或长矛状（图6-2）。常见种有黄脸油葫芦（*Teleogryllus emma*）。

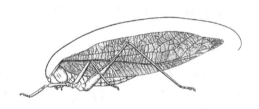

图6-1 螽斯科（日本露螽）的成虫侧面观（仿周尧）

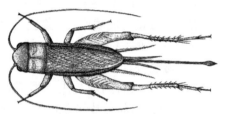

图6-2 蟋蟀科（油葫芦）的成虫背面观（仿周尧）

(3) 蝼蛄科

触角线状。前翅短，后翅宽大，纵卷成尾状超过腹部末端。前足为开掘足，其上听器退化，呈裂缝状。跗节3节。尾须长，产卵器不外露（图6-3）。常见种有华北蝼蛄（*Gryllotalpa unispina*）和东方蝼蛄（*Gryllotalpa orientalis*）。

(4) 斑腿蝗科

触角丝状。颜面侧观为垂直或向后倾斜，头顶前端缺细纵沟，头侧窝不明显或无。前胸腹板在两前足基部之间具明显突起，呈锥形、圆柱形或横片状。前、后翅发达，有时退化为鳞片状或无翅。鼓膜器在具翅种类中很发达，在缺翅种类不明显或无。后足股节外侧具羽状纹。跗节3节（图6-4）。

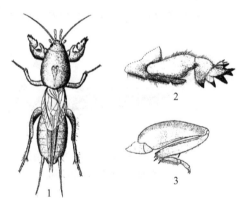

图6-3 蝼蛄科（华北蝼蛄）的成虫（仿周尧）
1. 背面观　2. 前足　3. 后足

草原上常见种有意大利蝗（*Calliptamus italicus*）、短星翅蝗（*Calliptamus abbreviatus*）、中华稻蝗（*Oxya chinensis*）等。

(5) 斑翅蝗科

触角丝状。颜面侧观为垂直或向后倾斜，头顶前端缺细纵沟，头侧窝常缺失，少数种类明显。前胸腹板在两前足基部之间平坦或略隆起。前胸背板背面常较隆起，呈屋脊形或马鞍形，有时较平坦。前、后翅发达，均具有暗色斑纹。雄虫前翅中闰脉上常具发音齿。鼓膜器发达。后足股节外侧具羽状纹。跗节3节（图6-5）。草原上常见种有亚洲小车蝗（*Oedaleus asiaticus*）、黄胫小车蝗（*Oedaleus infernalis*）、白边痂蝗（*Bryodema luctuosum*）、红翅皱膝蝗（*Angaracris rhodopa*）等。

图 6-4 斑腿蝗科(中华稻蝗)
的成虫侧面观(仿周尧)

图 6-5 斑翅蝗科(黄胫小车蝗)
的成虫侧面观(仿周尧)

(6) 剑角蝗科

触角剑状。颜面侧观为向后倾斜，钝锥形或长锥形，头侧窝发达，有时不明显或缺失。前胸背板平坦，前胸腹板具突起或平坦，中隆线较弱，侧隆线完整或缺失。前、后翅发达，有时缩短或退化成鳞片状。鼓膜器发达。后足股节外侧具羽状纹，跗节 3 节(图 6-6)。常见种有中华剑角蝗(*Acrida cinerea*)等。

(7) 网翅蝗科

触角丝状。颜面侧观与头顶形成锐角形。头侧窝明显，呈四角形。前胸背板中隆线低。前胸腹板在两前足基部之间通常不隆起。前、后翅发达，有时缩短或消失。通常具有发达的鼓膜器，但有时也不明显，甚至消失。后足股节外侧具羽状纹。跗节 3 节(图 6-7)。草原上常见种有白纹雏蝗(*Chorthippus albonemus*)、小翅雏蝗(*Chorthippus fallax*)、宽翅曲背蝗(*Pararcyptera microptera meridionalis*)等。

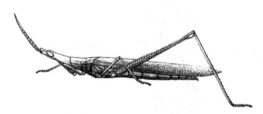

图 6-6 剑角蝗科(中华剑角蝗)
的成虫侧面观(仿周尧)

图 6-7 网翅蝗科(雏蝗)
的成虫侧面观(仿周尧)

(8) 蚱科

触角丝状。颜面隆起在触角之间分叉呈沟状。前胸背板一般较平坦，其侧叶后缘通常具 2 个凹陷，少数仅具 1 个凹陷；侧叶后角向下，末端圆形。前、后翅正常，少数缺失。前足与中足跗节均为 2 节，后足跗节 3 节，且后足跗节第 1 节明显长于第 3 节(图 6-8)。草原上常见种有日本蚱(*Tetrix japonica*)等。

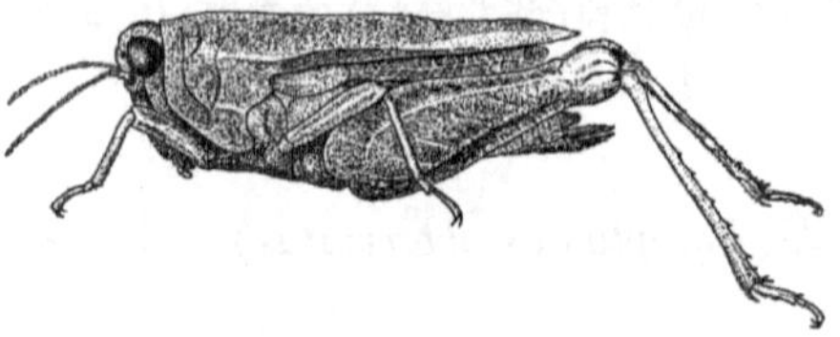

图 6-8 蚱科(日本蚱)的
成虫侧面观(仿周尧)

6.2 半翅目

我国昆虫学工作者过去多将同翅目(Homoptera)与半翅目(Hemiptera)作为两个不同目对待，目前合并为半翅目(Hemiptera)，分为胸喙亚目(Sternorrhyncha)、头喙亚目(Auchenorrhyncha)、鞘喙亚目(Coleorrhyncha)和异翅亚目(Heteroptera)。草地相关主要科及其特征描述如下。

6.2.1 形态特征

半翅目昆虫体型多样,小型到大型,体长 1.5~110 mm,复眼大,单眼 2~3 个,或缺如。头后口式,口器刺吸式,喙 1~4 节。触角鬃状、棒状或线状。前翅半鞘翅或质地均一,膜质或革质,足的跗节 1~3 节(图 6-9)。

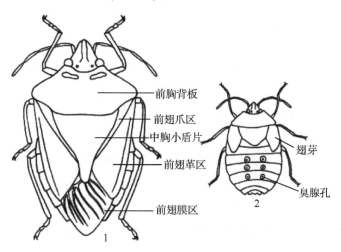

图 6-9 半翅目(稻缘蝽)的体躯结构
1. 成虫 2. 若虫

6.2.2 生物学特性

半翅目昆虫大多生活在植物上,刺吸寄主汁液,被刺吸处出现斑点,变黄、变红,或组织增生,畸形发展,形成卷叶、肿疣或虫瘿。很多种类能传播植物病毒病,对经济植物传毒造成的危害比刺吸危害还大。少数为肉食性,捕食小型昆虫。

本目昆虫多为渐变态,少数为过渐变态,如粉虱和雄性蚧壳虫等。生殖方式行两性卵生、孤雌生殖。卵多为长椭圆形或椭圆形、鼓形,有的卵有卵盖。单产或聚产。1 年发生 1 代或多代,多以卵越冬。

6.2.3 主要科及其形态特征

(1)蚜科

体小型,多态,有无翅和有翅蚜。触角 6 节,上有感觉孔,末节基部顶端和末前节近顶端各有 1 个圆形的原生感觉孔,第 3~6 节有次生感觉孔。有翅蚜前翅大,后翅小,前翅有翅痣,Sc、R、M 与 Cu_1 脉基部愈合,中脉 1 支,分为 2 叉或 3 叉。腹部有 1 对腹管,腹端有 1 尾片(图 6-10)。重要害虫有麦长管蚜(*Sitobion avenae*)、麦二叉蚜(*Schizaphis graminum*)、桃蚜(*Myzus persicae*)等。

(2)斑蚜科

大多种类常见有翅孤雌蚜,罕见或不见无翅孤雌蚜。头与前胸分离。触角多为 6 节,细长,次生感觉孔圆形、卵圆形或长椭圆形。体背瘤和缘瘤多发达。前翅 Rs 有时不显或

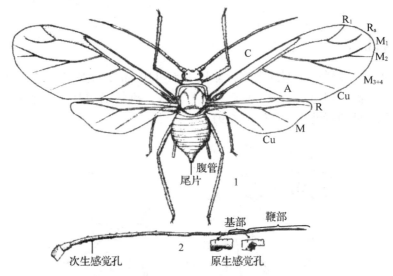

图6-10 蚜科(桃蚜)的特征(仿周尧)
1. 有翅蚜 2. 触角

缺，M常分为3支，后翅常有2斜脉，翅脉常有黑边。腹管短截状，有些杯状至环状，无网纹，尾片瘤状或半月形。常见种有苜蓿斑蚜(*Therioaphis trifolii*)(图6-11)。

(3) 蝉科

体大型，喙着生在前足基节之前。触角鬃状，着生在复眼下方。单眼3个，排成三角形。前足开掘式。前翅膜质，前翅基部无肩板，脉纹粗。雄虫腹部第1节有发音器。常见种有蚱蝉(*Cryototympana pustulata*)、蛁蟟(*Oncotympana maculicollis*)(图6-12)等。

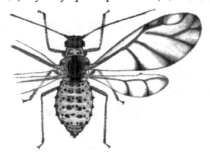

图6-11 斑蚜科(苜蓿斑蚜)的特征

图6-12 蝉科的代表(蛁蟟)(仿周尧)

(4) 叶蝉科

体小型，善跳跃。单眼2个或无，触角刚毛状。前翅革质，后翅膜质。后足胫节下方有两列刺状毛。重要害虫有棉二点叶蝉(*Empoasca biguttula*)、大青叶蝉(*Tettigoniella viridis*)(图6-13)等。

(5) 猎蝽科

体中型或大型。有单眼。触角4节，喙3节，基部弯曲，不能平贴在体腹面，端部尖锐。前翅没有缘片和楔片，前翅膜区基部有2翅室，端部伸出1条纵脉(图6-14)。常见种有黑光猎蝽(*Ectrychotes andreae*)、长棘猎蝽(*Polididus armatissimus*)等。

(6) 盲蝽科

体小型。触角 4 节，无单眼。喙 4 节，第一节与头部等长或略长；前翅有楔片，膜区脉纹围成两个翅室，其余翅脉消失（图 6-15）。草地常见种有牧草盲蝽（*Lygus pratensis*）、苜蓿盲蝽（*Adelphocoris lineolatus*）、三点盲蝽（*Adelphocoris fasiaticollis*）。

(7) 花蝽科

体小型或微小型，长椭圆形。常有单眼，触角 4 节，第 3、4 节之和比第 1、2 节之和为短。喙长，3 节或 4 节。跗节 3 节。半鞘翅有明显的缘片和楔片，膜片上有简单的纵脉 1~3 条（图 6-16）。常见种有小花蝽（*Orius minutus*）。

(8) 姬蝽科

体较小，多灰色、褐色、黑色或带红色，少数为绿色。喙长，4 节；触角 4 节（少数 5 节）；前胸背板狭长，前足捕捉式。前翅膜片上有纵脉形成 2~3 个长形闭室，并由它们分出一些短的分支（图 6-17）。常见种有缘姬蝽（*Reduviolus ferus*）、华姬蝽（*Nabis sinoferus*）。

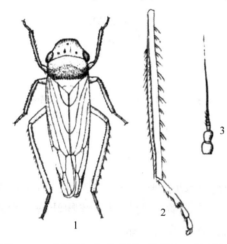

图 6-13 叶蝉科（大青叶蝉）的特征（仿周尧）
1. 成虫　2. 后足胫节　3. 触角

图 6-14 猎蝽科的前翅特征（仿周尧）

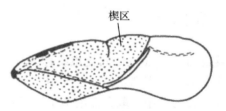

图 6-16 花蝽科的前翅
（小花蝽）

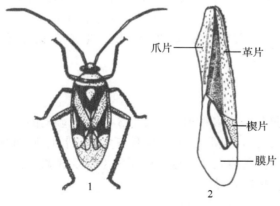

图 6-15 盲蝽科的代表（三点盲蝽）（仿周尧）
1. 成虫　2. 前翅

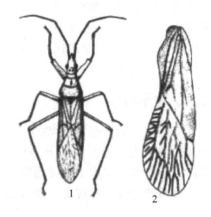

图 6-17 姬蝽科的代表（华姬蝽）（仿周尧）
1. 成虫　2. 前翅

(9) 缘蝽科

体较狭，两侧略平行。触角 4 节，喙 4 节。中胸小盾片三角形，不超过爪区的长度。前翅膜区有 5 条以上平行纵脉，从一条基横脉上生出，基部常无翅室（图 6-18）。大多数种植食性，常见种有点蜂缘蝽（*Riptortus pedestris*）等。

(10) 蝽科

体扁平，盾形，前胸背板六边形，触角多 5 节，通常有 2 个单眼，喙 4 节。胸部小盾片发达，三角形或舌形。前翅膜区上有多条纵脉，多从一基横脉上生出（图 6-19）。常见种有斑须蝽（*Dolycoris baccarum*）、茶翅蝽（*Halyomorpha halys*）等。

图 6-18　缘蝽科的前翅特征（仿周尧）

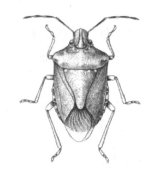
图 6-19　蝽科的代表（茶翅蝽）（仿周尧）

6.3　缨翅目

缨翅目（Thysanoptera）昆虫统称蓟马。体微小型，行动敏捷，善飞、善跳，多生活在植物花中，取食花蜜和花粉，也有相当一部分种类生活在植物叶面，取食植物汁液。少数种生活在枯枝落叶中，取食真菌孢子。还有一些种捕食其他蓟马、螨类。

6.3.1　形态特征

体小型到微小型，细长，0.5~5 mm。头锥形，口器锉吸式，左右上颚不对称，右上颚缺如或退化。触角短，6~10 节。复眼发达，单眼 2~3 个，足粗壮，前跗节有翻缩性"泡囊"。翅 2 对，狭长，翅脉退化，翅缘密生羽状长缨毛。腹部 10~11 节，具产卵管，或腹端延长成管状，缺尾须。

6.3.2　生物学特性

蓟马变态为过渐变态（图 6-20）。世代周期短，大多种类 1 年发生 5~7 代。蓟马的生殖方式为两性卵生或卵胎生，若干种类雄虫罕见，行孤雌生殖。卵形态多样，长卵形到肾形，常产卵于裂缝、树皮下，或植物组织间。蓟马传入新区域常以孤雌生殖快速繁殖，在干旱季节繁殖特别快，易成灾，潮湿及降雨会减轻危害。

6.3.3　主要科及形态特征

(1) 管蓟马科

大多数种为暗褐色或黑色。触角 4~8 节，有锥状感觉锥，第 3 节最大。翅面无微毛，

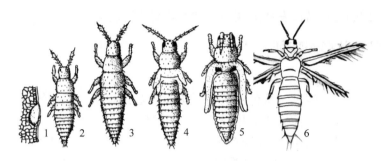

图 6-20 缨翅目的过渐变态(稻蓟马)

1. 卵 2. 1 龄若虫 3. 2 龄若虫 4. 前蛹期 5. 蛹期 6. 成虫

雌虫无外露产卵器，腹部末端管状(图 6-21)。常见种有麦简管蓟马(*Haplothrips tritici*)。

（2）蓟马科

体较扁平。触角 6~8 节，第 3、4 节感觉器为细叉状或为简单的感觉锥。翅脉上有刚毛，翅面有微毛，翅由基部向端部渐尖。雌虫腹部末端圆锥形，有发达的锯状产卵器，末端下弯(图 6-22)。蓟马科是缨翅目中最大的科。为害草地植物的常见种有牛角花齿蓟马(*Odontothrips loti*)、烟蓟马(*Thrips tabaci*)等。

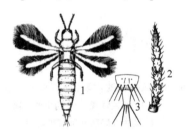 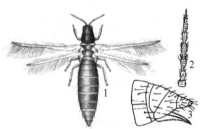

图 6-21 管蓟马科的代表(麦简管蓟马)　　**图 6-22 蓟马科的代表**(烟蓟马)
　　（仿彩万志和郑乐怡）　　　　　　　　　　　　（仿周尧）
1. 成虫 2. 触角 3. 雌虫腹部末端　　　　　1. 成虫 2. 触角 3. 雌虫腹部末端

6.4 脉翅目

脉翅目(Neuroptera)昆虫统称蛉，包括草蛉、蚁蛉、螳蛉、褐蛉等。幼虫、成虫常捕食蚜虫、蚂蚁、叶螨和蚧壳虫等，是自然界重要的捕食性天敌。

6.4.1 形态特征

成虫小型到大型。复眼大，单眼 3 个或缺如；口器咀嚼式；足细长，跗节 5 节；两对翅的形状、大小和翅脉均相似，翅脉网状，翅缘部多叉脉，有时生毛，形似蛾类；翅发达但飞翔能力较弱；尾须缺如，产卵管不外露。

6.4.2 生物学特性

完全变态。卵多为长卵形或有小突起，如草蛉科的卵具丝状长柄。幼虫为蛃型幼虫，胸足发达，无腹足，口器为捕吸式。幼虫多为陆生，捕食性。老熟幼虫在丝质茧内化蛹，蛹为强颚离蛹，即羽化前常以发达上颚，切破丝茧羽化为成虫。

6.4.3 主要科及其形态特征

(1) 草蛉科

成虫小型或中型。体绿色、黄色或灰色。头小，触角丝状，长于体躯，复眼有金色闪光，相隔较远，单眼缺如。前后翅形相似透明，后翅略小，翅顶圆形，翅前缘区有30条以下的横脉，Rs脉不分叉（图6-23）。卵产于叶片上，具丝质长柄。幼虫称为蚜狮。草地常见种有普通草蛉（*Chrysopa carmea*）、丽草蛉（*Chrysopa formosa*）、叶色草蛉（*Chrysopa phyllochroma*）。

(2) 蚁蛉科

成虫中型至大型，体翅瘦长，触角短棒状。近翅顶有长椭圆翅室，无明显翅痣。幼虫体粗大，被毛，头小，具长镰状三齿形上颚，胸足发达，后足胫节与跗节相愈合（图6-24）。幼虫有"蚁狮"之称。草地常见种有泛蚁蛉（*Myrmeleon formicarious*）等。

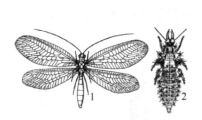

图6-23 草蛉科的代表
（叶色草蛉）（仿周尧）
1. 成虫 2. 幼虫背视

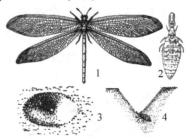

图6-24 蚁蛉科的代表（泛蚁蛉）（仿周尧）
1. 成虫 2. 幼虫背视 3. 幼虫的陷阱背视
4. 幼虫在陷阱底部狩猎侧视

6.5 鳞翅目

鳞翅目（Lepidoptera）是昆虫纲中仅次于鞘翅目的第二大目，分为蛾和蝴蝶两大类。

6.5.1 形态特征

体小型至大型。触角丝状、棍棒状或羽状。口器虹吸式或退化。复眼1对，单眼通常2个。成虫翅、体及附肢上布满鳞片。翅2对，膜质，横脉较少，各有1个封闭的中室。翅上的鳞毛和鳞片组成特殊的斑纹，脉相和翅上斑纹是分类和种类鉴定的重要依据。少数无翅或短翅型。跗节5节。无尾须（图6-25）。

6.5.2 生物学特性

完全变态。卵多为散产或聚产于寄主叶片、枝条、果实等处；卵块常有胶质分泌物或体毛。幼虫为蠋型，咀嚼式口器，上颚发达；侧单眼6对，位于触角基部略后上方；胸足发达，腹足一般5对，其上具趾钩（图6-26），为幼虫分类的重要依据。蛹多为无颚被蛹，常吐丝筑茧或土室化蛹。幼虫为植食性，被害状多样，如自由取食的、卷叶的、缀叶的、潜叶的等类型。部分幼虫有发达丝腺，会吐丝结茧，用丝造居所。幼虫期多为5龄，1~

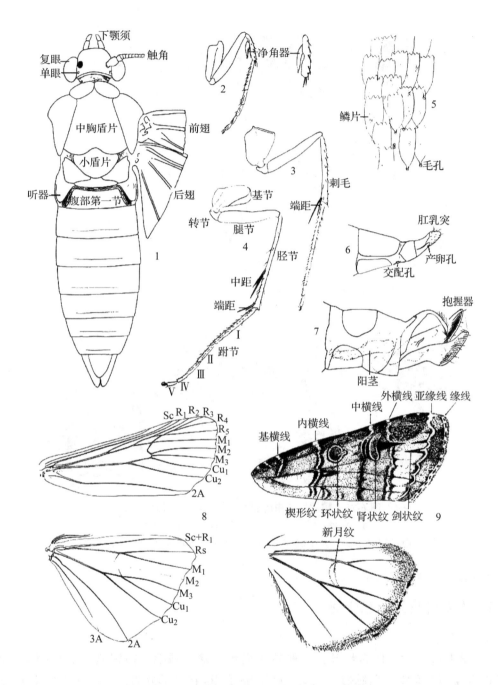

图 6-25 鳞翅目形态特征(小地老虎)(仿周尧)
1. 成虫体形(去除鳞毛) 2~4. 前足、中足和后足 5. 翅鳞片微观
6、7. 雄成虫腹部末端 8. 翅脉 9. 翅的斑纹

2龄体型小,为防治关键时期;3龄以后幼虫有暴食性,抗药性增强。部分蛾类幼虫在地下造土室化蛹,如多数夜蛾科幼虫。蛾蛹常褐色,较光滑,颜色多变,常有瘤突或刻纹。多数蝶类幼虫化蛹不结茧,蝶蛹有保护色。蛾类成虫有趋光性,多在傍晚或夜间活动,为夜出性昆虫;而蝶类成虫多在白天活动,为昼出性昆虫。有些种有远距离迁飞习性,如草地

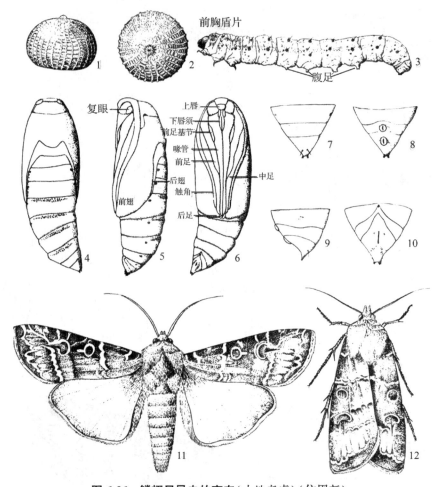

图 6-26　鳞翅目昆虫的变态（小地老虎）（仿周尧）

1、2. 卵　3. 幼虫　4~6. 蛹的背视、侧视和腹视
7~9. 雌虫蛹腹末背面、腹面及侧面　10. 雄成虫腹部末端腹面　11、12. 成虫背视

螟、小地老虎、草地贪夜蛾等。

6.5.3　重要科及其形态特征

（1）夜蛾科

中等至大型蛾类，体多粗壮，一般暗灰褐色，密生鳞毛。前翅略窄而后翅宽。前翅 M_2 基部近 M_3 而远 M_1，肘脉似 4 叉式，后翅 Sc 和 Rs 在基部分离，但在近基部接触一点而又分开，造成一小基室。后翅色淡，静息时，常折叠成屋脊状。腹端部被毛丛。幼虫大多数仅具原生刚毛，趾钩多为单序中带，常有 5 对腹足（图 6-25、图 6-26）。夜蛾科是鳞翅目第一大科，常见种有黏虫（*Mythimna separata*）、小地老虎（*Agrotis ypsilon*）等。

（2）螟蛾科

小型至中型蛾类。触角丝状，下颚须及下唇须发达，呈长鼻状。前翅 R_1 与中室等长或较长，R_3、R_4、R_5 同柄，后翅 $Sc+R_1$ 与 Rs 在中室外极其接近或短距离愈合，Cu_2 在前翅退化或消失，在后翅存在，翅缰很长（图 6-27）。幼虫有两根前胸气门前侧毛，腹足短，

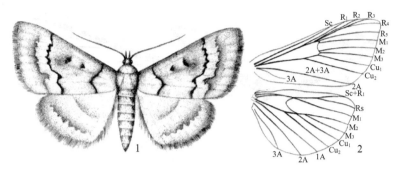

图 6-27　螟蛾科的代表(亚洲玉米螟)(仿周尧)
1. 雌成虫　2. 脉序

趾钩通常 2 序或 3 序，呈平行列。草地常见种有亚洲玉米螟(*Ostrinia furnacalis*)、草地螟(*Loxostege sticticalis*)。

(3)尺蛾科

体细、翅阔、纤弱，常有细波纹。后翅 $Sc+R_1$ 在近基部与 Rs 靠近或愈合成一小基室(图 6-28)。第 1 腹节腹侧面有 1 对鼓膜听器。幼虫细长，仅第 6 和第 10 腹节有腹足，行动时一曲一伸，故称尺蠖、步曲或造桥虫。尺蛾科为鳞翅目第三大科，常见种有大造桥蛾(*Ascotis selenaria*)、苜蓿尺蛾(*Tephrina arenacearia*)、豆小尺蛾(*Calothysanis comptaria*)等。

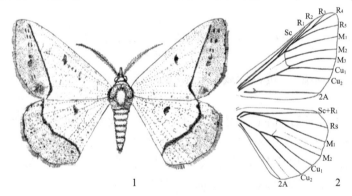

图 6-28　尺蛾科的代表(苜蓿尺蛾)(仿周尧)
1. 成虫　2. 脉序

(4)天蛾科

中型至大型。触角中部加粗，端部常具一细钩。喙很长，部分种退化。前翅大且狭，顶角尖，外缘斜形或扇形，呈长三角形；后翅较前翅小。翅缰发达，后翅 Sc 与 R 在中室中间，或在其内侧(图 6-29)。腹部粗而尖，纺锤形。幼虫尾角型，第 8 腹节背面有一向后上方斜伸的尾角，体躯平滑；体侧常有沿气门的斜条纹。草地常见种有白纹天蛾(*Celerio lineata*)、豆天蛾(*Clanis bilineata*)等。

(5)毒蛾科

中等至大型，体躯粗肥，无单眼，喙消失。胸、腹部被长鳞毛。雌虫具浓密的特化鳞片束，用以覆盖卵块。腹部的反鼓膜巾位于气门前。后翅基室较大，达翅中室中央，M_1 与 Rs 在中室外有短距离共柄(图 6-30)。幼虫被浓密长毛，常具毛丛或毛刷，有时具螫毛，第 6 和第 7 腹节背面常有 2 个毒腺。草地常见种有舞毒蛾(*Lymantria dispar*)、青海草原毛

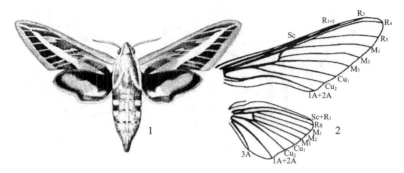

图 6-29 天蛾科的代表（白纹天蛾）（仿周尧）
1. 成虫　2. 脉序

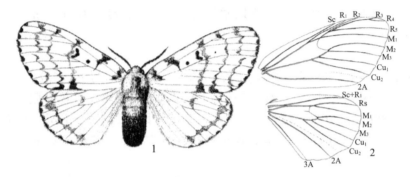

图 6-30 毒蛾科的代表（舞毒蛾）（仿周尧）
1. 成虫　2. 脉序

虫（*Gynaephora qinghaiensis*）、黄古毒蛾（*Orgyia dubia*）等。

（6）灯蛾科

中等至大型，体厚多毛，体色常色彩鲜艳。触角多丝状。前翅鳞毛平滑，副室或存或缺，后翅 $Sc+R_1$ 与 Rs 愈合至中室中央或更外（图 6-31）。反鼓膜巾位于第 1 腹节气门前。幼虫有长次生刚毛，经常以毛丛形式生长于毛瘤上，背面无毒腺。茧面上常附有幼虫刚毛，蛹无齿列。常见种有豹灯蛾（*Arecia caja*）、雅灯蛾（*Arctia hebe*）。

图 6-31 灯蛾科的代表（豹灯蛾）（仿周尧）
1. 成虫　2. 脉序

（7）粉蝶科

中等大小，常为白色、黄色或橙色，有黑色斑纹。前足正常，爪两分叉。前翅 R 脉 3 支或 4 支，极少 5 支，M_1 与 R_{4+5} 长距离愈合，后翅有 2 条臀脉，后缘凸出（图 6-32）。卵纺锤

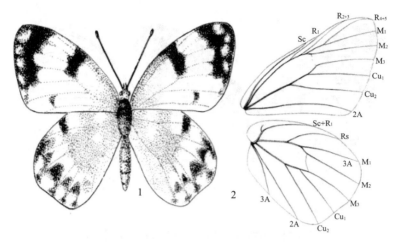

图 6-32　粉蝶科的代表（云粉蝶）（仿周尧）
1. 成虫　2. 脉序

形，表面有纵纹和细横刻纹。幼虫体上密生细而短的次生毛，体节分为亚节，腹足趾钩为二序中带或三序中带。草地常见种有斑缘豆粉蝶（*Colias erate*）、云粉蝶（*Pantia daplidice*）等。

（8）眼蝶科

体小型到中型，体躯较细，色多暗。翅多毛，翅面多具眼状斑或圆纹（图 6-33）。前足退化，折在胸下而不用于行走。幼虫体为纺锤形，头大，尾端有 2 突起。草地常见种有红眼蝶（*Erebia maurisius*）、蛇眼蝶（*Satyrus anthe*）、稻眉眼蝶（*Mycalesis gotama*）等。

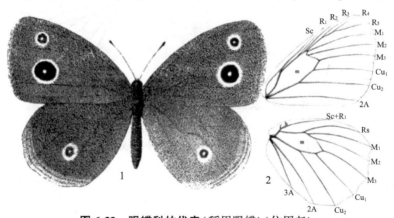

图 6-33　眼蝶科的代表（稻眉眼蝶）（仿周尧）
1. 成虫　2. 脉序

（9）蛱蝶科

成虫雌雄前足均退化、无爪，通常折叠在前胸上，胫节短，被长毛。后翅 A 脉 2 条（图 6-34）。幼虫体表有枝突，蛹由臀棘倒悬。常见种有荨麻蛱蝶（*Aglais urticae*）、小苎麻赤蛱蝶（*Cynthia cardui*）、红线蛱蝶（*Limenitis populi*）、大红蛱蝶（*Vanessa indica*，图 6-34）等。

（10）灰蝶科

成虫体小型，翅正面蓝色、铜色、暗褐或橙色，反面较暗，有眼斑或细纹。触角上有白环，复眼四周围绕一圈白色鳞片环。雌虫前足正常，但雄虫前足缩短，跗节愈合。前翅 R 脉 3 支或 4 支，后翅在 Cu_{1b} 常有 1~3 个纤细尾突，A 脉 2 条（图 6-35）。常见种有豆灰

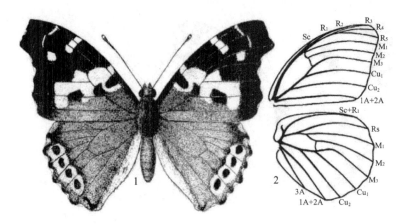

图 6-34 蛱蝶科的代表(大红蛱蝶)(仿周尧)
1. 成虫 2. 脉序

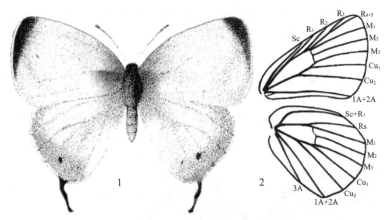

图 6-35 灰蝶科的代表(黄灰蝶)(仿周尧)
1. 成虫 2. 脉序

蝶(*Plebejus argus*)、红珠灰蝶(*Lycaeides argyrognomon*)、黄灰蝶(*Japonica lutea*)等。

6.6 鞘翅目

鞘翅目(Coleoptera)昆虫通称甲虫,是昆虫纲中最大的目。

6.6.1 形态特征

成虫体壁坚硬,咀嚼式口器。触角类型多样,常为11节。前胸背板发达,中后胸一般愈合在一起,且被鞘翅覆盖。前翅鞘翅,后翅膜翅,少数种类后翅退化。无尾须(图6-36)。鞘翅目可分为原鞘亚目、肉食亚目、菌食亚目和多食亚目4个亚目,其中肉食亚目和多食亚目与人类关系密切。

6.6.2 生物学特性

完全变态,有些种类为复变态。幼虫咀嚼式口器,寡足型或无足型。蛹多为离蛹

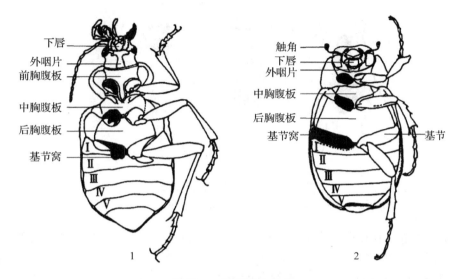

图 6-36 鞘翅目的成虫
1. 肉食亚目（步甲） 2. 多食亚目（金龟）

（图 6-37）。鞘翅目昆虫多数陆生，少数水生，大多为植食性，部分种类为捕食性、腐食性、粪食性、尸食性和菌食性，少数种类为寄生性。成虫大多有趋光性和假死性。

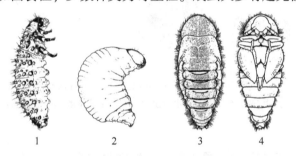

图 6-37 鞘翅目的幼虫及蛹
1. 寡足型幼虫（叶甲） 2. 无足型幼虫（象甲） 3. 蛹背面观（皮蠹） 4. 蛹腹面观（皮蠹）

6.6.3 主要科及其形态特征

(1) 步甲科

体小型至大型，前口式或下口式。触角丝状，11 节。小盾片明显，后足基节不达鞘翅边缘，跗节 5 节，可见腹板 6~8 节。幼虫体细长，单眼 6 对，胸足 5 节，爪 1~2 个。腹部末端着生尾突 1 对或第 5 腹节背面着生有凸起的倒钩（图 6-38）。常见种有中国虎甲（*Cicindela chinensis*）、中华星步甲（*Calosoma chinense*）、黄斑青步甲（*Chlaenius micans*）、蠋步甲（*Dolichus halensis*）等。

(2) 金龟科

体小型到大型，体形、体色多样。触角 8~11 节，鳃片部 3~7 节。前足开掘足，胫节外缘具齿，中、后足胫节细长或粗壮，爪简单或具齿或不等大。幼虫多肥胖弯曲，通称蛴螬，下口式，蜕裂线明显，呈倒"Y"形。胸足 4 节，无尾突，围气门片一般呈"C"形（图 6-39）。金龟科包括鳃金龟亚科、丽金龟亚科、犀金龟亚科、花金龟亚科、蜣螂亚科、蜉金

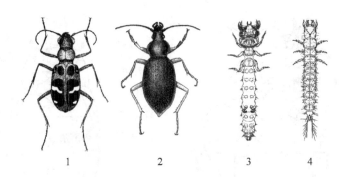

图 6-38 步甲科的成虫及幼虫
1. 成虫(虎甲) 2. 成虫(步甲) 3. 幼虫(虎甲) 4. 幼虫(步甲)

龟亚科等昆虫类群；其食性分化多样，有植食性、腐食性、粪食性等，很多植食性种类是重要的植物害虫，如大黑鳃金龟(*Holotrichia oblita*)、暗黑鳃金龟(*Holotrichia parallela*)、黑皱鳃金龟(*Trematodes tenebrioides*)、铜绿异丽金龟(*Anomala corpulenta*)等。

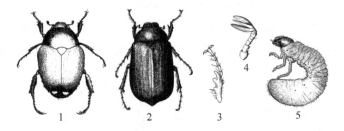

图 6-39 金龟科的成虫及幼虫(仿周尧)
1. 成虫(丽金龟) 2. 成虫(鳃金龟) 3. 成虫前足的胫节、跗节及爪 4. 成虫的触角 5. 幼虫(蛴螬)

(3) 叩甲科

体小型至大型，前胸背板后侧角锐刺状。前胸腹面有尖刺，嵌入中胸的凹槽内，形成弹跳和叩头的关节，后胸腹板无横缝。跗节 5 节。幼虫通称金针虫，体细长。额、唇基和上唇愈合，蜕裂线呈倒凸字形。胸足 4 节(图 6-40)。常见的害虫有沟金针虫(*Pleonomus canaliculatus*)、褐纹金针虫(*Melanotus caudex*)、细胸金针虫(*Agriotes subvittatus*)等。

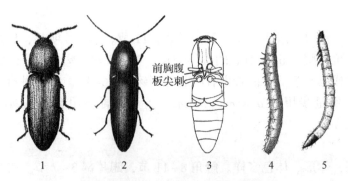

图 6-40 叩甲科的成虫及幼虫(仿周尧)
1. 成虫背面(褐纹金针虫) 2. 成虫背面(细胸金针虫) 3. 成虫腹面
4. 幼虫(褐纹金针虫) 5. 幼虫(细胸金针虫)

(4) 皮蠹科

体小型，被鳞片及细绒毛。触角棒状或锤状。足短，后足基节扁平，能容纳腿节，跗节 5 节。幼虫长圆柱形，体多毛，胸足 4 节（图 6-41）。常见于家庭、仓库，以幼虫危害严重。花斑皮蠹（*Trogoderma variabile*）、白腹皮蠹（*Dermestes maculatus*）、谷斑皮蠹（*Trogoderma granarium*）等是重要的仓储害虫。

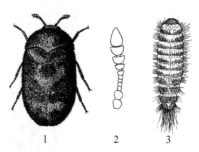

图 6-41　谷斑皮蠹的成虫及幼虫
（仿周尧）
1. 成虫　2. 成虫触角　3. 幼虫

(5) 瓢虫科

体多半球形，头后部隐于前胸背板下，触角棒状，下颚须末节斧状。跗节隐 4 节，即跗节 4 节，第 2 节分裂为 2 瓣，第 3 节很小，隐藏于第 2 节的分裂之中。第 1 腹板上有后基线。幼虫体表具毛突、枝刺或覆盖蜡粉等。每侧单眼 3~4 个，胸足 4 节，腹部末节具吸盘状伪足（图 6-42）。多为重要的天敌类群，常见的益虫有七星瓢虫（*Coccinella septempunctata*）、多异瓢虫（*Hippodamia variegata*）、异色瓢虫（*Harmonia axyridis*）、龟纹瓢虫（*Propylea japonica*）等。少数植食性和菌食性，重要的害虫有酸浆瓢虫（*Henosepilachna vigintioctopunctata*）、马铃薯瓢虫（*Henosepilachna vigintioctomaculata*）。

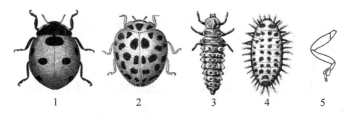

图 6-42　瓢虫科的成虫及幼虫
1. 成虫（七星瓢虫）　2. 成虫（马铃薯瓢虫）　3. 幼虫（七星瓢虫）
4. 幼虫（马铃薯瓢虫）　5. 成虫的足（跗节隐四节）

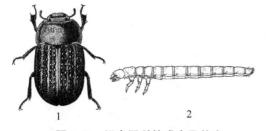

图 6-43　拟步甲科的成虫及幼虫
1. 成虫（类沙土甲）　2. 幼虫

(6) 拟步甲科

体小型至大型，体形多变，体壁坚硬。鞘翅有发达假缘折。跗节 5-5-4 式。幼虫细长，似叩甲的幼虫，但唇基明显，有上唇。腹部末端着生 1 对短小的尾突（图 6-43）。常见的地下害虫有类沙土甲（*Opatrum subaratum*）、网目土甲（*Gonocephalum reticulatum*）等；常见的仓储害虫有仓潜（*Mesomorphus villiger*）、黑粉虫（*Tenebrio obscurus*）等。

(7) 芫菁科

体小型至中型。体色多样，黑色、红色或绿色等。头宽于前胸，后头急缢如颈。触角多丝状、棒状，部分种类触角呈栉齿状、锯齿状或念珠状。前胸背板狭于鞘翅基部，通常端部最窄。鞘翅柔软，完整或缩短。前足基节窝开式，前、中足基节左右相接，后足基节横形；跗节 5-5-4 式，爪裂为 2 叉。复变态，通常 1 龄幼虫行动活泼，称为三爪蚴；2~

4龄幼虫为蛴螬型；5龄幼虫胸足退化，为不食不动的拟蛹；6龄幼虫又呈蛴螬型，最后化蛹（图6-44）。常见种有豆芫菁（*Epicauta gorhami*）、绿芫菁（*Lytta caraganae*）等。

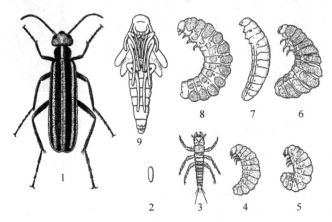

图6-44　芫菁科代表（豆芫菁）（仿周尧）
1. 成虫　2. 卵　3. 1龄幼虫（三爪蚴）　4~6. 2~4龄幼虫（蛴螬型）
7. 5龄幼虫（拟蛹）　8. 6龄幼虫（蛴螬型）　9. 蛹

（8）叶甲科

体小型至中型，体型、体色多样，有或无金属光泽。触角不着生在额突上，常11节，丝状、棒状、锯齿状或栉齿状。跗节隐5节。幼虫头小，体表常有瘤突或毛丛，或体柔软肥胖，腹面弯曲。单眼常4~6对，或退化（图6-45）。常见草原害虫有漠金叶甲（*Chrysolina aeruginosa*）、沙葱萤叶甲（*Galeruca daurica*）、白茨粗角萤叶甲（*Diorhabda rybakowi*）、豌豆象（*Bruchus pisorum*）等。

（9）象甲科

体小型至大型，卵形、长形或圆柱形，体表常粗糙，或具粉状分泌物，体色暗黑或鲜明。头部延长成喙状，口器位于喙的顶端，无外咽片。触角膝状，末端3节膨大。复眼突出。跗节隐5节。幼虫肥胖而弯曲，无足（图6-46）。常见害虫有苜蓿叶象（*Hypera postica*）、玉米象（*Sitophilus zeamais*）、棉尖象（*Phytoscaphus gossypii*）等。

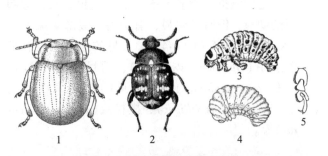

图6-45　叶甲科的成虫及幼虫
1. 成虫（漠金叶甲）　2. 成虫（豌豆象）　3. 幼虫（叶甲）
4. 幼虫（豆象）　5. 成虫跗节（隐5节）

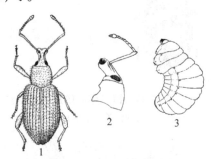

图6-46　象甲科的成虫及幼虫
1. 成虫（棉尖象）　2. 成虫头胸部　3. 幼虫

6.7 膜翅目

6.7.1 形态特征

膜翅目(Hymenoptera)口器咀嚼式或嚼吸式。触角形状多样，有丝状、念珠状、膝状、栉齿状等。翅膜质，透明，后翅小于前翅，后翅前缘有 1 列小钩与前翅相连接。翅脉变异很大，前翅常有翅痣存在。跗节一般 5 节。腹部第 1 节并入后胸，称为并胸腹节。雌虫产卵器发达，锯状或针状，在高等类群中特化为螫刺(图 6-47)。

6.7.2 生物学特性

完全变态，一生有卵、幼虫、蛹和成虫 4 个阶段。叶蜂的幼虫为伪蠋型，胸足 3 对，腹足 6~8 对；其他种类的幼虫一般为蛆型，无足，头壳较为发达。蛹为离蛹，有时会结茧，在寄主体内或在特殊的蛹室内化蛹。膜翅目食性多为寄生性和捕食性，少数为植食性。茧蜂科、广肩小蜂科、金小蜂科和姬蜂科多为寄生性，蚁科和胡蜂科为捕食性，广腰亚目幼虫多为植食性，蜜蜂总科取食花蜜和花粉。膜翅目昆虫的繁殖方式有两性生殖、孤雌生殖和多胚生殖。膜翅目的生活方式有独栖和群栖之分，如植食性及寄生性的种类多为营独栖生活，而蜜蜂和蚂蚁部分类群为群栖生活，为社会性昆虫。

6.7.3 主要科及其形态特征

(1) 叶蜂科

成虫色彩鲜艳，常见于叶片或花上。体粗壮，小型或中等大小，腹基部不收缩成细腰，与胸部广接。头部短，横宽，复眼大，单眼 3 个，生于头顶。触角多为丝状。前胸背板后缘深凹，两端接触肩板，前足胫节有 2 个端距，跗节 5 节。产卵器锯齿状。幼虫伪蠋型，头壳明显，咀嚼式口器，具 3 对胸足，6~8 对腹足，无趾钩(图 6-48)。常见种类有橄榄绿叶蜂(*Tenthredo olivacea*)、日本菜叶蜂(*Athalla japonica*)等。

(2) 姬蜂科

体小型至大型。多为寄生。触角长丝状，多节。足长，转节 2 节，有显著的胫距和一大爪垫。翅大且发达，翅脉明显，第 1 亚缘室与第 1 盘室合并，有第 2 回脉和小翅室。腹部细长，圆筒形，是头胸总长的 2~3 倍。产卵管很长，常为体长的数倍(图 6-49)。幼虫为无足型，蛹为离蛹，多有茧；幼虫和蛹均在寄主体内发育完成。常见种有黏虫白星姬蜂(*Vulgichneumon leucaniae*)、地蚕大铁姬蜂(*Eutanyacra picta*)、黑茧姬蜂(*Exetastes robustus*)、甘蓝夜蛾拟瘦姬蜂(*Netelia ocellaris*)、台湾弯尾姬蜂(*Diadegma akoensis*)等。

(3) 茧蜂科

小型寄生蜂，体长 2~12 mm。单眼 3 个，触角节数多变。后足基节下方或其上方突出呈圆筒状或卵状；翅只有一条回脉，肘脉第 1 段常存在，将第 1 肘室和第 2 盘室分开。腹部 1~8 节，其长约等于头、胸部之和，腹部第 2 和第 3 节背板愈合(图 6-50)。常见种有中华茧蜂(*Myosoma chinensis*)等。

(4) 广肩小蜂科

体长 1.5~6 mm，一般黑色，具光泽。触角 10~13 节，雄虫触角有时一侧偏连成香蕉

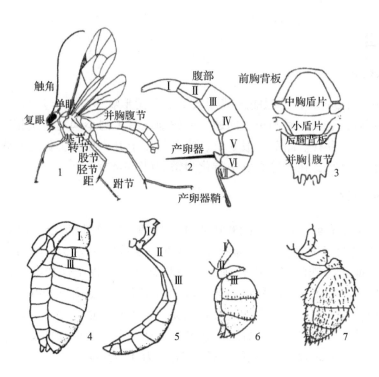

图 6-47 膜翅目形态特征(仿周尧)
1. 单色姬蜂雄成虫侧视 2. 单色姬蜂雌成虫腹部侧视 3. 长脚胡蜂胸部背视 4. 广腰(叶蜂)
5. 细腰(姬蜂) 6. 蚂蚁腹部第2节呈结节状 7. 蚂蚁腹部第2~3节呈结节状

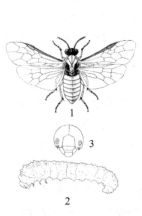

图 6-48 叶蜂科的代表
(日本菜叶蜂)(仿周尧)
1. 成虫 2. 幼虫 3. 幼虫头壳

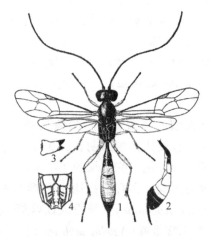

图 6-49 姬蜂科的代表
(台湾弯尾姬蜂)(仿蔡邦华)
1. 雌蜂 2. 雌蜂腹部侧面 3. 上颚 4. 并胸腹节

状,表面有瘤或毛,前胸背板大呈方形,密布刻点。前足胫节具1大距,后足胫节具2距。前翅有缘脉、纹外脉及痣脉。雌蜂腹部卵圆形,侧扁,末端常延伸上翘呈犁状或柱状,产卵器略凸出(图6-51)。雄蜂腹部圆球形,有长柄。为害牧草的有苜蓿籽蜂(*Brachophagus gibbus*)、刺蛾广肩小蜂(*Eurytoma monemae*)。

(5) 金小蜂科

体长 1~2 mm，一般为绿色、蓝色、黄色、金色、古铜色等，有金属光泽，行动活泼。触角多为 13 节，具 2~3 个环状节。胸大而弓，盾板极大，中胸侧板有沟。后足胫节一般仅 1 个距，产卵器不凸出或微凸出（图 6-52）。草原常见金小蜂属（*Pteromalus* sp.）。

图 6-50　茧蜂科的代表　　　图 6-51　广肩小蜂科的代表　　　图 6-52　金小蜂科的代表
（中华茧蜂）（仿蔡邦华）　　（刺蛾广肩小蜂）（仿蔡邦华）　　（稻苞虫金小蜂）（仿彩万志）

(6) 泥蜂科

体黑色，有黄色或红色纹饰，体细长，腹柄细秆状，故称细腰蜂。头大而宽，复眼大，内缘平行或近于平行。触角一般丝状。前胸三角形或横向，前胸背板背面观后缘平直，侧面观两侧膨大，侧板后方有隆线。足细长，前足适于掘土，胫节和跗节具刺或栉，中足胫节有 2 端距（图 6-53）。草原常见种为沙泥蜂（*Ammophila sabulosa nipponica*）、红腰泥蜂（*Ammophila aemtans*）等。

(7) 土蜂科

体大型，常为密生体毛的黑色蜂类，腹部有黄环带。头球状，头比胸部窄。前翅有 2~3 个亚缘室，后翅有臀叶。中、后胸腹板连成板状，盖住后足基节。腹部第 1~2 节间常缢缩，雄虫腹部末端下方有 3 个刺（图 6-54），其幼虫会外寄生蛴螬，是草原蛴螬的重要天敌之一。草原常见种有白毛长腹土蜂（*Campsomeris annulata*）、带纹土蜂（*Campsomeris* sp.）。

(8) 胡蜂科

体型较大，色泽鲜艳，体黄色或红色，有黑色或褐色的斑和带。触角略呈膝状。前胸背板后缘深凹，伸达肩板。前翅第 1 盘室狭长，远长于亚基室，翅休息时能纵褶。上颚大具齿，完全闭合时呈横形，不相互交叉。足长，中足胫节有 2 个端距，爪不分叉（图 6-55）。草原常见种为长脚胡蜂（*Polistes olivaceus*）。

图 6-53　泥蜂科的代表　　　图 6-54　土蜂科的代表　　　图 6-55　胡蜂科的代表
（红腰泥蜂）（仿周尧）　　（带纹土蜂）（仿周尧）　　（长腿胡蜂）（仿周尧）

(9) 蜜蜂科

体小型到大型，体多毛，常有黑色、白色、黄色、橙色、红色毛带或有金属光泽。触

图 6-56 蜜蜂科的代表
（中华蜜蜂）（仿蔡邦华）

角雌性 12 节，雄性 13 节。下唇宽大于长，亚颏"V"形，颏向端部变狭。前胸背板不向后伸达肩板。前足基跗节具净角器，后足胫节及基跗节扁平为携粉足（图6-56）。口器嚼吸式。常见种有中华蜜蜂（*Apis cerana*）、意大利蜜蜂（*Apis mellifera*）等。

6.8 双翅目

双翅目（Diptera）昆虫主要包括蚊、蠓、虻和蝇。

6.8.1 形态特征

体微小型至中型。头下口式，能活动。复眼发达，几乎占头的大部分，很多种类雄性的 2 个复眼紧靠在一起或非常接近，称为合眼式；雌性的 2 个复眼多远离，称为离眼式。成虫有发达的前翅，后翅特化为棒翅（平衡棒）。口器刺吸式、刺舐式、刮吸式或舐吸式。触角类型多样，主要有丝状、短角状或具芒状。前胸及后胸小型，常与大型中胸相合并，跗节 5 节（图 6-57）。

图 6-57 双翅目形态特征（喀纳斯短柄大蚊）
1. 头和胸部侧视　2. 头和胸部背视

6.8.2 生物学特性

完全变态。幼虫无足型或蛆型。一般幼虫头部退化，可伸缩。成虫多为两性繁殖，部分类群为特殊的胎生或幼体生殖，如麻蝇、家蝇和寄蝇等为卵胎生，部分瘿蚊和摇蚊为幼体生殖。蚊和虻为离蛹或被蛹，而蝇类为围蛹。幼虫食性多样，有腐食性、植食性、捕食性和寄生性，如蝇类幼虫取食腐烂物、植物残体和粪便，瘿蚊、花蝇、实蝇和潜蝇幼虫为植食性，其中瘿蚊幼虫取食会形成虫瘿，拟大蚊、盗虻和食蚜蝇幼虫为捕食性，寄蝇、头蝇、眼蝇、蜂虻、小头虻、网翅虻及某些无瓣瓣类幼虫为寄生性，其中，蜂虻幼虫会寄生鳞翅目幼虫、膜翅目幼虫、蝗虫卵和蛴螬。成虫多为白天活动，常取食花蜜和植物汁液等食物，少数类群为吸血性，会传播疾病，如蚊类、蚋类、虻类和蠓类。

6.8.3 主要科及其形态特征

(1) 大蚊科

体小型至大型，足细长、脆弱，易断，外形似蚊。中胸盾沟常呈"V"形缝，翅狭长，Sc 端部与 R_1 连接，Rs 脉 2 分支或 3 支，A 脉 2 条（图 6-58）。幼虫肉质，圆筒形，属于半头无足型幼虫。常见种有中纹大蚊（*Tipula conjunca*）和小稻大蚊（*Tipula latemarginata*）。

(2) 虻科

中型至大型，体粗壮。头部半球形，常宽于胸部。触角第 3 节延长，牛角状。雄虫复眼为合眼式，雌虫为离眼式。复眼常色彩鲜艳或有彩虹纹。爪间突发达，呈垫状，约略与爪垫等大。上、下腋瓣和翅瓣均发达（图 6-59）。幼虫多为肉食性。雄成虫只吸取植物汁液、花蜜和花粉，雌成虫多吸血，是家畜和人的重要害虫。草原常见种有土瘤虻（*Hybomitra turkesana*）、山瘤虻（*Hybomitra montana*）、华虻（*Tabanus mandarinus*）。

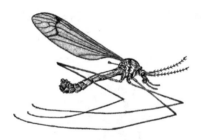

图 6-58　大蚊科代表
（小稻大蚊）

图 6-59　虻科代表
（华虻）（仿周尧）

(3) 食虫虻科

食虫虻也称盗虻。头大，头顶凹陷，体粗壮多毛和鬃。单眼瘤突明显，颜面发达，中部隆突，密被鬃和毛。口器较长而坚硬。爪间突刺状，有时缺如。腹部细长，锥状。翅狭长，翅脉 R_{2+3} 不分支，末端多接近 R_1，甚至终止于 R_1 上；R_{4+5} 分叉，R_5 多终止于翅端后；臀室在翅后缘关闭或窄开放。腋瓣发达（图 6-60）。常见种有巨萨食虻（*Satanas gigas*）、盗虻（*Antipalus* sp.）等。

(4) 食蚜蝇科

体色鲜艳明亮，具有黄色、蓝色、绿色、铜色等斑纹，外形似蜜蜂或胡蜂。触角芒角状。翅 R_{4+5} 脉与 M_{1+2} 脉之间常有一条游离的伪脉（图 6-61）。幼虫蛆形，腹部具皱褶、刺或毛，侧区具短而柔软的凸起，或后端有鼠尾状呼吸管。常见种有黑带食蚜蝇（*Episyrphus balteata*）等。

(5) 潜蝇科

体小型，多为黑色或黄色。具单眼，有口鬃。翅宽大，透明或具色斑。腋瓣无，前缘脉有 1 处中断，亚前缘脉退化。臀室小（图 6-62）。重要种有油菜潜叶蝇（*Phytomyza horticola*）、豌豆潜叶蝇（*Chromatomyia horticola*）。

(6) 秆蝇科

体微小型，多为绿色或黄色，有斑纹。触角芒着生在基部背面，光裸或羽状。无口鬃。翅无臀室，前缘脉在亚前缘脉末端折断，亚前缘脉退化或短。幼虫气门位于两侧

(图6-63)。重要种有麦秆蝇(*Meromyza saltatrix*)、稻秆蝇(*Chlorops oryzae*)。

（7）花蝇科

体小型至中型，体较细长，有鬃毛，多为黑色、灰色或暗黄色。触角芒裸或有毛。前翅后缘基部与身体连接处有一片质地较厚的腋瓣。M_{1+2}不向前弯曲，到达翅后缘；Cu_2+2A到达翅后缘(图6-64)。常见种有葱地种蝇(*Delia antiqua*)、灰地种蝇(*Delia platura*)、麦地种蝇(*Delia coarctata*)。

图6-60 食虫虻科代表
（盗虻）（仿周尧）

图6-61 食蚜蝇科代表
（黑带食蚜蝇）

图6-62 潜蝇科代表
（豌豆潜叶蝇）（仿周尧）

图6-63 秆蝇科代表
（麦秆蝇）（仿周尧）

图6-64 花蝇科代表
（灰地种蝇）

6.9 蜱螨目

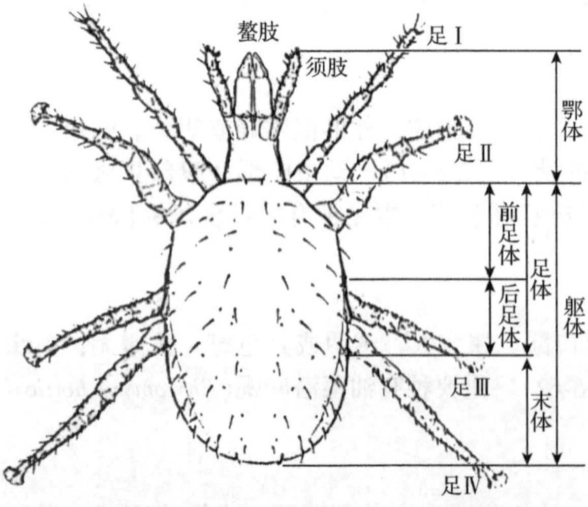

蜱螨目(Acarina)隶属于动物界节肢动物门蛛形纲，是一群形态、生活习性和栖息场所均多样的小型节肢动物。蜱螨体躯微小，多小于1 mm。身体可分为颚体与躯体两部分，一般具有4对足(图6-65)。

螨类食性多样，其中植食性螨类取食农作物与林木等植物，如叶螨、瘿螨、跗线螨、真足螨、粉螨以及小部分甲螨；捕食性螨类捕食植物上的螨类、蚜虫、粉虱、蚧、跳虫、线虫等微小节肢动物及其卵，如植绥螨、囊螨、长须螨及肉

图6-65 蜱螨目形态特征（仿洪晓月）

食螨等；寄生性螨类寄生农业害虫体上，如蛾螨、绒螨及赤螨等。此外，还有腐食性螨类和贮藏物螨类等。

6.9.1 叶螨科

体中型，体长 0.3~0.6 mm，雌雄螨体型大小往往不同，圆形或卵圆形，体色有红色、褐色、黄色、绿色、淡黄色、黄绿色、墨绿色等。叶螨表皮柔软，多有纤细的纹路，有的形成网状。须肢 6 节，具拇爪复合体（图 6-66）。雌成螨在生殖盖的后方有生殖皱壁区，是区别雌成螨和若螨的重要特征。常见种有朱砂叶螨（*Tetranychus cinnabarinus*）、截形叶螨（*Tetranychus truncatus*）、椴两点叶螨（*Tetranychus telurius*）等。

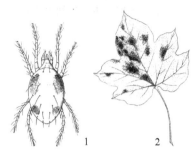

图 6-66 叶螨科代表（椴两点叶螨）（仿周尧）
1. 背视 2. 叶片被害状

6.9.2 细须螨科

体小型，常扁平，多红色。须肢 1~5 节，无爪，无拇爪复合体。躯体背面有龟甲状或网状花纹。足粗短，多有横皱，Ⅰ、Ⅱ跗节近末端有短棒状或纺锤状感器 1~2 个。足上的爪和爪间突有黏毛。雄螨后半体上有横缝分成后半体与末体二部分。须肢股节刚毛常特化为距状（图 6-67）。草原分布种有卵形短须螨（*Brevipalpus obovatus*）、苜蓿苔螨（*Bryobia praetiosa*）等。

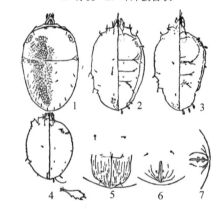

图 6-67 细须螨科代表（卵形短须螨）
1. 雌螨背面 2. 第二若螨背面（右背面，左腹面）
3. 第一若螨背（右）腹面（左） 4. 幼螨背（右）腹面（左） 5. 第二若螨末体腹面 6. 第一若螨末体腹面 7. 幼螨末体腹面

6.9.3 植绥螨科

体小型，椭圆形，白色或淡黄色，体色随食物变化。背板完整，有刚毛，最多可达 20 对。须肢跗节上有 1 根分叉的爪形刚毛，雌虫螯肢剪刀状，雄虫螯肢的动趾上有鹿角状导精趾。生殖板通常长大于宽，后方截断状，有刚毛 1 对（图 6-68）。植绥螨为捕食性，可捕食叶螨类、小型昆虫等，如石河子钝绥螨（*Neoseiulus shiheziensis*）。

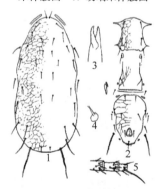

图 6-68 植绥螨科代表
（石河子钝绥螨）
1. 背板 2. 腹面 3. 螯肢 4. 受精囊 5. 足

思考题

1. 草地常见的昆虫主要属于昆虫纲哪些目？这些目分别有哪些主要分类特征？
2. 如何识别草地常见的螨类？根据食性常见螨类主要包括哪几类？

3. 试举例说明草地常见天敌昆虫来自的目和科。
4. 脉翅目昆虫有何形态特征和生物学特性？
5. 叶蜂的幼虫如何与鳞翅目幼虫进行区分？

第 7 章
昆虫种群的调查与监测

草原害虫种类多，分布广，繁殖快，数量大，除直接造成牧草损失外，对草原生态系统造成严重危害，影响农牧业的可持续发展。做好草原虫害预测预报工作，及时、准确、全面科学地预测未来草原虫害的发生趋势和灾情发生情况，提供害虫防治的科学依据，对保护草地资源、草原生态环境及发展畜牧业生产具有极其重要的意义。

7.1 昆虫种群特征与结构

昆虫种群是指生活在一定区域内的同种昆虫总体。由于昆虫的世代周期短，繁殖率高，其种群在相对短的时间内可以发生巨大的变化。研究昆虫种群的结构及其数量在一定时间和空间内的发展趋势，是预测预报和防治害虫、保护利用天敌昆虫的重要理论基础。

7.1.1 种群的概念与基本特征

物种在自然界的表现形式是种群(population)。种群是种(species)以下的分类单元，是指在一定的空间(区域)内、占有一定空间的同种个体的总和，是物种存在的基本单位。根据研究需要，昆虫的种群可以分为自然种群、试验种群、地理种群、复合种群等。

种群是物种存在的基本单位，可以部分反映构成该种群个体的生物学特性，具有可与个体相类比的一般生物学性状，如出生率、死亡率、平均寿命、性比、年龄结构、迁入率和迁出率、繁殖率、滞育率、迁移率等。

(1)种群的数量特征

种群在单位面积或单位体积中的个体数即为种群密度。种群密度是种群最基本的数量特征，出生率、死亡率、迁入率和迁出率对种群密度均有影响。

(2)种群的空间特征

组成种群的个体在其空间中的位置状态或布局，称为种群空间格局。种群的空间格局大致可以分为随机分布型和非随机分布型(图7-1)。随机分布也称泊松分布，是指种群中每个个体在分布范围内各个点上出现的机会是相等的，并且某一个体的存在不影响其他个体的分布。非随机分布是不均匀的分布，是指种群内的个体因种种原因呈现的分布不随机性，这种不随机性的显著特点是稀疏不均。非随机分布型又可分为核心分布型和嵌纹分布型。

7.1.2 种群的结构

昆虫种群的结构即昆虫种群的组成，是指种群内某些生物学特性互不相同的个体在总体中的分布，其中主要是性比和年龄组配。

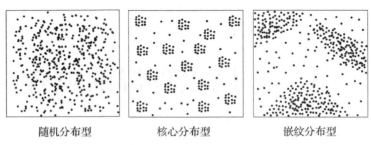

随机分布型　　　　核心分布型　　　　嵌纹分布型

图 7-1　昆虫种群空间分布类型

①性比　是指成虫或蛹雌性与雄性之比，或以雌虫率表示。大多数昆虫自然种群的性比为 1∶1 左右，但常因为环境因素的影响，使正常种群性比发生变化，从而引起未来种群的消长。例如，食物不足、营养不良可使性比明显下降。

②年龄组配　是指一个昆虫自然种群中（卵、幼虫、蛹、成虫）同一发育阶段不同发育进度的数量比例或百分率。由于组成一个种群的每个个体的实际年龄有差异，因此在统计分析种群密度时，要分析种群的年龄组配（age-distribution）。

7.2　昆虫种群的消长类型

昆虫种群数量的变化主要受两个方面因素影响：①内在因素，如种群的生理、生态特性、适应能力等；②外在因素，如种群所处栖息地的气候、食物、地理特征等。因此，昆虫种群在时间和空间上会表现出一定的数量波动，呈现种群数量在不同地理区域、不同年份和不同季节的消长动态。

7.2.1　昆虫种群数量的地理消长

种群数量的地理消长是指种群在不同地理区域或栖息地间数量分布的差异。在自然界，一种害虫在其分布区域内的不同地区间，种群密度差异很大。有的地区该种害虫的种群密度常年维持高水平状态，其猖獗频率也很高，在这种区域内，对此种害虫几乎每年都需要进行防治。同种害虫在另一些地区的种群密度常年较低，几乎不需要防治。还有一些地区，该种害虫密度介于前两者之间，种群密度波动无规律，发生年份多时需要防治，发生年份少时不需要防治。这样的地区要加强监测，掌握种群发展动态，以免因疏忽造成大的危害。

7.2.2　昆虫种群数量的季节性消长

在一定地域条件下，昆虫种群密度随自然界季节的变化而起伏波动，这种模式叫作昆虫种群的季节性消长。一化性昆虫种群数量的季节消长动态比较简单，在一年中，种群密度只呈现出一个增殖期，其余时期都是呈减退状态。多化性昆虫种群数量的季节性消长比较复杂，而且常因地理条件和在不同地区年发生代数不同，其种群数量的变化较大。一般分为斜坡型、阶梯上升型、马鞍型和抛物线型 4 种类型。

（1）斜坡型

斜坡型种群数量仅在前期出现生长高峰，以后各代便逐渐下降，如小地老虎、黏虫、豌豆潜叶蝇、麦叶蜂等。

（2）阶梯上升型

阶梯上升型即逐代逐季数量递增，如玉米螟、三化螟、棉铃虫等。

（3）马鞍型

马鞍型常在春秋季出现数量高峰，夏季常下降，如棉蚜（夏季发生伏蚜的地区除外）、萝卜蚜、麦长管蚜、禾谷缢管蚜、麦红蜘蛛等。

（4）抛物线型

抛物线型常在生长季节中期出现高峰，前后两头发生均少，如大豆蚜、高粱蚜、斜纹夜蛾、甜菜夜蛾、棉红蜘蛛等。

7.3 影响种群动态的因素

7.3.1 气候因素对昆虫的影响

气候因素影响昆虫生长发育与繁殖，是造成种群发生期、发生量和危害程度差异的主要因子。气候还可以通过对寄主植物、害虫、天敌等生物因子的影响，间接地影响害虫的发生。

（1）温度

昆虫属于变温动物，体温在很大程度上取决于周围环境的温度。昆虫保持和调节体温的能力很弱，环境温度的变化直接决定昆虫体温的变化。昆虫在一定的温度范围内可以进行正常的生长发育，超过或低于这个范围，其生长发育就会停止，甚至死亡。根据昆虫在各温度范围内的生理、生态、行为表现等，可以将温度范围划分为 5 个温区：致死高温区（45~60℃）、亚致死高温区（40~45℃）、适温区（包括高适温区 30~40℃、最适温区 20~30℃、低适温区 8~20℃）、亚致死低温区（-10~8℃）、致死低温区（-40~-10℃）。

温度对昆虫生长发育的速度有显著影响，在一定温度范围内，昆虫的发育速率随温度升高而加快，发育时间缩短。温度对昆虫发育速率的影响常用有效积温法则（law of effective accumulative temperature）来分析。

①有效积温法则　是指昆虫完成一个世代或一个虫期所需的有效温度总量为一常数，即发育历期与该历期内有效温度的乘积为一常数。另外，昆虫的发育需在环境温度高于某个值以上时才能开始，而低于此温度不会发育，这个温度称为昆虫的发育起点温度。昆虫的有效积温法则可表示为：

$$K = N(T - C) \tag{7-1}$$

式中，K 为昆虫完成某一发育阶段所需的有效积温（日度）；T 为发育历期内昆虫所处的环境温度；N 为在这样的环境温度下完成某一发育阶段所需的天数；C 为发育起点温度；$T-C$ 为有效温度。

昆虫有效积温和发育起点温度的确定方法：将昆虫放入 n 种不同的恒温或自然变温下观察其发育速度（V），然后根据昆虫在一定温度范围内的发育速度与温度成直线正相关（即 $T=C+KV$）的关系，采用最小二乘法计算出有效积温和发育起点温度，即

$$K = \frac{n\sum vT - \sum v \sum T}{n\sum v^2 - (\sum v)^2} \tag{7-2}$$

$$C = \overline{T} - K\overline{v}$$

式中，v 为温度 T 下的发育速度；n 为试验时所设的温度组数；$\overline{T}$ 为所有温度的平均值；$\overline{v}$ 为各个温度下发育速度的平均值。

②有效积温法则的应用 有效积温法则在害虫预测预报中有广泛的应用价值，主要表现在以下4个方面：a. 推测昆虫在一个地区一年发生的世代数。已知一种昆虫一个世代的有效积温和发育起点后，可根据气象数据计算出某地区对于该虫的全年有效积温，从而推算出该虫在该地区内一年中可能发生的代数。b. 推测昆虫的地理分布。如果一个地区的有效积温低于该虫完成一个世代的有效积温，则该虫不可能在此地区越冬。c. 预测害虫发生期。根据害虫的有效积温和发育起点温度后，根据气象数据，按公式可以预测其发生期。d. 调控天敌发育。在饲养天敌昆虫来防治害虫时，根据预定的释放日期，可按公式计算出室内饲养天敌的适宜温度，以调节温度控制发育速度，使之在与害虫某个生育期吻合的时候释放，以便更好地消灭害虫。

(2) 湿度

昆虫主要通过食物获得水分，取食含水量多的植物，虫体含水量也较高；取食含水量低的食物，虫体含水量也较低。此外，昆虫还可以利用代谢水，从体内物质生物氧化过程中获得水分，如东亚飞蝗卵中的一部分水分就是通过卵壳从土壤中吸收的。

昆虫在适宜的湿度范围内，生长发育较快，繁殖力强，寿命也长。大部分昆虫的最适宜相对湿度范围是 70%~90%。对于一种昆虫来说，有利或不利的湿度是随温度而变化的。根据温度、湿度对害虫的综合作用，依据湿度、温度的预报数据来预测预报害虫的发生发展趋势，从而有效地防治害虫。

(3) 光

光是影响昆虫行为、协调昆虫生活周期的稳定且重要的物理信息，同时，光直接影响昆虫的生长、发育、生殖、取食、扩散、迁飞等。光强度和光周期与昆虫的关系密切，尤其是光周期。温带与寒带地区许多昆虫的滞育与光周期有密切关系；光照和黑暗交替与某些昆虫的产卵活动有关；某些昆虫季节二态的出现与光周期有关，某些昆虫翅的产生也与光周期有关。了解昆虫与光照的关系，能够进一步揭示昆虫对环境的适应机制，掌握其昼夜及季节活动规律。

(4) 风

昆虫的取食、迁移、分布等行为常受风的影响。例如，大风天气伴随低温时抑制昆虫起飞，弱风则有刺激昆虫起飞的作用。如果蝗群在迁飞时遇上大风，也会做低空飞行或者暂时着陆。昆虫的迁飞主要靠风力，迁飞型昆虫飞越边界层后主要依赖于上空水平气流的运载而迁飞到远处，其方向和速度都与当时上空的风向、风速一致。在强风长期作用下，昆虫形态上一般表现为翅退化或翅特别发达。例如，我国青藏高原多风地区的蝗虫多为无翅型，而生长在低处少风地带的均为有翅型。

7.3.2 土壤因素对昆虫的影响

土壤对终生生活在土壤中或部分发育阶段在土壤中的昆虫具有直接影响，同时，它还能通过对寄主植物的影响与昆虫发生间接联系。有些昆虫整个生长期生活在土壤中，如蝼蛄、金针虫、蛴螬等。有些昆虫仅某一阶段在土壤内生活，如蝗虫的卵、草地螟的蛹等。

土壤内环境包括土壤温度、湿度(含水量)、土壤的理化性质、土壤内的生物组成对昆虫种群均有影响。

(1) 土壤温度

土壤温度的变化,主要取决于土壤表面热量的昼夜及季节性变化。土壤中生活的昆虫往往随着土壤中适温层的变动而改变栖息及活动的深度。秋季温度降低,昆虫向土层深处移动;春季天气转暖,虫体逐渐上移;而当夏季土表温度升高时,虫体下潜,随秋季温度逐渐降低,再往上升。例如,叩头甲幼虫随适温土层的变动而垂直活动的现象,不仅在一年中不同季节发生,即使在一天之中也有一定的移动规律。蛴螬在夏季温度较低的夜间和早晨在土表为害,中午躲在土壤稍深处活动。

(2) 土壤水分

土壤水分主要来源于降雨、降雪和灌溉。此外,空气中的水蒸气遇冷也会凝结成土壤水分。许多昆虫的不活动期,如卵的发育阶段和蛹羽化阶段需要从土壤中吸收水分,以避免干燥环境的不良影响。昆虫的正常生长发育需要适宜的土壤湿度,过高或过低都不利于昆虫的生存。例如,暗黑鳃金龟、大黑鳃金龟和铜绿丽金龟的成虫产卵及卵的孵化相对湿度范围均为10%~25%,而初孵幼虫的成活相对湿度范围为10%~20%,在25%相对湿度下幼虫全部死亡。

(3) 土壤理化性状

土壤固态颗粒大小、结构等物理性质,直接影响昆虫在土壤中的活动。具有团粒结构和土壤中空隙较大的疏松土壤,常常比较适合昆虫的活动。例如,蝼蛄常在砂土或砂质壤土中活动。此外,土壤的团粒结构对于昆虫的呼吸和土壤湿度的保持也具有重要的作用。

土壤的成分、酸碱度和含盐量的多少等化学性质不仅影响植物的生长,而且也决定着地下和地面上某些昆虫的发生与分布。例如,叩头甲的幼虫喜欢生活在酸性土壤中,而金龟子幼虫更适于中性或微碱性的土壤中。土壤的含盐量对东亚飞蝗产卵选择具有明显的影响。东亚飞蝗在含盐量0.25%以下或在0.8%以上的土壤中,雌虫产卵选择不明显,而在含盐量0.6%的土壤中,雌虫产卵选择性很明显。

7.3.3 生物因素对昆虫的影响

7.3.3.1 食物

(1) 食物对昆虫的影响

每种昆虫都有适于其自身消化和吸收的食物,食物种类不同,对昆虫的营养效应也不一样。取食喜好的寄主植物,昆虫的生长发育速率加快,繁殖力高,死亡率低。例如,以禾本科植物饲养的飞蝗产卵量均高,莎草科次之,油菜等双子叶植物最差。昆虫的不同虫期对食物的喜好程度也不同,取食同种植物的不同器官对昆虫的生长发育影响也不一样。食物含水量和昆虫的生长发育及繁殖有密切关系。干旱条件下,植物体内营养物质含量高,有利于一些害虫的繁殖,特别是对于刺吸式口器的害虫繁殖。

(2) 植物的抗虫性

昆虫对植物的选择与植物的抗虫性是在漫长的协同进化过程中逐渐形成的。植物的抗虫性是指在田间存在害虫的情况下,完全或很少不受其危害,或虽受害但有一定的补偿能力,使产量降低到较小的程度。植物抗虫性主要表现在以下3个方面:

①不选择性　由于形态、组织学上的特点和生理生化特性，或体内含有特殊的化学物质，可以阻碍害虫趋向植物产卵和取食；或由于植物的物候学特性与害虫为害期不相符合，从而使植物局部或全部避免害虫的为害。

②抗生性　植物含有有毒物质，或营养不能满足害虫生长发育所需，害虫取食后引起其生理异常，甚至死亡。或植物受害后，产生一些特异性反应以阻止或妨碍害虫的危害。

③耐害性　植物受害后，产量损失和品质下降程度较轻，这主要是由于植物的补偿能力。

7.3.3.2　天敌

在自然界，昆虫的天敌种类丰富，包括捕食性天敌、寄生性天敌和病原微生物三大类，它们在生态系统中，起着调节害虫种群数量的作用，是生态平衡的重要保障。

(1) 捕食性天敌

捕食性天敌是指直接取食虫体的一部分或全部，或刺入害虫体内吸食害虫体液致其死亡。目前，国内广泛应用的捕食性天敌昆虫有捕食螨、草蛉、瓢虫、蠋蝽等。除昆虫外，还有其他节肢动物、两栖类、爬行类、鱼类、鸟类和兽类等。

(2) 寄生性天敌

寄生性天敌是指将卵(少部分是幼虫)产在寄主成虫、幼虫、卵、蛹的体内或体外营寄生生活。在自然界中，寄生性天敌和害虫之间的关系比捕食性天敌昆虫与害虫之间的关系更密切，其互相制约和共生的关系更紧密。寄生性天敌按被寄生寄主的发育期来说，可分为卵寄生、幼虫寄生、蛹寄生和成虫寄生。

(3) 昆虫的病原微生物

昆虫的病原微生物有病毒、立克次体、细菌、原生动物、真菌等。线虫严格来说不是微生物，但习惯上也列入此类。其中，真菌、细菌和病毒是微生物农药发展的3个主要方面。

7.3.4　人类活动对昆虫的影响

人类的经济活动、农产品的交流、种子和苗木的运输等，帮助昆虫转播和蔓延；长期施用化学农药，破坏生物群落中天敌的抑制作用，而且会使害虫产生抗药性、引发些害虫发生再猖獗，次要害虫上升为主要害虫等现象。另外，人类有目的地进行生产活动，能够改造自然使其有利于人类，如人工释放天敌昆虫。

放牧是天然草地利用和管理的重要方式，也是对天然草地生态系统最强烈的人为干扰因素。不同的放牧方式、放牧强度及不同的放牧动物对昆虫群落及多样性均具有差异化影响。

7.4　草地害虫的监测

7.4.1　草地害虫的调查方法

7.4.1.1　调查内容

草地害虫常混合发生，由于优势种不同，各草地害虫的发生时期、分布规律及动态，以及影响因子存在较大差异。草地害虫调查的内容可以是多种多样的，如查明某地草地害虫和益虫的种类、不同种类的数量对比、明确当地主要害虫和次要害虫种类及益虫种类，也可以调查某种害虫和益虫的寄主范围、越冬虫态及场所、危害程度、发生数量、发育进度和防治效果等。

害虫种类的调查主要通过采集调查,其次可辅以灯光诱集、潜所诱集、色板诱集和性引诱等方法。害虫的数量调查一般采用取样调查方法,即抽取有代表性的田块或地段,选择有代表性的样点,对所取样点内的害虫进行调查,结果可代表全局。

7.4.1.2 取样方式和取样单位

在害虫调查中常用的取样方式有五点式、对角线式、棋盘式、平行线式、"Z"字形等。五点式取样适于密植的或成行的植物及随机分布型害虫的调查;对角线式取样适于密植的植物或样地害虫的调查;棋盘式取样适于密植的或成行的植物及随机分布型或核心分布型害虫的调查;平行线式取样适于成行的植物及核心分布型害虫的调查;"Z"字形取样适于嵌纹分布型害虫的调查。

取样单位因种类、虫态、植物类型和害虫的生活方式不同而不同。一般常用的取样单位有面积、长度、植株或植物的某一部分、容积和质量、时间或器械等。草地害虫的调查多以面积为取样单位,如调查 1 m² 的害虫数。对于土栖害虫的调查,还必须注意调查不同土层深度的害虫数量。对于稀植牧草的虫数和受害程度,可以整株牧草为取样单位。在一个地块中所取样点数量一般为 5、10、15、20 点,如以植株作为单位时一般取 50~100 株。调查时注意去除边际效应。

7.4.1.3 虫情表示方法

通过虫情监测,及时掌握草地害虫发生情况,从而采取相应的措施进行预防和控制。虫情的表示方法主要包括以下几个方面:

(1)虫口密度

根据调查对象的特点,调查其在单位面积时间、特定寄主上出现的数量。一般为每平方米害虫的数量,也可以用每植株计算。

(2)受害情况

①被害率 为了便于比较不同地区、不同时期或不同环境因素影响下的害虫发生情况,一般需要计算出百分率,样本数至少 30 个,常用下列公式计算:

$$P = \frac{n}{N} \times 100\% \tag{7-3}$$

式中,P 为受害株百分率(有虫样本百分率);n 为有虫或受虫害样本数;N 为检查样本总数。

②被害指数 许多害虫对植物的危害只造成植株产量的部分损失,植株之间受害轻重程度不等,用被害率表示并不能说明受害的实际情况,因此常用被害指数表示。被害指数一般是考虑植株之间受害轻重程度不同,在调查前按受害轻重分成不同等级,分级计数。计算公式如下:

$$被害指数 = \frac{各级值 \times 相应级的株(秆、叶、花、果)数的累计值}{调查总数(秆、叶、花、果)数 \times 最高级值} \times 100 \tag{7-4}$$

例如,调查苜蓿上蓟马危害情况,将蓟马为害叶片分成 5 个等级(表 7-1),按叶片受害分级计算苜蓿植株的被害指数。

表 7-1 苜蓿叶片受蓟马为害的分级标准

受害级分级	被害症状
0	叶片绿色,正常,无任何蓟马为害虫伤
1	叶片绿色,有个别虫伤斑点或轻微扭曲,叶基本平展
2	叶片绿色,有明显虫伤,伤口愈合成线或斑,叶片开始皱缩、变形
3	叶片基本绿色或因明显皱缩变成深绿色,虫伤多且几乎全叶皱缩,部分边缘或中间虫伤愈合部干枯变白或形成空洞,全叶变形,并部分开始卷曲
4	叶片内折卷合扭曲,1/3 以上部分干枯变成白色,状如茶叶丝

③损失率 产量损失一般以损失率表示,计算公式:

$$损失系数 = \frac{健株单株产量 - 被害株单株产量}{健株单株产量} \times 100\% \quad (7\text{-}5)$$

$$损失率 = 损失系数 \times 被害率 \quad (7\text{-}6)$$

(3)损失估计

产量损失可以用损失率来表示,也可以用实际损失的数量来表示。这种调查往往包括 3 个方面:调查计算损失系数、调查计算牧草受害株率、计算损失率或实际损失数量。计算公式:

$$Q = \frac{a - e}{a} \times 100\%$$

$$C = \frac{Q \times P}{100} \times 100\% \quad (7\text{-}7)$$

$$Z = \frac{a \times M \times C}{100}$$

式中,Q 为损失系数;a 为未受害植株单株平均产量(g);e 为受害植株单株平均产量(g);C 为产量损失率(%);P 为受害株率(%);Z 为单位面积实际损失产量(kg);M 为单位面积总植株数(株)。

7.4.2 草地害虫的预测

草地害虫的预测是根据草地害虫发生历史与现在的发生状况、牧草物候和历史、现时和未来预报的气象资料,采用种群生物学与生态学原理、数理统计分析与建模等方法,对草地害虫未来发生情况做出估计,以指导草地害虫防治的一门应用技术。

7.4.2.1 预测的分类

按预测时间长短预测分为短期预测、中期预测和长期预测。短期预测,一般仅测报 20 d 以内的虫期动态。一般根据害虫前 1~2 个虫态的发生情况,推算后 1~2 个虫态的发生时期和数量,预测准确性高,使用范围广。中期预测,一般测报 20 d 到 1 个季度,常在 1 个月以上。长期预测是对两个世代以上的虫情测报,在期限上一般达数月,甚至跨年。

7.4.2.2 预测的方法

按预测内容预测分为发生期预测、发生量预测和迁飞性害虫预测。

(1)发生期预测

发生期预测是指预测某种害虫的某种虫态或虫龄的出现期或危害期,以此确定防治适期。害虫发生预测中，常将某种害虫的某个虫龄或某个虫态的发生期，按其种群数量在时间上的分布进度划分为始见期、始盛期、高峰期、盛末期和终见期。在数理统计中，通常可以把完成某个发育阶段的个体数占总数的百分率达20%、50%和80%作为划分始盛期、高峰期和盛末期的数量标准。

①历期预测法 是通过田间对某种害虫前1~2个虫态发生情况的调查，查明其发育进度，并确定其发育比例达到始盛期、高峰期和盛末期的时间，在此基础上分别加上当时、当地气温下各个虫态的发育历期，即可推算出后一虫态发生的相应日期及防治适期。

②分龄分级预测法 是根据各虫态的发育、内部和外部形态或解剖特性的关系，将各虫态的发育进度细分出不同等级，通过调查各级别虫态的发育进度来进行预测。例如，卵分成不同级别、幼虫分龄、蛹分级和雌蛾卵巢分级。

③卵巢发育分级预测法 是通过对雌成虫内部生殖系统的解剖观察，根据卵巢管内卵粒的成熟度和色泽及脂肪的消耗情况等内部结构特征，将卵巢划分为不同等级，根据不同调查时间卵巢的级别来预测害虫的发生期。

④期距预测法 期距常采用自然种群群体的时间间隔，是收集多年或多地区的记录资料统计，计算出某两个现象之间的期距。这些期距的经验值或平均值，可用来预测发生期。期距可以是世代之间、虫期之间、两个始盛日（高峰日）之间。该方法简便易行，推算方便，也有一定的准确性。

⑤有效积温预测法 利用有效积温法则进行预测预报。

⑥物候预测法 是根据自然界的生物群落中，某些物种与害虫对于同一地区内的综合外界环境条件有相同的季节、时间性反应，而应用易于观察的物种的表现来预测害虫的发生期。

(2) 发生量预测

发生量预测是指预测害虫的发生数量或田间虫口密度，主要是估测害虫未来的虫口数量是否有大发生的趋势和是否会达到防治指标。害虫发生数量的预测是确定防治地区、防治田块面积及防治次数的依据。根据有关资料，发生量的预测法归纳为有效基数预测法、气候图预测法、经验指数预测法、形态指标预测法和生理生态指标预测法等。

①有效基数预测法 害虫的发生数量通常与前一代有效虫口基数、生殖力、死亡率有密切关系，基数越大，下一代发生量往往也越大，相反则较小。有效基数预测法对一化性的害虫或一年发生世代很少的害虫预测效果好，特别是耕作制度、气候、天敌等系统稳定的效果好。

②气候图预测法 通常绘制气候图是以月（旬）总降水量或相对湿度为一条坐标轴，月（旬）平均温度为另一条坐标轴。将各月（旬）的温度与降水量，或温度与相对湿度组合绘为坐标点，然后用直线按月（旬）先后顺序将各坐标点连接成多边形不规则的封闭曲线。将各年各代的气候图绘出后，再将某种害虫各代发生时所需的适宜温湿度范围方框在图上绘出，就可比较研究温湿度组合与害虫发生量的关系。

③经验指数预测法 经验指数来源于研究分析害虫猖獗发生的主导因素。因其地区性较强，不同病虫害及其不同发育阶段的主要生态影响因子不尽一致，所用的经验指数也不同。常见的经验指数有温雨系数、温湿系数、气候积分指数、天敌指数、综合猖獗指数等。

④形态指标预测法 昆虫对外界条件的适应也会从内外部形态特征上表现出来，如体

型、生殖器官、性比的变化、脂肪的含量与结构等都会影响到下一代或下一虫态的数量和繁殖力。例如，蚜虫有有翅与无翅之分，飞虱有长翅型和短翅型之分。一般在食料、气候等适宜条件下，无翅蚜多于有翅蚜，短翅型飞虱多于长翅型飞虱。当这些现象出现时，就意味着种群数量即将扩大；相反，有翅蚜、长翅型飞虱的个体比例较多，表示种群即将大量迁出。

⑤生理生态指标预测法　当不良条件发生时，昆虫如果不能及时进入休眠或滞育状态，种群则可能会发生大量死亡；反之，种群可能因为存活虫量大而造成大发生。因此，昆虫的休眠和滞育特性的发生期和发生的比例，可用于预测害虫发生量。

(3) 迁飞性害虫预测

迁飞性害虫预测是根据害虫发生虫源或发生基地内的迁飞害虫发生动态、数量及其生物学特性、生态学特性和生理学特性，以及各迁出、迁入地区的作物生育期与季节相互衔接的规律性变化，结合气象数据，预测迁飞发生时期、迁飞数量及可能降落区域，以及降落区作物受害可能性等。

思考题

1. 什么是种群？其基本特征有哪些？
2. 什么是有效积温法则？有什么用途？
3. 草地害虫的取样方法有哪些？害虫的空间分布型与取样方法有什么联系？
4. 害虫的预测预报类型如何划分？
5. 害虫预测预报的主要方法有哪些？
6. 昆虫获得水分的途径有哪些？
7. 光和风对昆虫有哪些影响？
8. 根据食性的不同，可以将昆虫分为哪几类？
9. 昆虫种群数量变动主要受哪些因素影响？
10. 昆虫的空间分布型主要有哪几类？各有什么特点？

第8章 草地毒(害)杂草及其生物学特性

长期以来，草原因为干旱、病虫鼠害、超载过牧、盲目开垦等自然和人为因素的影响发生退化，草原有毒有害植物因为其生物学特性而大量滋生和蔓延，导致牲畜有毒植物中毒呈现多发、频发态势，给当地生态和社会经济带来极大危害。有毒有害植物一度被称为草原的"绿色杀手"，甚至与风沙、盐碱一起被认为典型草原三大灾害之一。

8.1 草地毒(害)杂草的概念、分类与危害

8.1.1 毒(害)杂草的含义

毒草(poisonous grass)，又称有毒植物，是指植物体内或其不同营养器官内含有生物碱、糖苷(又称配糖体)、挥发油、有机酸和毒蛋白等化学物质，在自然状态下以青草或干草的形式被家畜误食后，能引起生理异常，直接或间接地致使家畜生病，甚至死亡的植物。毒草一般情况下家畜很少采食，但在严重缺草的枯草季节或大雪封山等家畜无优良喜食牧草采食时，常会饥不择食而引起中毒。害草或有害植物(harmful grass)是指在它的植物体内或者不同器官的组成成分中并不含有有毒成分，可以被牲畜采食，但是这类植物被采食后常因为其形态结构的特征会对牲畜造成机械损伤而进一步引起个别器官的疾病，偶尔也能导致牲畜死亡的植物；或者含有某些特殊物质，牲畜采食后导致畜产品品质降低的植物。杂草(weeds)的概念较为广泛，一般是指目的作物以外的，妨碍和干扰人类生产和生活环境的各种植物类群。杂草主要为草本植物，也包括部分小灌木、蕨类及藻类植物等。对于人工草地，杂草主要指人工草地中一切非栽培植物。本书中的杂草主要指人工草地中的非目标植物；天然草地/草原主要考虑的是毒草和害草。

8.1.2 草地毒(害)杂草的分类

草地毒(害)杂草的分类比较复杂，涉及的因素很多，很难找到一个非常理想的指标进行分类。如毒草(有毒植物)，草地工作者、植物学工作者、化学及药物学工作者等通常从不同学科的角度出发进行分类，如根据有毒植物的化学成分分为生物碱、萜、酚类及衍生物、非蛋白氨基酸、肽、无机化合物和简单有机化合物类等，或根据毒理机制可以分为神经系统中毒作用、呼吸系统中毒作用、器官损伤性中毒作用、致突变癌变与致畸胎作用类等。有毒植物的毒性，不仅取决于其有毒物质的毒性性质，而且在一定程度上取决于外界环境条件，如气候、光照、温度和湿度等。同时，牲畜中毒是一个复杂的情况和过程，动物的种类、性别、年龄、体重、体质，以及饲养管理等条件的不同，其受有毒植物的毒性作用影响也存在差异。

根据有毒植物的毒害规律，将有毒植物分为常年性有毒植物、季节性有毒植物和可疑

性有毒植物三大类。同时根据有毒植物引起家畜中毒程度的不同，常年性有毒植物、季节性有毒植物又各分为烈毒性有毒植物和弱毒性有毒植物两个类群（图 8-1）。

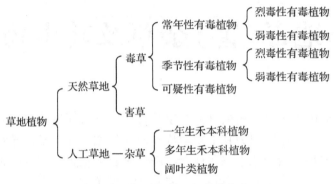

图 8-1　草地毒（害）杂草的分类

8.1.2.1　草地毒草分类

（1）常年性有毒植物

常年性有毒植物绝大多数体内含有生物碱等活性物质，含有这类毒素的植物在不同的季节和加工调制等过程中其毒性不减弱。因此，家畜在任何时候采食，都有可能发生中毒。这类有毒植物在天然草地上的种类最多，危害也最大。按照有毒物质含量高低、毒性强弱，可将其分为烈毒性常年有毒植物（如北乌头、小花棘豆、乳浆大戟、醉马草等）和弱毒性常年有毒植物（如木贼、毛茛、地锦等）。

（2）季节性有毒植物

季节性有毒植物在一定的季节内对家畜有毒害作用，而在其他季节，其毒性减弱或基本消失。即使在有毒季节内，经过青贮或干草加工调制，其含有的如糖苷、皂苷的毒性就会迅速下降，有机酸如氰氢酸逐渐消失，挥发油因油性散发其毒性也会大大降低。家畜在晚秋、冬季采食这些植物会比较安全，能完全正常消化。这类有毒植物在天然草地所占比例比较大，通常毒性比较弱，很少的种有剧毒。这类有毒植物一般可再分为烈毒性（如宽叶荨麻、蝎子草等）和弱毒性（如白头翁、酢浆草等）。

（3）可疑性有毒植物

这类植物是否对家畜有毒及有毒部位、有毒时期、有毒成分等在报道中说法不一，很难得出确切的结论。例如，盐生草（*Halogeton glomeratus*）等在美国文献中记载是有毒植物；小花糖芥（*Erysimum cheiranthoides*）、顶羽菊（*Acroptilon repens*）等在苏联文献中被认为是有毒植物，而在我国尚未有家畜因采食这类植物中毒的报道。另外，有些植物因家畜一般避而不食被牧民认为是有毒植物，如串铃草（*Phlomis mongolica*）等，但具体原因不明。

8.1.2.2　草地害草分类

对有害植物的分类研究较少，一般认为这类植物对牲畜无毒但有害，本书主要参照石定燧编写的《草原毒害杂草及其防除》采用以下分类方法：

（1）使乳品变色或降低品质的植物

一些有害植物母畜采食后在乳品中呈现各种颜色，如使乳色变红、粉红或黄的：葱属（*Allium*）、大戟属（*Euphorbic*）和猪殃殃属（*Galium*）等；使乳色变蓝和青灰的：山罗花属（*Melampyrum*）、勿忘草属（*Myosotis*）等；使乳品的味道不悦和带不良气味的：蒿属（*Arte-*

misia)、葱属、十字花科如白芥属(*Sinapis*)、遏蓝菜属(*Thlaspi*)等；使乳品迅速凝固的，如酸模属(*Rumex*)等。

(2) 使肉变味和变色的植物

使肉变味和变色的植物，如柱毛独行菜(*Lepidium ruderale*)和蒙古冬青(*Piptanthus mongolicus*)等。

(3) 使羊毛品质降低的植物

使羊毛品质降低的植物，如苍耳属(*Xanthium*)和鹤虱属(*Lappula*)等。

(4) 由于造成机械损伤而引起个别器官疾病的植物

由于造成机械损伤而引起个别器官疾病的植物主要为有锐利的芒或种子带刺的植物，能使牲畜皮肤、口腔、鼻咽、食道受到机械损伤，如三芒草(*Aristida ascensionis*)、刺儿菜(*Cirsium setosum*)和针茅(*Stipa capillata*)等。

另外，也有按照以下的分类方法：刺灌类(如锦鸡儿、沙棘、酸枣等)、芒刺禾草类(如苞子草、菅草等)、刺杂类草类(如鬼针草等)和含有不良化学物质(如大戟、葱等)。

8.1.2.3 杂草分类

天然草地一般没有杂草的概念，人工草地杂草的研究也相对较少，但是农田等的杂草研究非常的广泛。根据不同的分类标准可以把杂草分为不同的种类。

①根据形态特征分类 将杂草分为单子叶杂草(如野燕麦等)和双子叶杂草(如灰绿藜等)。

②根据繁殖方式分类 将杂草分为无性繁殖杂草(如田旋花等)和种子繁殖杂草(如蒲公英等)。

③根据生活年限分类 将杂草分为1年生杂草(如萹蓄、灰藜、野燕麦等)、越年生杂草(如独行菜、黄花蒿等)和多年生杂草(如田旋花、蒲公英等)。

8.2 毒(害)杂草生物学

8.2.1 草地毒(害)杂草的生物学特性

草地毒(害)杂草在长期的自然选择下，形成了包括形态、生理和生长发育等方面一系列的生物学特性，使其对不良环境有广泛的适应性。掌握草地毒(害)杂草的生物学特性及其规律，有助于了解毒(害)杂草生长繁衍中的薄弱环节，对科学制订毒(害)杂草治理策略和探索综合防除技术有重要的理论价值和实践意义。

8.2.1.1 草地毒(害)杂草形态结构的多样性

①毒(害)杂草个体大小变化大 不同种类的植物个体大小差异明显，高的可达2 m以上，如紫茎泽兰(*Eupatorium adenophorum*)等；矮的仅有几厘米，如地锦。同种植物在不同的生境条件下，个体大小变化也较大。例如，灰藜生长在水肥充足、空旷光照好的地带，株高可以高达2 m以上，在干旱贫瘠的裸地低于10 cm，仍然正常开花结实。

②根茎叶形态特征多变化 草地毒(害)杂草的根有十几种类型，茎也有直立茎、缠绕茎、匍匐茎、根状茎、块茎、鳞茎等多种类型，能适应不同的生态环境。此外，毒害杂草根、茎、叶的发生也随生长环境不同而变化。

8.2.1.2 草地毒(害)杂草生活史的多型性

草地毒(害)杂草按其开花结实成熟的生活史分为1年生类型、2年生类型和多年生类型。不同类型之间在一定环境条件下可以相互转变。

8.2.1.3 草地毒(害)杂草营养方式的多样性

绝大多数草地毒(害)杂草为光合自养性植物，但也有不少属于寄生类型。例如，列当(*Orobanche coerulescens*)寄生于寄主作物的根系上，全球每年由列当杂草造成的经济损失达数十亿美元。

8.2.1.4 草地毒(害)杂草繁衍滋生的复杂性与强势性

①惊人的多实性　草地毒(害)杂草惊人的结实力是其在长期竞争中处于优势的重要原因之一。一株植物能结成百上千甚至几十万粒细小的种子。例如，变异黄芪(*Astragalu variabilis*)平均每株能产种 800 粒，反枝苋(*Amaranthus retroflezus*)每株产种能高达近 120 000 粒。

②繁殖方式的多样性　草地毒草的繁殖方式有种子繁殖、根茎繁殖、根蘖繁殖、匍匐茎繁殖和块茎鳞茎繁殖等多种营养繁殖类型。其中，多年生毒(害)杂草一般具有很强的营养繁殖再生能力，如田旋花(*Convolvulus arvensis*)的地下根状茎，每一节都可发芽、生根并向四方伸展。

③传播途径的广泛性　草地毒(害)杂草的种子或果实容易脱落。有些草地多年生毒(害)杂草具有适应于散布的结构或附属物，借助外力可以向远处传播，如萝藦科毒草的种子上有毛可随风飘飞；蒺藜、醉马草等毒(害)杂草种子有刺毛或芒，可附着在动物毛发上传播等。

④种子强大的生命力　许多草地毒(害)杂草种子埋藏于土壤中，多年后仍能保持生命力，如灰藜的种子可存活长达 1 700 年之久。

8.2.1.5 草地毒(害)杂草化学成分的复杂性

能引起人和动物致病的植物毒素绝大部分属于植物的次生代谢产物。植物毒素的产生与其长期的生存进化有关，如有些是植物化学防御机制的重要物质，对人、畜、昆虫和鸟类有毒；而另一些则对异类植物起化感抑制作用。草地毒(害)杂草的毒物成分复杂多样，通常可划分为生物碱、糖苷类化合物、萜类化合物、酚类及其衍生物、无机化合物和简单有机物等几大类。现参照刘长仲(2015)将常见有毒植物的毒物成分简单归纳如下。

①生物碱　同一种植物往往含多种生物碱，而同一种生物碱也可以出现在不同的植物中。生物碱存在于相应植物的所有组织中，通常以根、茎、果及叶中较多。生物碱类物质毒性源于其很强的生理作用，特别是对中枢神经系统和消化系统有严重影响。凡是牲畜食用含有此类物质的植物后，其中毒症状多为恶心、呕吐、腹痛、腹泻、血压下降、呼吸困难、抽搐等。含有生物碱的植物种类很多，主要存在于毛茛科、罂粟科、小檗科、豆科、茜草科、防己科、夹竹桃科、伞形科、龙胆科、茄科、马钱科、百合科、石蒜科等植物体中。其中，造成危害严重的有小花棘豆、变异黄耆等，前者主要危害马、牛、羊，后者主要危害骆驼和羊。

②糖苷类　又称配糖体，是糖和非糖分子缩合生成的化合物。重要有毒苷类化合物有氰苷、芥子油苷、强心苷、多萜苷类等。氰苷在豆科、蔷薇科、藜科、大戟科、虎耳草科、桃金娘科、禾本科等植物中含量较高。芥子油主要存在于十字花科植物中。强心苷对动物有强烈毒性，广泛存在于夹竹桃科、百合科、毛茛科和玄参科等植物中。

③萜类　在植物体内一般以精油、树脂、苦味素、乳胶和色素等多种形式存在，对家畜有接触性皮炎、胃肠道刺激等多种刺激作用。这类毒性物质主要存在于商陆科、大戟

科、卫矛科、茜草科、马鞭草科等植物体中。

④无机物和简单有机物　包括一些重金属、硝酸盐、有机酸类。如藜科、酢浆草科、蓼科的草酸、氢氰酸等，菊科、芸香科的聚炔类化合物，苋科、藜科等一些植物在过多施用氮肥时积累的硝酸盐类等。

⑤酚类及其衍生物　包括单酚类、单宁、黄酮、异黄酮、香豆素、萱草根素等多种类型的化合物。

单宁(鞣质)是植物中相对分子质量在500以上的多元酚化合物，其作用机理是单宁经生物降解，产生多种低分子酚类化合物引起中毒。其植物来源很广，尤其以分布于栎属(*Quercus*)植物中的栎单宁最常见。牛过多地采食栎属树叶会造成蓄积性慢性中毒，出现明显的水肿症状，死亡率高。

香豆素是草木樨属(*Melilotus*)植物中含有的一种芳香成分，当草木樨霉变败坏时，其分解转化为具有延长血凝时间性质的双香豆素。

萱草根素主要存在于萱草属(*Hemerocallis*)植物。家畜羊萱草根中毒的常见症状为双目瞳孔散大、失明、全身瘫痪等中枢神经系统障碍，又称羊瞎眼病。

⑥有毒蛋白质及肽类　有毒蛋白质包括植物性蛋白和非植物性蛋白。植物性毒蛋白如巴豆毒素，非植物性蛋白有植物共生的细菌、真菌毒素。肽类主要包括毒肽和毒伞肽，存在于毒伞属(*Amanita*)的蘑菇中等。

⑦光能效应物质　也称荧光性物质、叶红质，主要存在于一些蓼科的植物中，如荞麦(*Fagopyrum esculentum*)、水蓼(*Polygonum hydropiper*)等，能增加家畜对太阳光的敏感性。家畜采食后中毒的以白色或白色斑点的动物为主。

⑧挥发油　是植物产生的一类可随水气蒸馏出来，在常温下能挥发、有特殊香气的甾醇衍生物的油类液体，能造成牲畜中枢神经系统、心脏和消化系统疾病，如胃肠炎、呕吐、瞳孔散大、痉挛等。在毛茛科、伞形科、唇形科、菊科等植物中都有挥发油，如茴茴蒜(*Ranunculus chinensis*)、野薄荷(*Mentha haplocalyx*)、百里香(*Thymus mongolicus*)、菊蒿(*Tanacetum vulgare*)等。

思考题

1. 草地毒(害)杂草的概念是什么？有什么区别？
2. 草地毒(害)杂草的分类有哪些？
3. 草地毒(害)杂草的生物学特性有哪些？
4. 草地有毒植物毒性成分主要有哪几种？如何综合利用？

第 9 章

毒(害)草生态学

毒(害)草生态学是研究毒(害)草与其环境之间关系的一门学科,主要揭示毒(害)草的群体消长、毒(害)草与其他植物、毒(害)草与环境因子等的内在规律。从草地生态角度来看,毒(害)草是草地生态群落的重要组成部分,学习毒(害)草生态学对正确认识毒(害)草在天然草原中的生态作用和灾害综合防控具有重要指导意义。

9.1 毒(害)草个体生态

9.1.1 种子休眠的生理生态

种子休眠是一种非常普遍的生理现象,除了少数几类成熟脱落后不久即萌发出苗的,几乎所有毒(害)草种子都具备休眠能力。休眠是指有活力的子实及地下营养繁殖器官暂时处于停止萌动和生长的状态。毒(害)草种子的休眠机制是它们为适应各种环境而进化出来的。毒(害)草种子休眠是其在环境条件不适宜时采取的一种策略,也是对环境变化的适应性反应,它可以延长种子的寿命,使种子在适宜条件发芽生长,从而保证种群的持续存在,并对种子萌发和生长有直接的影响。因此,了解毒(害)草种子的休眠特性有助于我们制订更加有效的防治策略;确定最佳的防治时期,以最大限度地减少种子的萌发和生长;制订永久性的控制和防治计划,这样可以更有效地控制毒(害)草。

毒(害)草种子的休眠机制对于毒(害)草的控制至关重要。如果不采取相应的防范措施,在进行常规的除草后,可能会残留许多毒(害)草种子,在条件合适时它们又会不断萌发,重新出现。

9.1.1.1 休眠的类型

毒(害)草种子休眠类型的不同会影响杂草种群的生态适应性和演化。毒(害)草种子休眠类型主要有两种:内源性休眠和外源性休眠。

①内源性休眠 也称原生休眠,是指种子本身具有休眠能力,不需要外部因素的刺激就能进入休眠状态。内源性休眠是毒(害)草种子休眠中的常见类型。种子通常在成熟时就已经进入休眠状态,不需要外部因素的刺激就能保持休眠状态。在土壤中可以休眠长达数年甚至数十年的时间,这使毒(害)草的种子可以在适宜的生长条件下迅速萌发并产生新的杂草。

②外源性休眠 也称诱导休眠,是指种子需要外部环境的刺激引起的休眠。种子需要外部环境的刺激才能进入休眠状态。例如,一些毒(害)草种子需要充分的低温刺激或者充分的干旱刺激才能进入休眠状态。外源性休眠的种子在土壤中的休眠时间通常较短,但在适宜的生长条件下,它们可以快速地萌发并产生新的毒(害)草。

了解毒(害)草种子休眠类型可以帮助我们更好地控制和管理草地中的毒(害)草。例如,对于内源性休眠的种子,需要通过选择合适的化学药剂来解除休眠,促进毒(害)草种子的萌发和生长，然后利用其他措施进行毒(害)草的防治。而对于外源性休眠的种子，可以通过控制环境因素(如温度、水分等)保持种子的休眠状态，从而控制毒(害)草的生长和繁殖。

9.1.1.2 休眠机制

种子休眠的机制是多方面的，包括生理、化学和遗传等因素。种子休眠机制是由多种内在和外在因素共同作用而形成的。对于不同的毒(害)草，种子休眠机制也有所差异。因此，在制订毒(害)草防治措施时，需要考虑到这些机制的影响，精确制订措施，以达到最佳的防治效果。

①生理机制　毒害草种子休眠的生理机制是非常复杂的。在种子的休眠状态下，它们会减少能量消耗，并防止水和氧气进入种子内部。在此过程中，种子表面的某些物质会形成一层耐久的障壁，以防止环境中有害的化学物质与其接触。这些生理机制可以延长种子的存活时间，有些种子甚至可以休眠数年之久。例如，种子中的激素水平、养分含量、水分和氧气的吸收等因素都会影响种子的休眠状态。

②化学机制　毒(害)草种子休眠的化学机制主要是通过内源性激素和萌发抑制物的作用来控制种子休眠状态。内源性激素主要包括生长素、赤霉素、细胞分裂素等，这些激素可以促进种子萌发和生长。种子中含有酚类、有机酸、生物碱及醛类等萌发抑制物，这些抑制物存在于种子不同部位，能够阻碍种子吸水、改变渗透压、抑制呼吸及酶活性等。也可通过种子中的蛋白质、多糖和酸类等物质影响种子的休眠状态。我们可以利用化学药剂来破坏种子休眠状态，促进杂草种子的萌发和生长，然后利用其他措施进行毒(害)草的防治。

③遗传机制　毒(害)草种子休眠的遗传机制是影响毒(害)草种群结构和演化的重要因素，主要包括两个方面：一是种子休眠性状的遗传；二是种子休眠性状的表达。研究发现，种子休眠性状的遗传是由多个基因控制的，这些基因包括与激素合成和信号转导有关的基因，以及与种子发育和代谢有关的基因。这些基因的遗传变异可以影响激素合成和信号转导的过程，进而影响种子休眠性状的表达。另外，环境因素也会影响种子休眠性状的表达。例如，温度、光照、湿度等环境因素会影响种子休眠性状的表达，从而影响种子休眠的产生和解除。环境因素与种子休眠性状的遗传之间存在复杂的交互作用，这些交互作用的结果是毒(害)草种群的适应性和进化。种子休眠的形成机制和原因非常复杂，涉及种子生理、化学和遗传等多方面的因素。

9.1.1.3 休眠的原因

种子休眠的原因可以分为内在原因和外在原因两种。

①内在原因　是指种子本身的特性导致它处于休眠状态。种子、腋芽或不定芽中含有生长抑制物质；果皮或种皮致密透水性、透气性差或者机械强度很高，组织水分和空气与种胚接触；种胚在种子成熟时尚未发育成熟。

②外在原因　是指环境条件不适宜种子的生长发育而导致种子处于休眠状态。例如，缺乏水分、低温或缺乏光照等因素都可以导致种子处于休眠状态。

9.1.2 毒(害)草种子萌发

9.1.2.1 萌发的影响因素

毒害草种子萌发需要特定的环境条件。一般来说，种子萌发受外部环境因素(水分、氧气、适宜的温度、光照和土壤质地、土壤 pH 值、有机物含量等）和内部生理因素（种子内部的淀粉、蛋白质、激素和其他营养物质等）的影响。当这些条件满足时，种子开始吸收水分，进而激活酶的活性，开始分解种子内贮存的淀粉和蛋白质等营养物质，从而开始发芽。

此外，毒（害）草种子的萌发还受到种子的年龄、存储条件、休眠状态等因素的影响。例如，有些毒（害）草种子具有休眠状态，需要经过一定的时间或特定的环境刺激才能萌发。有些毒（害）草种子还能在土壤中存活多年，甚至数十年，这使它们成为长期存在的潜在威胁。

9.1.2.2 种子休眠与萌发的调控机制

植物种子的内源激素和种子萌发环境共同调控种子的休眠及萌发。种子根据外界环境的变化，调节种子内赤霉素（gibberellin，GA）和脱落酸（abscisic acid，ABA）的合成与降解，以维持休眠或者促进萌发。图 9-1 是综合近年来相关研究成果，总结的植物种子休眠与萌发的调控机制。

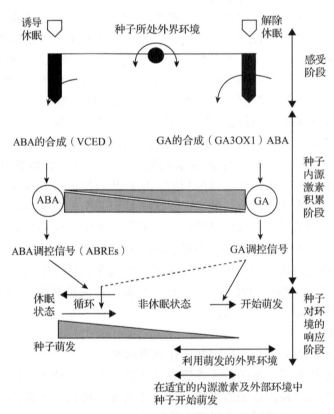

图 9-1 植物种子休眠与萌发的调控机制

由于外界环境的变化，种子通过调节自身的 GA 合成信号和 ABA 合成信号来控制自身的休眠状态。GA 和 ABA 是两种植物激素，它们在种子的休眠和萌发过程中起着重要的调节作用。当 GA 合成信号占主导地位时（ABA 合成信号减弱），种子将进入萌发阶段。然而，复杂的环境条件可能导致 ABA 合成信号在萌发过程中重新增强，从而导致种子重新进入休眠状态，称为休眠循环。只有当 GA 合成信号占主导地位，并且环境条件有利于种子的萌发时,种子才能成功发芽。

9.1.3 毒(害)草种子的散布

种子散布通常是指种子成熟后离开母体,借助于自身特性或外力向周围传播散落的过程。了解种子散布的方式和影响因素,可以帮助制订科学的防治策略。例如,对于借助风力传播的种子,可以采取物理隔离、覆盖等方式控制其种子的散播。

①毒(害)草种类　不同种类的毒(害)草有不同的种子散布方式和适应环境。例如,一些菊科的种子可以借助风力传播,有一些则需要借助水流、动物或昆虫帮助传播。

②毒(害)草生长环境　例如,生长在水边的种子可能会随着水流传播,而生长在旷野上的种子则更容易借助风力传播。

③气候条件　例如,风速越大,种子就越容易借助风力传播。

④动物和人类的作用　一些毒(害)草的种子可以粘在动物的毛发或者人类的衣服上,从而被带到其他地方,如牛蒡、蒺藜等。人类也可能通过运输植物、土壤或者其他物品,将毒(害)草种子带到新的地方。

⑤毒(害)草的繁殖能力　毒(害)草具有较强的繁殖能力,一些种类的毒(害)草种子数目非常巨大,这也会增加它们种子散布的机会。

⑥毒(害)草管理措施　例如,及时清除毒(害)草可以避免其种子散播,而过度砍伐或者使用化学药剂等方式则可能导致种子更容易散播。

总之,研究毒(害)草种子散布对于制订科学的杂草防治措施、预测杂草扩散趋势、增强毒(害)草防治的针对性以及降低毒(害)草种子库都具有重要意义。通过加强对毒(害)草种子散布的研究,可以更好地保护草地生态环境,提高草地生产力,降低毒(害)草引起的经济损失。

9.2　毒(害)草种群生态

9.2.1　种子库

毒(害)草在生长过程中会产生大量的种子。这些种子在成熟后会散落到土壤表面或者深处。其中,一部分种子受到生物或环境因素的影响,无法发芽或者死亡;另一部分种子则会在适宜的条件下发芽并成为新的植株;也还有一些种子不会立即发芽,而进入休眠状态,这些种子可以在土壤中存活数年甚至几十年。这些存在于单位面积内土壤表面或土壤内及混合于凋落物中全部有活力的种子或营养繁殖体,称为毒(害)草种子库。土壤中的种子库一般包括不同年龄段的种子,这些种子会随着土壤的深度而逐渐减少,通常在土壤表层的种子数量较多,而在深层的土壤中则种子数量较少。了解毒(害)草种子库对于毒(害)草防治具有重要的意义。

研究毒(害)草种子库,第一是要了解它的构成,即种子库贮存有哪些毒(害)草种子;第二是要了解种子库的密度,即各种毒(害)草种子量的多少;第三是要了解种子库在土壤中的分布,包括水平和垂直分布;第四是研究毒(害)草种子库的消长动态,即每年种子库的输入量和输出量。

9.2.1.1　毒(害)草种子库密度及构成

了解毒(害)草种子库物种构成及数量特征对揭示毒(害)草生态学机制具有重要意义。

毒(害)草种子库数量特征具有空间和时间分布属性，这会影响形成毒(害)草种子库的各种因素，从而干扰毒(害)草种子库存在状态和输入、输出特征，因此研究毒(害)草种子库外在影响因素具有重要意义。毒(害)草种子库的规模、格局等一直是毒(害)草种子库有效性的重要内容，与毒(害)草防治措施和有效性关系密切。

①毒(害)草种子库密度　是指在一定面积或体积的土壤中所保存的毒(害)草种子的数量。毒(害)草种子库密度反映了土壤中潜在的种子数量，也是毒(害)草管理的重要参考指标。草地植被毒(害)草种子库密度一般高于森林植被杂草种子库，但所含物种数不一定高。

②毒(害)草种子库构成　是指土壤中存储的毒(害)草种子的数量、种类和分布情况。通过了解毒(害)草种子库的构成，可以选择合适的管理措施和方法来减少毒(害)草的数量和影响。一般认为，毒(害)草种子库构成依赖于以前的植被构成和种子寿命。在高寒地区，随着草地退化，毒(害)草植物占据草地优势地位，其毒(害)草种子库密度也逐渐增大，但是大多种子集中于少数产生大量种子的物种。

9.2.1.2　毒(害)草种子库的分布

种子库代表了地球上未来潜在植物多样性的关键但隐蔽的存量。绝对纬度是毒(害)草种子库多样性的重要预测因子，气候和土壤是种子库多样性的主要决定因素，而净初级生产力和土壤特性是种子库密度的主要预测因子。一般来说，毒(害)草种子库大小与纬度和海拔之间存在显著负相关，即种子库密度随着纬度和海拔的增加而减小，其中海拔与种子库的关系则更为复杂。

较浅的土层通常富含更多的种子，而较深的土层则相对较少。由于地上植被丛生导致母株周围种子聚集，因此多数毒(害)草种子库是聚集分布。毒(害)草种子库的空间分布往往呈现出一定的聚集性。这意味着毒(害)草种子在土壤中不是均匀分布的，而是在特定的热点区域聚集。这种空间异质性与植被结构、土壤水分和其他环境因素密切相关。毒(害)草种子库在土壤中具有很明显的垂直分布格局，一般数量和物种构成都集中于表层土壤。干扰较大的生境中，毒(害)草种子库的垂直分布则出现不同的变化，水淹、翻耕等干扰下毒(害)草种子库一般集中于下层土壤，这与干扰强度相关。另外，分布层次也与种子寿命、大小有关，这也是植物种群的一种适应对策。

种子库的动态依赖于种子库种子输入和输出。通常情况下，毒(害)草种子库动态应该是一个时间的序列，不同季节、不同年份具有不同的规模和物种组成特征。毒(害)草种子库季节动态变化较大的一般在两个时期：一个是种子雨散布结束后；另一个是种子萌发季节结束后。一般生态系统中，种子雨散布后种子库达到最大，随后逐渐降低。例如，农田杂草种子库在秋季种子雨散布后很高，而到翌年春季种子萌发前可萌发的种子降低很快。大部分杂草种子库在种子散布后具有最大的种子密度，以后则逐渐减少，而有些占据优势地位的毒(害)草则一直具有较高的毒(害)草种子库，季节变化不明显。

9.2.2　毒(害)草种群动态

毒(害)草作为草地态系统的组成之一，其种群动态除了受本身的一些特性(如生长、传播、繁殖特性，种子寿命等)影响外，从萌发、出苗、成熟结实，到土壤种子库的整个生活史中每一环节都受到气候、人类的农事活动(包括除草措施)及其他生物和非生物因素的影响。由于人类的生产和生活干扰，使草地生境处于一种不稳定的状态，导致毒(害)草种群也随时变化。在外部干扰强度和频度处于较低水平时，一种毒(害)草的种群大小还是相对稳定的。

9.2.3 种群竞争

植物之间的竞争(competition)是指在生境中争夺有限的资源(如光照、CO_2、水分和养分)的现象。在资源丰富的环境中，植物之间并不会发生明显的竞争现象。而在资源供应不足时，植物之间会进行激烈的竞争，尤其是在野外种群密度较高的情况下。此外，植物之间的竞争还与环境条件、植物的物种和群落结构等因素密切相关。

植物之间竞争的强度与它们在生态位方面的重叠度密切相关。如果两个植物的生态位存在较大的重叠，它们之间的竞争就会非常激烈；反之则相对较弱。此外，植物之间的竞争还可能存在时空变异性，即竞争强度和模式可能在不同的时间和空间条件下发生变化。

在实际研究中，如毒(害)草与饲草的竞争，除了受到养分、水分、光照等有限资源竞争的影响外，还有其他因素也会影响它们的交互作用。例如，毒(害)草会通过释放生长激素、化感物质等改变饲草的生长环境，从而影响其生长和发育，这种影响被称作化感作用。因此，在研究植物之间的竞争时，还需要注意其他生态过程和相互作用的干扰。

9.2.4 毒(害)草竞争临界期和经济阈值

9.2.4.1 毒(害)草临界期

毒(害)草与饲草之间的竞争关系通常可以分为两个阶段：共存期和竞争临界期。共存期是指毒(害)草与饲草能够共同生长，竞争对饲草产量影响较小的阶段(图9-2)。在这一阶段，饲草可以耐受毒(害)草由于竞争而造成的影响。然而，随着时间的推移，竞争作用逐渐增强，对饲草产量的影响变得越来越明显。当毒(害)草生长造成的饲草产量损失与无草状态下饲草产量增加量相等时，称为毒(害)草竞争临界期(critical period of competition)。

毒(害)草竞争临界期可以通过试验来确定。在试验中，观察饲草在不同生长阶段与杂草间的竞争关系，从而确定竞争临界期。在对照组中，饲草生长到图9-2 a期时，由于杂草生长对饲草产量造成显著影响，且随时间推移影响逐渐增强。试验组中，由于人工除草

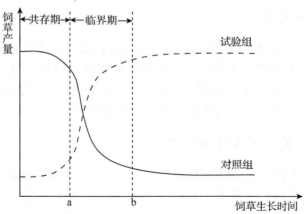

图9-2　饲草产量与毒(害)草生长期限之间的关系

降低了毒(害)草对饲草生长的影响，使饲草生物量快速积累并占据较大生长空间，在与毒(害)草的竞争中处于优势地位，因此，在图9-2 b期以后即便去除人工干预，饲草产量仍然能够达到较高水平。

当毒(害)草生长存留对饲草产量的损失和无草状态下饲草产量增加量相等时的天数，即为毒(害)草竞争的临界期，是指饲草对毒(害)草竞争敏感的时期。在临界期，毒(害)草能够对饲草产量的影响越来越明显。一般来说，毒(害)草竞争临界期在饲草出苗后1~2周到饲草封行期间，约占饲草全生育期的1/4，大约40 d。需要注意的是，不同饲草的竞争临界期长度可能有所差异。竞争临界期是进行杂草防除的关键时期，只有在此期限内除草，才能最大限度地降低毒(害)草对饲草产量的影响。过迟则对饲草的产量影响无法挽回，而过早除草可能会做无用功。毒(害)草竞争临界期受多种因素影响，包括毒(害)草和饲草的种类、密度，以及环境条件和栽培管理措施。

9.2.4.2 毒(害)草经济阈值

当毒(害)草密度或生物量超过临界期时，饲草产量的损失随之增加，必须采取适当的方式进行毒(害)草控制才能保证收益。只有当控制毒(害)草取得的收益远大于控制成本时，进行毒(害)草控制才能获得最佳的经济效益。因此，经济阈值水平(ET)的概念被引入毒(害)草防治决策，是指除草后饲草增收效益等于防除费用时的毒(害)草密度。毒(害)草控制措施的经济效益取决于饲草增产的程度和控制成本。经济阈值水平因饲草种类、密度和种植方法的不同而异，因此不同种植区计算所得的经济阈值水平会有差异。

9.3 化感作用

化感作用是一种植物间的化学通讯现象，涉及一种植物通过释放化学物质，对周围生长的其他植物产生生长抑制或促进作用，是植物在长期进化的过程中形成的一种适应机制，有利于保持本物种在空间和资源竞争中的优势。植物化感作用与植物自身的生长特性有关。植物释放到环境中的化感物质(allelochemical)通常为次生代谢产物(如酚酸类化合物、萜类化合物、炔类化合物等)，几乎可以由植物的任何组织或器官合成，如植物根、茎、叶、果实、种子等。这些化感物质进入环境后会影响周围植物的生长发育。

9.3.1 化感作用的定义

历史上，人们就注意到植物之间存在相生相克的现象，如黑胡桃树下其他植物很难生存，鹰嘴豆可显著抑制毒(害)草生长，但其作用机理还不清楚，随着相关研究的逐渐增多，人们对化感作用的认识越来越清晰。1996年，国际化感学会将化感作用定义为：植物、细菌、真菌及藻类的次生代谢产物对农业以及自然生态系统生物的生长发育产生的影响。

9.3.2 化感物质分类及进入环境的途径

Rice将化感物质分14类：①水溶性有机酸、直链醇、脂肪族醛和酮；②简单不饱和内酯；③长链脂肪酸和多炔；④萘醌、蒽醌及复杂醌类；⑤简单酚、苯甲酸及其衍生物；⑥肉桂酸及其衍生物；⑦黄酮类；⑧单宁；⑨萜烯和甾族化合物；⑩氨基酸和多肽；⑪生物碱和氰醇；⑫硫化物和芥子油苷；⑬嘌呤和核酸；⑭香豆素以及类黄酮。这些化感物质可以通过自然挥发、雨雾淋溶、根系分泌、植株腐解4种方式进入环境，影响临近植物生长，以确保自身获得足够的资源(图9-3)。

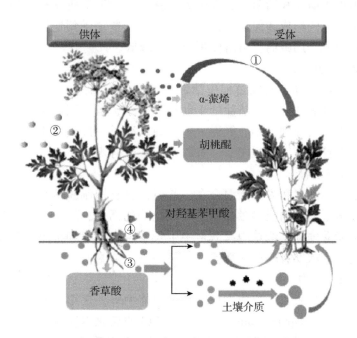

图9-3　植物化感物质进入环境的4种途径

①自然挥发　多在干燥条件下发生，如蒿属、桉属、鼠尾草属植物会释放挥发性类萜类物质，被周围的植物吸收或经露水浓缩后被吸收或进入土壤中被根吸收。

②雨雾淋溶　降雨、灌溉、雾及露水能够淋溶出化感化合物，使之进入土壤中。

③根系分泌　根系主动分泌化感化合物于土壤中，如牛鞭草的根分泌物中鉴定有苯甲酸、肉桂酸和酚酸类化合物等16种化感作用物。

④植株腐解(残体分解)　植物残体在分解过程中，促使各种化合物释放到环境中，而微生物分解植物残体过程中，形成许多化感物质。

9.3.3　化感作用的机理

化感作用化合物主要影响植物的生长发育和生理生化代谢过程。这种影响通常情况下是一种抑制的过程，但有时也有促进作用。

(1) 影响细胞膜通透性

一些化感物质能够引起生物膜的过氧化损伤，影响细胞膜的完整性和通透性，导致膜通透性增加，膜功能受损，电解质外溢。

(2) 影响植物细胞分裂、伸长等亚显微结构

化感物质可以抑制细胞分裂和伸长、损坏细胞壁，以及改变细胞的结构和亚显微结构。肉桂酸可通过抑制芦笋根尖细胞的有丝分裂、损伤表皮细胞和影响根毛发育，从而抑制芦笋种子的发芽。安息香酸处理后的长芒棒头草幼苗根细胞形状改变，细胞器分裂，细胞中层加厚堆积。1,4-桉叶素(1,4-cineole)可对有丝分裂前期有抑制作用，而1,8-桉叶

素(1,8-cineole)能抑制有丝分裂的整个过程。

(3)影响植物蛋白质合成

可溶性蛋白为种子萌发和幼苗生长提供氮素营养，对种子萌发和胚的生长有极重要的作用，同时与种子活力的形成和保持有密切的关系。当植物受到逆境胁迫时，其水解代谢作用增强，蛋白质合成作用减弱，可溶性蛋白含量降低。

(4)影响植物酶活性

化感作用能影响植物种子萌发过程中活性氧的产生与消除，进而调控植物种子萌发。种子萌发过程中，活性氧的产生与清除处于动态平衡中，但受到化感胁迫时，这种平衡关系被打破，种子萌发就会受到抑制。能通过干扰饲草种子中抗氧化酶的活性和抗氧化剂的含量，进而影响饲草种子萌发过程中活性氧的含量，抑制其萌发。

(5)影响植物激素活性

低浓度的酚酸与赤霉素和脱落酸混合在一起时，具有抑制脱落酸、促进赤霉素作用发挥的效应。对羟基苯甲酸类物质刺激吲哚乙酸氧化酶的活性，能阻止吲哚乙酸、赤霉素等诱导幼苗生长。阿魏酸增加了饲草内源激素中生长素、赤霉素和细胞分裂素的含量，并造成脱落酸含量增高，高浓度时幼苗长势差。

(6)影响植物根系活力

根系活力泛指根系的吸收、合成、氧化和还原能力等，是用来衡量根系长势好坏的重要生理指标。1-萘胺(1-Naphthylamine，又称 α-NA)的氧化本质就是过氧化物酶的催化作用，过氧化物酶活力越强对 1-萘胺的氧化能力越强，则根系活力越弱。

(7)影响植物营养元素和水分的吸收

适宜浓度的山核桃外果皮浸提液会促进玉米对钙、镁、铁、锰、铜的吸收，促进小麦对钙、铁、铜的吸收，促进大豆对镁、铁、锰、铜的吸收，促进绿豆对钙、镁、铁、猛和锌的吸收，并大都表现低浓度促进矿物质元素吸收，高浓度抑制矿物质元素吸收的趋势。山核桃属和胡桃属植物含有的核桃醌能抑制其他植物对钾、钙等营养物质的吸收，从而杀死树下植物。

(8)影响植物光合和呼吸作用

植物的生长不能脱离光合作用的过程，化感物质可以通过降低叶片中的叶绿素含量、影响蒸腾速率和阻碍气孔的传导等方式来降低植物的光合速率，也可以通过降低叶片的水势等途径抑制光合作用，降低光合效率利用。叶绿素是叶片收集光能和进行光能转换的主要色素。其含量变化很大程度影响植物的生存、生长。

(9)影响根际土壤微生物的种群及数量

通过根系分泌释放的化感物质可以直接进入土壤，经历不同类型的迁移和生物降解，直接或间接地对土壤生物产生影响。高浓度的核桃醌对微生物的生长具有抑制作用，革兰阳性菌受到抑制时所需的核桃醌浓度较高，其次是放线菌，最后是真菌。

9.4 毒(害)草群落生态学

毒(害)草群落生态学研究的是毒(害)草群落的结构、功能以及其所在的环境之间的相互关系。毒(害)草群落生态学的研究为毒(害)草防治提供了理论基础，有助于更好地理解毒(害)草的生态习性，制订科学的防治策略。

9.4.1　毒(害)草群落结构

　　毒(害)草群落结构主要研究种群密度、频度、种类组成及其相互关联性。毒(害)草群落结构受土壤类型、气候条件及生态类型的影响。这些影响因素通过改变光照、水分、养分等资源的获取条件和数量，进而影响不同毒(害)草种群的生存与繁衍，改变毒(害)草群落的结构。

　　土壤类型的差异主要体现在土壤理化性状的不同，这会使某些毒(害)草种群获取养分和水分的能力受到影响，从而改变其在群落中的种群密度和频度等。气候条件中的光照、温度、湿度等的变化，也会导致毒(害)草种群对资源的需求量发生变化，影响其生存竞争力和繁殖力，改变毒(害)草群落结构。生态类型不同，微环境条件的差异也会导致杂草种群间生存竞争的差异，影响毒(害)草群落结构。

　　毒(害)草群落结构与环境因素之间存在复杂的相互作用关系。深入研究不同环境条件下毒(害)草群落结构的动态变化规律，对理解毒(害)草群落的稳定性与演替过程具有重要意义。这也为不同生态条件下毒(害)草防治措施的制订提供理论依据。

9.4.2　毒(害)草种间关系

　　毒(害)草种间的竞争关系主要体现在资源的竞争利用上，如对光照、水分和养分的竞争。

　　当资源供给量有限时，不同的毒(害)草种群会通过竞争来获利资源。这种竞争主要体现在根系对水分和养分的竞争，以及对光照的竞争利用上。导致某些毒(害)草种群的生存和繁殖受到抑制，种群密度和频度降低，从而影响毒(害)草群落的结构。然而，毒(害)草种群之间也存在互补关系，如根系空间分布的差异可减少水分和养分的竞争，提高资源的综合利用率。这些互补关系有利于毒(害)草群落的整体生存和发展。而在稳定的环境条件下，毒(害)草种群之间的竞争关系往往大于互补关系，这会导致毒(害)草群落的结构朝着少数优势种群的方向发展。随着环境条件的变化，毒(害)草种群对资源的依赖性会发生变化，种间关系也会发生相应的变化，这会导致毒(害)草群落结构的动态变化。

思考题

1. 毒(害)草种子休眠的主要类型有哪些？讨论其形成原因。
2. 如何利用毒(害)草种子的休眠机制来进行防治？
3. 种子休眠与萌发的调控机制包括哪些内容？
4. 哪些因素会影响毒(害)草种子的散布？
5. 研究毒(害)草种子库对于我们控制毒(害)草种群数量和分布有何意义？
6. 简述毒(害)草种子库的消长动态及影响因素。
7. 什么是毒(害)草竞争临界期？毒(害)草竞争临界期对我们制订防治策略有什么意义？
8. 毒(害)草的化感作用对增强其竞争力有何作用？

第10章
草地毒(害)杂草发生、分布规律与危害

人工草地是在通过一系列农作措施清除了原有自然植被的土地上建立起来的人工植物群落。从生态演替理论的观点来看，建植人工草地是对该地区原有处于自然平衡状态下顶极植被的一个扰动。因而，人工草地从建植之时起就一直存在着很强"演替动力"，这种内动力会在不合理的扰动下驱动人工草地群落向顶极自然植被演替。在这种"生态活性"较高的条件下，维持人工草地符合草地农业生产要求的稳定状态，需要了解毒(害)杂草发生规律，采用适宜的管理措施。一旦管理不当，就会使人工草地受到"杂草"的侵入，这就是人工草地生产管理中通常所说的杂草发生。

天然草地上除生长有饲用价值的植物外，往往还混生着毒(害)草，这类植物一般具有很强适应性，不仅耐土壤贫瘠，还能适应极端气候。因此，在极端干旱或者高温环境下，加之过度放牧，会导致这些毒(害)草快速繁殖并占领一些可食植物的生态位，导致草原退化并降低其生产能力。

10.1 人工草地杂草发生、分布规律

10.1.1 苜蓿人工草地杂草发生、分布规律

苜蓿种子细小，因此生长缓慢，尤其在苗期，极易受到毒(害)杂草危害。苗期杂草的预防是苜蓿人工草地能否成功建植的重要因素之一，并影响着产量和品质。

10.1.1.1 苜蓿人工草地杂草发生的规律

在建植初期，由于苜蓿苗期生长缓慢，与杂草的竞争能力较弱，导致杂草发生，尤其是生长速率较快的1年生杂草(图10-1)。例如，在新疆呼图壁，苜蓿田主要杂草种类为1年生狗尾草、龙葵和灰绿藜。建植中期(3~5年)，其杂草危害较低。这时仍以1年生年杂草为主，也会有一些多年生杂草。例如，在青岛地区，三龄苜蓿田主要杂草是1年生杂草马唐、狗尾草、稗草和多年生小刺菜。大约6年后，苜蓿开始老化，其竞争力也开始下降，尤其在每次刈割之后。这主要是因为其再生能力随着刈割次数增加而降低，生长速率也会下降，为杂草的侵入提供机会，导致杂草再次发生(图10-1)。此外，苜蓿品种以及播种密度也会影响杂草的发生。一般而言，高密度的播种能有效抑制杂草发生。

苜蓿刈割不同茬杂草发生规律也不一样。头茬苜蓿主要受冬春杂草危害，这些杂草一般在上一年10~11月或当年3~4月出苗，冬季生长缓慢，春季

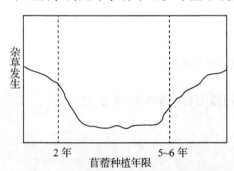

图10-1 苜蓿草地杂草发生规律示意图

危害最盛。这些杂草与苜蓿生育期基本同步,其危害程度受苜蓿和杂草生长速率差异的影响。例如,在山东滨州地区,头茬紫花苜蓿主要杂草为冬春季杂草。第一茬收割后,正值春末夏初,此时水热同期,杂草生长旺盛,竞争能力强,容易侵入苜蓿田。例如,在北京地区对建植1年以上的大田苜蓿进行杂草调查,发现杂草的重发期是在春末夏初头茬草收获之后。对于二茬和三茬苜蓿来讲,其主要受春夏或者夏季杂草危害。因此,刈割留茬高度至关重要。刈割留茬过低影响苜蓿再生的情况下,杂草危害就会加大。例如,在山东滨州地区,二茬、三茬紫花苜蓿主要受夏季杂草的危害。

10.1.1.2 苜蓿人工草地杂草在季节和地区上的分布规律

不同季节杂草发生和危害具有差异。在我国中部和部分北部地区,夏秋季是杂草危害最为严重的季节。例如,在山东滨州地区,夏秋季主要杂草是马唐、狗尾草、稗草、牛筋草和多年生芦苇和獐茅等,其影响及危害程度比冬春季杂草(主要是独行菜、播娘蒿和荠菜、芦苇、白茅、獐茅等)要严重。但是,在黑龙江地区,苜蓿田杂草主要发生在春夏季,而且也是危害最重的季节。

在北部地区,各个地区苜蓿人工草地杂草发生和物种也有差异,但是均以1年生植物为主。例如,鄂尔多斯地区的紫花苜蓿田间杂草,9种杂草分属8科,以1年生禾本科(虎尾草等)和苋科(猪毛菜等)危害为主。在青岛地区,秋季苜蓿田发生的杂草有8科13种,多为1年生马唐、稗草和狗尾草。黄河三角洲苜蓿人工草地,除了1年生禾本科植物,多年生禾本科芦苇对种植两年苜蓿田危害也很严重。在郑州黄河滩区,苜蓿田杂草多为1年生狗尾草、牛筋草、稗草和马唐,多年生有香附子、白茅和芦苇等。这些杂草中多数家畜可以采食,但是香附子茎叶有怪味,而且具有一定毒性。在西部地区,仍以1年生杂草为主。例如,甘肃酒泉地区等苜蓿种植区田杂草,在建植当年,杂草共11科33属37种,1年生杂草占杂草总数的48.65%,其中灰绿藜占比最大(34.96%),为重点防除对象。

10.1.1.3 苜蓿与禾本科牧草混播地杂草

豆禾混播不仅能有效提高牧草产量和品质,也有利于杂草的控制。其原理是利用了优质禾本科牧草来占领1年生或者多年生禾本科杂草的生态位,降低杂草竞争力和危害,达到提高牧草生产的目的。禾本科牧草的选择原则是能与苜蓿存在互惠作用的,既能抑制杂草发生,又能提高苜蓿的生产性能。春播苜蓿特别容易受到杂草侵入,利用优质禾本科牧草与苜蓿混播,能有效降低杂草的发生。秋播苜蓿常与冬季禾本科牧草混播,如采用燕麦与苜蓿混播,能有效地抑制苜蓿苗期春季杂草发生,提高苜蓿人工草地的建植和生产力。在山东半岛西南部两个地区,将夏玉米和二茬苜蓿混播,能有效地抑制刈割后杂草的发生,尤其是1年生禾本科杂草马唐和狗尾草。这主要得益于玉米生长较快,而且具有很强竞争力。值得一提的是,在禾本科牧草和苜蓿混播田里,杂草也主要是1年生苋科等非禾本科杂草。

10.1.2 禾本科人工草地杂草发生、分布规律

杂草也是影响禾本科饲草的关键因素之一,尤其是种植面积较大的青贮玉米。对于羊草等多年生人工草地,杂草多为1年生杂草,而且主要发生在人工草地建植当年牧草幼苗期。鉴于禾本科人工草地毒害杂草相关研究较少,该部分我们主要关注种植面积较大的青贮玉米田杂草的发生与分布。青贮玉米田杂草也主要发生在苗期,杂草侵害程度与其苗期

生长以及杂草生长速率有关。例如，在青贮玉米 3~6 叶期，杂草降低青贮玉米产量 11%~19%；而在玉米 6~8 叶期，杂草对产量影响较严重，降低其产量的 19%~33%。在玉米 6 叶期后，其生长迅速，降低杂草资源竞争，尤其是光，很多杂草生长被抑制。

在东北和河北春播玉米区域，由于播种时地温较低，玉米前期生长缓慢，田间空隙大，利于杂草发生。例如，在吉林省东南部桦甸市，4 月 20~25 日开始播种，5 cm 土壤耕层地温只有 8~10℃，玉米生长缓慢，杂草发生期长，从玉米出苗期开始杂草就与玉米同步生长，随着气温上升，杂草生长逐渐进入高峰期。夏播玉米一般在 6 月，此时温度高，玉米苗生长较杂草生长速度快，竞争能力较强，而且杂草相对生长时间空隙小。例如，在关中区域夏播玉米，播种后 6 d，杂草开始出苗，此时玉米也开始出苗，而且出苗后生长较快；在 6~24 d 是杂草发生的高峰期，占领玉米全生育期 93%的杂草在这个时期发芽，但是由于玉米竞争能力较强，一旦玉米出苗快速生长之后杂草种类锐减。在淮北地区，玉米田杂草发生也类似，其春季播种的玉米也是杂草危害较严重，而夏播玉米受杂草危害程度低于春播玉米。危害玉米的杂草主要分早春性杂草和晚春性杂草，例如，马唐、反枝苋、狗尾草、灰绿藜等晚春性杂草，它们一般在日平均气温 15℃ 左右开始出土，至日平均气温 25℃ 以上达到出苗高峰。

各地区青贮玉米杂草群落组成虽有差异，但是多为 1 年生杂草。对吉林省不同生态区玉米田发生的杂草进行系统调查，发现 1 年生杂草占 66.7%，多年生杂草占 33.3%，其中 1 年生禾本科以稗草、狗尾草和马唐为主，多年生禾本科主要是芦苇。河北省春播玉米田主要杂草为 1 年生反枝苋、狗尾草和灰绿藜。河南省是我国最大的夏播玉米种植区，玉米田主要是 1 年生晚春性杂草马唐、牛筋草、稗草等。陕西省关中夏玉米田滋生的杂草主要也是 1 年生禾本科杂草马唐，占杂草总量的 54.3%~80.0%；关中中部渭河区域以西至西部的宝鸡眉县区域夏玉米区，1 年生禾本科狗尾草和阔叶杂草反枝苋、铁苋菜是优势种。贵州夏玉米田主要杂草也是 1 年生禾本科杂草马唐、胜红蓟等。青海省独特的气候条件及地理位置，使该区域内杂草发生与其他玉米产区不尽相同。该地区主要杂草是大刺儿菜、猪殃殃、密花香薷等。因此，应该针对每个区域杂草发生和群落组成特征等，因地制宜地进行管理。

10.1.3 混播人工草地

10.1.3.1 云贵高原人工草地杂草发生

除了用作饲料的人工割草地，我国南方还有大面积多年生人工放牧草地。多年生植物多采用 K-对策，种植当年生长较慢；1 年生杂草多采用 r-对策，生长速率较快。因此，多年生人工草地建植当年，1 年生杂草出苗早、生长快、初始占领生态位的能力较强、相对竞争力高于种植牧草，尤其是豆科牧草，从而在生长竞争中占据了优势地位。人工草地建植中期，多年生牧草返青早，或者一些牧草耐寒，在初春生长快，初始占领生态位的能力较强，能有效抑制 1 年生杂草，从而在生长竞争中获胜。随着人工草地建植年数增加，多年生牧草再生能力降低，竞争力下降，尤其在不合理放牧利用下。这主要是由于家畜选择地采食优质牧草。不合理的放牧管理不仅缩短了人工草地的寿命，还会增加杂草侵入概率，降低草地质量。因此，建植初期和后期是杂草入侵的高峰期，这与苜蓿田杂草发生规律类似，但是受放牧等管理影响较大。此外，建植初期一些生长较快的 1 年生或者 2 年生杂草是发生的优势物种，而建植多年后，以多年生杂草发生为主。

在人工草地建植不同时期，其杂草发生类型不同。例如，在云南省曲靖市朗目山，新建植草地杂草群落结构强大，盖度达84%以上，发生的多为1年生杂草，这些杂草多数是家畜可食。这些1年生杂草生活史大多在2~4个月，在生长初期或者繁殖期，可通过重牧来降低其竞争能力和繁殖能力，进而抑制翌年杂草的发生。因此，这些杂草通过草地建植初期的合理放牧管理，翌年发生率降到16%以下。随着人工草地定植成功后，第3年就可降到10%以下。草地建植第3年，无论产量还是质量均达到最佳状态，这个时期的杂草发生较低。此后，随着草地建植年限的增加，种植牧草的再生能力和生长速率下降，若管理措施不善，多年生杂草群落不断增大，种类逐年增多。人工草地到第8年杂草可达到24%，第10年可增至32%，并逐年向原本顶极群落演替，以蒿属和蕨类等为逆向演替的先锋植物。

10.1.3.2 青藏高原人工草地杂草发生

在青藏高原高寒地区，也建植了大面积的多年生禾本科人工草地，播种方式多以单播为主，少数混播。在人工草地建植当年，入侵杂草以1年生灰绿藜和香薷以及2年生杂草微孔草为主。在多年生禾本科人工草地建植当年，灰绿藜和香薷首先出苗，其次是微孔草和野胡萝卜，这4种杂草比栽培禾草提前5~15 d出苗，二者却同步枯死。由于杂草出苗早，其生长速率较快，牧草生长初期，其生长主要受灰绿藜和香薷抑制，中后期受高大的微孔草和野胡萝卜抑制。由此可见，这4种杂草在人工草地建植当年危害最重。在第二年，杂草出苗却比栽培禾草返青晚10~15 d，杂草生长明显受到牧草的抑制，危害大大降低。由于在生长季初中期，栽培禾草生长速度极快，占据了较多的生存空间，在生长后期，也会抑制高大杂草野胡萝卜和微孔草的生长速度，致使其无法在生存空间竞争中占据优势。随着草地建植年限的增加，草地1年生杂草减少，多年生杂草增多。

最后，值得注意的是1年生人工草地或者多年生人工草地很多杂草也可以作为牧草，只是品质不如种植牧草好。例如，稗草、马唐、画眉草和狗牙根，也是家畜喜食的草。稗草和马唐被认为恶性杂草，主要是由于其影响了栽培植物的生长。

10.2 影响人工草地杂草发生和分布的因素

人工草地杂草发生和分布受诸多因素的影响，下面就从以上几个主要方面进行详细阐述。

(1) 播种密度、品种、方式和时期

播种密度的增加会提高栽培牧草初始占领空间的能力，从而在生长竞争中占据了优势。例如，3年试验表明，随着播种密度(播种量≤17 kg/hm^2)的增加，苜蓿田禾本科杂草和阔叶杂草显著降低。随着种植密度的增加，春玉米田和夏玉米田杂草的总生物量呈逐渐降低趋势，而且春玉米田总杂草的数量也降低。不同苜蓿品种也会影响人工草地杂草发生和分布规律。

苜蓿人工草地杂草发生也受播种时间的影响，秋播苜蓿草地杂草一般会低于春播，这主要是由于很多杂草在春季生长较快，竞争能力较强。例如，北京郊区山区春播或夏播苜蓿地杂草危害较秋播严重，这与春天和夏天苜蓿苗期生长速率以及杂草种类和生长速率有关。不同播种方式也会影响杂草发生，垂直播种(图10-2)的杂草密度和高度相对较小，苜蓿产量最大。

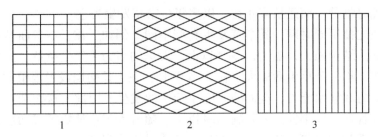

图 10-2　播种方式示意图(参考吕祥永, 2019)
1. 垂直播种　2. 菱形播种　3. 条形播种

人工草地不同物种对杂草入侵抵御能力具有差异，因此不同混播草地也会影响杂草发生。例如，高寒人工草地中灰绿藜和香薷发生最早，比禾本科早 1 周左右，而老芒麦出苗较早，在一定程度上能抑制灰绿藜发生；但是早熟禾出苗晚，如果单播，在建植第一年，很容易受灰绿藜和香薷侵入，而且其杂草种类也较多，达到老芒麦单播两倍多，混播草地(老芒麦、中华羊茅和早熟禾)杂草种类最少。

(2) 耕作方式

免耕、旋耕和翻耕玉米田阔叶杂草发生高峰期不同，免耕田为播种后 1 周，旋耕和翻耕田均在播种后 2 周；而且，杂草发生总量也不同，免耕田杂草总量最多，旋耕田居中，翻耕田最少。在免耕覆盖麦秸能降低杂草数量，比旋耕还低 62%~78%。

(3) 放牧和刈割

刈割强度或者放牧强度过高会降低人工草地牧草竞争力，导致杂草发生并成为优势种。在湖南南山牧场，轻度放牧下，野古草和芒草侵入并最后形成优势种；在重度放牧下，绒毛草和多头苦荬菜成为优势种；过牧下，则是橐吾和酸模侵入。在贵州威宁灼甫示范牧场，适度放牧下，杂草入侵种数较低，过牧下最高。放牧对杂草发生的影响与刈割有差异，这主要是由于放牧家畜具有选择性采食，进而降低可食草的竞争能力；而刈割不存在选择性采食，刈割对杂草和可食牧草竞争的影响主要取决于两者的再生能力。

(4) 灌溉

合理的灌溉能有效提高苜蓿的生长和竞争能力，降低杂草发生率。例如，在新疆 2 年生苜蓿地，与喷灌和漫灌相比，滴灌下杂草密度降低 57%，有效地抑制杂草的危害。这主要是由于地下滴灌把水输送到地下 10~30 cm，而紫花苜蓿是多年生主根系作物，其根系生长较杂草根系深；而漫灌、喷灌条件下，灌溉水在短期内集中于地表土层，与地下灌溉相比，其不利于苜蓿水分利用，相反却为杂草种子库提供了良好的水分条件，尤其是禾本科杂草快速萌发、生长，严重抑制苜蓿的生长。

10.3　天然草原毒(害)草发生、分布规律

10.3.1　天然草原毒(害)草的发生规律

全球草原均出现不同程度的退化，其重要标志之一就是优质牧草比例的下降，而毒(害)草的比例上升甚至成为优势物种，给当地畜牧业经济带来了巨大的损失。在正常年份，毒(害)草的发生较轻，而在干旱年份较重，主要是由于毒草抗干旱能力较强。在合理

放牧压下，毒(害)草的发生较轻，而过度放牧下，毒(害)草的发生重，主要是由于家畜过度采食降低优质牧草的竞争力。此外，在原生草地中，由于优质牧草竞争力强，毒(害)草的发生较轻，而次生草地则较重。草原主要毒(害)草具有返青早、抗逆性强、生长快、繁殖能力强等特点，赋予其较强竞争力。天然草地毒(害)草种类多，主要分布于西藏、新疆、青海、内蒙古、甘肃、宁夏和四川等省份草原，这些地区草原毒(害)草主要是黄芪属、橐吾属、狼毒属、芨芨草属和马先蒿属。

10.3.2 天然草原毒(害)草分布规律

由于气候、草地和土壤类型等因素的差异，我国毒害植物在纬度上存在明显的地域性差异。下面就天然草原分区介绍其主要毒(害)草及其毒性。

(1) 我国内蒙古东部及河北坝上草原区

我国内蒙古东部及河北坝上草原区主要包括内蒙古东部锡林郭勒盟、兴安盟、呼伦贝尔盟，河北张家口和承德等地区。该区域毒(害)草以瑞香狼毒(*Stellera chinaejasme*)、醉马芨芨草(*Achnatherum inebrians*)、狼毒大戟(*Euphorbia fischeriana*)、披针叶黄华(*Thermopsis lanceolata*)等为主。瑞香狼毒是瑞香科狼毒属多年生草本旱生植物，根部毒性最大，有"断肠草"之称。狼毒大戟是大戟科大戟属多年生草本植物，也是全株有毒，但它的毒性主要集中在根部，毒性小于瑞香狼毒。醉马芨芨草是禾本科芨芨草属的多年生草本植物，全株均有毒，为烈毒性常年有毒植物，含多种生物碱。

(2) 祁连山草原区

祁连山草原区主要包含青海海北州、甘肃武威及张掖南部等地区。该区域毒(害)草也有瑞香狼毒和醉马芨芨草。此外，还有甘肃棘豆、马先蒿、箭叶橐吾、露蕊乌头等。

(3) 西北干旱荒漠草原区

西北干旱荒漠草原区主要包括新疆的塔里木盆地和准噶尔盆地、甘肃的河西走廊、青海柴达木盆地、内蒙古中西部、宁夏及陕西两省与内蒙古接壤等地区。该区域毒(害)草以小花棘豆、变异黄芪、醉马芨芨草、牛心朴子、苦豆子、无叶假木贼、骆驼蓬等为主。小花棘豆和变异黄芪是多年生草本棘豆属豆科植物，全草均有毒。

(4) 新疆伊犁及阿尔泰山南坡草原区

新疆伊犁及阿尔泰山南坡草原区主要包含新疆伊犁州、博尔塔拉蒙古自治州及阿勒泰等地区。该区域毒(害)草以白喉乌头、准噶尔乌头、纳里橐吾、醉马芨芨草、藜芦、马先蒿、毒芹等为主。纳里橐吾是菊科橐吾属多年生草本植物，全株有毒，以其花果期毒性较大。马先蒿是玄参科马先蒿属多年生、稀1年生草本，通常是一种半寄生的有毒植物，近年来在甘肃高山草原上传播速度较快。

(5) 青藏高原西北高寒荒漠草原区

青藏高原西北高寒荒漠草原区主要包括西藏西部及西北部和青海西部等地区。该区域毒(害)草以冰川棘豆、茎直黄芪、瑞香狼毒、毛瓣棘豆、藏橐吾等为主。茎直黄芪是豆科黄芪属多年生植物，其对盐碱土壤有较强的适应力，毒性比黄芪属其他一些棘豆要小。冰川棘豆的全株有毒，即使冬季枯萎干燥后仍旧具有毒性。

(6) 青藏高原东南部高寒草甸草原区

青藏高原东南部高寒草甸草原区主要包括青海东南部、西藏东南部、甘肃南部及四川西北部等地区。该区域毒(害)草以甘肃棘豆、黄花棘豆、瑞香狼毒、茎直黄芪、黄帚橐吾、箭叶橐吾、马先蒿、醉马芨芨草等为主。甘肃棘豆和黄花棘豆也是黄芪属植物,全株有毒,为烈性常年有毒植物。

10.3.3 影响草原毒(害)草发生、分布的因素

影响毒(害)草发生和分布的因素主要是人为因素和自然因素。首先是人为因素,主要包括不合理放牧(过度放牧、牧群不合理搭配、无合理的划区轮牧等)、矿以及煤石油开采、人类活动等。不合理放牧,尤其是过度放牧,是导致草原毒(害)草发生的主要因素。这主要是草地适口性好的优良牧草被过度啃食,竞争能力、再生能力和繁殖能力均降低。因此,过度采食降低可食植物对毒(害)草生长的抑制,导致毒(害)草发生。其次是自然因素,主要有降水量、土壤环境、植物本身的生理生态和繁殖特征等。随着气候变化,毒(害)草分布发生变化,例如,对170个瑞香狼毒分布点数据与10个环境变量进行建模,不仅发现瑞香狼毒的生长分布与降水和温度有密切的关系,还明确预测在2021—2080年,青藏高原瑞香狼毒的适宜生境分布面积均将呈减少趋势,不适宜生境分布面积均呈增加趋势。这些研究表明,随着降水的增加,促使草地植物群落中其他植物较好地生长,抑制了瑞香狼毒的生长。最后,鼠害也会选择性地破坏可食草的植株和草根,降低草地可食草的优势,增加毒(害)草的竞争。

思考题

1. 简述苜蓿人工草地杂草发生和分布规律。
2. 简述南方多年生人工草地杂草发生规律。
3. 简述草原毒(害)草的发生与分布规律。
4. 草原毒(害)草的发生驱动因素有哪些?
5. 阐述施肥和刈割对苜蓿人工草地杂草发生的影响和原因。
6. 播种密度、方式、时期对人工草地杂草发生有哪些影响?
7. 与单播人工草地相比,分析人工草地多样性在抵御杂草入侵的优势及原因。
8. 影响草原毒(害)草发生、分布的因素有哪些?

第 11 章
草地啮齿动物的外部形态及内部结构

生物形态学是生物学的一个重要分支,研究生物体的形态、结构和组织等方面的特征,对于理解生物的生理功能、进化历程以及物种间的关系具有重要意义。本章将着重介绍草地啮齿动物的外部形态及内部解剖结构,为初步认识草地啮齿动物提供参考。

11.1 草地啮齿动物的概念及特点

11.1.1 草地啮齿动物概念

啮齿动物是指哺乳纲中的啮齿目和兔形目动物,即鼠类和兔类。其中,鼠类体形较小,上颌仅有一对凿状门齿,且终生生长;兔形目体形中等,上颌有 2 对门齿,呈前后排列,后一对很小,隐于前一对的后方,因此又称重齿类。啮齿动物是哺乳纲中种类最多的一类动物,其繁殖力和适应性较强,常能在短期内形成较高的密度而对人类的生产和生活带来极大的危害。营穴居生活,主要以植物性食物为食。草地啮齿动物主要指栖息于草地生态系统的啮齿动物。

11.1.2 草地啮齿动物特点

①体型较小或中等,成年啮齿动物体长一般在 5.5~40 cm。

②上下颌各有 1~2 对门齿,门齿仅唇面覆以光滑而坚硬的珐琅质,磨损后始终呈锐利的凿状,门齿无齿根并且可以终生生长;无犬齿,门齿与颊齿间有很大的齿隙,犬齿虚位,臼齿分叶或在咀嚼面上生有突起。

③下颌关节突与颅骨的关节窝联结较为松弛,既可前后移动,又能左右错动;既能压碎食物,还能研磨植物纤维。听泡较为发达。

④盲肠较粗大,主要以植物性食物为食,多数喜食毒(害)杂草。

⑤生殖器官 雌性具有双角子宫;雄性的睾丸在非繁殖期间隐藏于腹腔内,由于具有较强的繁殖力因而能形成较大的种群密度。

⑥是生活在各种草地生态系统中的哺乳动物中种类最多的一类;大多数营穴居生活,鼢鼠亚科(Myospalacinae)物种终年营地下生活。

⑦有较强的适应性 草地、草甸、高原等各类生境中均有草地啮齿动物分布。

⑧是陆生生态系统重要的组成部分,当种群密度过高时,对草地资源能够带来极大的危害;当种群密度在合理范围内时,能够促进物质循环,起到"生态系统工程师"的作用。

11.2 啮齿动物的外部形态

11.2.1 躯体结构

啮齿动物全身被毛，肘关节向后转，膝关节向前转，其身体可分为头颈、躯干、尾和四肢等部分(图 11-1)。

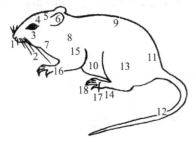

图 11-1 啮齿动物的外形
1. 吻 2. 须 3. 颊 4. 眼 5. 额 6. 耳 7. 喉
8. 颈 9. 背 10. 腹 11. 臀 12. 尾 13. 股
14. 后足 15. 肩 16. 前足 17. 趾 18. 爪

①头部　脑、感觉器官(耳、鼻等)和摄食器官(口)主要分布在头部。啮齿动物的眼和耳的形态与其生境和生态习性密切相关，且因种类而异。在开阔区域生活，特别是夜行性的种类，如兔和跳鼠，具发达的听觉器官，并且耳壳和听泡比较大，使其能觉察环境中的微弱声响，对自身防卫及辨别行动方向具有重要作用，而日行性种类，如黄鼠、旱獭或地下活动的种类(如鼢鼠)，耳壳则不发达甚至无耳壳。因此，耳可作为物种鉴定的标志之一。鼢鼠亚科物种营地下生活，不仅耳退化，眼又极度退化，甚至连视网膜或视神经也发育不全，只能感光无法成像；但黄鼠和跳鼠由于其生活在广阔地带，眼睛均很发达，因此黄鼠在部分地区又称"大眼贼"。

②颈部　具有陆生脊椎动物的典型特征，可以保证头部灵活的转动，从而有效接收各类信息，适应多变的陆生环境。哺乳动物的颈部有长有短，一般而言，颈椎只有 7 枚。由于鼢鼠亚科物种长期的地下生活，其推土造丘活动导致颈部肌肉异常发达，因此其颈部短粗，不明显。

③躯干部　是指最后一枚颈椎至肛门之间的部位。其中包含着全部内脏，胸部和腹部的分界点为横膈膜和最后一枚肋骨处。在躯干部腹面，雌体有 3~6 对成对乳头，尿道、阴道和肛门开口位于腹部后端。雄体在肛门之前有略带黑色的阴囊(繁殖期睾丸降入阴囊中)和埋于包皮中的阴茎，其内有支持性的阴茎骨。有些种类的阴茎末端龟头上有纵沟和钩刺，是其物种鉴别依据。腹部后端只有肛门和阴茎末端的一个排泄和生殖的共同开孔。判断物种性别时，主要决定于乳头和睾丸。此外，还可根据腹部末端的开口数来判定。乳鼠和幼鼠可以尿殖乳突与肛门之间的距离作为判断依据，雌性尿殖乳突与肛门间的距离短，而雄性阴茎与肛门间的距离长。

④尾部　以肛门作为分界点，紧接在躯干之后的部分即为尾部。根据啮齿动物种类的不同，其形态多样。此外，尾部也可作为物种鉴定的依据，可以根据有无尾、尾长度、尾的形状、尾上鳞片的明显程度、尾毛的疏密和长短，以及末端是否形成特殊的毛束等来判断。

⑤四肢　即连接在躯干部左右两侧的两对附肢，为陆栖脊椎动物典型的具 5 趾的附肢。啮齿动物的足型是跖行式，即前肢腕掌指或后肢跗跖趾全部着地。多数啮齿动物的前后肢的长度无明显差异，但兔和跳鼠等擅长跳跃的啮齿动物的后肢明显要比前肢长很多且肌肉发达，后肢跳跃是其主要的行走方式。而鼢鼠亚科物种却与此相反，由于适应于地下的快速掘土前进，其前肢特别发达，连同掌部和指爪都十分强健。松鼠科物种前足 4 指，后足 5 趾；某些跳鼠科物种的后足或具 5 趾，但第一、第五趾不发达，或具 3 趾，第一、第

五趾退化。某些种类在跖部腹面和趾的两侧生有密毛。在进行啮齿动物物种鉴定时,肉质跖垫数和爪的颜色也常成为种类鉴别的依据;鼢鼠亚科物种中,爪背的毛量也可作为高原鼢鼠与甘肃鼢鼠之间的区分依据(图 11-2)。

在啮齿动物的外形测量中,主要包括以下形态指标,其中质量单位用 g 表示,长度单位用 mm 表示(图 11-3)。

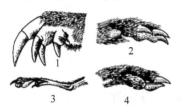

图 11-2　鼠的前后肢与爪
1. 鼢鼠的前肢　2. 旅鼠的前肢
3. 跳鼠的后肢　4. 田鼠的前肢

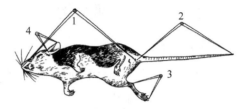

图 11-3　啮齿动物的外形测量
1. 体长　2. 尾长　3. 后足长　4. 耳长

①体长　自吻端至肛门的直线距离。
②尾长　自肛门至尾端的直线距离(尾端毛不计入)。
③后足长　自足跟至最长脚趾末端(不连爪)的直线距离。
④耳长　自耳孔下缘(如耳壳呈管状则自耳壳基部量起)至耳顶端(不连毛)的直线距离。
⑤胴体重　去除全部内脏后的质量。

11.2.2　毛被和毛色

(1)毛被

啮齿动物全身被有长而密的毛,称为毛被,为表皮角化的产物。毛的种类可分为三类:第一类是比较粗而长的针毛(也称粗毛)。第二类是隐生在针毛下方短密而柔软的绒毛(也称绵毛)。绒毛贴近皮肤,位于针毛之下,能保持体温;针毛长而坚韧,具有一定的毛向,能保护绒毛免受外界的损坏。第三类是在嘴边长而硬的触毛,触毛为特化的针毛,具触觉作用。毛的疏密长短同动物的种类、生境、季节等有密切的关系。当啮齿动物的毛生长到一定的时候,会自动脱落进行换毛。毛由毛干及毛根组成,皮质部和髓质部构成毛干;毛根外被毛鞘,末端为毛球(膨大呈球状),基部为毛乳头(由真皮构成),此处丰富的血管可输送各种营养物质。毛囊内还有皮脂腺的开口,用于分泌油脂从而起到润滑毛、皮作用。当毛囊基部的竖毛肌收缩时,毛呈直立状,可用于体温调节。

(2)毛色

啮齿动物的各种毛色的形成主要是因为毛内所含黑色素的比例不同,白色即为不含任何色素。此外,毛色也与栖息环境和季节有关。一般而言,浓密植被下层的物种其毛呈暗色,开阔生境中的物种呈灰色,而沙漠地带的多为沙黄色。啮齿动物不但有最常见的全身灰黑色(社鼠、莫氏田鼠、屋顶鼠)、灰褐色(小家鼠、巢鼠、大部分仓鼠),也有黄褐色(社鼠、针毛鼠)、棕褐色(黑线姬鼠)、红棕色、红褐色或栗棕色(红背䶄、棕背䶄、沼泽田鼠)和沙灰色(狭颅田鼠)等。沙鼠类和跳鼠类的背腹毛色不同,背部为土黄色,腹部为白色;一般背部毛色深,腹部毛色浅。啮齿动物毛色的不同既是种的属性,也是适应分布地区内相对湿度及辐射热等方面的结果。因此，精确地识别毛色对于进行啮齿动物分类和直接的生态学观察具有重要意义。对于每年春秋两季各换毛一次的啮齿动物，夏毛和冬毛的颜色会有明显不同，因此，在以毛色进行物种鉴定时，需要格外注意夏毛和冬毛的颜色变化。

11.3 啮齿动物的内部结构

11.3.1 骨骼系统

啮齿动物的骨骼系统分为中轴骨和附肢骨(图 11-4)。

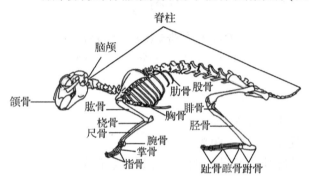

图 11-4 兔的全身骨骼示意图

11.3.1.1 中轴骨

(1) 头骨

头骨主要包括颅骨和下颌骨两部分(图 11-5)。

①颅骨 背腹 2 组骨片，连同嗅觉、听觉及视觉 3 对感觉囊组成。在颅骨的背面，成对的鼻骨、额骨、顶骨和一块顶间骨共同形成鼻部和颅顶。枕骨位于颅骨后端，上枕骨、侧枕骨和基枕骨 4 枚骨块愈合形成枕骨。枕骨与顶间骨之间由人字嵴隔开，枕骨围绕枕骨大孔(脑和脊髓相连的通道)。枕骨孔的两侧各有 1 个枕骨髁，与第一颈椎相连接。颅骨腹面的骨片有前颌骨、上颌骨、腭骨和翼骨，共同组成硬腭。其前面有门齿孔和腭孔(部分物种合为一个孔)。硬腭与鼻骨之间是鼻道，鼻道后端的开口为内鼻孔，其间的小骨片为犁骨。基枕骨之前为基蝶骨，夹于两翼骨之间的是前蝶骨。

颅骨的两侧各有一很大的凹陷即眼眶，其上缘是由额骨向外突出形成的眶上嵴，下缘是颧弓，由上颌骨颧突、颧骨及鳞骨颧突 3 部分组成。鳞骨的后方为鼓骨，鼓骨形成听泡，其上端有听孔，其后外侧有岩乳骨(图 11-5)。

②下颌骨 由一对齿骨组成，由关节突与鳞骨腹面的下颌关节窝相联结。着生门齿和颊齿的部分为骨体(下颌体)，其余为下颌支。骨体包括前端的门齿部和臼齿部。门齿与臼齿齿槽间是宽阔的虚齿位。下颌支末端有 3 个突起，最上面的为钩状的冠状突(喙状突)，供颞肌附着；中间的突起为髁状突(关节突)；冠状突和髁状突之间的半圆形凹缘称下颌切迹；最下面的一个突起为朝向后方的隅突(角突)，其外侧腹缘有咬肌嵴，嵴上方的凹面，称为咬肌窝，供咬肌的附着。有的种类在下颌支外侧有一由下门齿末端形成的隆突称门齿齿槽突(图 11-5)。

③头骨测量 头骨是啮齿动物鉴定的主要依据，头骨测量的度量单位为 mm，测量部位主要有以下几个指标。

颅全长：头骨的最大长度，从吻端(包括门齿)到枕骨最后端的直线距离。

颅基长：从前颌骨最前端(上门齿的前面)至左右枕髁最后端连接线的直线距离。

上齿列长：上颌颊齿列(前臼齿和臼齿)齿冠的最大长度(若无前臼齿，则仅指臼齿)。

齿隙长：从门齿基部的后缘至颊齿列前缘的直线距离。

听泡长：听泡的最大长度（不包括副枕突）。

听泡宽：听泡的最大宽度。

眶间宽：额骨外表面与两眶间的最小宽度。

鼻骨长：鼻骨前端至其后缘骨缝的最大长度。

颧宽：左右颧弓外缘间的最大宽度。

后头宽：头骨后部（脑颅部分）的最大宽度。

④牙齿 哺乳动物的牙齿属于典型的异型齿，分别着生在前颌骨、上颌骨和下颌骨上，根据功能，分为门齿、犬齿、前臼齿和臼齿。门齿负责切割食物，犬齿撕裂食物，前臼齿和臼齿可以咬、切、压及磨碎食物。最早生长的门齿、犬齿和前臼齿称为乳齿，需要脱换一次。臼齿不含乳齿，因此不需要脱换。由于牙齿与食性间的密切联系，食性不同的啮齿动物牙齿的形状和数目均有很大差异，而同一个物种内，齿型和齿数是稳定的，因此，牙齿对于啮齿动物的分类也具有重要意义。通常，我们以齿式来表示一侧牙齿的数目。齿式的书写方法采用哺乳动物齿式表达方式，即用分数式来表示。分子表示上颌一侧

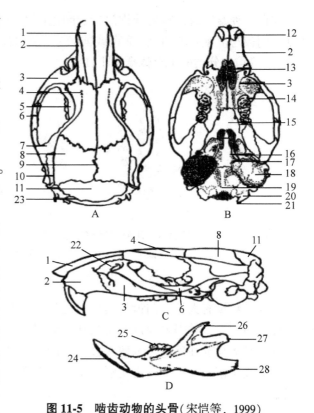

图 11-5 啮齿动物的头骨（宋恺等，1999）
A. 颅骨背面 B. 颅骨腹面 C. 颅骨侧面 D. 下颌骨侧面
1. 鼻骨 2. 前颌骨 3. 上颌骨 4. 额骨 5. 眶上嵴 6. 颧骨
7. 鳞骨 8. 顶骨 9. 矢状嵴 10. 颞嵴 11. 顶间骨
12. 上门齿 13. 腭孔 14. 上臼齿 15. 腭骨 16. 翼骨
17. 基蝶骨 18. 听泡 19. 枕骨 20. 枕髁 21. 枕骨大孔
22. 眶下孔 23. 人字嵴 24. 下门齿 25. 下臼齿
26. 冠状突 27. 关节突 28. 角突

的齿数，分母表示下颌一侧的齿数。每侧先从门齿开始写起，依次为门齿、犬齿、前臼齿、臼齿，其中缺少某种牙齿则以"0"代之。最后将上颌和下颌的齿数相加，再乘以2（往往在书写齿式时可把"×2"省略），即为牙齿的总数。其公式为：

$$齿式=\frac{(上)门齿\cdot犬齿\cdot前臼齿\cdot臼齿}{(下)门齿\cdot犬齿\cdot前臼齿\cdot臼齿}\times2=总齿数$$

或

$$齿式=\frac{(上)门齿\cdot犬齿\cdot前臼齿\cdot臼齿}{(下)门齿\cdot犬齿\cdot前臼齿\cdot臼齿}=总齿数$$

如岩松鼠的齿式为：

$$\frac{1\cdot0\cdot2\cdot3}{1\cdot0\cdot1\cdot3}\times2=22 \quad 或 \quad \frac{1\cdot0\cdot2\cdot3}{1\cdot0\cdot1\cdot3}=22$$

褐家鼠的齿式为：

$$\frac{1\cdot0\cdot0\cdot3}{1\cdot0\cdot0\cdot3}\times2=16 \quad 或 \quad \frac{1\cdot0\cdot0\cdot3}{1\cdot0\cdot0\cdot3}=16$$

在做物种鉴定时，啮齿动物门齿的颜色（黄、白、橙）和前缘表面的纵沟、齿尖后缘的缺刻，门齿与上颌骨的角度（垂直或前倾）以及臼齿咀嚼面的形态（嵴状、结节、平坦、片状分叶）等均为分类的重要依据（图 11-6）。

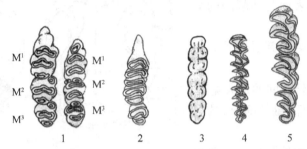

图 11-6　几种啮齿类颊齿类型示意图（引自郑智民等，2008）
1. 鼠属　2. 板齿鼠属　3. 仓鼠属　4. 田鼠属　5. 鼢鼠属
M^1. 第一上臼齿　M^2. 第二上臼齿　M^3. 第三上臼齿

啮齿动物没有犬齿，门齿与前臼齿之间有一个宽阔的间隙，称为犬齿虚位。门齿无齿根且能终生生长，并需要通过经常咬啮来磨损，这也是啮齿动物名称的由来。臼齿数不超过 6 枚，颊齿从前往后数，倒数 3 枚为臼齿，其余为前臼齿；臼齿为长柱形，由于釉质伸入齿质并发生褶皱，而使臼齿咀嚼面呈多种形态，不同科或亚科之间的臼齿咀嚼面形态差异明显。

(2) 脊柱

脊柱呈链状，由多个脊椎骨组成，位于体中央。作为全身骨骼的基础部分，脊柱自头向后延展至尾部；在脊椎骨之间有一层软骨垫，称为椎间盘，其功能是减少脊椎骨活动的摩擦。各脊椎骨由韧带相连构成脊柱。

椎骨由椎体、椎弓及横突组成。椎体呈柱形，为椎骨的中央部分。椎间盘连接椎骨前后端与相邻接的椎骨。椎弓位于椎体的背侧，左右椎弓于顶端相连接，并向背侧伸出棘突。椎体与两椎弓之间形成一骨环，中央处的孔道称为椎孔，各椎骨相连，椎孔相通，在脊椎中央形成椎管，其中容纳脊髓、脊髓被膜和血管。横突是椎体腹面左右两侧向外的突起，是肌肉与韧带附着的部位。啮齿动物的荐骨呈三角形，由 4 枚荐椎愈合而成的，位于左右髂骨之间。背面中央有 4 枚倾向后下方的荐椎棘突。啮齿动物的尾椎数量在种间有很大差异，第一个尾骨与最后一个荐骨结构相似，其余各尾骨逐渐变小并显著退化，尾椎末端仅为较细的椎体。

(3) 肋骨与胸骨

①肋骨　有 13 对，由背肋和胸肋组成。胸肋的最初 7 对与胸骨相连，其余 6 对是游离的。

②胸骨　由 6 枚胸骨片纵向相贯连。第 1 胸骨与第 1 肋骨相接，第 2~5 肋骨与相应的胸骨相接，第 6、7 肋骨与第 5 胸骨相接。第 1 胸骨片称为胸骨柄，第 6 胸骨片称为剑胸骨。

③胸廓　由 13 枚胸椎、13 对肋骨、6 枚胸骨片组成。胸廓呈圆锥形，前端窄小，后端宽大，横断面为圆形。胸廓可区分为 4 个壁：前壁是肋骨的腹节和胸骨，2 个侧壁是左右

肋骨的背节,后壁是 13 枚胸椎和肋骨的背端(脊柱端)。

11.3.1.2　附肢骨

(1)前肢骨骼

①肩带　由肩胛骨与锁骨构成。肩胛骨呈三角板状,背端游离,腹端与锁骨和肱骨相连,中央有 1 条突起,称为肩胛冈,腹端称为肩峰,下面有关节窝,在其前端有喙突,上面有上肩胛软骨。

②臂骨　仅由一个肱骨组成。肱骨是一个长骨,上端与肩胛骨形成肩关节,下端与桡骨、尺骨构成肘关节。

③前臂　由桡骨和尺骨组成,二者均为长骨。桡骨位于内侧,尺骨在外侧。尺骨较桡骨长而粗壮有力,略微弯曲。

④前足　手骨分上下两列,有 9 枚腕骨。接近前臂的有镰状骨、舟月状骨(舟状骨与月状骨相愈合而成)和楔状骨等 4 枚,接近掌骨的有大多棱骨、小多棱骨、中央骨、巨骨和钩骨。手有 5 指,有掌骨 5 枚、指骨 5 枚。拇指有指骨 2 枚,其余各指有 3 枚。除拇指外,各指有爪 1 个。

(2)后肢骨骼

①腰带　由一对髋骨组成。每块髋骨由髂骨、坐骨和耻骨构成。髂骨与荐骨相关节,在其尾部腹面有坐骨和耻骨。耻骨左右相结合处称为耻骨联合。髂骨、坐骨和耻骨的结合部为髋臼部。股骨头与臼窝合成关节。耻骨与坐骨间的洞称为闭孔。

②大腿　仅有一股骨,是一粗壮的长骨,在长骨中最大。股骨的近端隆大,在其内侧有一半球状凸出的头(大转子),与髋臼窝成关节。远端与胫、腓骨及膝盖骨形成膝关节。

③小腿　包括胫骨、腓骨和膝盖骨。胫骨为一长骨,骨体粗大。近端隆突有髁头,髁上呈鞍形关节面,与股骨形成关节。远端与跗骨为关节。腓骨为一细小的长骨,位于胫骨的外缘,不与股骨成关节。膝盖骨属短骨,为一大籽骨,与股骨成关节。

④脚骨　由跗骨、跖骨和趾骨三部分组成。跗骨是一组短骨,位于胫骨与跖骨之间,呈 3 列排列,一块孤立的中央跗骨嵌入在上下列之间。上列包括 2 块粗大的短骨,位于内侧的一块不正形骨为胫跗骨,位于外侧的为腓跗骨。下列有 3 枚跗骨,其中第 2 跗骨最小,第 4 跗骨最大,第 1 跗骨缺如。跖骨 5 枚,其前端有趾骨。趾骨在拇指有 2 枚,其他趾各有 3 枚。趾骨间有籽骨。趾前端有爪。

11.3.2　消化系统

11.3.2.1　消化道

消化道由口、咽、食道、胃、小肠、盲肠、大肠组成(图 11-7)。口由上唇和下唇组成,具有吸吮、摄食及辅助咀嚼的作用。草食性动物的唇尤其发达,兔形目的种类上唇有唇裂。唇裂与口腔的咀嚼活动相适应,一般哺乳动物的口裂已大为缩小。在上下颌两侧牙齿的外侧出现了颊部,在某些鼠类(如松鼠和仓鼠)的颊部还有发达的颊囊,用于临时贮存食物。口腔内部有牙齿和舌,经咽与食道相连,食道与胃相连。啮齿动物的胃是单胃。胃的上部以贲门与食道相连;下部由幽门通往十二指肠,十二指肠之后是小肠和大肠,大肠分结肠与直肠,直肠经肛门开口于体外。

盲肠发达,尤其是草食性动物。在细菌的作用下有助于植物的纤维素的消化。

11.3.2.2 消化腺

消化腺由唾液腺、肝脏及胰脏等组成。

①唾液腺 通过分泌唾液来湿润口腔，润滑食物，使食物易于吞咽。所以，食物进入口腔后，便开始机械性和化学性消化。

②肝脏 位于膈的正后方，由镰状韧带将其附在膈上，呈暗褐色。它分成4叶：中叶、左叶、尾叶和右叶。每叶都是中心厚，边缘薄。分泌的胆汁通过胆管到达十二指肠。中叶边缘有深的缺刻；左叶较大，左叶背侧为尾叶，尾叶围绕着食管；右叶边缘由于有较深的缺刻，看上去似两叶。

③胰脏 分散附着于十二指肠弯曲处的肠系膜上，可分泌胰液，其中含有消化蛋白质、脂肪和糖类的各种消化酶，通过胰管注入十二指肠内，能将肠内食糜分解成小分子、可吸收的物质而进入血液循环，将营养物质输送到机体各部分。

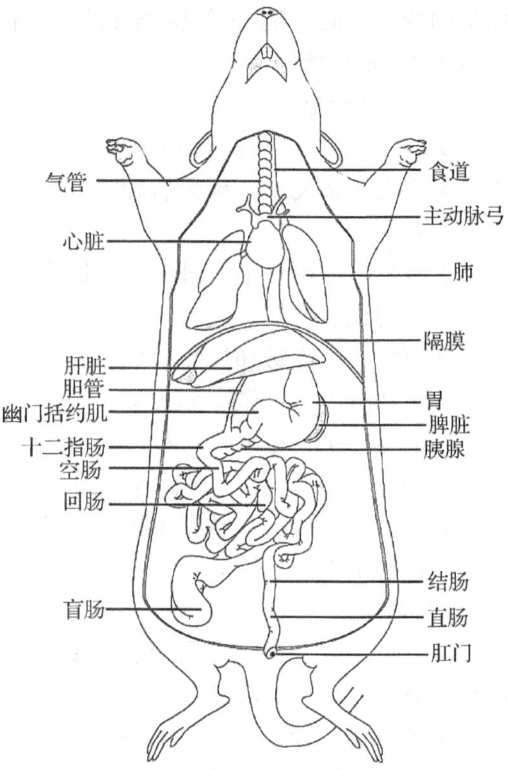

图 11-7　啮齿动物的消化系统

11.3.3 生殖系统

11.3.3.1 雄性生殖系统

雄体生殖系统主要有睾丸、附睾、输精管、前列腺及阴囊等（图11-8），具有精液的生产和排出、交配和内分泌等功能。雄性啮齿动物在性腺开始成熟的时候，睾丸由腹腔逐渐下降到阴囊中。睾丸是雄性生殖腺，内有许多生精小管，是产生精子的器官。附着在睾丸上部的是附睾，它由睾丸伸出的细管迂回盘旋而成，性成熟时特别明显。根据其部位不同，附睾可以分成附睾头、附睾体和附睾尾等部分。附睾尾的末端紧接输精管，输精管由阴囊通入腹腔上行，绕过输尿管在膀胱的背侧形成储精囊和精囊腺。储精囊中贮存精液，而精囊腺的主要功能是分泌黏液，交配之后，在雌性的阴道内凝结成阴道栓，使精液不致倒流，并防止已受精的雌体二次受精。交配之后不久阴道栓即被溶解而吸收，也有自行掉落的。阴道栓的大小也会因物种而产生大小差异。左右输精管在储精囊之后汇合成射精管，通入阴茎的尿道内开口于龟头。

11.3.3.2 雌性生殖系统

雌性生殖系统主要包括以下各部分：1对卵巢，是产生卵子的器官，也是分泌雌性激素的内分泌腺；1对输卵管，是将卵细胞输送到子宫的管道；啮齿动物特有的"Y"形的双子宫，是受精卵生长发育的地方；阴道，为较膨大的管道，是胎儿由子宫产出体

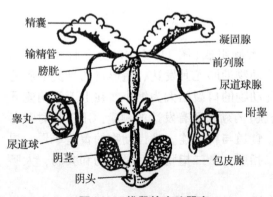

图 11-8　雄鼠的生殖器官

外的产道；阴门，为生殖道的末端；阴门的前方有一个相当于雄性阴茎的阴蒂。此外，乳腺虽属皮肤腺，但其功能与生殖机能也有密切关系。整个生殖器官都由系膜悬挂在骨盆腔的背壁上。许多高等哺乳动物的卵巢位于特殊的体腔壁凹陷内，鼠科的啮齿动物此凹陷变成紧闭的腔和输卵管的喇叭口相接。鼠类性成熟以后，尤其在交配季节，从卵巢的表面可以看到数目繁多，处于不同发育阶段的卵泡。每个卵泡内含一个卵细胞，排卵后滤泡形成黄体。黄体的变化取决于卵是否受精，卵受精后则发育成妊娠黄体，在卵巢表面形成红色、橙色或乳白色的疣状体；如果卵未受精则逐渐退化，称为假黄体，它比开始排卵时要小得多。输卵管的远端部分狭窄并稍弯曲，输卵管的近端部分与厚壁的子宫直接相连。啮齿动物的子宫是左右完全分开的双子宫，并分别开口于阴道。阴道内面为多褶的黏膜。啮齿动物的黏膜在发情期稍呈角质化。

11.3.4 排泄系统

鼠类摄取食物时将过多的水、盐和一些有毒物质摄入体内，同时，在新陈代谢过程中不断产生不能再利用甚至是有毒的废物，这些物质必须不断排出体外。排出最终代谢物及多余水分和进入体内的各种异物的过程称为排泄。这一过程主要通过肾形成尿液的方式来完成。

肾有一对，分别位于腹腔前部背侧腹膜后、体正中线的两侧，呈豆状，表面光滑，棕红色。两肾的前端较尖，后端稍钝。其内缘凹陷，称为肾门，是血管和输尿管进出肾的地方。肾的腹面稍突出，背面平坦。肾分两层，外层称为皮质，由许多肾小体组成；内层称为髓质，它由许多肾小管组成。髓质部形成一个乳头状的肾乳头。肾乳头上有许多小孔，开口于周围的肾盂。肾盂呈漏斗状，是输尿管起端的膨大部分。输尿管有一对，分别起于肾盂，止于膀胱。血液流经肾小体时，除了血液中的血细胞和血浆原蛋白以外的物质都被过滤出来，形成滤过液；滤过液流经肾小管时，葡萄糖、无机盐等对身体有用的物质被重吸收，多余的水分及代谢产生的尿素等废物形成尿液。肾以尿的形式排出排泄物，使机体保持体液内环境的稳定。

11.3.5 循环系统

循环系统是由体液(包括血液、淋巴和组织液)及其循环流动的管道组成的系统。循环系统是体内的运输系统，将消化道吸收的营养物质和吸进的氧输送到各组织器官并将代谢产物通过同样的途径输入血液，经肺、肾排出，还输送热量到身体各部以保持体温，输送激素到靶器官以调节其功能。

11.3.5.1 心脏及其附近的大血管

(1) 与心脏相连的大血管

①大动脉弓　为一粗大的血管，由左心室伸出，向前转至左侧(左体动脉弓)而折向后方(背大动脉)。

②肺动脉　由右心室发出，随后即分为两支，分别进入左右两肺(在心脏的背侧即可看到)。

③肺静脉　分为左右两大支，由肺伸出，由背侧入左心房。

④大静脉　左右前大静脉、后大静脉共同进入右心房。

(2) 心脏的构造

心脏位于胸腔，分左心室、右心室、左心房和右心房。心室与心房之间为冠状沟，心脏腹侧具腹沟。体动脉弓与左心室相连，肺动脉弓与右心室相连；体静脉与右心房相连，肺静脉与左心房相连。

11.3.5.2 静脉系统

（1）前大静脉

前大静脉分左右两支，位于第 1 肋骨的水平处，汇集锁骨下静脉和总颈静脉的血液，向后行进入右心房，主要由以下血管汇合而成。

①锁骨下静脉　分左右两支，很短，自第 1 肋骨和锁骨之间进入胸部。此静脉主要收集由前肢和胸肌返回心脏的血液，在第 1 肋骨前缘汇集总颈静脉之后，形成前大静脉。

②总颈静脉　1 对，短而粗，分别由外颈静脉和内颈静脉汇合而成，主要收集头部的血液返回心脏。

外颈静脉：分左右两支，位于表层，较粗大，汇集颜面部和耳郭等处的回心血液。

内颈静脉：分左右两支，位于深层，细小，汇集脑颅、舌和颈部的血液流回心脏。内颈静脉在锁骨附近与外颈静脉汇合形成总颈静脉，再与锁骨下静脉汇合，形成前大静脉。

③奇静脉　1 条，位于胸腔的背侧，紧贴胸主动脉和脊柱的右侧。此血管为右后主静脉的残余，主要收集肋间静脉的血液，汇入右前大静脉。兔类没有半奇静脉。

（2）后大静脉

后大静脉收集内脏和后肢的血液回心脏，注入右心房。在注入处与左右前大静脉汇合。后大静脉的主要分支由以下血管组成。

①肝静脉　来自肝脏的短而粗的静脉，共 4~5 条。此血管出肝脏后，在横膈后面汇入后大静脉。

②肾静脉　1 对，来自肾。右肾静脉高于左肾静脉。

③腰静脉　6 条，较细小，收集背部肌肉的血液进入后大静脉。

④生殖静脉　1 对，雄体来自睾丸；雌体来自卵巢。右生殖静脉注入后大静脉；左生殖静脉注入左肾静脉。

⑤髂腰静脉　1 对，较细，位于腹腔后端，分布于腰背肌肉之间，收集腰部体壁的血液注入后大静脉。

⑥总髂静脉　分为左右两支，分别收集左右后肢的血液，最后汇集入后大静脉。

（3）肝门静脉

肝门静脉汇合内脏各器官的静脉进入肝脏（收集胰、脾、胃、大网膜、小肠、盲肠、结肠、胃的幽门及十二指肠等的血液）。

11.3.5.3 动脉系统

哺乳动物仅有左体动脉弓。大动脉弓由左心室发出，稍前伸即向左弯折走向后方。在贴近背壁中线，经过胸部至腹部后端的动脉，称为背大动脉。

一般情况下大动脉弓分出 3 支大动脉，最右侧的为无名动脉，中间的为左总颈动脉，最左侧的为左锁骨下动脉。但不同个体大动脉弓的分支情况有所不同。

（1）无名动脉

无名动脉为 1 条短而粗的血管，具有两大分支，即右锁骨下动脉和右总颈动脉。

①右锁骨下动脉　到达腋部时可成为腋动脉，伸入上臂后形成右肱动脉。

②右总颈动脉　沿气管右侧前行至口角处，分为内颈动脉和外颈动脉。内颈动脉绕向

外侧背方，但其主干进入脑颅，供应脑的血液，另有一小分支分布于颈部肌肉。外颈动脉的位置靠内侧，前行分成几个小支，供应头部颜面部和舌的血液。

(2) 左总颈动脉

左总颈动脉分支与右总颈动脉相同。

(3) 左锁骨下动脉

左锁骨下动脉分支情况与右锁骨下动脉相同。

背大动脉沿途分出以下各动脉：

(1) 肋间动脉

背大动脉经胸腔时分出若干成对的小动脉，与肋骨平行，分布于胸壁上，称为肋间动脉。肋间静脉和肋间神经与肋间动脉相伴行。

(2) 腹腔动脉

将腹腔中的内脏推向右侧，可见背大动脉进入腹腔后，立即分出一大支血管，即腹腔动脉。此动脉前行 2 cm 左右分成两支，一支到胃和脾，称为胃脾动脉；另一支到胃、肝、胰和十二指肠，称为胃肝动脉。

(3) 前肠系膜动脉

前肠系膜动脉位于腹腔动脉下面，由前肠系膜动脉再分支至小肠和大肠（除直肠外）以及胰腺等器官上。

(4) 肾动脉

肾动脉 1 对，右肾动脉在上肠系膜动脉的上方，左肾动脉在上肠系膜动脉的下方。

(5) 后肠系膜动脉

后肠系膜动脉为背大动脉后端向腹面偏右侧伸出的一支小血管，分布至降结肠和直肠上。

(6) 生殖动脉

生殖动脉 1 对，雄性的分布到睾丸上，雌性的分布到卵巢上。

(7) 腰动脉

腰动脉由背大动脉发出，共 6 条，进入背部肌肉。

(8) 总髂动脉

总髂动脉在背大动脉后端，左右分为两支。每侧的总髂动脉又分出外髂动脉和内髂动脉。外髂动脉下行到后肢，在股部开始易名为股动脉。内髂动脉是总髂动脉内侧的一条细小分支，分布到盆腔、臀部及尾部。

(9) 尾动脉

尾动脉在背大动脉的最后端，从背侧分出一细小动脉通入尾部。

11.3.5.4 血液

成熟的红细胞无核，呈双凹透镜形，组织液渗透进入微淋巴管，微淋巴管逐渐汇集为较大的淋巴管，有众多淋巴结阻截异物并产生有免疫功能的淋巴细胞，最后经胸导管注入前大静脉回心。兔血液循环模式示意图如图 11-9 所示。

11.3.6 呼吸系统

气管、肺组成呼吸系统。呼吸主要是指从外界吸入氧气和呼出二氧化碳的过程。啮齿

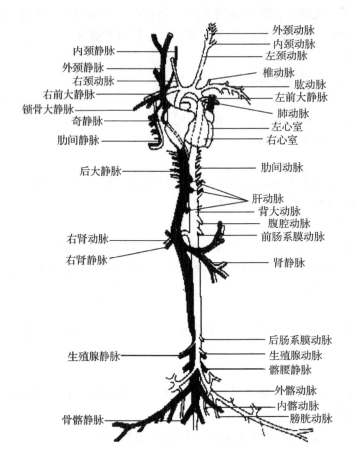

图 11-9 兔血液循环模式示意图（丁汉波，1983）

动物活动需要能量，同时需要热量来维持体温，这些都来自体内物质的氧化。氧化过程所需要的氧气须从外界摄取，而产生的二氧化碳须及时向外界释放。由于氧气和二氧化碳都不能在体内大量贮藏，因此，氧气的摄取和二氧化碳的排出必须在生命过程中不断地进行，这样才能保证体内新陈代谢的正常进行和体内内环境的相对恒定。机体绝大多数细胞并不能直接与外界环境进行气体交换，而在呼吸系统和血液循环系统的协同配合下，机体内细胞的气体交换才得以完成。呼吸的全过程包括3个相互联系的环节。一是外界空气与肺泡之间的气体交换和肺泡与肺毛细血管血液之间的气体交换，上述两过程合称为外呼吸；二是气体在血液中的运输；三是组织细胞与组织毛细血管血液之间的气体交换，称为内呼吸。

思考题

1. 简述啮齿动物外部形态测量的常用指标。
2. 简述测量啮齿动物头骨的指标。
3. 啮齿动物前足有何特点？简述其形态适应特征。
4. 什么是齿式？列举几种啮齿动物的齿式。
5. 简述啮齿动物消化系统特征。

第 12 章
啮齿动物的生物学

啮齿动物适应复杂的各种环境，在适应性进化过程中形成了其特有的生长、发育、繁殖和生活史等特征。啮齿动物是哺乳纲中种属和个体数量最多的类群，各种啮齿动物自古以来就与人类生活的方方面面密切相关，在国民经济中发挥着重要作用。本章主要对啮齿动物的生殖、发育、生长、进化、生活史等生物学特性进行介绍，掌握其特点和规律，为人们对啮齿动物的有效管理提供依据。

12.1 啮齿动物的生殖与发育

生殖(reproduction)是指由生殖细胞发育成具有受精能力的精子与卵子，然后经过精、卵结合形成受精卵，进而发育成新个体的过程。生殖是保证生物体延续和种族繁衍的基础。啮齿动物的生殖包括生殖细胞的形成、受精、胚胎发育等过程，以及发情、交配、妊娠、分娩和泌乳等一系列与繁殖有关的现象。

发育(development)是指动物个体在其生命周期中，从结构和功能不断完善增强至顶峰，然后逐渐衰老和死亡的整个过程，其本质是在遗传物质控制下的分化生长乃至死亡过程。啮齿动物的发育是从受精开始的，受精时精子与卵子融合形成合子(受精卵)，然后经过连续的有丝分裂形成大量细胞，细胞再分化、增殖形成器官。啮齿动物的早期胚胎发育一般是指从受精到器官原基建成的过程。

12.1.1 啮齿动物的生殖

12.1.1.1 性成熟

性成熟是指动物生长发育到一定阶段，生殖器官和副性征的发育已经基本完成，开始具备生殖能力的状态。性成熟个体的性腺中开始形成成熟的配子(精子或卵子)。表现出各种性反射，同时出现性的要求和配种欲望。各种啮齿动物达到性成熟的年龄极不一致(但雌性一般比雄性早)，这与其寿命和体型大小有关，如小鼠和普通田鼠达到性成熟的时间需要 2 个月，而黄鼠达到性成熟的时间却长达 1 年。

12.1.1.2 性周期

当啮齿动物生殖器官发育完成、达到性成熟后，生殖器官会发生一系列的变化，导致雌性和雄性交配的生理状态，称为动情期。一年中这种动情期的周期性变化就称为性周期。有些啮齿动物一年只发生一次，称为单性周期的啮齿动物，如冬眠啮齿动物和高寒地区啮齿动物(黄鼠、旱獭等)。一般发情期比较固定，每年都发生在同一季节。有些啮齿动物不冬眠，一年发情多次，称为多性周期啮齿动物，如褐家鼠，若生存条件良好全年可进行繁殖。这些啮齿动物能在短期内繁殖数量猛增，造成大的危害。啮齿动物的动情期一般可划分为4个分期。

①动情前期（proestrus） 是性周期的准备阶段和性活动开始的时期。垂体前叶分泌促性腺激素的作用增强，促使卵巢中的滤泡快速发育，分泌滤泡激素进入血液通过神经系统引起生殖器官充血和阴门肿胀增大。雌性的精神状态显得不安，但还不接受雄性交配。

②动情期（estrus） 是性周期的高潮期。卵巢发育到最大的体积，阴门开放，周围略肿起，阴道上皮显得角化，分泌黏液不多。滤泡中的卵已成熟，滤泡破裂，卵进入输卵管。啮齿动物的动情期持续时间很短，一般排卵之后动情期的表现也就逐渐消失。

③动情后期（metestrus） 指发情结束后的一段时间。排卵后滤泡内形成的假黄体开始萎缩，生殖器官逐渐恢复原状，性欲减退，进入间情期。

④间情期（diestrus） 也称静止期（或安静期），是介于两个动情期之间的相对生理静止期。雌性的生殖器官处于安静状态，子宫紧闭，阴门缩小，卵巢退化，乳头小，乳腺不发达。

雄性性周期与雌性相一致，生殖器官也会发生变化，主要是精子成熟过程，精巢和精囊腺体积有所增加。此时，还伴随活动频繁、性欲增强，如串洞、追逐、鸣叫、争雌咬斗和产生外激素等。

雄性在动情期之后，精囊腺缩小，精巢退化并退入腹腔，生理上也有改变，尤其是一雄多雌，有角斗的种类，其机体状况大为减弱，导致雄性死亡率增高，这也是种群中雌体多于雄体的原因。

12.1.2 啮齿动物的发育

12.1.2.1 排卵与受精

啮齿动物旺盛的繁殖力与它们生殖器官的结构与功能有密切的关系。

啮齿动物生殖器官的功能首先是产生配子，即雌性动物的卵巢产生卵子，雄性动物的睾丸产生精子；其次是分泌激素，刺激、调节生殖系统和副性征的发育，触发动物交配、受精。啮齿动物性腺的机能具有周期性，而且生殖活动都发生在适于受精卵和胚胎发育的季节。

排卵（ovulation）是指成熟卵泡壁发生破裂，卵细胞、透明带与放射冠随卵泡液冲出卵泡的过程。排卵过程从卵巢表面上皮细胞的逐步溶解开始，随后细胞开始退化，并释放蛋白酶进入细胞间隙，使白膜、结缔组织、卵泡外膜和内膜崩解，整个卵泡壁也发生普遍性溶解。当破口处的颗粒细胞变性破坏时，卵细胞及其放射冠随同卵泡液排入输卵管伞或腹腔。

排卵机制：垂体脉冲式地释放大量黄体生产素（luteinizing hormone，LH）是激发排卵的必要条件，而LH的释放又受到雌激素的正反馈调控。升高的雌激素一方面刺激下丘脑促性腺激素释放激素（gonadotropin-releasing hormone，GnRH）脉冲式分泌频率和幅度极大地增加；另一方面也使腺垂体对GnRH的反应变大，使LH分泌及在血液中的水平达到顶峰。LH通过刺激孕激素的分泌，增强卵泡中许多蛋白水解酶的活性，或直接促进卵泡大量生成蛋白水解酶，导致卵泡膜溶化和松解。此外，黄体酮、前列腺素等激素也对排卵起重要作用。它们能增强纤维蛋白分解酶原的产生，从而增加纤维蛋白分解酶的活性，使卵泡膜分解破裂；并可刺激颗粒细胞合成黄体酮及卵泡黄体化，对溶酶体膜起破坏作用。因此，可促进卵泡顶端上皮细胞溶酶体的破裂,使上皮细胞脱落,顶端形成排卵点,为排卵创造条件。

受精(fertilization)是精子穿入卵细胞并相互融合为合子的过程,也就是雄性啮齿动物的精液输入雌性啮齿动物生殖道的过程。受精是通过交配而实现的,过程包括精子和卵子的运行、精子获能、精子和卵子的相遇、顶体反应、精卵融合、透明带反应、卵黄膜反应和合子形成等重要生理过程。

精子和卵子在输卵管壶腹处相遇,并相互融合。精子被射入阴道,必须向输卵管运动。该运动除了精子自身的运动外,还要靠子宫颈、子宫及输卵管有节律地舒缩来实现。动情期,在雌激素的作用下,子宫和输卵管运动明显加强,有利于精子运行。雄性啮齿动物每次可射出数以亿计的精子。精子进入卵细胞后,激发卵细胞完成第 2 次成熟分裂,并形成第 2 极体。进入卵细胞的精子尾部迅速退化,细胞核膨大形成雄性原核,随即与雌性原核融合,染色体重新组合形成受精卵,接着发生第 1 次卵裂。

12.1.2.2 妊娠与分娩

胚胎在雌性动物子宫内生长发育的过程称为妊娠(pregnancy)。妊娠从受精开始,包括卵裂、着床、胎盘形成和胎儿发育一系列生理过程。啮齿动物妊娠期长短因体型的大小而异,同种间也因个体间的营养状况和潜伏期的长短而不同。

发育成熟的胎儿及其附属物(包括胎膜和胎盘)通过母体生殖道产出的过程称为分娩(parturition)。有的啮齿动物在产后常吞食胎盘、胎膜和黏液,这对因妊娠而消耗养分较大的母体是非常有益的适应行为。

产仔数是啮齿动物繁殖的指标之一。啮齿动物是双子宫动物,每次排卵数多,产仔数也多。啮齿动物的产仔数因种和个体的不同而异,最少的仅一只,多的可达十几只。一般中年个体平均产仔数要多于老年和初次繁殖的年轻个体。

12.1.2.3 哺乳期与胎后发育

啮齿动物在怀孕期乳腺逐渐增大,到产仔时,乳腺通常最发达,并开始分泌乳汁哺育幼仔。幼仔一出生就能吸乳,这是动物的一种本能。哺乳期的长短,也因不同动物而异,啮齿类的哺乳期通常较短,有的在产仔的当天,就能再次交配受孕,使怀孕期与哺乳期重合。

哺乳期的头几天,乳房分泌的乳汁特别黏稠,称为初乳。初乳含有丰富的蛋白质和维生素,同时具有杀菌作用。不吃初乳的幼鼠一般多病、体弱,有的甚至不能存活。之后,母鼠分泌正常的乳汁,乳汁成分对幼仔的生长和发育影响很大,已证明乳汁中蛋白质含量多少与幼仔生长速度有直接的关系。

哺乳动物的个体发育可分为 3 个阶段:胎前发育、胚胎发育和胎后发育。啮齿动物的初生幼仔通常发育很不完善。全身裸露无毛,眼耳紧闭,不能移动。但啮齿动物胎后发育初期,发育非常迅速,形态变化很大,如睁眼、门齿长出和被毛基本长全等。此时爬行迅速,开始具备攀登、逃遁、隐藏和咬啮等能力。例如,普通田鼠初生时全身无毛,眼睛紧闭,4~5 d 就能长出毛,10 d 后睁眼,2 周后就能在地面活动,并开始断乳,转为独立营养。

根据啮齿动物的行为、形态和性的发育,可以将其胎后发育大致分为乳鼠阶段、幼鼠阶段、亚成体阶段和成体阶段。

乳鼠阶段：形态发育迅速，体重、体长、尾长和后足长快速增长，睁眼，耳孔开裂，被毛基本长全，门齿长出，开始断乳。但此阶段体温调节机制尚未形成，气体代谢水平较低。

幼鼠阶段：从断乳过程到独立觅食的阶段，上下颌臼齿长全。此阶段生长率下降，但仍保持较高的水平，体温调节机制形成，气体代谢水平最高。

亚成体阶段：指可独立觅食至性成熟的阶段，有些鼠种则以与亲鼠分居为分界。此阶段两性生殖器官迅速发育，生长率明显下降，气体代谢水平下降，但相对稳定。少数个体在春夏季参与繁殖。

成体阶段：体形、性器官完全发育成熟，并参与繁殖。

啮齿动物发育的速度并不是一成不变的，它会因环境条件不同而发生变化。例如，部分小型啮齿动物在春季出生的幼仔，其生长发育较快，很早就能达到性成熟，可参加当年的繁殖。而在夏末或秋季出生的幼仔，到翌年春季才达到性成熟，再参加繁殖。啮齿动物各发育阶段的比例是判断种群结构，预测数量变化的依据之一。根据小型啮齿动物的体重（或体长）来鉴定年龄时，必须注意同样体重的啮齿动物，在不同季节捕获的，其年龄相差可达 5~7 个月。

12.1.2.4 繁殖力

啮齿动物的繁殖力是表示啮齿动物生殖机能强弱和生育后代的能力。一个物种可以有不同的种群，物种繁殖力和种间繁殖力在比较指标上是不同的。

种群繁殖指标包括：繁殖期、年胎次数、平均胎仔数、繁殖间隔期和怀孕率。

啮齿动物种间繁殖力的差别主要表现在以下方面：性成熟速度、年胎次数、每胎产仔数、妊娠期长度和繁殖长度。例如，仓鼠的性成熟时间为 1~2 个月，一年产仔 2~4 次，平均每胎 8~10 仔，妊娠期长 19~22 d。长爪沙鼠的性成熟时间为 3~4 个月，一年产仔 3~4 次，平均每胎 6~7 仔，妊娠期长 20~25 d。

啮齿动物繁殖力的大小也受外界因素的影响。食物条件的好坏直接影响动物的生理状态，从而影响繁殖能力。降水量也会影响啮齿动物的繁殖能力，尤其在干旱地区和半干旱地区，降水影响植被发育与食物含水量，间接影响繁殖强度。繁殖能力还与环境温度、光照、地理变异、季节变化、动物本身的密度等都有密切的关系。

12.2 啮齿动物的遗传与进化

生物产生的后代与其亲代总是相似的，这一现象称为遗传（heredity）。但是亲代与其子代，以及子代之间又不是完全相同的，总是有一些差异，这一现象称为变异（variation）。从生物发展的观点来看，变异实际上比遗传更为重要。没有变异就没有生物的演化和发展。而进化（evolution）是指事物定向地不断变化和发展。生物进化简单来说就是指生物种群在一定时间内性状和遗传组成上的变化。

啮齿动物系统发生问题，包括起源、进化及分类等。根据已发现的化石及遗传学等依据，认为啮齿动物的出现已有 50 万~200 万年的历史。这意味着在创造不同物种方面，啮齿动物的进化速度比脊椎动物的平均进化速度快 60~100 倍。由于不同种类啮齿动物之间形态的相似性很强，而且原始哺乳动物和啮齿动物多是些小型种类，在地层里不易形成化石，或是形成的化石保存不完整、残缺不全，或是多数种属仅发现了颌骨或牙齿，在分类时很难辨认。甚至有些种类必须依靠分析其染色体才可以确认。例如，一些种类的头骨结构非常相似，只有通过基因测试才能够区别。又如，一般同种生物体染色体数是相同的，而有些田鼠雌性和雄性体的染色体数量不同。

Simpson(1945)所建立的分类系统，将啮齿目分为 3 个亚目：松鼠形亚目(Sciuromorpha)、鼠形亚目(Myomorpha)和豪猪型亚目(Hystricomorpha)。从适应辐射的范围、种的数目、种内个体的数目来看，啮齿类是哺乳动物中进化最成功的。啮齿目中的大多数种类在整个演变过程中都保持着小的躯体，少数种类个体越来越大，如河狸科中的古河狸身体比现代河狸要小得多。小的躯体能够适应较大动物所不适宜的生活环境。啮齿类的繁殖力也是哺乳动物中最强的，数目众多的个体可以迅速开拓新的领域，并且使它们适应变化着的生态条件。啮齿类对栖息环境的选择是全方位的，水中、森林、灌丛、沙漠、岩石、地上、地下到处都有它们在活动。

曾有学者认为，从北美上始新世地层中出土的化石翼鼠(*Ischyromys*)是最古老的啮齿动物，隶属于翼鼠科(Ischyromidae)。早期就由翼鼠分化出来的还有始鼠(*Eomys*)和原鼠(*Protoptychus*)等。后来，在距今约 5 500 万年北美晚古新世地层中发现的副鼠(*Paramys*)被认为是啮齿动物的共同祖先。再后来，在我国南方更早的地层中找到了极为完整的类似啮齿类动物——晓鼠(*Heomyo*)，属宽臼齿兽科(Eurymylidae)，其改变了上述的传统观点。不少国内外学者赞同比宽臼齿兽类更早的某个种类可能是啮齿目，甚至也是兔形目的共同祖先。

啮齿类在地球上一经出现，便迅速进化。至晚始新世时(约 4 000 万年前)已分化出近 20 科，分布在北美、欧亚及非洲大陆上。渐新世时(距今 3 700 万~2 500 万年)，现生啮齿类主要的各科已相继出现并逐渐分布在大陆上，成为最重要的一类化石哺乳类。

12.3 啮齿动物的行为

动物的行为就是动物在进化过程中通过自然选择对环境变化的适应性反应。幼龄啮齿动物较成年啮齿动物有许多行为模式尚未形成或不完备。啮齿动物出生后就显示出一系列的适应性行为以获得生存。随着年龄的增长，其行为逐渐形成和完善。

12.3.1 先天行为

先天行为(innate behavior)是啮齿动物出生后就表现出的一系列适应性反应，是在进化过程中通过遗传其中枢神经系统中早就形成的。先天行为如同形态结构一样，通过自然选择作用，使啮齿动物产生的一系列对生存有利的行为，并世代相传。先天行为有它共同的特征，即在所有的同类个体中，它们的行为表现型是相同的，都有固定模式。它们不受外界环境因素的作用而改变。例如，同一类啮齿动物的筑巢行为、求偶交配行为和威胁行为等都属于先天行为。

12.3.2 威胁和显示行为

威胁和显示行为(threat and display behavior)是指在种内异域的两个个体相遇时，常出现进攻性行为，它们有时不需要经过实际格斗就驱赶或迫使入侵者离开。

12.3.3 学习行为

学习行为(learning behavior)是基于啮齿动物个体经验的基础上,通过感觉器官本能地按照经验调节,啮齿动物通过学习能感知哪些反应会产生有效的结果,并能记忆或贮存信息,按需要改变行为。

啮齿动物具有很强的学习行为。它们的学习行为远比先天行为具有更大的潜力。对幼仔来说,它们有更多的机会观察和模仿母鼠和同类的一系列行为。幼仔在早期阶段接受成体的经验或印痕(imprint),对其以后的生存有高的适应价值。啮齿动物的学习过程主要有以下几个方面:

①习惯化 是最简单的一种学习方式。当刺激连续或重复发生而不伴随"强化"时,啮齿动物对其生存环境毫无意义的刺激做出反应的持久性衰减,称为习惯化。习惯化在调节行为与环境之间有重要作用。

②印记 是新生动物学习的一种重要形式,在进化上是有选择价值的。印记是啮齿动物早期生命阶段的一种迅速学习类型,并且是一种有长期效果的学习。

③条件反射 分经典性条件反射(classical conditioning)和操作性条件反射(operant conditioning)。

a. 经典性条件反射:是一种学习过程。啮齿动物在一个预先有意义的刺激(如食物刺激)和一个非条件的中性刺激(如灯光或铃声),两者多次结合形成正强化反应(positive reinforcement response)便形成条件反射。

b. 操作性条件反射:是一种随机的反应。它的形成是在一个特定的时间内,强化啮齿动物对内在刺激的特殊反应,通过受赏和惩罚来强化。强化是操作系统的核心内容。

啮齿动物的生活环境是不断变化的,对外本身的状态也时刻在发生变化。由于大脑皮层整合功能的高度发展,具备了在一定条件下使皮层内神经元建立新功能联系的能力,动物就能在个体生活过程中形成数量无限而且反应复杂多变的条件反射,从而能更广泛、更完善地适应内外环境的变化。

④戏耍行为 也是一种重要的学习行为,啮齿动物通过戏耍进行尝试和失误学习。戏耍行为主要出现在幼龄啮齿动物中,成年啮齿动物的攻击、追逐、防御行为、通信行为、优势等级行为、索食行为、侦审探索和模仿行为,多为幼龄啮齿动物在戏耍过程中学到的。

戏耍经验使啮齿动物形成可塑性适应行为,促进发育、刺激脑组织的生长发育。戏耍时感受印象有利于感觉器官和中枢神经系统的发育和成熟。戏耍行为为啮齿动物的认识能力和活动打下基础,锻炼啮齿动物识别社群中同类伙伴的能力。

⑤模仿行为 是动物通过观察其他个体的行为而改进自身的技能和学会新技能。模仿行为是许多啮齿动物都具有的,特别是对同类的某种活动的模仿。它是通过间接方式获得新经验的一种方法。

⑥潜在学习 是啮齿动物不必经过奖励或惩罚而能对一定的刺激或情况形成联系的过程。一旦需要时,贮存的信息才会起作用,所以是一种潜在学习。探究也是一种潜在学习,如发现食物和水的位置、熟悉环境而逃避敌害的安全处所等。

12.3.4 利他行为

利他行为(altruistic behavior)是指对自己无直接利益,甚至要做出某些"牺牲"而让其他个体获益的一种行为。这种行为表面上对行为者本身不利,但一般都有利于全体,因此也间接对行为者本身有利。利他行为并不是啮齿动物意识的表现,而是对种群有利的本能行为。

无论是单独活动的或是群居生活的啮齿动物,个体与个体或个体与群体之间都有一定的联系,传递一定的信息(包括占有领域、寻找配偶、侵犯、防御、报警等)以协调其生存,这种彼此间的信息联系,在维持其生命活动与种族繁衍过程中是极其重要、必不可少的。通信是啮齿动物发出一种或几种刺激信号,引起接收个体产生反应的现象。但通信不一定都是积极的方面,如鼠的叫声或气味,引起捕食者的追捕反应,但这并不是通信机能的主要方面。根据感受器的不同,可将啮齿动物的通信分为视觉通信、化学通信、触觉通信和听觉通信。

12.3.5 采食行为

采食是动物最重要、最常见的行为。采食行为(eating behavior)是指动物搜寻食物、捕捉食物和对食物进行加工处理,以满足自己或同种个体对食物需要的行为。

啮齿动物的食性是指啮齿动物对食物的取食习性。动物的食性决定了它在生物群落中的地位和作用。根据啮齿动物的生存环境、习性、形态结构特化可将其分为广食性动物(eurphagy)和狭食性动物(stenophagy)。其中,广食性动物在以植物为食的同时还吃昆虫、鸟卵等,其可食的种类一般可达几十种。例如,在跳鼠等啮齿动物的胃中常有鞘翅目昆虫残片;凡是能吃的东西都会被家鼠取食等。但也有啮齿动物的食性比较单一,如鼢鼠主要取食植物地下部根茎,在植物生长季节则采食茎叶。

啮齿动物的食物主要由两部分组成:一部分是喜食食物,可以满足啮齿动物的基本营养需要,保证其正常的繁殖和数量增长,这样的食物称为生产性食物;另一部分是频度很高的用于维持生命和不致死亡的维持性食物,其取食的意义是缩短觅食时间。

决定啮齿动物食性的因素有三个方面:①遗传本能,即动物对食物的本能接受程度;②环境中的食物来源;③啮齿动物的喜食特征。因此,啮齿动物的食性不是一成不变的,不同的季节、生态环境、地理条件和啮齿动物自身的年龄、性别差异等都会造成啮齿动物食性发生变化。

12.3.6 繁殖行为

啮齿动物的繁殖属于有性生殖,即通过两性细胞(精子和卵子)结合,进行基因重组和胚胎发育而产生子代。啮齿动物的生殖行为在种属之间有很多差别,但都是能成功地适应它们的环境。

性选择是由达尔文首次在《人类的由来》(1871)中提出,它是指动物的同性个体之间为争取与异性交配而发生竞争的现象。性选择是自然选择的一种特殊形式,分为性别内选择和性别间选择。性别内选择也称同性选择(intrasexual selection),主要是通过雄性之间为得到配偶进行的竞争。性别间选择也称异性选择(intersexual selection),则是通过产生增加性吸引特征的方式来进行。

求偶行为(courtship behavior)是性活动前的诱发异性进行交配的所有行为。求偶行为的主要目的是吸引与选择同种异性,以及抑制异性的攻击或逃避反应。求偶行为的意义在于确保交配能在合适的时间、地点和尽可能理想的条件下进行，而且只发生在同种个体间。

体内受精的动物都要通过性器官的结合才能使两性的生殖细胞（精子和卵子）在体内受精，这种行动称为交配。交配是求偶的完成行为，所以有时又将求偶行为称作交配前行为。哺乳动物的交配动作大体可分为拥抱、抽动、重复插入和射精等阶段，因动物的种类不同而异，在某些动物（如兔、驹、松鼠、鼬）中，雌性是在连续交配后才排卵，也就是说只有精子存在时才诱导排卵，这种情况保证了交配行为的同步发生。

12.4 啮齿动物的生活习性

12.4.1 栖息地选择

啮齿动物的栖息地是指啮齿动物在其生活区范围内进行筑巢、采食、繁殖和越冬等活动的场所，也称啮齿动物的生境。生物种类是环境作用的产物。在啮齿动物的分布区域内，根据气候、土壤、植被和地形等因素对啮齿动物栖息地的影响，可将啮齿动物的生境分为以下几种类型。

①最适生境　该生境内具备丰富的食物、适宜的筑巢和活动范围等啮齿动物生存的最佳条件，能满足啮齿动物在生存和繁殖方面的要求，常出现很高的密度。

②可居生境　该生境内的食物等条件能维持啮齿动物的基本生存和繁殖，有一定的种群数量，但不能形成高密度。

③不适生境　该生境不适合啮齿动物生存和繁殖，仅存在极少数个体。

④储备地　指当大部分生境处于不利的情况时还能维持啮齿动物生存，对啮齿动物起贮存保留作用的特殊生境。

栖息地类型会随着环境条件的改变而相互转化，最适生境也可能变为不适生境。例如，受气候影响较大的生境，当气候发生变化时，栖息地类型就会随之发生变化。

12.4.2 活动节律和范围

啮齿动物的活动包括觅食、打洞、筑巢、求偶、避敌和迁移等。这些活动与种类、年龄、栖息环境、气候条件和季节变化等都有较密切的关系。啮齿动物的活动规律是保证啮齿动物的生活条件及调节与环境适应性的重要生态学特征之一。啮齿动物的活动节律包括日节律和年节律。

啮齿动物活动节律的调控有内源性的和外源性之分，前者包括自运节律、隔离试验、移地试验和节律周期的变异性；后者则包括定时因素和其他诱因。

巢区（home range）也就是动物的活动范围，是指动物以其巢穴为中心，具有一定的可以进行正常采食和交配等行为的活动场所。啮齿动物巢区的大小因其种类和性别而不同。食茎叶的啮齿动物巢区一般较小，而食种子的啮齿动物巢区一般较大。同种啮齿动物的巢区大小也可能因为季节变化所带来的繁殖和植物条件的变化而不同。成年雄鼠在繁殖期寻找异性，交配活动频繁，巢区面积比休止期的大；而成年雌鼠在繁殖季节因妊娠和哺育幼仔限制活动导致巢区面积不大，而在哺乳结束后，巢区面积增大。

领域（territory）是指巢区范围内啮齿动物有选择地占领并加以保卫和防御的，不允许其他个体侵入的部分。啮齿动物占有领域和行为的现象称为领地行为（territoriality）。领域的

3个特征包括：①是一个固定的区域，可随时间而有所变动；②领域是受占有者积极守卫的；③领域的利用是排他的，为某个个体所占有。领域也是啮齿动物的一种社群行为，它有调节种群密度的作用。领域的范围比巢区小，所以动物都有巢区，但不一定都有领域。领域有个体领域(individual territories)和群体领域(group territories)之分，啮齿动物中通常由两性及幼仔共同组成防御领域。领域的建立在一定程度上保证个体或群体占有空间的生态位(ecological niche)，保证占有者有丰富的食物来源，使啮齿动物熟悉自己的区域，一旦出现紧急状态，能迅速地选择躲避处，以逃避捕食者，在生殖活动期间减少同类的干扰。啮齿动物领域范围的大小并不是固定不变的，它随着年龄、季节、啮齿动物的生理状态、个体或群体的运动能力、种群密度、食物丰富度、隐蔽条件及气候的变化而有不同。例如，种群密度过大时，彼此在较小的领域内生活，有些种类建立繁殖领域，雄性啮齿动物防御交配场地，以免其他雄性的干扰。

12.4.3 越冬

冬季对我国大部分地区啮齿动物的生活习性具有很大的影响。在高纬度地区，气候变化十分明显，在冬季，啮齿动物的食物减少，生存条件也会发生极大的变化。因此，生活在该区域内的啮齿动物通常会通过贮藏食物和冬眠进行越冬。

贮粮越冬的啮齿动物在我国南北方都存在，高纬度地区不冬眠的啮齿动物一般都有贮粮的习性。如仓鼠、鼢鼠、沙鼠、鼠兔等。它们依靠秋季收集的大量种子、茎叶或块根、块茎，作为冬季的主要食物，并将其存在窝巢周围的"仓库"中。这类动物多数是群居性的，它们在秋季参加贮粮的个体数较多，而其中一部分会在冬季中死亡，所以留下的个体会有相对多的食物供给，这有利于种群的延续。鼢鼠是独居又贮粮越冬的种类，越冬前收集大量的植物根茎、块茎甚至木本植物的根作为食物。

蛰眠是指许多栖息在北方和荒漠地区的啮齿动物为了应对不良的外界环境而进入一种昏睡状态的现象。蛰眠是啮齿动物在长期自然进化过程中形成的一种具有遗传性的生理适应，可分为冬眠和夏眠两种。

冬眠是啮齿动物为了抵御冬季低温而进行的蛰眠。根据啮齿动物冬眠的程度，大致可分为三类。

①不定期冬眠　根据冬季气温而定，在特别寒冷时暂时进入蛰眠状态，程度很浅，一旦气温转暖，便会苏醒过来。气温高可以不冬眠。

②间断性冬眠　蛰眠的程度较深，体温下降，在冬季温暖的日子里，可以外出活动，有贮粮的习性。

③不间断冬眠　冬眠期长而深沉，体温降得很低。

当春天气温回升，冬眠的啮齿动物苏醒进入正常活动状态，称为出蛰。出蛰后如果遇到倒寒流，出蛰的啮齿动物会再一次进入短暂蛰眠状态，气温回暖后又会再次出蛰。

夏眠是啮齿动物为抵御高温干旱而进行的蛰眠。当夏季周期性干旱到来时，水分短缺，绿色植物含水量下降，甚至枯黄时，啮齿动物便进入夏眠。当干旱持续时间较长时，蛰眠的啮齿动物可从夏眠直接进入冬眠状态。夏眠时啮齿动物的体温变化不大，新陈代谢比冬眠时旺盛。

思考题

1. 简述啮齿动物的生殖与发育过程。
2. 啮齿动物的动情期分哪几个阶段？分别有什么特点？
3. 简述啮齿动物的生殖系统及受精过程。
4. 简述啮齿动物胎后发育的阶段及特点。
5. 啮齿动物的繁殖力与哪些因素有关？
6. 从啮齿动物的遗传与进化中可以得到什么启示？
7. 啮齿动物的学习行为有哪些？为什么要了解其学习行为？
8. 如何理解啮齿动物对栖息地的选择？
9. 简述啮齿动物巢区和领域的区别。
10. 简述啮齿动物的繁殖行为及其婚配制度。
11. 啮齿动物为什么会进行蛰眠？

第13章
啮齿动物的分类与分布

13.1 啮齿动物分类学概述

Ongev(1940)将啮齿类动物分为复门齿亚目(包括兔子和啮齿类动物)和单门齿亚目(包括目前的各类啮齿动物)。Simpson(1945)又将复门齿亚目提格为兔形目(Lagomorpha),单门齿亚目升格为啮齿目(Rodentia)。现代啮齿动物是兔形目和啮齿目动物的合称。近几十年来,我国啮齿动物的调查和分类研究发展迅速,不仅在国内外著名学术期刊上发表了大量啮齿类动物分类论文,而且也出版了啮齿动物专著。目前,专家们对于啮齿动物分类还有很大的分歧,啮齿动物的统计数据也在不断增加,很难获得有关啮齿动物物种的准确数据。《世界哺乳动物物种》的出版在很大程度上完善了全球动物的分类。

13.2 啮齿动物的主要类群

啮齿动物包括兔形目和啮齿目,所属动物界脊索动物门脊椎动物亚门哺乳纲。啮齿动物是哺乳动物中最大的群体之一,共性特征是无犬齿,门齿终身生长,无齿根。因前白齿和白齿均生在颊部,合称为颊齿,许多类型的颊齿也无齿根。牙齿数量和分布情况通常采用齿式表示:

$$齿式 = \frac{上:门齿 \cdot 犬齿 \cdot 前臼齿 \cdot 臼齿}{下:门齿 \cdot 犬齿 \cdot 前臼齿 \cdot 臼齿}$$

13.2.1 兔形目

兔形目包括一些中小型动物。兔形目和啮齿目的身体结构非常相似,因此,它们被分类到啮齿目的重齿亚目中。兔形目动物广泛分布在许多陆地上,是陆地群落的重要成员,几乎分布在除南极洲外的所有大陆。目前,兔形目共有107种,分为12属。

兔形目的许多重要特征与它们的植食性和活动速度有关。头骨,尤其是上颌,多存在网状结构。上颌有两对门齿,前后重叠,前一对极大,后一对极小。下颌1对门齿。前白齿和白齿的咀嚼面分为前齿和后齿(上齿的第一颗和最后一颗牙齿可能有例外),上齿的左右宽度比下齿宽。上下颌颊齿每次仅能在单侧交合,但门齿却能同时咬合,因此在咀嚼过程中,以下颌骨左右移动为主。没有尾巴或尾巴极短。有5个前趾、4个或5个后趾,除鼠兔有远端趾垫外,后足慢步行走时跖行性,脚底有毛。

(1)兔科

兔科(Leporidae)是一些体型较大的食草动物,体长400~600 mm。耳朵长,尾巴短,上唇分左右，四肢中后肢比前肢长得多，适合跳跃。头骨细长，前额隆起。鼻骨更宽，后部比眼眶之间更宽。眶后突位于前额骨两侧。成体的顶间骨不明显。在枕骨上方，有类似矩形的枕上突。两个颧弓靠近白齿，颧弓的后部不向外延伸。两个颧弓是紧密且平行。颧宽度不到头骨长度的1/2。门齿很宽，下腭很短，前白齿之间形成骨桥，有突出的听觉小泡。下颚冠状突发育不全，关节突在顶部且较大，有非常大的角突。上臼齿咀嚼面分为前部和后部，M^3（第三颗白齿）除外，M^3较小并且是圆柱形的。上臼齿比下臼齿宽。兔科齿式为：

$$\frac{上：2\cdot 0\cdot 3\cdot 3}{下：1\cdot 0\cdot 2\cdot 3}=28$$

兔科广泛分布在世界各地，除了南半球的一些地区，兔科现有11属73种。在我国森林、草原、沙漠、农田、山麓和灌木山谷中只有 *Lepus*（野兔，Hare）1属约8种。在自然分类系统中，兔子被称为穴兔（*Oryctolagus cuniculus*）。

（2）鼠兔科

鼠兔科（Ochotonidae）是体型较小的草食性动物，体长通常不超过250 mm。头部较大，外耳短而圆，耳朵的长度只有头部长度的1/2。鼻尖略短，上唇在左右瓣上有一个纵向切口。它们的四肢不是很发达，四肢中后肢接近或略长于前肢。它的前肢有5趾，后肢有4趾，手掌上长满了浓密的毛发。尾巴很短，不会出现在毛被外面。

头骨的形状略呈椭圆形。颧弓只是稍微向外延伸，颧弓的背部呈向后延伸的长剑形状。两个颧弓之间的距离变化不大，颧宽度超过头骨长度的1/2，头骨扁平。耳囊明显增大，略呈三角形。鼻骨前部显著变宽，门齿后面有一对小孔，腭孔很大，少数类型的腭孔与门齿孔相连，有些甚至在一个孔内。某些类型的前额骨在前部有一对椭圆形孔。上颌没有第三上臼齿，下颌大多数少一颗前白齿，没有耻骨联合。鼠兔科齿式为：

$$\frac{上：2\cdot 0\cdot 3\cdot 2}{下：1\cdot 0\cdot 2\cdot 3}=26$$

本科只存有1属约有34种，主要生活在北半球的一些高原、山脉、平原和其他开阔地带。鼠兔种类在我国的东北、西北和西南等山地，共有24种。

13.2.2 啮齿目

（1）松鼠科

松鼠科（Sciuridae）是一种相对原始的啮齿动物。其外形大不相同，它们的共同特点是：有发达的前白齿突起，尾毛膨大，并向两侧扩散。它有3种生活环境：树栖、半树栖和地栖。树栖物种，四肢发达，四肢长度接近，耳朵和眼睛更大。地栖种类的尾巴短，四肢中后肢比前肢长，耳朵小，有些只会成为皮褶。半树栖物种，形态在树栖、地栖物种之间，通常有圆形或扁平的尾巴，有长而无鳞的毛发，4个前趾，拇趾极不明显，5个后趾。树栖和半树栖物种的脑颅大多数是圆形和凸起的，地栖物种大多有狭窄的脑颅和明显的眶外突起。颧弓的后部不向上倾斜。非常强壮的颧骨构成了颧弓的主要部分。眶下孔大，外侧肢体有明显的乳状突起，是外咬肌的附着点。巨大而突出的听泡，但乳突不会扩大，有的属上颌第3前白齿退化或消失。本科有33属约212种。在中国分布有11属28种。松鼠科齿式为：

$$\frac{上：1 \cdot 0 \cdot 2 \cdot 3}{下：1 \cdot 0 \cdot 1 \cdot 3} = 22$$

(2) 鼯鼠科

鼯鼠科(Petauristidae)是唯一能在空中滑行的啮齿动物。鼯鼠主要分布在东南亚的热带和亚热带森林中,有13属34种,我国有6属17种。它们(其)中等身材,圆头,短鼻子,大眼睛,耳朵发育良好。四肢中后肢比前肢略长,后足比前足大,有4个前趾和5个后趾。尾巴的长度超过了身体长度的2/3,并且很蓬松。在身体两侧有皮褶组成的薄膜,连接从脖子到尾巴底部的四肢。从高处往下移动时,四肢会延伸到身体的两侧,展开和滑动。

鼯鼠的尾巴蓬松,并向两侧展开,头骨具有与松鼠类似的眶上突和发达的前臼齿。只有身体两侧的皮肤可以延长伸展成翅膀。头骨吻短,前鼻是一个小拱形。眼眶间有凹穴,眶上突大并且尖细。颧弓略低,略向上,结构脆弱。有明显的听泡。和松鼠科一样,臼齿的咀嚼面也有丘状齿突,都属于树栖和岩栖种类。它们生活在洞穴里,在夜间活动,以树叶、树皮和水果为食。

$$\frac{上：1 \cdot 0 \cdot 2 \cdot 3}{下：1 \cdot 0 \cdot 1 \cdot 3} = 22$$

(3) 跳鼠科

跳鼠科(Dipodidae)是一种中小型啮齿动物,后肢发达,擅长跳跃。前肢只有后肢的1/4~1/2,后足的长度可以达到身体的1/2。两个后趾退化或太短,与其他3趾相比,其爪尖不到中部,或仅有3趾。尾巴比身体长,跳跃时保持平衡。跳鼠的尾巴由白色和黑色的长毛组成。某些类型的尾巴在冬眠期间也用来贮存脂肪。身体多呈黄色、黄褐色,腹部有白色毛发。

它们生活在荒漠、荒漠草原及草原地区,具有更特殊的形态和结构。头部大,吻部短而宽阔。大多数类型的耳朵都较大,耳朵底部的两侧以管状连接,眼睛大,向前向上倾斜,披柔软长毛,须很长,听泡多膨大,脑壳的一部分也很宽,向外拱起。颧弓结构复杂,通常有垂直向上的分支,一些类型的颧弓位于下边缘的中部,还有向斜后方延伸的突起。两个颧弓距离前小后大。大多数类型的上颌有三颗臼齿,还有一个小的前臼齿,而有些种类只有3颗臼齿,没有臼齿。其齿式为:

$$\frac{上：1 \cdot 0 \cdot 1 \cdot 3}{下：1 \cdot 0 \cdot 0 \cdot 3} = 18 \quad 或 \quad \frac{上：1 \cdot 0 \cdot 0 \cdot 3}{下：1 \cdot 0 \cdot 0 \cdot 3} = 16$$

跳鼠科约有3亚科11属28种,在我国有3亚科7属12~13种,主要种有五趾跳鼠(*Allactaga sibirica*)、三趾跳鼠(*Dipus sagitta*)、羽尾跳鼠(*Stylodipus telum*)。

(4) 林跳鼠科

林跳鼠科(Zapodidae)体型很小,吻尖,形状像老鼠,但上唇不区分左右瓣,须比头部略长。四肢中后肢比前肢长,后足比头骨长。后足上有5趾,外侧脚趾发育正常。尾巴细长均匀,尾轴覆盖着少量毛发,但它也像啮齿动物,尾部的环状鳞片表面清晰,尾上没有长毛。头骨类似于一只小老鼠,但两个眶间的宽度更大,使其成为前额中间最窄的部分。颧骨非常宽,在颧弓的前部有垂直向上的分支。无膨大听泡。分布于森林、灌木、牧场等潮湿地区。在我国仅在新疆有分布,为纹背蹶鼠(*Sicista subtilis*)和单色蹶鼠(*S. concolor*)。林跳鼠科齿式为:

$$\frac{上：1 \cdot 0 \cdot 1 \cdot 3}{下：1 \cdot 0 \cdot 0 \cdot 3}=18 \quad 或 \quad \frac{上：1 \cdot 0 \cdot 0 \cdot 3}{下：1 \cdot 0 \cdot 0 \cdot 3}=16$$

(5) 鼠科

鼠科(Muridae)通常是小型物种，有一些中等体型的例外，它们的体长在 50~300 mm。这些动物生活在各种环境中，具备多种适应性特征。它们大多数喜欢生活在地面上、树上，或者是树上和地面的过渡地带，也有一些甚至具备在水中生活的能力。鼠科动物的身体形态通常是修长的，鼻部稍微尖细，眼睛较小，耳朵较长，没有颊囊。在大多数种类中，四肢长度相等，或者后肢稍长，尾巴远远超过了身体长度的 1/2，甚至有些属种的尾巴长度都超过了它们身体的长度。这些动物的尾巴通常是裸露的，或者几乎没有毛。它们的身体毛发除了长而硬的刺毛和细软的绒毛之外，有些种类的毛发在某些区域可能会变得短而坚硬。大多数情况，它们的背部毛发颜色是单一的，但有时会在背部中央出现暗色的脊纹。

鼠科动物的头骨通常额部扁平或稍微向上凸起，颧弓相对较细，呈现出缓和的圆弧形。眼眶不大，额骨上没有凸起形成眶突。大多数种类的头骨上没有矢状嵴，但是有一些种类的额骨两侧有眶上嵴，另外一些种类的顶骨两侧也有骨嵴。通常，第一、第二白齿的咀嚼面上有三列齿尖，或者经过磨损后，齿尖会连成横向的嵴状结构。下颌臼齿的咀嚼面上有两列齿尖。个别种类的臼齿咀嚼面形成了横向排列的珐琅质环，这些环之间被缝隙隔开，看起来像是横向的板块。鼠科齿式为：

$$\frac{上：1 \cdot 0 \cdot 0 \cdot 3}{下：1 \cdot 0 \cdot 0 \cdot 3}=16$$

鼠科动物种类繁多，在全球范围内大约有 100 属超过 400 种。大多数种类主要存在于热带和亚热带地区，温带地区的种类相对较少。在我国共计有 10 属 30 多种鼠科动物。鼠科动物与人类的关系最为密切，如家鼠属(*Rattus*)和小鼠属(*Mus*)中的某些种类是人类的伴生物种，姬鼠属(*Apodemus*)中的一些种类也常常进入人类居住区。一些常见的鼠科动物包括褐家鼠(*R. norvegicus*)、小家鼠(*M. musculus*)、黑线姬鼠(*A. agrarius*)、大足鼠(*R. nitidus*)、屋顶鼠(*R. rattus*)等。

(6) 仓鼠科

仓鼠科(Cricetidae)体型通常较小，多数种类呈常见的鼠形。它们的尾巴大多数小于身体长度的 2/3，并且尾毛密集，没有鳞片。仓鼠科齿式为：

$$\frac{上：1 \cdot 0 \cdot 0 \cdot 3}{下：1 \cdot 0 \cdot 0 \cdot 3}=16$$

①仓鼠亚科(Cricetinae)　臼齿咀嚼面有两列齿尖，成年个体的磨损臼齿左右相连形成嵴状。口腔内具有颊囊。大多数物种的尾巴长度为身体长度的 1/4~1/2。在我国，一些常见的害鼠包括黑线仓鼠(*Cricetulus barabensis*)、短尾仓鼠(*C. eversmanni*)、小毛足鼠(*Phodopus roborovskii*)、大仓鼠(*Tscherskia triton*)等。

②沙鼠亚科(Gerbillinae)　上门齿唇面通常有 1~2 条纵向凹槽，齿冠较高，臼齿咀嚼面平坦，形成菱形齿环。这些物种通常为黄色或黄褐色。尾巴长度大致等于身体长度，上面覆盖着密集的毛。它们是典型的干旱地区动物，一些重要的害鼠包括长爪沙鼠(*Meriones unguiculatus*)、子午沙鼠(*M. meridianus*)、红尾沙鼠(*M. libycus*)、大沙鼠(*Rhombomys opi-*

mus)等。对于沙鼠亚科的分类地位,目前仍存在争议,一些学者甚至将沙鼠视为鼠科的一个亚科。

③田鼠亚科(Microtinae) 臼齿没有齿根,咀嚼面平坦,有许多交错的三角形。尽管外观类似于仓鼠,但大多数物种的个体较小。这个亚科物种丰富,分布广泛。在我国,一些主要的害鼠包括根田鼠(*Microtus oeconomus*)、东方田鼠(*M. fortis*)、布氏田鼠(*Lasiopodomys brandtii*)、棕背䶄(*Myodes rufocanus*)、黄兔尾鼠(*Eolagurus luteus*)。也有些学者将田鼠纳入䶄亚科(Arvicolinae)。

(7)鼹形鼠科

在《世界哺乳动物物种》(第3版)新分类系统中,Wilson将原仓鼠科中的鼢鼠亚科(Myospalacidae)和竹鼠科(Rhizomyidae)归入鼹形鼠科(Spalacidae),分别为该科的鼢鼠亚科(Myospalacinae)和竹鼠亚科(Rhizomyinae)。在鼹形鼠科中,鼢鼠亚科和竹鼠亚科是两个重要的亚科成员。鼹形鼠科,四肢短粗有力,前足爪发达,适挖掘;眼小,几乎隐于毛内,视觉退化,营地下生活;耳壳完全退化;尾短,略长于后足,被稀疏毛或裸露。门齿粗大。鼹形鼠科齿式为:

$$\frac{上:1\cdot 0\cdot 0\cdot 3}{下:1\cdot 0\cdot 0\cdot 3}=16$$

①鼢鼠亚科 特征在于臼齿咀嚼面平坦,齿冠分为多个交错的三角形。在我国,主要分布于长江以北的半湿润地区和半干旱地区,包括中华鼢鼠(*Eospalax fontanierii*)、高原鼢鼠(*E. baileyi*)、甘肃鼢鼠(*E. cansus*)、东北鼢鼠(*Myospalax psilurus*)等。

②竹鼠亚科 身体粗壮,四肢短,桡骨、尺骨和胫骨、腓骨分别有局部愈合。后足5趾,掌和趾宽长,爪短壮。臼齿咀嚼面形成珐琅质环。主要栖息于中国长江流域和南方各省的竹林及山地草坡。一些主要的物种包括大竹鼠(*Rhizomys sumatrensis*)、中华竹鼠(*R. sinensis*)、银星竹鼠(*R. pruinosus*)等。

(8)睡鼠科

睡鼠科(Gliridae)的成员通常体型较小,外观类似于鼠科,但与松鼠科中的树栖物种一样,它们的尾巴也相似。这些动物的身体覆盖着厚厚的柔软毛,没有硬毛刺。尾巴相对较长,通常覆盖着长毛。前后肢长度几乎相等,前脚有4趾,后脚有5趾,前后脚掌都是裸露的,掌垫较大且彼此紧密相连。尽管头骨形状与鼠科相似,但门齿孔较小,听泡较为突出,内部被骨质膜分隔成几个隔间。颧骨发达,颧弓较粗大。上下颌每侧各有一枚前臼齿,臼齿咀嚼面具有几列横向的珐琅质齿脊。这些动物的消化系统相对独特,没有盲肠。睡鼠科齿式为:

$$\frac{上:1\cdot 0\cdot 0\cdot 3}{下:1\cdot 0\cdot 0\cdot 3}=16$$

(9)刺山鼠科

刺山鼠科(Platacanthomyidae)又称猪尾鼠科或刺睡鼠科,仅包括1属2种。该属动物为猪尾鼠,生活在我国南方的林区中。这些小型树栖动物的体型与小家鼠相似,体长为7~9 mm,但尾巴却比身体更长。它们的尾巴有鳞环,鳞间覆盖着棕褐色的毛。靠近尾基部的毛很短,而尾巴末端的毛则长且松散,形成了毛簇。它们的齿冠相对复杂,以各种植物的茎、叶和种子为食。

(10) 河狸科

河狸科(Castoridae)是啮齿目动物中体型最大的一类，成年河狸的体重可达 30 kg，体长可达 1 m，它们过着半水栖的生活。它们的体型庞大，毛皮密集且有光泽，腹部长着绒毛。四肢短而宽，尤其是后肢特别粗壮有力，后脚的脚趾之间长满了蹼。它们的眼睛较小，有瞬膜。耳朵呈瓣膜状，可以在潜水时关闭。尾巴大且扁平，没有毛，表面覆盖着角质的鳞片。头骨扁平，颧弓发达，颧骨特别宽大。它们的吻部较短，脑颅很小且狭长，听泡较小。门齿特别粗大有力。臼齿是高冠齿，咀嚼面平坦，有复杂的齿纹。河狸科齿式为：

$$\frac{上:1\cdot0\cdot1\cdot3}{下:1\cdot0\cdot1\cdot3}=20$$

这个科中仅有 1 属 2 种，我国有 1 种，即河狸，分布在新疆北部地区。河狸主要以树枝、树皮和水生植物的根茎为食。它们的毛皮十分珍贵，雌雄均有河狸香囊，能分泌河狸香。河狸香是一种贵重的香料。

(11) 豪猪科

豪猪科(Hystricidae)中的豪猪是体型较大的啮齿动物。它们具有粗壮的体形，四肢相对较短，前后肢几乎等长。身体大部分区域的毛发特化为硬刺，这些刺是中空的，当移动时可以相互碰撞发出声音。头骨粗壮，枕嵴发达，适合颈部肌肉的附着，鼻吻部凹陷，鼻腔较大。额骨大于顶骨。它们的牙齿呈高冠齿形态，咀嚼面上有斜向排列的棱脊。豪猪科齿式为：

$$\frac{上:1\cdot0\cdot1\cdot3}{下:1\cdot0\cdot1\cdot3}=20$$

这些动物主要生活在陆地上，进行半掘土的生活，夜间活动。它们是食草动物，喜欢食用植物的根茎等部位，有时会成为山地地区农田的害鼠。豪猪科有 4 属 11 种，分布于非洲、南欧、亚洲。在我国有 2 属 4 种，包括帚尾豪猪(*Atherurus macrourus*)、印度豪猪(*Hystrix indica*)、豪猪(*H. hodgsoni*)、马来豪猪(*H. brachyura*)。

13.3 啮齿动物分布及区划

13.3.1 啮齿动物分布的一些概念

(1) 啮齿动物与环境的关系

环境(environment)通常指有机体周围的全部事物，包括空间和可能直接或间接影响生物体生活和发展的各种因素。对于啮齿动物而言，它们的外部环境包括周围的生物和非生物要素。啮齿类动物的分布和生存繁殖主要取决于自然生态环境和地质环境的变化。通过分析这些动物特定的生态环境条件，我们可以了解它们目前的分布格局。这些动物是自然地理环境的组成部分，也能够敏感地反映环境质量和变化的重要组成部分。全球范围内的小型啮齿动物都受到环境的制约，因此各自形成了适应环境的独特特征。从进化的角度来看，存活至今的啮齿类动物都是生存竞争中的胜利者，它们选择了适合的环境来生存和繁衍。这些动物种类在长时间的进化过程中逐渐发展出适应环境条件的身体结构、生理功能和生活习性，这些特点都是自然选择的结果。

①生态影响　构成周围环境的因素称为环境因素，或者叫作生态因素(ecological factors)。这些环境因素可以分为非生物因素(abiotic factors)和生物因素(biotic factors)。非生物因素主要包括温度、光照、湿度、酸碱度(pH)、氧气含量等物理化学特性；而生物因素指其他动物、植物、微生物等有机体。

②利比希的最小因子定律(Liebig's law of minimum) 由19世纪的德国化学家利比希探究不同因素对植物生长影响时发现，该定律同样适用于啮齿动物。

③谢尔福德的"耐受性定律"与生态价 每一种啮齿动物对不同环境都有一定的耐受程度，包括生态最低点和生态最高点。在这个范围之间的变化称为生态范围或生态振幅。当某个生态因素接近或达到某种啮齿动物的耐受上限时，会导致该动物数量减少或无法存活。并且，生态范围内还有一个最适生态位点，此处动物的生存和繁殖达到最佳状态。

④限制因素 在众多环境因素中，当某个因素接近或超过动物的耐受极限时，就会成为限制因素(limiting factor)。如果某因素易受影响，且明显影响特定啮齿动物，那么它就是该物种生长、发育、繁殖甚至新陈代谢的限制因素。

⑤栖息地因素 动物所需要的生存条件形成了它们的栖息地，也称生境(habitat)。在这个栖息地中，各种要素会对啮齿动物的存活产生影响。啮齿动物栖息地通常在相对稳定的状态下存在，但同时也在不断地变化中。如果栖息地的变化超过了啮齿类动物所能容忍的限度，这些动物将无法在原地继续生存和繁殖。

(2) 种的分布区

动物地理学关注的基本单位是物种的分布区域(distribution range)。这里指某一种动物在地理空间中的范围，这个范围内动物可以适宜地生长、发育，并能繁衍出有生命力的后代。理论上讲，每种啮齿动物都会从其发生中心逐渐向周围地区扩展，形成互相连接的分布区片段。然而，由于地壳活动、气候变化、人类活动、动物的适应性等内外条件的影响，它们的分布范围会发生相应的改变。随着历史的变迁，啮齿动物的分布区也会随之改变，甚至它们的发生中心可能会相隔甚远。啮齿动物的个体分布区可以是连续的，也可以是不连续的。

(3) 动物区系的分类与形成

动物区系的理解可以从广义和狭义两个角度来进行。在广义上，动物区系指多种不同动物物种的总和，可以根据动物分类系统、自然区域、栖息环境、生活时期、行政区划，甚至经济上的含义进行划分。而在狭义上，动物区系则指因地理隔离和分布区域的一致性，在一定历史条件下形成的整体动物群落，在这些特定的分布区内，存在着多种分类明确、分布重叠的动物物种。

13.3.2 啮齿动物地理区划的原则和方法

(1) 历史因素的影响

通过分析分布区内生态环境历史变化的过程，我们能够了解啮齿动物在这一区域的发展和迁徙历史。啮齿动物在地理分布区内会不断适应各种自然环境的变化，并迁徙至适宜生存的环境中，最终形成现在的地理分布格局，这就是啮齿动物的演化历史。

(2) 环境适应性的影响

动物区系不仅受历史条件的制约，也受动物种类的适应性影响。种群数量通常反映了动物种类在特定分布区的适应程度。通常情况下，种群数量越多，说明该物种对分布区自然环境适应越好。同时，自然环境的变化也会影响种群数量。因此，在分析动物区系时，需要考虑物种组成、特有种和残存种的情况，同时也要关注优势种和它们的种群密度，还要考虑它们对当地地理环境的适应和影响。

(3) 生产实际的考量

在实际的生产活动中，啮齿动物的地理区划应当有助于社会需求。对于任何地区的啮齿动物区系，我们需要分析出有生产价值的啮齿动物资源，同时也要考虑哪些种类对人类有益或有害。在考虑人类活动对自然环境影响的前提下，还应该关注稀有种或特有种，特别是那些有潜在发展前景的种类，并以此为基础来规划动物自然保护区。在人类干扰下，任何地区的啮齿动物都可能发生演变，并对农业、林业、牧业等产生一系列影响，这些都是需要我们思考的问题。

13.3.3 啮齿动物地理分布

作为哺乳动物中分布最广的一类，啮齿动物已经成功适应了各种陆地栖息地。它们的适应性使它们可以在不同环境中存活。有些物种栖息于树上，如树松鼠和新大陆豪猪（Erethzontidae）；而其他一些物种几乎完全地生活在地下，如鼹鼠（Spalacinae）、鼢鼠，它们建造了复杂的洞穴系统。还有半水生的啮齿动物，如麝鼠（*Ondatra zibethicus*）；甚至有水生啮齿动物，如无耳水鼠（*Crossomys moncktoni*）。此外，在农田和城市等人工环境中，啮齿动物也有活动。

在生态系统中，一些啮齿动物被认为是其栖息地的关键物种和生态工程师。例如，北美平原的旱獭通过挖掘穴居，提高了土壤的通气性和水分渗透，促进植物种子的萌发。这些改变有助于提高草原的生态质量，吸引了一些大型食草动物，如野牛（*Bison* spp.）和叉角羚（*Antilocapra americana*）。穴居啮齿动物还通过采食活动传播植物种子，促进了植物多样性的保持。海狸在许多温带地区扮演重要角色，通过建筑水坝和小屋，改变了河流路径，创造湿地栖息地，促进了水域周围植被的多样性，对维持动植物物种多样性起到推动作用。

13.3.4 中国啮齿动物区系与区划

通过对啮齿动物进行区划，不仅有助于维持生态系统的平衡；开发利用有益啮齿动物，消灭有害啮齿动物，为人类防治有害啮齿动物制订防治计划提供科学依据；以及对农业、林业、畜牧业生产和卫生防疫工作都具有一定的实际意义。我国动物区系分属于世界动物区系的古北界与东洋界两大区系。根据对我国自然地理区划、动物区系和生态动物地理群的综合分析，把我国分属于古北界的东北区、蒙新区、华北区、青藏区及属于东洋界的西南区、华中区、华南区7个区。

(1) 古北界

古北界分为2个亚界，即东北亚界和中亚亚界。

①东北亚界　包括我国东北和华北，以及朝鲜、俄罗斯、中亚五国、东西伯利亚、乌苏里地区和日本。根据古生物学数据，该地区的啮齿动物应与欧洲大陆一致，但现代啮齿动物区系则与欧洲呈不连续分布模式。可以看出，该地区啮齿动物在第四纪冰川期未受到大冰盖的影响，从而保存了许多较为古老原始的类群，在我国分为东北区和华北区。

a. 东北区：包括大兴安岭、小兴安岭、张广才岭、老爷岭、长白山地、松辽平原和新疆北端的阿尔泰山地。兴安岭亚区包括大、小兴安岭的大部分地区,植被为寒温带针叶林,是西伯利亚北方针叶林的南延。兴安岭亚区气候寒冷,夏短冬长。大兴安岭和阿尔泰山覆以落叶松为主的典型北方针叶林;小兴安岭和长白山则覆以针阔叶混交林。森林动物群繁盛,为寒温带针叶林动物群,典型的代表物种有灰鼠(*Sciurus vulgaris*)、小飞鼠(*Pteromys volans*),树栖物种有松鼠、花鼠(*Tamias sibiricus*),地栖的主要物种有大林姬鼠(*A. peninsulae*)及田鼠亚科的棕背䶄和红背䶄(*M. rutilus*)等。

新疆阿尔泰山地区动物区系与兴安岭有较密切的关系。由于它们属于西伯利亚北方针叶林的东部和西部,喜温喜湿的物种分属不同分布型,在这里分布着普通田鼠(*M. arvalis*)、乌拉尔姬鼠(*A. uralensis*)、林睡鼠(*Dryomys nitedula*)等。阿尔泰林区鼠种较丰富,优势种花鼠、松鼠数量也较高;无林景观中长尾黄鼠(*S. undulatus*)、灰旱獭(*M. baibacina*)的数量居优势。

长白山亚区的植被主要是温带针阔叶混交林。地处中温带北部,气候湿润,海拔较低的地区为温带落叶阔叶林和农业区。北部地区有大量啮齿动物和多种物种,主要有棕背䶄和林姬鼠。河岸、沼泽、草甸又以黑线姬鼠及东方田鼠为优势种。

松辽平原亚区的西缘草地类型包括森林草地、草甸草地、沼泽、草地—荒漠,是蒙新区与东北区的过渡地带,地处温带和部分北亚热带湿润地区,气候温暖。自然植被以落叶阔叶林为主。在北亚热带地区可发现少数常绿阔叶林。在本亚区中,常见的啮齿动物包括花鼠、狭颅田鼠(*M. gregalis*)、沼泽田鼠(*M. fortis*)、达乌尔黄鼠(*S. dauricus*)、三趾跳鼠等;在农田地带,黑线姬鼠、仓鼠、鼢鼠、小家鼠占优势,黑线仓鼠在农作区数量很高,对农作物有较大危害;在沼泽和湿地中常见有麝鼠。

b. 华北区:本区北邻东北、内蒙古新疆地区,南至秦岭、淮河,东濒渤海、黄海,西至甘肃兰州盆地,包括黄淮平原亚区及黄土高原亚区,前者包括太行山以东广阔的华北平原,后者则包括山西、陕西、甘南及河北北部的山地。本区位于暖温带,气候特点是冬季寒冷,夏季高温多雨,植被主要为草地和灌丛。华北区的两个亚区主要是耕作区,鼠类主要是黑线仓鼠、大仓鼠、长尾仓鼠、棕色田鼠(*L. mandarinus*)、北方田鼠(*Microtus* sp.)、草地鼢鼠、花鼠、小家鼠、红背䶄、大林姬鼠、草兔(*L. capensis*)等,华北平原还有鼠属的社鼠(*Niviventer confucianus*)、黑线姬鼠。本区的农业害鼠主要是黑线仓鼠、黑线姬鼠。在本亚区的北部边缘,也分布有子午沙鼠、达乌尔黄鼠等蒙新区啮齿动物物种。

②中亚亚界 包括中亚广大干旱区的中亚区域,包括我国西北区的大部、青藏高原大部以及东北和华北区的边缘地区。此亚界地处北半球大气环流下降带,降水量极少,气候甚为干旱,许多地方均为荒漠,主要植被为荒漠、草原、草甸。啮齿动物数量较多,并因地域而不同。中亚亚界在我国分为两个区:蒙新区和青藏区。

a. 蒙新区:本区的范围东起大兴安岭西麓,沿燕山山脉、阴山山脉、黄土高原北部、甘肃祁连山、新疆昆仑山向西,止于新疆西部边界,包括内蒙古高原、鄂尔多斯高原、阿拉善沙漠、河西走廊、柴达木盆地、塔里木盆地、准噶尔盆地和天山山地等。大部分地区为典型的大陆性气候,属草地和荒漠生态环境。寒暑变化大,夏季短促,冬季漫长而寒冷,昼夜温差大,降水量少,土壤贫瘠,不能生长高大的乔木,耐旱的草本植物十分茂盛。该区东部为草地亚区,西部为荒漠亚区及天山山地亚区,其中啮齿动物以跳鼠科和沙鼠亚科占优势。

东部草地亚区包括内蒙古东部与大兴安岭南部。植被主要为干草地或草甸草地,动物区系由典型的温带草地动物群组成,代表的啮齿动物有达乌尔黄鼠、草原旱獭、五趾跳鼠、蒙古羽尾跳鼠(Scirtopoda andrewsi)、草原田鼠、狭颅田鼠、草原鼢鼠(M. aspalax)、草原鼠兔、背纹毛足鼠、长爪沙鼠等,其中布氏田鼠及狭颅田鼠是草地突出的优势种群,数量很高,其次是草原鼢鼠、达乌尔黄鼠和草原旱獭,随着干旱程度的加剧,从东北向西南,长爪沙鼠的数量逐渐增高,但局部山区和沙漠地带存在差异。

西部荒漠—半荒漠亚区包括内蒙古中部戈壁、鄂尔多斯及阿拉善地区、河西走廊、新疆的准噶尔、塔里木盆地及昆仑山东北的柴达木盆地。在此地区有大片的沙漠、戈壁和盐碱滩,植被稀疏。主要的啮齿动物种包括:跳鼠、五趾心颅跳鼠(Cardiocranius paradoxus)、三趾心颅跳鼠、长耳跳鼠、小五趾跳鼠(Scarturus elater)、小地兔(Alactagulus pygmaeus)、羽尾跳鼠和柽柳沙鼠(M. tamariscinus)、红尾沙鼠、大沙鼠、短耳沙鼠(Brachiones przewalskii)等。其中,子午沙鼠分布最广,在新疆、青海及甘肃西部广泛分布;长爪沙鼠主要分布在宁夏东部及内蒙古西部的典型半荒漠地区;大沙鼠则分布于准噶尔盆地和河西走廊一带。三趾跳鼠广泛分布在新疆南部,在祁连山的高山草地无分布;而五趾跳鼠在新疆南部没有分布,仅见于柴达木及青海东北。小五趾跳鼠和羽尾跳鼠在新疆北部的砾质沙漠地带有少量分布。在绿洲及农垦区,小家鼠广泛分布,成为该地区的优势种,其他啮齿动物还有子午沙鼠、红尾沙鼠、灰仓鼠(C. migratorius)、跳鼠、林姬鼠(Apodemus spp.)、田鼠等,此外赤颊黄鼠(S. erythrogenys)、沙鼠、跳鼠、长爪沙鼠等也可侵入农田成为农业害鼠。

天山山地亚区包括天山山系,北至塔尔巴哈台山地。本地区鼠类为比较适应湿润环境的种类,如灰仓鼠、草原兔尾鼠(Lagurus lagurus)及子午沙鼠等种类在本地区广泛分布。

b. 青藏区:包括青海(柴达木盆地除外)、西藏和四川西北部,属于青藏高原区。东临横断山脉,南临喜马拉雅山脉,北临昆仑山、阿尔金山和祁连山。气候为高寒气候,冬季长,主要植被类型有高山草甸、高山草地和高寒荒漠。主要分布的啮齿动物包括:喜马拉雅旱獭(Marmota himalayana)、白尾松田鼠(Phaiomys leucurus)、根田鼠、藏仓鼠(C. kamensis)和各种鼠兔。本区包括青海藏南亚区和羌塘高原亚区。

青海藏南亚区由祁连山向南,包括巴颜喀拉山,横断山脉的北缘及尼泊尔、不丹交界的喜马拉雅山北麓。自然景观垂直变化比较显著,植被主要是高山灌丛草甸,在东南部也有高山针叶林分布,啮齿动物种类较少,优势种主要是藏鼠兔(Ochotona thibetana)和高原鼠兔,其次为旱獭、藏仓鼠、松田鼠及高原鼩等。

羌塘高原亚区包括昆仑山脉、可可西里山脉、唐古拉山脉、念青唐古拉山脉、冈底斯山脉及喜马拉雅诸大山脉,属于高寒地带,啮齿动物以喜马拉雅旱獭、中华鼢鼠、长尾仓鼠、根田鼠、狭颅鼠兔、间颅鼠兔为主。

青藏区农业害鼠有中华鼢鼠、长尾仓鼠、根田鼠等。本地区大部分鼠兔种类为青藏高原的特有种,青藏区被认为是鼠兔属的分布区。

(2)东洋界

横断山区古北界与东洋界的边界大致位于30°N,从若尔盖经黑水、马尔康、康定、理塘至巴塘。然而,两界之间仍存在动物过渡交错的现象。我国包括在东洋界内的是中印亚界,本亚界属亚洲大陆的东南部,包括中南半岛(马来半岛除外)及附近岛屿。我国包括西南、华中、华南区。

a. 西南区：包括四川西部、贵州西部边缘和昌都地区东部，北起青海、甘肃南缘，南至云南北部，是横断山脉的一部分，西部包括喜马拉雅山南坡针叶林以下的山地。自然条件的垂直差异显著。在横断山脉等高山地带的高地森林草地—草甸草地、寒漠中，主要分布有鼠兔、林跳鼠(*Eozapus setchuanus*)和喜马拉雅旱獭等；在喜马拉雅山南坡中低山带的亚热带林灌、草地-农田中，有灵猫、竹鼠、猕猴等分布。本区分为西南山地亚区和喜马拉雅亚区。

西南山地亚区，本亚区为南北走向的高山及高山形成的峡谷，包括横断山、宁静山、沙鲁里山、大雪山、岷山、邛崃山等。此亚区垂直变化显著，植被为亚高山针叶林及针阔叶混交林。在3 000 m以上地带啮齿动物分布与青藏高原基本相似，而在此海拔以下则为暖温带或亚热带地区，树栖鼠以赤腹松鼠为主，其次为花松鼠、长吻松鼠(*Dremomys pernyi*)、岩松鼠(*Sciurotamias davidianus*)及多种鼯鼠；地栖以高山姬鼠(*A. chevrieri*)、大耳姬鼠(*A. latronum*)、龙姬鼠及社鼠为主，阳坡草地的藏鼠兔数量很高。南部地区的河谷地带有树鼩(*Tupaia belangeri*)、斯氏家鼠、黄毛鼠(*R. losea*)、板齿鼠(*Bandicota indica*)、锡金小鼠(*M. pahari*)等南方类群。绒鼠(*Chinchilla*)是本区常见的林业害鼠，种类较多。

喜马拉雅亚区，本亚区植被主要为喜马拉雅阳坡针叶林，垂直变化明显。本亚区具有许多特有鼠种，如锡金松田鼠(*Pitymys sikimensis*)等，一般鼠类与上述亚区大致相似。本区的农业害鼠主要是高山姬鼠、社鼠、斯氏家鼠等。

b. 华中区：本区相当于四川盆地以东的长江流域地区。西半部北起秦岭，南至西江上游。除四川盆地外，主要是山地和高原，气候相对干燥寒冷，森林、灌丛常与农田交织在一起。气候温和，雨量充沛，丘陵低，江河湖泊密布，农业发达。包括西部的山地高原亚区及东部的丘陵平原亚区。

山地高原亚区包括秦巴山区、淮阳山地西部、四川盆地及其周围部分山地、云贵高原的大娄山地、湘鄂川黔边缘山地及南岭山地。本亚区海拔高，植被保留有原始针阔叶混交林及阔叶落叶林，北部干旱，南部温暖，四川盆地气候终年温暖湿润。主要分布的啮齿动物有社鼠、四川短尾鼩等。

东部丘陵平原亚区包括巫山以东的长江中游广大平原，东至东海，南至东南丘陵武夷山，属亚热带气候。本亚区树栖啮齿动物主要是赤腹松鼠和长吻松鼠，一些山地草地也有藏鼠兔。居民区和农业区的优势种是黑线姬鼠、社鼠、大足鼠等；林区有黑腹绒鼠(*Eothenomys melanogaster*)、大绒鼠(*E. miletus*)；在南部地区，黄毛鼠、黄胸鼠(*R. flavipectus*)为优势种，也有板齿鼠、褐家鼠、鼹鼠。

c. 华南区：位于我国的南部亚热带和热带地区，包括云南及广东、广西的南部，福建东南沿海一带，以及台湾、海南岛和南海各群岛。气候为热带及亚热带气候，植被为热带雨林及季雨林，分五个亚区：滇南山地亚区包括云南的南部，闽广沿海亚区包括福建、广东、广西南部沿海，海南亚区为海南岛，台湾亚区为台湾省，海南诸岛亚区包括东、西、中、南沙群岛等岛屿。

滇南山地亚区和闽广沿海亚区的啮齿动物包括树栖鼠类中的赤松鼠、巨松鼠、多种鼯鼠、普通攀鼠和笔尾树鼠(*Chiropodomys gliroides*)；农田灌丛、草坡等地的啮齿动物优势种为黄胸鼠、黄毛鼠、板齿鼠、社鼠、大足鼠等。台湾亚区啮齿动物主要种类与海南岛亚区接近，但又有一些主要分布于古北界的种类（如黑线姬鼠等）。南海诸岛亚区远离大陆，长期与大陆隔离，发现有黄胸鼠和缅鼠（*R. exulans*）的分布，其中缅鼠从未在大陆发现。

思考题

1. 比较仓鼠科 3 个亚科的主要特征。
2. 啮齿动物分布主要受哪些因素影响？
3. 啮齿动物地理区划的原则是什么？
4. 我国啮齿动物区系属于哪两个界？每界动物的分布特征是什么？

第 14 章 啮齿动物生态学

啮齿动物生态学是研究啮齿动物与周围环境相互关系的科学。内容包括啮齿动物与温度、光照、水分、土壤等非生物环境的相互关系，其种内和种间的相互关系，以及其在生态系统中的综合作用等。啮齿动物蕴藏着多方面的资源功能，对其生态特征和发生规律的研究，是防止其危害和充分发挥其资源功能的科学基础。

14.1 啮齿动物的个体生态

个体生态学主要研究生物个体与其生存环境之间的相互关系。环境对个体的分布、生长、发育和繁殖等产生影响，生物反作用于环境对群落组成及其演替速度等产生影响。例如，过度放牧可以改变植物群落的组成，从而增加高原鼢鼠(*Eospalax baileyi*)的食物来源，导致其种群数量上升。而高原鼢鼠种群数量增加后，加剧了对植物根系的啃食，并且形成大量的地表土丘，导致植物群落的进一步变化。直根系植物作为高原鼢鼠的喜食对象，被大量取食后导致草地群落逐渐衰退；其他具有较强无性繁殖能力的植物，可以通过在鼢鼠活动后形成的裸地上大量蔓延，成为鼢鼠新的食物来源。在高密度鼢鼠聚集的地区，含有萜类、薄荷类和胆碱类等成分的植物由于适口性差、毒性弱以及可吸收蛋白降低等原因常成为该区域优势种。

生命活动离不开水，啮齿动物通过一系列行为和生理的变化以适应不同的环境。例如，有厚重角质层或覆盖蜡质保护层的皮肤能有效防止水分的蒸发、肾脏能够过滤并回收水分、大肠也可以重吸收水分、蛋白质代谢为尿素等。生活在干旱地区的跳鼠，其尿液可以浓缩为血浆浓度的 17 倍以上，还通过昼伏夜出的行为方式减少体内水分散失。夏眠时体温降低，代谢率降低，水分的散失相应地也降低，因此部分啮齿动物选择了夏眠以应对干旱气候。所以，降水会影响啮齿动物的分布。例如，黑线仓鼠(*Cricetulus barabensis*)、莫氏田鼠(*M. maximowiczii*)和达乌尔鼠兔(*Sochotona dauurica*)的分布与土壤的含水量呈负相关，而狭颅田鼠(*M. gregalis*)和达乌尔黄鼠的分布与土壤含水量呈正相关。

14.2 啮齿动物的种群生态

14.2.1 种群的概念

啮齿动物种群同本教材昆虫种群概念和基本特征一致，种群是啮齿动物存在和进化的基本单位，是在同一时间占有一定空间的、能自由交配与繁殖的同种生物个体的集合。种群通常是指分布在某一特定区域同一生态环境的某种生物群体，如民勤荒漠区子午沙鼠(*Meriones meridianus*)种群；有时也指某一分类单元所有个体的总和，如泛指所有的子午沙鼠。同样具有遗传特征、空间特征和数量特征。

14.2.2 种群的动态

啮齿动物种群动态是研究种群数量在时间上和空间上的变动规律，研究方法主要有野外调查、室内研究求证、数学建模等。这些工作对生物资源的合理利用、生物多样性保护及鼠害治理具有重要的应用价值。

(1) 种群密度

一个种群的大小是指一定区域内种群个体的数量或生物量。种群统计的方法很多，对于啮齿动物而言，需要确定调查对象、调查目的和种群的边界，然后进行统计分析。种群密度可以分为相对密度和绝对密度。绝对密度是指单位面积内或空间内的生物个体数量，相对密度则表示种群数量的相对值。

(2) 种群信息的统计

种群增长率又称自然种群增长率，是指自然种群的出生率减去死亡率的净增长值。根据生命表的资料，可以计算出种群增长率 r 和内禀增长率 r_m。r 可按照下列公式计算：

$$r = \ln R_0 / T = \ln \frac{\sum l_x m_x}{T} \tag{14-1}$$

式中，R_0 为世代净生殖率；l_x 为以年龄 x 时的种群存活率；m_x 为 x 年龄时的种群存活率；T 表示世代时间，指种群子代从母体出生到子代再产生的平均时间，可以从生命表资料中计算出：$T = (\sum x l_x m_x)/(\sum l_x m_x)$。

尽管 r 是一个很有用的指标，但是为了比较，人们常在实验室条件下观察种群内禀增长率 r_m。r_m 是具有稳定年龄结构的种群，在食物不受限制，同种其他个体的密度维持在最适水平，环境中没有天敌，并在某一恒定的温度、湿度、光照等环境条件下种群的最大瞬时增长率。由于实验室条件不一定是最理想的，因此测得的 r_m 也是相对的。根据表 14-1，可计算出木垒县草原兔尾鼠的净生殖率 R_0 为 3.381，世代时间 T 为 3.272，内禀增长率为 r_m 为 0.372。

表 14-1 2001 年 7 月木垒县兔尾鼠内禀增长率

x	n_x	l_x	Sm_x	S_x	m_x	$l_x \cdot m_x$	$x \cdot l_x \cdot m_x$
1	3	0.231	0	0.6	0	0	0
2	13	1	0	0.448	0	0	0
3	12	0.923	48	0.667	2.668	2.463	7.389
4	7	0.538	29	0.412	1.707	0.918	3.672
合计	35		77			3.381	11.061

注：x 为年龄组；$l_x = (n_x + n_{x+1})/2$；n_x(♀) 为 x 年龄组的雌性个体数；S_x 为在 x 年龄组中雌性个体数分数；Sm_x 为在 x 年龄组中雌性所产的胎仔数；m_x 为 x 年龄时的每雌产仔率，$m_x = S_x Sm_x / n_x$(♀)。

生命表可描述种群的死亡过程，但在实际工作中获得同生群（一组大约在同时出生的个体）从出生到死亡的命运数据往往较为困难。根据实际情况，可采用不同的方法编制生命表。宛新荣等 (2001) 对生命表的类型做了较为全面的综述，常见的寿命数据有 4 种类型：寿终数据、右删失数据、左删失数据和区间型数据。寿终数据又称完全寿命数据，即一个个体的确切寿命已知。右删失数据定义为一个个体的确切寿命未知,只知其寿命大于某个值。左删失数据定义为一个个体的确切寿命未知,只知道其寿命小于某个值。区间型数据是指某个个体的确切寿命未知,仅知其寿命介于两个值之间。在某种意义上说,区间型数据类型含义最广,它实际包括了上述 3 种寿命数据类型。与 4 种常见的寿命数据类型相对应,生命表的编制通常有 3 种非参数统计方法:寿命表法、乘积限估计和 Turbull 估计。一般来说,寿命表法可处理寿终数据、右删失数据和区间型数据;乘积限估计只能处理寿终数据和右删失数据,但其估算精度要比寿命表法准确;Turbull 估计法则可处理寿终数据、右删失数据和左删失数据。上述 4 类寿命数据具有一个共同特征:这些个体的调查时间起点都在初始时刻(动物刚出生或孵化)。在对野生动物的寿命数据跟踪调查过程中,经常会出现某些调查范围的个体,并非是在出生时刻就开始跟踪的,这些个体进入调查时刻的年龄往往还存在差别。这些数据被定义为左截断数据。左截断数据可兼为寿终数据、右删失数据、左删失数据或区间型数据中的任何一种,但又明显地与这些普通数据相区别,因而在数据分析过程中必须把它与普通数据区别对待。

(3)种群的增长模型

用数学方法研究种群动态是理论生态学的主要研究内容,下面简要介绍两类基本的模型。

第一种为"J"型。如果种群不受资源的限制,以内禀增长率增长,其种群数量将以指数方式增加。大多啮齿动物的繁殖都要延续一段时间,并有世代重叠,即在任何时候,种群中都有不同年龄的个体。假定在很短的时间 dt 内种群的瞬时出生率为 b,死亡率为 d,种群大小为 N,则种群的增长率为:$r=b-d$。即:$dN/dt=(b-d)N=rN$,积分式为 $N_t=N_0 e^{rt}$。以种群大小 N_t 对时间 t 作图,得到种群增长曲线,曲线呈"J"形。如果以 $\lg N_t$ 对时间作图,由曲线转化为直线(图 14-1)。而在实际情况下,环境和生物本身都是有限的,"J"型生长仅发生在密度很低且资源丰富的情况下。

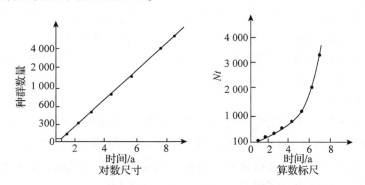

图 14-1 种群增长曲线(Kebs,1978;孙儒泳等,2002)

$N_0=100$ $r=0.5$

r 是一种瞬时增长率,当 $r>0$ 时种群上升;当 $r=0$ 时种群稳定;当 $r<0$ 时种群下降。

第二种为"S"型。伴随密度增加和资源不足,种群增长率会降低。啮齿动物大多在一年中能多次繁殖,其世代重叠,种群增长连续。在与密度无关的种群连续增长模型的基础上,假设:①有一个环境容纳量(以 K 表示),当 $N_t=K$ 时,种群为零增长;②增长率随密度上升而降低的变化是按比例的,每增加一个个体,就产生了 $1/K$ 的抑制影响。按此两

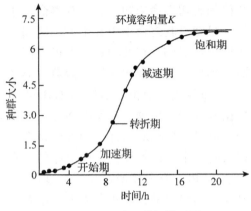

图 14-2　种群增长模型图

点假设，密度制约导致种群增长率随种群密度增加而降低，这样种群增长曲线由"J"型变为"S"型(图 14-2)。

上述指数增长方程乘上一个密度制约因子 $(1-N/K)$（表示种群在有限环境下实现种群增长的环境阻力），即为生态学上著名的逻辑斯谛方程：

$$dN/dt = rN(1 - N/K) \quad (14\text{-}2)$$

逻辑斯谛方程产生的曲线为"S"形。方程积分式为：$Nt = K/(1+e^{a-rt})$，式中，a 值的大小取决于 N_0，表示曲线对原点的相对位置；种群的起始密度(或种群基数)越大，a 值越大。

14.2.3　种内关系

种内关系是指种群内部个体间的相互关系，是调节种群数量的因子之一，包括婚配制度、对巢区的竞争、对食物的竞争和对配偶的竞争等。

(1) 婚配制度

婚配制度指种群内婚配的类型，包括配偶数目、配偶持续时间以及对后代的照顾水平等。婚配制度有单配制和多配制，前者即一雄一雌，后者又分为一雄多雌、一雌多雄。啮齿动物在不同的生态压力下，进化形成不同的婚配制度。如田鼠类动物的社群结构和婚配制度大致有以下 4 种情况：①在雄性占有的领地中有多个雌性；②雌性占有领地与一个或多个雄性的巢区重叠；③雌性和雄性分别占有领地，在非繁殖季节能容忍同类成年个体的进入；④多个雌性和多个雄性共同占有领地。婚配制度为严格单配制的，如橙腹田鼠(*M. ochrogaster*)在繁殖季节总是雌雄共居一个巢穴，共同抚育幼仔。一雄多雌制的如山田鼠和黄颊田鼠(*M. xanthognathus*)。一雌多雄的有草原田鼠和南美松田鼠(*M. pinetorum*)。值得一提的是，田鼠类动物的婚配制度并非一成不变的，而是随环境条件(如气候和种群密度)的改变而产生相应的调整。

(2) 对巢区的竞争

巢区变化反映鼠类生活史策略及其种群动态变化。巢区变化与外部因子(如生境质量，包括资源分布)和内部因素(如繁殖、种群密度、社群状况等)密切相关，但巢区状况与各因子的相关程度有种间差异。食物资源是评价生境质量的首要尺度，其丰盛度和分布格局对动物巢区变化的作用已为许多研究所证实。对白足鼠(*Peromyscus leucopus*)和拉布拉多白足鼠(*P. maniculatus*)的研究表明，栖息在开阔地(生境质量相对较低)个体的巢区要比在灌丛(最适生境)中的巢区大。目前，种群密度影响巢区的效应有不同的观点。一些研究指出，密度与巢区大小呈负相关，在高密度情况下，鼠类的巢区面积缩小或重叠程度增加，但对加氏䶄(*Clethrionomys gapperi*)、加州田鼠(*M. californicus*)、歌田鼠(*M. miuras*)高低密度条件下的比较研究显示，巢区大小与种群密度无相关性。

(3) 对食物的竞争

同种个体间对食物资源存在着较为激烈的竞争。许多啮齿动物都有贮食行为。在食物较为丰富的时期，贮食动物将未食尽的食物埋藏起来，以便在食物短缺时期再次利用。程瑾瑞等（2005）在四川省都江堰地区的亚热带常绿阔叶林内，利用人工修建的半自然状态围栏试验，研究小泡巨鼠（*Leopoldamys edwardsi*）对油茶种子的埋藏行为。在同种竞争者存在的条件下，竞争者的存在即意味着高种群密度，给埋藏者造成竞争压力；埋藏者的埋藏活动可能完全暴露于竞争者的观察之下，因而埋藏者必须采取相应的行为策略，以减少其埋藏的种子被竞争者窃取造成的损失。小泡巨鼠在有竞争者存在时，种子埋藏量显著高于没有竞争者存在时。种群密度高，意味着更多的个体参与对食物资源的竞争，在食物资源有限的条件下，每个个体能得到的食物就会相应减少。

（4）对配偶的竞争

动物为了最大限度地提高其适合度，对配偶资源有强烈的竞争。将单独饲养的成年雌性试验小鼠放在一起时，其攻击行为往往不会发生，而将单独饲养的雄鼠放在一起时，往往会发生较为激烈的打斗，因此，人们认为雌性小鼠的攻击行为不强或缺乏攻击行为。Palanza等（1994，1996）每天将雄性的排泄物放入单独饲养的雌性小鼠笼内，一段时间后，将这些鼠放在一起，此时雌性小鼠间也会发生激烈的打斗。显然，这种攻击行为是为了保护其资源（期望占有的雄性）。

14.2.4 种间关系

种间关系是指不同物种之间的相互关系，包括种间竞争、捕食作用、领域行为和社群关系等。

种间竞争是指两个或更多物种共享有限资源时产生的相互竞争。竞争能力取决于物种的生态习性、生活型和对生态因子的适应能力等。由于竞争的排斥作用，生态位相似的生物不能永久共存于同一地点。它们若在同一地方生活，其生态位相似性必定有限，可能在食性、栖息地或活动时间等方面存在差异，即竞争排斥原理（competition exclusion principle），又称高斯假说（Gause hypothesis）。竞争表现为两种方式：一种是仅通过消耗有限资源而个体间不直接相互作用，称为利用性竞争；另一种是个体间直接作用，如捕食、打斗等，称为干扰性竞争。

生态位（niche）是生态学中一个重要概念，指物种在生物群落或生态系统中的地位和角色，即在自然生态系统中一个种群在时间和空间上的位置，及其与相关种群之间的功能关系。Hutchinson（1957）提出了n-维生态位概念，假设影响有机体的每一个条件和有机体能够利用的每一个资源都可以被当作一个轴或维，在此轴或维上，可以定义有机体将出现一个范围。同时考虑一系列这样的维，就可以得到有机体生态位的一个增强了的定义图。例如，啮齿动物对温度的忍受范围、栖息地的位置、食物种类、活动时间等都可以分别作为一个维，就可把某个物种的生态位与其他物种区分开。

物种在某一维上的分布，常呈正态分布。这种曲线称为资源利用曲线，表示物种具有的喜好位置及其散布在喜好位置周围的变异度。如图14-3A中物种生态位窄，相互重叠少，即$d>w$，表示种间竞争小；图14-3B各物种生态位较宽，相互重叠多，$d<w$，表示物种间竞争大。比较不同物种的资源利用曲线可分析生态位的重叠与分离情况，探讨竞争与进化的关系。若两物种的资源利用曲线完全分离，表示某些资源未被利用，扩充利用范围的物种将在进化中获益。生态位窄、种内竞争激烈的物种会拓展扩展资源利用范围。进化

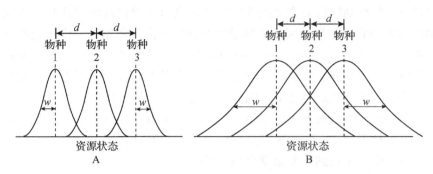

图 14-3　3 个共存的物种的资源利用曲线
d. 曲线峰值间的距离；*w*. 曲线标准差

将使物种的生态位靠近，重叠度增加，种间竞争加剧。生态位越接近，重叠越多，种间竞争越激烈，将导致这一物种灭亡或生态位分离。

在自然情况下，很少有物种能够占据全部基础生态位，一个物种实际占有的生态位称为实际生态位。互利共生也能影响实际生态位，互利共生者的存在倾向于扩大实际生态位。王桂明等 (1996) 研究了内蒙古典型草原中 4 种常见小哺乳动物 [布氏田鼠、达乌尔鼠兔、达乌尔黄鼠和草兔 (*Lepus capensis*)] 的营养生态位及相互关系。用胃内容物显微组织分析法分析该 4 种动物在自由生活下的食物组成，计算各种动物营养生态位的宽度，用 $C_{jk} = \sum(P_{ij}P_{ik})$ 计算种间营养生态位重叠程度 (式中，P_{ij} 为 i 种群利用 i 资源的比例；P_{ik} 为 k 种群利用 i 资源的比例)。结果发现，4 种动物在资源利用方面有一定差异 (图 14-4)。4 种动物的实际营养生态位宽度大小顺序为：草兔 (2.468 4) > 布氏田鼠 (1.752 4) > 达乌尔鼠兔 (1.623 4) > 达乌尔黄鼠 (1.432 5)。

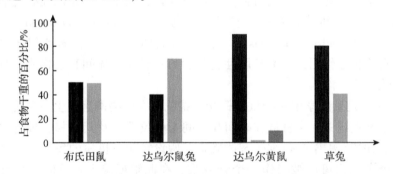

图 14-4　4 种小哺乳动物夏季食物中双子叶植物和单子叶植物的比例 (引自王桂明等，1996)

Lotka-Volterra 种间竞争模型是逻辑斯谛模型的延伸。设 N_1 和 N_2 分别为两个种群的种群数量，K_1、K_2、r_1、r_2 分别为这两个物种的环境容纳量和种群增长率。按逻辑斯谛模型，即

$$dN_1/dt = r_1 N_1 (1 - N_1/K_1) \tag{14-3}$$

当两个物种共同利用空间时，对于物种 1 已利用空间项除 N_1 外还要加上 N_2，即

$$dN_1/dt = r_1 N_1 (1 - N/K_1 - \alpha N/K_1) \tag{14-4}$$

式中，α 为竞争系数，表示每空间 N_2 个体所占的空间相当于 α 个 N_1 个体，即 α 可以表示每个 N_2 对于 N_1 所产生的竞争效应。同样，对于物种 2：

$$dN_2/dt = r_2N_2(1 - N_2/K_2 - \beta N_2/K_2) \tag{14-5}$$

β 为物种 1 对物种 2 的竞争系数。式（14-4）和式（14-5）为 Lotka-Volterra 的种间竞争模型。

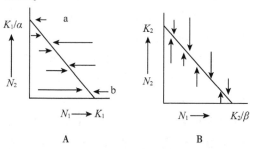

图 14-5 Lotka-Volterra 竞争方程所产生的物种 1 和物种 2 的平衡线

两个物种的竞争结局，从理论上讲可能有以下两种：其中一个物种被排除或两种共存。

图 14-5 分别表示物种 1 和物种 2 处于平衡状态，即 $dN_1/dt = 0$、$dN_2/dt = 0$ 时的条件。在图 14-5A 中，最极端的两种平衡是：a. 全部空间被 N_1 所占据，即 $N_1 = K_1$，$N_2 = 0$；b. 全部空间被 N_2 所占据，即 $N_1 = 0$，$N_2 = K_1/a$。连接这个端点，即代表了所有的平衡条件。在对角线以下和以左 N_1 增长，以上和以右 N_1 下降。同样，图 14-5B 中对角线以下和以左 N_2 增长，以上和以右 N_2 下降。

将图 14-5A 和 B 相互重叠起来，就可以得出下列 4 种不同的结局，其结果取决于 K_1、K_2、K_1/α 和 K_2/β 的相对大小（图 14-6）。当 $K_1>K_2/\beta$，$K_2<K_1/\alpha$ 时，N_1 种内竞争强度小，种间竞争强度大，N_2 相反，所以 N_1 取胜，N_2 被排除。当 $K_2>K_1/\alpha$，$K_1<K_2/\beta$ 时，N_1 种内竞争强度大，种间竞争强度小，结果是 N_2 取胜，N_1 被排除。当 $K_1>K_2/\beta$，$K_2>K_1/\alpha$ 时，两条对角线相交，出现平衡点，这种情况下，两个物种都是种内竞争强度小，种间竞争强度大，都有可能取胜，因而出现不稳定的平衡。当 $K_1<K_2/\beta$，$K_2<K_1/\alpha$ 时，两条对角线相交，出现平衡点，这种情况与（图 14-6C）相反，两个物种都是种内竞争强度大，种间竞争强度小，彼此都不能排除对方，从而出现稳定的平衡，即共存的局面。总之，竞争的结局取决于种内竞争和种间竞争的相对大小。

捕食者与被捕食者协同进化。植物产生多种防御措施抵御植食性动物的过度取食。例如，形成坚硬的外皮、针、刺、钩和毛状结构等物理防御，干扰植食性动物的取食效率。或是形成有毒的植物次生代谢产物（plant secondary metabolisms，PSMs）通过威慑、毒性或减缓植食性动物的发育和繁殖来防止其过度取食。植食性动物作为捕食者时，也通过行为、生理生化和基因等适应方式积极应对植物的防御策略。植食性动物能在其摄入 PSMs（如涩味的单宁酸、苦味的类黄酮和生物碱）后感受到的味觉加以反馈，通过改变觅食行为，减少对 PSMs 的摄入。例如，山地大猩猩（*Gorilla beringei beringei*）通常在竹子萌

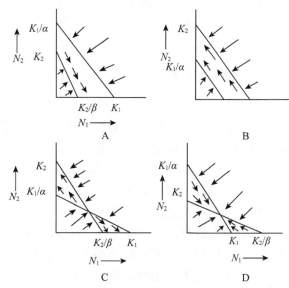

图 14-6 Lotka-Volterra 模型的行为产生的 4 种可能结局

发新鲜嫩芽的几个月前往竹林取食竹子嫩叶，而其余时间则是依赖常年易取食到的草药和藤蔓叶子。如果遇到无法避免摄入的PSMs，植食性哺乳动物则能够通过生理生化等适应能力降低PSMs毒害作用。史密斯林鼠(*Neotoma stephensi*)通过提高肝脏的生物转化能力，适应杜松(*Juniperus monosperma*)中存在的毒性化合物α-蒎烯。肝脏微粒体中的酶，也可通过添加官能团或内源性耦联物来增加PSMs的极性，将其修饰为更容易排泄的化合物。肠道微生物的丰度和多样性也能够协助植食性动物对PSMs进行解毒代谢。微生物通过协助宿主消化和产生大量代谢产物，来协助代谢摄入体内的PSMs(Tan等，2024)。

当啮齿动物作为被捕食者的时候，受捕食者的影响也很大。捕食压力可以影响啮齿动物的摄食行为、繁殖行为和栖息地的选择等。在捕食风险下，动物觅食行为将随捕食风险压力的增加而发生相应的变化。动物可以通过对觅食地点的选择、调整食谱结构及调整觅食活动时间，来降低被捕食的风险。边疆晖等(2001)研究捕食风险环境中集群和洞距离对高原鼠兔摄食行为的影响。通过在地面竖立不同密度和组合的覆盖物来调控捕食风险，观察高原鼠兔的摄食行为。增加地表覆盖物导致高原鼠兔视觉环境复杂化，被捕食的风险水平增加，使其将更多的时间用于观察周围环境和防御捕食者，减少其取食时间。因此，高原鼠兔在摄食活动中，能依据环境的风险状况，选择不同大小的集群。高原鼠兔的警觉行为主要发生在离洞口2 m的范围内，且随与洞口间距离的增加而降低。

14.3　啮齿动物的群落结构

14.3.1　群落的概念

现在较通行的对生物群落(biotic community 或 biocoenosis)的定义为：在相同时间聚集在同一区域的各种生物种群的集合。群落首先强调的是时间，其次是地域(空间范围)。在相同的地段上，随着时间的推移，群落的组成和结构都会发生变化，所以，群落是指某一时段的群落。正如种群是个体的集合，群落则是种群的集合，但它不是一些随便凑合在一起的彼此无关的生物，群落是有序的、协调一致的生态功能单位，是各种群之间、种群与环境之间相互作用、相互制约形成的。

14.3.2　群落的特征

①具有一定的种类组成　任何一个群落都是生物种群组成的，不同的群落由不同的生物种类组成。因此，种类组成是区别于不同群落的首要特征，群落中种类成分及每个种个体数量的多少，是度量群落多样性的基础。

②群落中各物种之间是相互联系的　生物群落不是种群的简单集合。群落中的物种必须与其所处的非生物环境相适应，同时，群落内部的相互关系也协调平衡。物种间的相互关系随着群落的发展而不断完善。

③群落具有自己的内部环境　群落与环境不可分割，生物不仅要适应环境，同时对环境也有巨大的影响，随着群落的发育成熟，群落的内部环境也发育成熟。群落内部的环境，如温度、湿度、光照等都不同于外部。

④群落具有一定的结构　群落结构表现为空间上的层次、物种之间的营养结构、生态结构及时间上的季相变化。

⑤具有一定的动态特征　任何一个群落都要经历发生、发展、成熟、衰败与灭亡的过程，在不断地发展过程中，表现出动态特征。

⑥具有一定的分布范围　不同的生物群落都是按照一定规律分布的。每种生物群落都分布在特定的地段或特定的生境中。

⑦具有边界特征　在自然条件下，如果环境梯度变化比较陡，或某种环境突然中断，分布在这种环境中的群落具有明显的边界。

⑧群落中各物种不具同等的群落学重要性　即不同物种对群落结构、功能及稳定性的贡献不同，因此，从数量上可将物种分为优势种、常见种、偶见种等，从重要性上可将物种分为关键种、旗舰种、冗余种等。

14.3.3　群落的物种多样性

物种多样性(species diversity)是生物群落的首要特征，它反映群落的组织水平，决定群落的面貌和功能特性。群落生态学中的物种多样性与生物多样性保护中的物种多样性，虽有关联，但含义、研究目标和角度却不同。生物多样性(biodiversity 或 biological diversity)通常侧重于资源角度，指所有来源的生物体，包括陆地、海洋和其他水生生态系统等及其所构成的生态综合体，涵盖物种内部、物种之间和生态系统，以及各种生态过程的多样化和变异性。简而言之，生物多样性是指生命形式在不同层次上的资源，包括基因多样性、物种多样性和生态系统多样性3个层次。有些学者还将景观多样性作为生物多样性的第4层次加以考虑。这些层次组成了生物多样性的整体概念，是系统学和保护生物学的研究范畴，也是生物资源保护和生物多样性保育工作的总体目标。由上述可知，生物保护所说的物种多样性，是指第2层次即物种水平的生物多样性，指一个地区内物种的多样化和变异性，主要是从分类学、系统学和生物地理学角度，对一定区域内物种的状况即生物资源的特性和丰富程度进行研究。而在群落生态学中讲的物种多样性，是从生态学角度研究生物群落的组成和结构特点；多样性在这里是用来反映群落中生物物种组成的复杂程度，包含物种数目(丰富度)和均匀度，即指一个群落或生境中物种数目的多少，以及物种个体数目分配的均匀程度。

14.4　草地啮齿动物的综合作用

14.4.1　促进能量流动和物质循环

在草原生态系统中，啮齿类能流比例很大。例如，在我国青海高寒草甸和内蒙古典型草场中，鼠类的能量摄入占20%以上。在青藏高原的矮嵩草(*Kobresia humilis*)草甸中，高原鼠兔对净初级生产量的消费率为5.61%，当地放牧家畜(牦牛和藏羊)的消费率为13.62%，鼠兔的消费量占家畜消费量的比例高达41.19%(蒋志刚和夏武平，1987)。王祖望等(1987)分析了矮嵩草草甸群落流入鼠兔和藏系绵羊种群的能量摄入(表14-2)。绵羊每公顷采食的生物量是高原鼠兔的19.1倍，而高原鼠兔每日每千克体重能耗的生物量为绵羊的2.5倍，羊摄入能量仅占矮嵩草草甸初级净生产的10.3%，同化能占6.6%，而高原鼠兔即便在正常密度下以上两参数分别为13.7%和9.4%，是绵羊的1.3倍。在高密度年份，其消耗量远远超过绵羊的消耗量。

表 14-2　高原鼠兔与藏系绵羊的能量摄入比较

动物	密度/ (只/hm²)	平均体重/ kg	生物量/ (kg/hm²)	能量摄入		能流/ [×10³kJ/(hm²·a)]
				kJ/(kg·d)	×10³ kJ/(hm²·a)	
高原鼠兔	104.62	0.123	12.87	1 759.37	8 264.74	5 658.1
藏系绵羊	0.51	48.30	21.63	659.09	6 248.82	3 982.4

14.4.2　提高了植物生产力

通常情况下，啮齿动物对植物的适度啃食不会降低植物生产力，反而可能提高。适度啃食使植物能够维持最适的叶面积指数，达到最大生产力。小型哺乳动物对植物叶片的机械性损伤和唾液腺的分泌物，可引起植物净光合速率的变化以对啃食产生补偿作用。此外，这些动物的活动和粪便利于养分循环和地表植物枯枝落叶的分解，促进净生产量的增加。研究发现，在去除旅鼠（*Lemmus trimucronatus*）13 年后，试验区生物分解速率及净生产力显著降低。以苜蓿为例，进行了 6 月的一次收获后，如果没有田鼠啃食，10 月的产量要比未收获的高 10 倍以上。但是，如果有田鼠啃食，10 月产量与未被啃食时相近。这表明田鼠的取食行为得到了完全的补偿。若 6 月未采取收割措施时，则田鼠的存在反而可使 10 月苜蓿产量略有提高（表 14-3）。

表 14-3　苜蓿产量与田鼠啃食的关系

处理	10 月苜蓿产量/(g/m²)		
	田鼠存在	田鼠不存在	平均
6 月收割	560	558	559
6 月未收割	73	41	57

但是，啮齿动物数量太高时，常会因过度啃食造成植物生产力的下降。例如，旅鼠爆发期生长季节的植物净生产量比正常年份减少 30%~50%。另有研究发现，博塔囊鼠（*Thomomys bottae*）和黄鼠（*S. beecheyi*）等可使生长后期的绿色植物减少 16%~35%。植物减少量大约是它们食量的 10 倍。在我国青海高寒草甸，单位面积载畜量为 3 只/hm²，除去鼠类，载畜量可提高到 4.5 只/hm²（张知彬，1994）。

14.4.3　更新森林

在长期的进化过程中，啮齿动物与植物种子和果实之间形成了互惠或协同进化的关系。大部分啮齿动物食用植物种子和果实。同时，许多植物又依赖鼠类对种子进行散布和埋藏。啮齿动物通过贮食行为，将植物种子和果实搬运到远离母树的地方，分散埋藏在落叶下或浅表的土层中。这种行为协助扩展了植物种子和果实的时空分布，促使幼苗在更有利的条件下生长，实现植物更新扩大。啮齿动物对植物种子的扩散对植物的分布、重建和群落的组成及多样性具有重要影响。

14.4.4　丰富生物多样性

啮齿动物处在生态系统中食物链的中间环节，与猎物、天敌、寄生物和分解者等密切相关。一些天敌（如鼬类），是较为专一的捕食者，有 80%~90% 的食物是鼠类。天敌的数量动态与鼠类密切相关。有的天敌（如狐和獾等）食物中，小哺乳动物也占有一定比例。在某种情况下，啮齿动物可能是昆虫数量的重要调节因素。它们在维持昆虫物种多样性和均匀性方面发挥重要作用。此外，啮齿动物的废弃洞巢还为其他动物提供了栖息场所。蜘蛛、蛇、鼬和一些鸟类常利用这些洞巢捕食昆虫或作为栖息地，对维持生物多样性也具有重要意义。

思考题

1. 名词解释：个体生态、种群增长率、生命表、生活史对策、婚配制度、领域行为、生态位、生物群落、多样性指数。
2. 啮齿动物如何适应极端温度？
3. 啮齿动物如何适应高原低氧？
4. 啮齿动物如何选择适宜的栖息地？
5. 简述"S"型种群增长模型。
6. 分析 K 对策的形成原因。
7. 简述婚配制度及其形成原因。
8. 分析种间竞争的原因及其可能结果。
9. 简述生态位的形成原因。
10. 简述 Lotka-Volterra 种间竞争模型。
11. 简述生物群落的基本特征。
12. 分析影响群落结构的因素。
13. 分析啮齿动物在生态系统中物质循环和能量流动过程中的作用。
14. 分析啮齿动物对植物生产力的影响。

第 15 章
啮齿动物的调查与测报

草原鼠害导致草地经济损失和草原生态退化，治理难度大。建立以预警为主的鼠害监测系统是科学、及时、有效防治鼠害的关键。精准预测害鼠种群动态需要常年持续监测数据及良好的数据分析能力。监测预警包括鼠害发生前环境监测，鼠害发生过程中评估空间范围和危害损失，并确定防治措施，提供人力、物力和财力指导。我国草原鼠害发生的面积大，情况复杂，目前缺乏长期、系统的鼠类分布情况及生物学、生态学资料，预测预报的数据建模能力薄弱。

15.1 啮齿动物种群数量调查

害鼠成灾实质上是害鼠种群数量超过了人类能够忍受的阈值。准确预测种群动态的基础是积累目标动物种群的长期监测数据。研究动物生态的监测技术方法有多种，选择适当的方法取决于目标物种的栖息特点和研究目的。常用的调查目标是相关动物群落的组成、密度、丰富度、多样性及特定物种种群大小等。啮齿动物种类多，生活环境多样，很少能被长期直接观察到。传统监测手段包括样方捕尽法、夹捕法、地箭法、标记重捕法、洞口（土丘）计数法、洞口（土丘）系数法、有效洞口计数法等，以及近年发展的现代信息监测技术，如"3S"技术。这些方法各有优劣，但无法等概率地捕获到所有物种或不同性别和年龄段的个体。受调查区域的环境、气候、个体地位和物种组成等影响，捕获方法对不同动物种群（群落）的捕获效率存在差异。实际监测中，需要根据当地环境和研究需求选择合适的技术，以获取相对准确的数据，进而预测预报害鼠种群动态。

15.1.1 样方捕尽法

样方捕尽法是指选取 0.5 hm² 的样方，放置鼠夹（针对地上活动鼠）或弓箭（针对地下活动鼠）2~3 d，将样方内的鼠捕尽。一般上午（或下午）放置鼠夹（弓箭），下午（或翌日凌晨）检查，至翌日凌晨（或翌日下午）复查，每次检查以相隔半日为宜，直到样方内的鼠捕尽为止。捕获鼠总数除以调查样地的面积即为调查区域地上或地下活动鼠的绝对密度值，一般以只/hm² 作为单位。该方法调查结果准确，但费时费力，大面积使用困难。

15.1.2 夹捕法

夹捕法又称夹日法（调查日行性鼠）或夹夜法（调查夜行性鼠），是指使用鼠夹调查一昼夜时间内捕获鼠的概率，通常在傍晚置夹，次日清晨收夹。一般以 100 夹日捕获鼠数来统计鼠类种群密度的相对指标，称为夹捕率。例如，100 夹日捕鼠 10 只，则夹捕率为 10%。其计算公式为：

$$P = \frac{n}{N \times h} \times 100\% \tag{15-1}$$

式中，P 为夹捕率；n 为捕鼠数；N 为鼠夹数；h 为捕鼠昼夜数。

夹捕法通常使用中型鼠夹，其灵敏度控制在 $4\sim5$ g。诱饵以方便易得并为鼠类喜食为标准，常用花生米作诱饵。草地啮齿动物调查的布夹方式常采用夹线法，即设置一条调查样线，按夹距 5 m 直线性布夹，一般调查每一生境中至少应累计 300 个夹日才有代表意义。该法适用于地面活动的中小型啮齿动物群落及种群数量调查，特别适用于夜行性鼠类。

夹捕法是广泛应用于鼠类监测的技术，以夹捕率表示鼠密度，代表调查区域鼠的相对数量。这种方法操作简便，适用于各种环境，便于比较不同时间和地点的害鼠数量或群落结构。然而，它存在对种群或群落扰动性较大、环境不均一导致夹捕密度准确性下降等问题。不同鼠种和年龄段的害鼠对鼠夹的敏感度、对诱饵的喜好程度不同，以及不同人员和布夹方法（夹距、布夹灵敏性等）都可能导致调查获得的鼠密度存在较大差异。故夹捕法调查时，需重视器械、诱饵、人员及调查时间的统一性。

15.1.3 地箭法

地箭法是指利用地箭在一定时间内捕获鼠的概率来表示地下生活鼠相对密度的一种方法。对于营地下生活的鼠类，夹捕法很难捕获到样本。人们在长期的实践中发明了地箭，用于捕获监测地下鼠。早期的地箭，通常由一块较厚的石板、支架、粗线和横别棍等组成。捕鼠时，将箭垂直插入鼠洞道上方，至箭尖与洞道上壁平齐，石板用绳索依靠支架吊于地箭上方，绳索末端用横别棍固定于切开的洞口，当鼠推土堵洞时，触动横别棍，石板落下，将箭射入洞道，即可扎中正堵洞的鼠类。依据该原理，捕鼠地箭已经逐渐形成商品化的产品（图 15-1）。

图 15-1　设置地箭捕获甘肃鼢鼠（王登/摄）

15.1.4 标记重捕法

标记重捕法是指在一定面积的样地内，利用捕鼠笼随机捕获一部分个体（图 15-2）标记后释放，经过一定时间后进行重捕，假定重捕取样中标记个体比例与样地总数中标记比例相同，以估算样地中害鼠总量的方法。其最简单的计算公式为：

$$N = M \times n/m \tag{15-2}$$

式中，N 为样地总数；M 为样地标记总数；n 为重捕个体数；m 为重捕样本中的标记数。

该法是鼠类群落和种群特征研究中调查种群的最常用方法。研究人员利用标记重捕法可获得种群的主要参数，为种群动态变化规律建模提供可靠数据。具有调查数据较详细、准确，不误伤非靶标动物，保护动物福利，维护生态平衡，但调查操作烦琐、费工费时，对调查人员技术要求较高。

啮齿动物标记重捕时，常用的标记手段有切趾、染色、耳标等。

①切趾标记(Toe-clipping) 对鼠类的指和趾按照一定的规则编号(图15-2)，按记录标记序号切掉相应的指和趾。切趾编号的方法可分为：双趾编码系统、三趾编码系统、四趾编码系统，可分别标识89、323和899个个体。切趾标记调查取样中，应尽力减少切趾对动物行为和存活的影响。

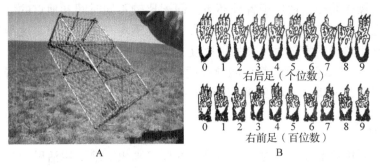

图15-2 笼捕活鼠(王登/摄)及鼠的切趾标记示意图

②染色标记 重捕取样时，使用不易脱落的毛发染剂在捕获鼠的身体不同部位编号，如头、腰部、臀部，进行染色标记，后续根据捕获鼠的染色特征确定其身份。

③耳标标记 是国外啮齿动物标记重捕时最常用的一种方式，采用合金材料制作的耐腐蚀、不易生锈，并可高压灭菌的条状耳钉，上标数字序号，钉于鼠耳壳上，用于目标鼠的编号标记。由于近年对动物福利的关注，相较于切趾法，该法较人道，近年被逐渐推广使用。

15.1.5 洞口(土丘)计数法

洞口(土丘)计数法是指统计一定面积内和一定长度路线上鼠洞洞口(地上鼠)或土丘(地下鼠)的数量，是表示鼠类相对密度的一种常用方法。该法适用于生活在稀疏低矮植被，鼠洞口(土丘)比较集中明显的鼠种调查。根据不同的调查目的，选择有代表性的样方，每个样方面积可为 $0.25 \sim 1 \ hm^2$。可根据地形和调查的人力、物力情况，采用方形、圆形(图15-3)和条带形样方进行统计。以圆形样方为例，在已选好的样方中心插一根长1 m左右的中心固定桩，在中心固定桩上拴一条可以随意转动的细绳，在绳上间隔一定距离(依人数而定)拴上一条布或树枝作为标志物。一人拉着绳子缓慢地绕圈走，其他人在标志物之间边走边数洞口。最好是数过的洞口上用脚踩一下，作为记号，以免重数或漏数。

①方形样方 进行连续性生态调查时常用。面积可为 $1 \ hm^2$ 或 $0.5 \ hm^2$。样方四周用记号标记。计数时，几个人按一定间隔距离列队前行。计数每人规定宽度内的洞口(土丘)数。

②圆形样方 在样方中心立一长1 m左右的木桩，固定一定长度的测绳，数人排列持绳，于绳上每隔一定距离拴上标记物(如红布条或树枝)，一人扯绳端围绕木桩缓慢绕圈行走，每人计数规定标记物间洞口数，即可得到对应面积样方内的洞口(土丘)数(表15-1)。

图 15-3　圆形样方统计洞口示意图

③条带形样方　多用于生境变化较大的样地。选定步行踏查好的调查路线，至少长 1 km，尽量包含调查样方内的各种生境。沿调查路线行走，计数 2.5 m 或 5 m 宽度范围内的洞口（土丘）。

表 15-1　常用圆形样方面积与测绳半径对应关系

圆形样方面积/hm²	1	0.5	0.25
测绳半径/m	56.4	40.0	28.2

15.1.6　洞口（土丘）系数法

洞口（土丘）系数法是指利用一定面积样地内鼠数量和洞口数的比例关系，来表示每一洞口所代表的鼠数，进而表示样地相对鼠密度的一种方法。调查洞口系数时，选择具代表性的一块面积为 0.25~1 hm² 样方，堵塞样方内所有洞口，24 h 后，计数被鼠打开的洞口数，即为有效洞口数。随后在有效洞口置夹捕鼠数天，直至捕尽（一般 3 d 左右）。统计捕获各种鼠的总数与有效洞口数的比值，即为洞口系数。

$$I = \frac{n}{b} \tag{15-3}$$

式中，I 为洞口系数；n 为捕鼠数；b 为有效洞口数。

群居性鼠类洞口系数调查时，若可以分出单独洞群，可免去样方调查，直接选取 5~10 个单独的洞群，统计每一洞群的洞口系数。根据单位面积洞口数及其洞口系数，即可求出单位面积中各种鼠的洞口系数估计值。

营地下生活的鼠具有堆土习惯，在调查鼠相对密度时，常在样方内统计土丘群数（土丘群由数量不等的土丘或龟裂纹组成），按土丘群挖开洞道，凡有封洞现象发生的即用捕尽法统计鼠绝对数量，按下列公式求出土丘群系数。

$$R = \frac{m}{y} \tag{15-4}$$

式中，R 为土丘系数；m 为捕鼠数；y 为土丘数。

获得同一季节同一鼠种的洞口（土丘）系数后，调查其他地区该鼠种的数量时，只要计数相同生境中的洞口（土丘群）数，乘以系数，即可得出种群的相对数量值。该法所得结果与捕尽法所得结果吻合，且计算简单，便于掌握，适用于统计鼢鼠类等有堆土习惯的地下鼠种相对密度的调查。

15.1.7 有效洞口计数法

有效洞口计数法是指对于啮齿目等穴居的哺乳动物，在选定的样地中，识别、查清有效洞口，参照已有研究换算样地单位面积的物种数量。

将样线或样方内的鼠洞用泥土封严，依不同鼠种的活动规律，一段时间后，检查被盗开的鼠洞数，即为活动洞口数。对于鼢鼠、鼹鼠等地下活动的鼠类，在样方内沿洞道每隔10 m（视鼠洞土丘分布情况而定）探查洞道，挖开洞口，24 h后检查计数封洞数量，按单位面积内的封洞数来代表鼠密度的相对数量。

15.1.8 "3S"技术

"3S"技术即地理信息系统（geographic information system，GIS）、遥感（remote sensing，RS）和全球定位系统（global positional system，GPS）技术统称。主要是通过"3S"技术得到目标区域的植被绿度、指数等参数，并将其与地面调查的鼠害发生情况关联，推断出鼠害发生的情况。

何咏琪等（2013）将"3S"技术与地面调查数据相结合，考虑气候、植被等主要因素，建立了基于"3S"技术的草原鼠害监测模型。调查结果显示，青海省鼠害发生面积约 $971.67 \times 10^4 \ hm^2$，其中青南牧区占78.98%。研究构建的鼠害"3S"监测预报模型模拟的鼠害发生面积与实地调查结果高度一致，覆盖了实际调查范围的99.95%。然而，模拟的鼠害总面积为 $1.75 \times 10^8 \ hm^2$，是实际调查面积的1.80倍。具体来说，模拟结果中鼠兔发生区比实际调查面积减小，但危害面积大1.45倍；而鼢鼠发生区和危害区则分别是实地调查面积的20.68倍和9.72倍。

目前的信息监测技术在对大群体多个体进行个体识别方面仍有挑战，因此，实现对害鼠种群动态信息的精确、长期、自动跟踪监测功能仍需要进一步研究和改进。

15.2 啮齿动物种群动态的预测预报

为了更准确地预测鼠害的发生，需要深入了解鼠害灾变规律和机制，并建立可靠的区域性鼠害预警模型。已有研究表明，外部因素通过调节种群的繁殖机制产生影响，具有明显的时间和空间特征。例如，在特定纬度内的哺乳动物有固定的繁殖时期，这是自然栖息地食物和水的供给、温度和光周期等环境因子每年的季节性变化对繁殖周期和精子发生调节的结果。水稻成熟期和收获期明显影响南非乳鼠（*Mastomys natalensis*）繁殖启动和繁殖期长度，在此期间，雌鼠繁殖力迅速增强，种群数量在2个月内达到高峰，随后繁殖力下降，种群数量迅速回落。褐家鼠（*Rattus norvegicus*）和小家鼠（*Mus musculus*）若食物充足，可长时间保持高繁殖力，进而可引起种群数量爆发。

将气候因素（如温度和降水等）纳入害鼠种群动态预测的模型中是一种常用方法。气候因素对鼠类种群有直接和间接影响。极端气候（如暴雨、寒冷等）可以直接引起动物死亡或阻止繁殖。气候通过影响动物的食物、栖息环境来影响种群增长，可发挥间接调控作用。在全球气候变化下，学者们指出厄尔尼诺—南方涛动（El Niño–Southern Oscillation，ENSO）可能是鼠类种群爆发的关键因素。研究表明，降水增加会提供更多食物资源，导致某些鼠类种群的爆发。此外，过去年度的干旱可以促使鼠类种群在接下来的年份爆发。将气候因素纳入鼠害爆发的预测模型不仅可以延长预测时间尺度，提高预测精度，还能明确鼠害爆发的机制。近年来，学者们从不同角度深入探讨了鼠类种群调节理论。Kenney 等（2003）发展了定性模型和数值模型用于预测澳大利亚西南部小麦产区小家鼠的爆发。定性模型基于冬季和春季降雨，预测小家鼠的爆发；而数值模型则结合冬季、春季降雨和春季小家鼠密度，预测小家鼠秋季的最大密度。

用于害鼠种群数量波动分析方法，总体上可归纳为两大类：一是采用概率统计学为基础的方法，即统计模型类预测方法，如建立回归方程（一元或多元回归、逐步回归）、马尔科夫链分析、时间序列分析等；二是采用生物数学模型，如生命表、Leslie 矩阵等。

回归模型一般是以害鼠的数量波动与预测前数量存在稳定的线性关系为前提，且线性回归方程或非线性逐步回归方程需要对害鼠的生物学及生态学特性有全面的了解，且需要积累不少于 5 年的种群动态调查资料，且不同鼠种需选择不同的生物学和生态学特征以及关键环境因子作为模型参数。时间序列分析假设预测对象与时间相关，通过综合外部因素作用来预测对象的变化，简化了复杂的外部因素影响。

生命表是通过对种群不同年龄组存活率的研究，分析害鼠种群的敏感期及敏感因子，为种群预测提供可靠的理论依据。应用 Leslie 矩阵模型来分析与预测种群动态，其数据直接来自生命表，该模型不仅可以估算任意时刻种群的密度，还可得出各年龄组个体在种群中所占的比例，其特点是简单明了，且通过建立种群矩阵模型、做参数灵敏度分析，可对种群变动趋势进行很好地模拟和预测。

此外，鉴于种群动态与环境之间的信息比较模糊，为简化种群内在的生物学特性间的复杂关系，研究者提出了灰色系统分析方法。它通过对系统的灰色性和变量随机模拟，可简便有效地模拟和预测目标物种种群动态。而上述数学模型在理论上有助于揭示害鼠种群的波动规律与调节机制，在实践中又为鼠害预测预报与防治提供了科学依据。

15.3 啮齿动物生命表编制

生命表是按照目标物种种群的生长时间或者年龄（发育阶段）编制的一种表格，系统性地记录种群的死亡率、生存率和生殖率，同时评估影响种群数量变动的关键因子。该技术具有记述整个世代的生存和生殖情况、综合各因子影响种群数量变化的能力，还能通过生命表分析找出在特定条件下主导种群数量变化的关键因素和阶段。

生命表方法起源于人口统计学，美国生态学家 Pearl 和 Parker（1921）首先把生命表方法引入生物学研究中。Deevey（1947）全面综述了这一方法，自此之后科学家陆续发表了许多生命表。为了方便对生命表的理解，下面以一个包含完整数据的虚拟鼠种生命表编制来示例其编制方法（表 15-2）。

在制作生命表前，首先要划分年龄间期（x），不同物种生活史年龄阶段的划分有一定差异，如牛、羊等长寿命动物常用 1 年、野鼠常用 1 月。生命表中的各栏数值是相互关联的，其中最关键的是要有 l_x 和 d_x 的实际观测值，其他各栏都可由它们计算出来。根据表 15-2 内的数据，以 $x=3$ 为例。

表 15-2　一个假设鼠种种群 8 周的时间特征生命表

x	l_x	d_x	$100q_x$	L_x	T_x	e_x
1	1 000	300	30	850	2 180	2.18
2	700	200	29	600	1 330	1.90
3	500	200	40	400	730	1.46
4	300	200	67	200	330	1.10
5	100	50	50	75	130	1.30
6	50	30	60	35	55	1.10
7	20	10	50	15	20	1.00
8	10	10	100	5	0	0.50

注：x：年龄或存活时间阶段单位(如日、周、月等)；l_x：在阶段 x 期开始时的存活鼠数；d_x：从 x 到 $x+1$ 期的死亡数；q_x：从 x 到 $x+1$ 期的死亡率，常以 $100q_x$ 或 $1\,000q_x$ 表示；L_x：单位时间阶段 x 期内的存活鼠数；T_x：自 x 期限以后的存活鼠数的累计数；e_x：从 x 期开始时的平均生命期望时限数。

$$l_{x+1} = l_x - d_x \tag{15-5}$$

$l_4 = l_3 - d_3 = 500 - 200 = 300$

$$q_x = \frac{d_x}{l_x} \tag{15-6}$$

$q_4 = d_4/l_4 = 200/300 = 0.667 \quad 100q_4 = 100 \times 0.667 = 67$

$$L_x = \int_{X+1}^{X} l_x d_x \approx \frac{l_x + l_{x+1}}{2} \tag{15-7}$$

$L_4 = (l_4 + l_5)/2 = (300 + 100)/2 = 200$

$$T_x = \sum_{x}^{\infty} L_x \tag{15-8}$$

$T_4 = L_4 + L_5 + L_6 + L_7 + L_8 = 200 + 75 + 35 + 15 + 5 = 330$

$$e_x = \frac{T_x}{l_x} \tag{15-9}$$

$e_4 = T_4/l_4 = 330/300 = 1.10$

由此可得，从 6 期开始时的平均生命期望时限数为 1.10。

上述生命表的基本形式是围绕种群的年龄特征，以死亡率为中心，称为年龄特征生命表。

在解析种群数量动态规律的过程中，计算种群一定时期内的增长率(周限增长率 λ)是关键步骤之一。该参数可以通过种群繁殖特征生命表计算获得。假设一个具有稳定年龄分布的鼠种种群，在没有任何生态限制因子的理想情况下，其个体的繁殖只受自身生理因素决定，理论上其能够产生后代的最大能力，即为种群的内禀增长力(r_m)。

我们以一个最大寿命为 54 周的鼠种为例，编制该种群的繁殖特征生命表(表 15-3)如下：表中仍包含 x 及 l_x 项，但 l_x 表示年龄为 x 时尚存活的能繁殖雌性个体的概率；加入种群繁殖力特征指标 m_x，表示在 x 期限内存活的平均每一雌性个体所产生的雌性后代数。$\sum m_x = 16.3$，称为总生殖率；已实际观测得到 l_x 与 m_x 值，将该两项相乘，即可表示在每

个 x 期限内所产生的雌性个体后代总数。各期限后代总数和称为每一世代的净生殖率 R_0，本例中 $\sum l_x m_x = R_0 = 2.94$，其含义为每一个雌性个体经历一个世代可产生 2.94 个雌性个体后代。

表 15-3　一个假设鼠种种群繁殖特征生命表

x	l_x	m_x	$l_x m_x$	$L_x m_x x$
0	1.00	—	—	—
49	0.46	—	—	—
50	0.45	—	—	—
51	0.42	1.0	0.42	21.42
52	0.31	6.9	2.13	110.76
53	0.05	7.5	0.38	20.14
54	0.01	0.9	0.01	0.54
$\sum$	—	16.3	2.94	152.86

注："—"表示该时段的个体处于未成熟期。

由于该物种的最长生命周期为 54 周，其种群一个世代的时长（T），应该是所有个体生命值的平均值。T 的计算公式为：

$$T = \frac{\sum l_x m_x x}{\sum l_x m_x} \tag{15-10}$$

即一个世代雌体产生后代的加权平均生命周期。由此得表中 T 值为：T = 152.86/2.94 = 51.99（周）

种群增长的瞬时速率或称内禀增长力（r_m）为每一世代的净生殖率（R_0）除以一个世代时长，即

$$r_m = \frac{\ln R_0}{T} \tag{15-11}$$

将上表所列数据带入公式得

$$r_m = \frac{\ln R_0}{T} = \frac{\ln 2.94}{51.99} = \frac{1.0784}{51.99} = 0.0207$$

因为 r_m 是代表每一雌鼠的瞬间增长率，在一定时间内，种群以指数型连续增长的周限增长率（λ）即可根据公式计算：

$$\lambda = e^{r_m} \tag{15-12}$$

本例 r_m = 0.0207，则

$$\lambda = e^{0.0207} = 1.0209$$

该周限增长率表示种群每一雌性个体在试验条件下，经过单位时间（周）后的增殖倍数为原数量的 1.0209 倍，即理论上种群将逐周以 1.0209 倍的速度不断做几何级数增长。

15.4　啮齿动物的危害评估与防治阈值

害鼠对草地造成的危害量的大小，与其种群密度直接相关。如果低于特定的密度，防

治成本会低于灭鼠收益，灭鼠将得不偿失；反之，如果超过这个密度而未实施灭鼠，那么鼠害损失就会超过灭鼠成本。这个特定的密度，即单位面积的防治费用与该密度条件下害鼠所造成经济损失价值相等时的密度，也就是鼠害防治的经济阈值（孙儒泳，2001）。在实践中，评估防治效果和估算防治效益（即防治措施能够挽回的经济损失与防治投入之差）不可或缺，准确获得有害生物防治的经济效益有助于确定防控频率和范围。

15.4.1 危害损失调查方法

(1)"作图法"调查危害量

①抽样　全面了解调查区域的生境特征，按景观特点选择代表性地段设为样地，复杂景观地区可多设一些样地。每块样地面积不超过 2 km×1 km。将样地中各种生境类型进行分类，用大比例尺地形图绘制样地的生境类型分布图。

对样地的各主要生境类型随机抽样设置样方：如在地图上画出方格，对每一方格编号，随机抽样法在图上做直角坐标，确定样方的位置。一般每一生境应抽取 3 个以上的长方形样方，每一样方面积 1~2 hm²，大小根据实际情况可略有伸缩，一般大型啮齿动物调查样方至少应包括一个家族的基本活动范围；群居性小型啮齿动物样方应包括 3~4 个洞群。

②填图　将测网自样方一侧覆地，目测植被害鼠破坏情况，将其按比例填入坐标纸上，向前移动测网，继续填图。填图的内容应标识啮齿动物的新旧土丘、土丘的面积、洞口、废弃和塌陷的洞道、明显的跑道以及活动造成的秃斑和植被"镶嵌体"、跑道等。

③记录和计算　在填图的同时，每一样方填写一张记录卡，用数小方格法或求积仪法测定土丘、洞口等所占的面积。这些面积（S_n）的总和可视作总破坏量（s），其破坏率设为 q，A 为样方面积的总和。则可得到

$$q = S/A \tag{15-13}$$

式中，S 为总破坏量；q 为破坏率；A 为样方面积的总和。

在啮齿动物破坏严重的草原，各种破坏面积连成一片，植被十分稀疏，该种情况下不必逐项细分，将整个地段圈出即可。可分别在鼠群活动地段和非活动地段分别设置样方，将样方植物齐根剪下，称取鲜重或干重。记录减少的草产量，即为啃食量。

(2)制作害鼠危害分布图

获得危害量的总面积后，需要对调查地区鼠害总体情况进行评估。一般用"样线法"测草地鼠害危害率：拉直 15~30 m 长的测绳，置于地上，记录其所接触到的土丘、洞口、秃斑、塌洞和镶嵌体等鼠害印迹，记载每一个印迹所截样线的长度（L），记入表中。

根据危害量、危害率及其分布数据，可以划分鼠害对草地的危害等级，并制作危害分布图。分级界限可参考生境和植被分布图。由于鼠类种群密度与草原危害程度呈正相关，也可根据鼠类种群密度分布数据直接绘制危害分布图。

15.4.2 鼠害防治指标

在草地害鼠达到一定密度后进行防治，才能实现最佳的效益。制订草地害鼠防治指标需要综合考虑经济学、生态学、生物学、环境保护和卫生防疫等多个方面，协调各种防治措施，以维持生态平衡、提高防治效益为综合目标。目前，我国草地鼠害的实际情况表

明，在制订防治指标时，主要依据应是害鼠密度与损失率，以及防治的经济可承受水平。

(1) 经济损害允许水平

经济损害允许水平是指人们可以容许的目标植物产量、质量受害而引起经济损失水平。制定草地害鼠防治指标时，首先要考虑经济损害允许水平，一般以防治措施的期望效益(经济、生态、社会效益)与防治费用相等时的经济损失量或损失率作为经济损害允许水平。经济损害允许水平(L)随着目标植物产量水平(Y)、产值(P)、防治成本(C)，防治效果(E)的变化而波动。计算公式：

$$L = \frac{C}{Y \cdot P \cdot E} \times 100\% \qquad (15\text{-}14)$$

实践证明，得失相当的防治，弊多利少。从经济、生态和社会效益考虑，应以收益大于防治费用为原则。由于我国幅员广阔，受害植物多种多样，不同地区生产和经济水平也有差异，故不同地区的经济损害允许水平应有所差异。各地可设校正系数 F 来校正允许经济损失率：

$$L = \frac{C \cdot F}{Y \cdot P \cdot E} \times 100\% \qquad (15\text{-}15)$$

(2) 防治效果调查

鼠害防治效果的好坏，主要表现为害鼠密度下降和草地植物危害损失减小及鼠传疾病感染人数的下降程度。常用害鼠数量减少率、植被危害减轻率等指标来表示。

防治效果调查一般采用防治前后鼠的相对数量变化来度量，即灭杀率来表示。为使调查符合实际，样地在防治前后的各种条件应保持一致，如调查地点及时间、食饵种类、捕捉方法、气候条件等都要求一致。草原鼠害的灭效调查常采用夹捕法或堵洞法进行。

选择两块样地，一块为防治样地，另一块为对照样地，样地间由自然屏障隔开或相隔一定距离，以免相互干扰。在防治样地，实施防治措施前 5~10 d，调查鼠密度；急性杀鼠剂在投药后 5~7 d，慢性杀鼠剂在投药后 10~15 d，再次调查鼠密度。按下列公式计算灭杀率：

$$灭杀率 = \frac{防治前鼠密度 - 防治后鼠密度}{防治前鼠密度} \times 100\% \qquad (15\text{-}16)$$

考虑害鼠种群数量受自然因素影响，存在自然变动现象，这就需要对防治效果进行校正。一般用灭杀率×校正率得到校正灭杀率。其中，校正率计算公式如下：

$$校正率 = \frac{防治后对照组鼠数量}{防治前对照组鼠数量} \times 100\% \qquad (15\text{-}17)$$

(3) 为害损失及防治指标制订

确定鼠害防治的恰当密度、时期，是杀鼠剂科学使用的基础，也是鼠害综合防治的重要组成部分。鼠害防治指标的相关研究，与其他有害生物的防治指标类似，不可避免地涉及"经济受害水平"和"经济阈值"概念。自 Stern(1959)将这两个概念提出后，许多学者相继提出了修正补充意见。

①经济受害水平 Stern 认为，经济受害水平是指引起经济损失的有害生物最低密度。深谷昌次等认为，这一用语包含"受害"与"有害生物密度"两个概念(1973)，提出受害允许界限(水平)(tolerable injury level)和受害允许密度(tolerable pest density)等术语。受害允

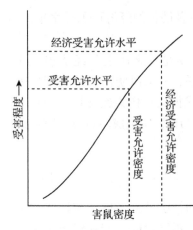

图 15-4 受害程度与鼠密度关系

许界限(水平)表示某种特定生物的受害(减产、品质降低等)水平,考虑对象植物的一般经济价值后加以决定。受害允许密度表示与受害允许水平相对应的有害生物密度,超过这个密度必须进行防治。经济受害允许密度是当防治费用与收益相等时,防治区域的有害生物密度,从生态平衡的角度看,防治费用应把防治措施引起的环境副作用考虑在内。经济受害允许水平是指经济受害允许密度下的植物受害水平(图 15-4)。

②经济阈值(economic threshold,ET) Stern 等(1959)第一次明确提出有害生物防治经济阈值概念,是指有害生物处于某一密度时,应采取控制措施,以防止有害生物密度达到经济危害水平。经济危害水平(economic injury level,EIL)即经济受害水平,是指引起经济损害的有害生物最低密度。Edwards 等(1964)将经济阈值定义为可引起与控制措施等价损失的有害生物种群大小。实践表明,经济阈值即防治指标,是能获得较好效益的临界害鼠数量(或危害程度)指标。

思考题

1. 什么是夹捕法?调查中有何注意事项?
2. 简述标记重捕法的优缺点。
3. 什么是洞口(土丘)系数法?
4. 简述啮齿动物预测预报的重要性。
5. 啮齿动物的防治效果一般如何测定?
6. 如何制订草地鼠害防治指标?

第 16 章 草地有害生物的防治策略与技术

有害生物对农作物造成的生物灾害是制约农业生产、人类发展和社会稳定的重要因素之一。有害生物防治的目的是采取适宜的措施和策略，控制有害生物的危害，避免生物灾害，获得最大的经济效益、生态效益和社会效益。草地有害生物防治技术是草地保护学研究的核心内容之一，其目的是在认识和掌握有害生物发生发展规律的基础上，因势利导，按照人们的愿望，采取与自然规律相协调的综合措施对有害生物实行有效控制。

16.1 有害生物的防治策略

16.1.1 防治策略的演变

有害生物防治策略是指人类防治有害生物的指导思想和基本对策。不同历史时期，由于科技发展水平及人类对自然界的认知水平和调控能力等不同，对有害生物采取的防治策略也不同，主要有三个阶段的认知演变。

(1) 古代农业以"修德减灾"为有害生物的主导防治策略

在古代，人类对自然界认识不足及科技落后，控制自然灾害的能力较差，虽然发现了不少防治有害生物的矿物、植物、天敌、农业措施等，但尚没有形成完整的体系。在此期间，虽然有害生物防治也取得一定成效，但总体上人类对自然灾害常表现出无能为力，认为是天灾，是上天对人类劣迹的惩罚，因而强调检点自身，以求宽恕，这是当时的普遍意识。

(2) 近代农业以"化学防治为主，彻底消灭有害生物"为主导防治策略

近代，特别是工业革命之后，随着人类对自然界认识的提高以及有害生物治理技术的发展，人类发现自身有控制有害生物的能力和消灭有害生物的可能性。尤其是 20 世纪 40 年代后，有机合成农药的出现给人类防治有害生物提供前所未有的有力武器，人类控制生物灾害的能力大大提高。由于许多化学合成药剂具有广谱性，可兼治多种有害生物；同时，使用技术相对比较简单，容易被生产者掌握。因此，化学防治策略在有害生物防治上发挥了卓越的功效，迅速在全世界推广应用。随着农药合成技术的日益发展，显著的农药防治效果，加之与有害生物长期斗争的敌对心态，使人类产生了消灭有害生物的强大自信心和强烈愿望，认为完全有能力而且应该彻底消灭有害生物，从而形成了以化学防治为主的彻底消灭有害生物的防治策略。例如，我国在 1958 年提出"全面防治，土洋结合，全面消灭，重点肃清"的植物保护方针。虽然这一时期对农药的集中研究和过分依赖，削弱了对其他防治技术的研究与利用，但却促进了化学防治技术的迅猛发展，形成了几乎完全依赖化学防治的集约化化学防治时代。

(3)现代农业以"预防为主,综合防治"为主导防治策略

对化学农药的过度依赖以及一批高毒、高残留农药的频繁使用,出现了"3R"问题,即农药残留(residue)、有害生物再猖獗(resurgence)和有害生物抗药性(resistance)问题。一是由于一些农药毒性高,分解慢,残留在农产品中以及飘散进入空气、土壤和水体,导致人、畜中毒,直接或间接影响人体健康及安全,并在食物链中富集,出现了农药残留问题,影响自然生态。二是广谱性农药的使用,在杀灭有害生物的同时也杀死了大量有害生物的天敌,严重破坏了自然生态的生物平衡,使有害生物失去了自然控制作用。三是长期大量施用单一的合成农药,用药后残存的有害生物及一些次要有害生物种群数量剧增且爆发成灾,造成有害生物再猖獗,使药剂防治次数不断增加,防治效果显著下降。而且在反复大量使用化学农药的人为选择压力下,有害生物逐渐适应进化,产生抗药性,正常剂量农药无法达到防治效果,导致用药量不断增加。防治次数和用药量的增加又反过来加重了"3R"问题,形成恶性循环。这一现象逐渐引起各国政府和全社会的强烈反响,促进了人们对集约化学防治的反思,也逐步认识到防治有害生物不能、也没有必要以"消灭"为目标,防治有害生物不仅涉及有害生物本身,同时还涉及其他生物、环境和生态系统,以及农业投入收益的经济学问题,因而有害生物防治不应该固定使用某类技术。经过数年探讨,20世纪70年代初形成了普遍接受的有害生物综合治理策略。1975年原农业部主持召开的全国植物保护工作会议上,将"预防为主,综合防治"确定为中国的植物保护方针,从而结束了集约化学防治时代,开创了有害生物综合治理的新时期。

16.1.2 有害生物综合防治策略

草地有害生物综合防治(integrated pest control,IPC)或称综合治理(integrated pest management,IPM),指从草地生态系统的整体和生态平衡的总体出发,以草地植物为中心,通过人为干预,改变草地植物、有害生物与环境之间的相互关系,充分发挥自然控制因素的作用,因地制宜,协调应用必要的措施,创造不利于有害生物发生发展,而有利于草地植物生长及有益生物生存和繁殖的条件,将有害生物控制在经济损害允许水平以下,以获得最佳的经济、生态和社会效益。即以抗病、抗虫等品种为基础,因时、因地制宜,合理地协调应用植物检疫、农业防治、生物防治、物理防治和化学防治等必要的技术措施,取长补短,相辅相成,达到经济、安全、有效地控制有害生物发生,同时不给人类健康和环境造成危害的目的。因此,草地有害生物综合治理策略是把有害生物看作草地生态系统的一个组成部分,防治有害生物不是彻底消灭有害生物,只要求将有害生物的数量予以控制、调节,允许一定数量的有害生物存在(但其影响必须在"经济危害允许水平"以下),有助于维持草地的生态多样性和遗传多样性;在防治技术上,不仅强调各种防治方法的配合与协调,而且还强调以自然控制为主;在防治效益上,不能单看防治效果,同时要注重于生态平衡、经济效益和社会安全。因此,"有害生物综合治理"不仅是几项防治措施的综合运用,还要考虑经济方面的成本核算和安全方面的环境污染等问题;在防治的范围上,不仅要防病虫,也要防治其他危险性动植物,这样就可以把管理的目标扩大,对生态系统进行全面的保护。草地有害生物综合治理更加依赖于大量的、准确的生物学信息,并以生物学、社会学、经济学和农业伦理学的理论为基础,在研究与实践过程中,需要更多学科、组织的合作。

相对于农田生态系统而言,草地生态系统有害生物综合治理在强调经济效益的同时,更应重视生态效益和社会效益。

(1)生态效益

草地有害生物综合防治是以生态学原理为依据,对草地植物实施保护的管理体系,是从草地生态系统的整体出发,将把草地有害生物作为草地生态系统的一个组成部分,研究有害生物与系统内其他生态因素间的相互关系,以及对有害生物种群动态的综合影响。加强或创造对有害生物的不利因素,避免或减少对有害生物的有利因素,维护生态平衡并使这一平衡向有利于人类的方向发展。

(2)经济效益

草地有害生物综合防治属于一项经济管理活动,其目的不是消灭有害生物,而是将其危害控制在经济允许水平之下。即强调防治成本与防治效益之间的关系,采取的综合防治措施也要从经济效益方面考虑并加以确定。

(3)社会效益

草地生态系统是一个开放系统,与社会有广泛和密切的联系。对草地生态系统实施环境质量优化保护,不仅具有生态和经济特性,还具有鲜明的社会特性。综合治理策略的制订和实施及技术管理体系的建立和完善,既受社会因素的制约同时又会对社会产生反馈效应。例如,牧草栽培措施的改变、化学农药的使用、技术管理系统的决策等,在对有害生物综合治理的同时,都会产生直接的甚至巨大的社会效应。

"预防为主,综合防治"强调预防为主,采取多种措施进行综合治理。防治方法包括农业防治、选育和利用抗害品种、化学防治、生物防治、物理防治和植物检疫等。

16.2 有害生物的防治技术

草地生态系统涉及有害生物、植物、环境及家畜等多个方面,同时草地植物本身的特殊功能和用途决定了该生态系统与一般的农作物生态系统有害生物防治有所不同,即有害生物的防治更强调"防"重于"治"的观点。同时,针对草地植物群体而言。具体措施种类很多,主要有农业防治、抗性品种(种)利用、物理机械防治、生物防治及植物检疫等。此外,特殊地域、用途下,必要时也可以采取化学防治措施。

16.2.1 农业防治

农业防治指在整地播种、田间管理到收获利用、储藏与加工的全部过程中,采用科学合理的管理措施,保证牧草产量和品质,同时降低草地有害生物种群数量或减少其大发生。草地常用农业防治措施主要有混播、间作、轮作等种植栽培方式,以及合理灌溉、科学施肥、及时清除草田病株残体、早割、低割等田间管理及草原改良补播等。

①种植方式　主要通过调节种植密度、禾豆(或其他)混播、间作、轮作等种植栽培方式,影响田间草层等小气候环境及牧草的生长发育,从而影响病、虫、鼠和草害的发生和危害。例如,合理密植不仅能充分利用土地、阳光等自然资源,提高单产,同时也利于抑制病、虫、草害的发生。豆科与禾本科牧草混播,使具有不同抗性基因的群体组建混合群落,增强群体抗逆性,同时在空间分布上,混播群落中抗性与易感群体镶嵌分布,对有害

生物的传播具有障碍及干扰作用。此外，混播等种植方式可提高土壤肥力，增加牧草产量并改善草地群落结构的稳定性。

②功能植物间作及合理栽培管理　区域内适宜作物合理布局、抗性品种混播和空间配置、不同牧草种类间套作栽培、提前刈割等技术措施，可有效阻碍病虫害的发生和扩散，对于培植天敌也有积极的作用。

③田间管理　科学进行草地田间排灌、施肥，合理利用草地（如早割或放牧、低割、割后管理等）及做好草田卫生等可有效地改善草地小气候环境和生物环境，使之有利于牧草的生长发育而不利于有害生物的发生和危害。

④草原改良补播　补播改良是目前草原退化治理的重要手段，其核心在于选择提高草地生态服务功能的适合功能植物，既对有害生物有一定的控制作用，又能为牲畜提供牧草和防风固沙保持水土。

⑤放牧管理策略　家畜放牧对害虫种群动态和物种组成产生强烈的影响。放牧能够改变害虫的生境时空异质性，减少害虫的食物资源，从而间接改变植物的物种组成和害虫生境的微环境结构。放牧管理形成的植物群落空间，以及时间上的变化，对害虫种群动态以及种类组成产生重大的影响。

农业防治不需要过多的额外投入，易与其他措施相配套，常可在大范围持续控制某些有害生物的大发生。因此，在草地有害生物综合防治体系中，农业防治措施居于基础地位。实施时，必须针对当地主要有害生物种类综合考虑，权衡利弊，因时、因地制宜。

16.2.2　抗性品种的利用

抗性品种（种）也称抗害品种（种），指具有抗害特性的品种，它们在同样的灾害条件下能够通过抵抗灾害、耐受灾害和灾后补偿作用，减少灾害损失而取得较好的收获。抗害性是一种遗传特性，包括抗干旱、抗涝、抗盐碱、抗倒伏、抗虫、抗病、抗草害等，这里所说的抗害品种主要是指对病、虫害的抗性。草地生态系统中，牧草种植资源极其丰富，而不同种和品种的牧草对病、虫害等的抗性往往不同，因此，在草地（特别是人工草地）有害生物的综合治理中，要充分利用抗病、虫的牧草品种（种），发挥牧草自身对病、虫害的调控作用。牧草抗性利用主要包括：抗性品种（种）的选择利用、不同草种或品种的合理配比和混合种植、合理选用具有一般抗性、耐性品种。

国内外防治实践证明，应用抗病虫品种是最经济、安全、可靠的防治措施。目前，抗虫育种成为苜蓿育种者的主要目标之一，对苜蓿危害较大的病害虫，如苜蓿叶象甲、苜蓿蚜虫、苜蓿蓟马、马铃薯叶蝉、苜蓿霜霉病等均有抗性品种可供利用。但国内牧草抗性品种的选育工作进展缓慢，抗病虫牧草和草坪草品种极少，能大规模应用的抗性品种更少，亟待加强牧草抗性品种的选育与研究。

16.2.3　生物防治

生物防治是指利用生物种间的相互关系，以一种或一类生物抑制（活体或其代谢产物）另一种或另一类生物，是降低病原、害虫、害鼠和毒（害）草等有害生物种群密度的一种方法。生物防治可对有害生物有长期持续控制的作用，不会引起有害生物的再猖獗及抗性问题。同时，对人畜、植物、天敌及其他有益生物安全，对环境友好，无残留和污染。但生物防治通常作用效果比较缓慢，防治范围较窄，使用效果受气候条件影响较大。目前，生物防治法主要围绕天敌生物的合理利用、生物农药防治有害生物等方面。

草地害虫在自然界的天敌种类很多，如天敌昆虫、鸟类、蜘蛛、爬行动物和两栖动物等。例如，蜂虻科、丽蝇科、皮金龟科、食虫虻科、步甲科、拟步甲科、麻蝇科和缘腹细蜂科等天敌昆虫，以及灰喜鹊、燕鸻、蜥蜴等也都是蝗虫的重要捕食天敌。寄生蜂和捕食螨是国内应用最多的两类天敌，寄生蜂可用于防治 20 多种重要害虫，捕食螨则主要用于蓟马、叶螨、白粉虱等害虫的防治。

微生物农药是目前生物农药领域内研究热点之一，以细菌、真菌、病毒和原生动物或基因修饰的微生物等活体为有效成分的农药。微生物农药按用途可分为微生物杀虫剂、微生物杀菌剂、微生物除草剂等。微生物农药近年来的销量呈现持续增长，包括白僵菌、蝗虫微孢子虫、草原毛虫病毒、细菌等生物药剂，其中苏云金杆菌产品占 95% 以上。昆虫病原线虫在防治钻蛀型害虫方面也具有独特优势，小卷蛾斯氏线虫已经成功应用于草地害虫淡剑贪夜蛾、早熟禾草螟和小地老虎的防治。在我国已实现了昆虫病原线虫的商业化大量生产，并成功应用于一些高尔夫球场蛴螬的防治。

此外，植物提取物，主要包括苦参碱、烟碱、鱼藤酮、苦皮藤素、印楝素等对昆虫也具有毒杀作用，相应的植物源杀虫剂也被开发用于农林害虫防治。目前，我国登记且在有效期内的植物源农药有 20 余种，其中 10 余种为杀虫剂。

16.2.4 物理防治

物理防治是指利用各种工具、物理因素、人工的方法消灭有害生物或改变其物理环境，以达到控制和阻隔其危害的方法。该类方法见效快，可将有害生物直接消灭。随着科技发展，物理防治措施也日趋多样和高效。防虫网是相对简单和直接的防虫措施，尤其适用于温室害虫的防治，将其覆盖于通风口和门窗上即可阻止害虫的进入。色板诱杀是应用较为广泛的物理措施之一，主要利用害虫对不同颜色的强烈趋性，制作相应颜色的粘虫板，用于蚜虫、粉虱、叶蝉、斑潜蝇、食心虫及蓟马等害虫的诱捕。灯光诱杀利用昆虫的趋光性将其吸引至高压电网上诱杀，其中，太阳能杀虫灯防治面积大、适用范围广，常用于害虫诱杀、测报、调查；频振式杀虫灯利用害虫对光、波、色、味等的趋性对其进行诱杀，其光谱独特，既可诱杀害虫，又能保护天敌；通过调节温湿度，也可起到控制或杀害有害生物的作用，如热水烫种，可显著降低或杀死种子携带的病虫害；低温冷藏可有效控制仓库害虫的种群数量和发生危害。温室大棚里，通过闷棚可以杀死棚内的蚜虫、白粉虱等害虫。

16.2.5 化学防治

化学防治是利用化学药剂防治有害生物的一种防治技术。主要通过开发适宜的化学药剂并加工成一定的剂型，利用机械和方法使化学药剂和有害生物接触或处理植株、种子、土壤等来杀死有害生物或阻止其危害。化学防治往往是控制虫害突发、爆发的首选技术手段，也是有害生物防治中应用最广泛的方法，具有见效快、防效高和价格低廉等特点。

按照化学农药的来源和成分来分，害虫化学防治经历了狄氏剂和六氯环己烷（六六六）、有机氯类农药、有机磷农药、拟除虫菊酯类杀虫剂及苯基吡唑类杀虫剂等阶段。按化学农药的作用方式，主要分为胃毒剂、触杀剂、内吸剂、熏蒸剂、不育剂、忌避剂、拒食剂、性引诱剂、生长调节剂(又称特异性杀虫剂)等。

目前，用于防治草地害虫的药剂种类多样，其中高效低风险的主要有菊酯类农药(如溴氰菊酯、氯氰菊酯等)、有机磷类农药(如马拉硫磷等)、大环内脂类、新烟碱类、昆虫生长调节剂(如卡死克)、混配农药(如快杀灵等)等。据最新统计表明，我国农药登记用于防治蝗虫的产品有35个，有效成分有12个，其中化学农药有马拉硫磷、吡虫啉、高氯·马、高效氯氰菊酯和阿维·三唑磷5个产品，上述产品通过了我国农药登记风险评估程序，均为低风险防蝗药剂，正常使用对农产品和环境安全无不良影响。尽管化学农药具有见效快、防效好、杀虫范围广，便于贮藏运输等诸多优点，但由于长期单一追求防效而忽略环境污染，大量化学药剂的不合理施用引发了"3R"问题。基于此，目前国内外正积极研制新型高效低风险化学药剂，为草地有害生物的有效防控提供物质基础。

根据施药方式的不同，可分为大、中、小型机械施药和飞机施药。因地制宜，根据施药地区的面积、地形、成本等方面选择适宜的施药技术。一般劳动力成本低、虫害面积小、地形复杂，以及大、中型机械防治和飞机防治难以实施时，应选择小型喷雾机械；在灌丛草原地带、地势平坦的草原地带，应当选择大型施药机械防治；在虫害发生面积很大、灾情较重、植被较高、围栏较密、地势相对平坦适合飞机作业的地区，应当选择飞机防治。

(1) 大、中、小型机械施药

人工地面防治措施主要依靠背负式手动喷雾器、背负式机动喷雾器等小型机械；大型施药机械防治措施主要使用大型高压风送喷药机械、大型高压雾化喷雾机械和低压雾化喷雾机械等。目前，国内大型机械防治作业中，由于作业幅宽、防治效率较高，每套作业机械配备GPS定位系统，做好作业区划分定位，利用GPS导航进行防治作业。

(2) 飞机施药

飞机施药具有控制面积大、用时短、效率高、效果好的优点，已成为草原虫害防控的主要手段之一。目前，用于草原蝗虫防治的飞机机型有"运5"飞机、蜜蜂4号、三角翼、米-17直升机、AS-350直升机等。现在已经研发出基于MapSource软件的飞行航线设计软件，将设计好的作业航线信息(经纬度)导入飞机GPS自动导航系统，利用GPS校正飞行偏差，保证飞机按照预定设计线路精准作业，取得较好的防治效果。

16.2.6 植物检疫

植物检疫又称法规防治，是根据国家现行植物检疫法规，由法定机构采取各种措施，严禁危险性病、虫、杂草等通过人为地输入、传出和传播，严格封锁和就地消灭新发现的检疫性有害生物。在交通发达、国际贸易交流日益频繁的大背景下，检疫性有害生物的传播更加便利。这些危险性有害生物一旦传到新的地区，因缺乏相应的天敌控制，很可能会在短期内爆发成灾，难以控制。在加强法制建设的同时，需要开展外来入侵生物普查，推进源头预防和监测预警体系建设，提升综合治理与应急控制能力。此外，强化科技支撑，改善技术手段，完善数据信息支撑体系，逐步形成系统的外来入侵生物预防、控制、治理机制，切实保障国家经济、生态和生物安全。

(1) 开展外来入侵物种普查和监测预警

农业农村部会同有关部门建立外来入侵物种普查和监测制度，每10年组织开展一次全国普查。2021年，农业农村部、财政部、自然资源部等七部委联合印发《关于印发外来入侵物种普查总体方案的通知》，在全国31个省(自治区、直辖市)开展农业外来入侵物种，森林和草原及湿地等区域外来入侵物种、主要入境口岸外来入侵物种3个类别的普查，摸清我国外来入侵物种的种类、数量、分布范围、发生面积、危害程度等情况，为科学防控外来物种入侵提供基础数据支撑。

(2) 加强外来物种引入管理

因品种培育、科学研究等特殊需要，从境外引进农作物和林草种子苗木、水产种苗等外来物种，引种单位须向农业农村、林业草原和海关办理进口审批和检疫审批。审批单位规范外来物种引入检疫审批和入侵风险评估，实行外来物种分级分类管理。获批引进的单位应采取安全可靠的防范措施，加强引进物种研究、保存、繁殖、种植、养殖、运输、销毁等环节管理，防止其逃逸、扩散至野外环境。一旦发生逃逸、扩散情形，引种单位应及时采取消除、捕回或其他补救措施，并及时向审批部门及所在地县级人民政府农业农村或林业草原主管部门报告。主管部门加大对未经批准擅自引进、释放或者丢弃外来物种行为的打击力度。

(3) 加强外来入侵物种口岸防控

海关加强口岸查验设施设备配备，提升实验室检疫、检测、鉴定技术水平，提高海关口岸把关能力，强化入境货物、运输工具、快件、邮件、旅客行李、跨境电商、边民互市等渠道的检疫监管；对截获的外来入侵物种实施严格处置，严厉打击非法引进、携带、寄递、走私外来物种的违法行为，有效堵截外来物种非法入境渠道。

(4) 防范国内扩散传播

农业农村部和国家林业和草原局等主管部门执行重大病虫疫情信息报告制度，落实防控处理措施。在国内调运检疫方面，县级以上农业农村、林业草原主管部门加强国内跨区域调运农作物和林草种子苗木、植物产品、水产种苗等检疫监管，防范外来入侵物种扩散传播。

(5) 加强外来入侵物种治理修复

农业农村部、自然资源部、生态环境部、国家林业和草原局等按照职责分工，各地结合实际，分类别、分物种，明确防控关键时期、重点区域和主要措施，有效治理外来入侵物种。阻截防控重大危害种植业生产外来物种，在关键区域设置阻截带，建立综合治理示范区，坚持分类施策、治早治小，强化水生外来物种养殖环节监管，推进外来入侵物种综合治理。

16.2.7　草地害虫绿色可持续防控技术体系

草地害虫绿色可持续防控技术体系是集成配套生态调控、微生物防治、生态治理的防控新技术体系，主要包括：①害虫发生规律研究，即结合气候因子、植被结构等，研究害虫-植被-环境之间的互作机制，明确主要害虫发生规律、发生期与物候期的关系，建立适生性指数模型并评估划分害虫的适生区域；②基于"3S"技术和雷达、高空诱虫灯等地面监测设备，通过气象数据和地理特征数据，研究迁飞型害虫种群迁飞路线及规律、落点等，完善草地害虫灾变风险评估体系和监测预警系统，建立长期、中期及短期实时监测预警技术应用体系；③将生物防治技术与生态治理措施有机结合，辅以植物源农药应急调控，形成植物源农药与微生物制剂、天敌与微生物农药的有机组合。针对害虫滋生地、扩散区、偶发区等不同区域设计出生物农药与化学农药条带施药、互补用药、交替防治的高效虫灾生态调控体系，建立防控决策阈值分区分级防控策略，集成一项决策、多项技术、分区分级的绿色可持续防控技术体系。

16.3 有害生物防控案例

16.3.1 燕麦白粉病绿色综合防控技术

由禾布氏白粉菌（*Blumeria graminis*）引起的燕麦白粉病是一种世界性气传病害，在欧洲、美国北部等燕麦主产区广泛分布，我国内蒙古、河北、甘肃等燕麦种植区也均有发生。白粉菌（病害特征等参考第18章"白粉病"）在燕麦整个生育期均可发生，患病后植株呼吸作用和蒸腾作用增强，光合作用及碳水化合的积累显著降低，致使千粒重和产量下降。据报道，白粉病可使产量减少13%~34%，非常严重时甚至可达50%以上，严重影响燕麦品质和产量。

由于目前抗白粉病的燕麦种质资源相对较少，生产上对于白粉病的防治仍主要依靠化学药剂。白粉病菌繁殖率高，能够在一个流行季节中繁殖多代，因此其病原菌群体数量巨大，异质性高，因此在药剂的选择压力下病原菌极易产生抗药性，使抗性水平快速提高，而且化学药剂严重威胁着生态环境和人畜健康。绿色防控措施与化学防治相比，能够兼顾增产和人畜安全、环境保护和维持生态平衡，大力推广其能够显著减少药剂对环境的污染，使病虫害抗药性发展速度放缓，更加符合可持续发展农业和环境友好型社会的需求。

国家燕麦荞麦产业技术体系、甘肃农业大学草业学院燕麦病虫害防控团队通过多年对燕麦白粉病绿色综合防控措施的研究，在品种抗病性、病原鉴定及发病规律、栽培措施及生物药剂防治等方面开展了系列工作。基于该团队的研究，结合国内外相关技术进展，介绍如下。

16.3.1.1 选用抗病品种

培育抗病品种是防治燕麦白粉病最经济有效的措施，已成为育种工作者的主要目标之一。由于燕麦品种对白粉病抗性的差异性显著，病原菌变异速度快，品种对白粉病的抗性难以持久。加之，目前生产上一般栽培品种中高抗品种很少，因此在不断挖掘和创新抗原材料，引进、筛选和鉴定新的抗白粉病品种的同时，应因地制宜选用适合当地的抗病品种，并注意抗病品种组合、抗原多样化、品种抗病性的退化和及时进行品种（基因）轮换，以有效控制燕麦白粉病的发生和流行。

对213份燕麦品种（系）的白粉病发病情况调查结果表明，所有品种均不同程度地感染白粉病，未发现免疫材料，其中，高抗材料12份、中抗材料18份、中感材料26份、高感材料91份、极感材料66份，分别占供试材料的5.6%、8.5%、12.2%、42.7%和31.0%（图16-1）。在甘肃省通渭县华家岭镇（二阴地区）和兰州市安宁区（半干旱地区）对28份燕麦资源的白粉病抗性异地鉴定，发现种植区环境对燕麦白粉病抗性影响很大（图16-2），比较两地抗性评价结果，发现'4641''99AS207''QO245-7'3份材料无论在兰州还是通渭县华家岭

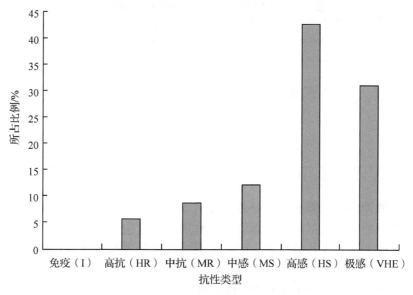

图 16-1　不同抗病类型燕麦品种占比

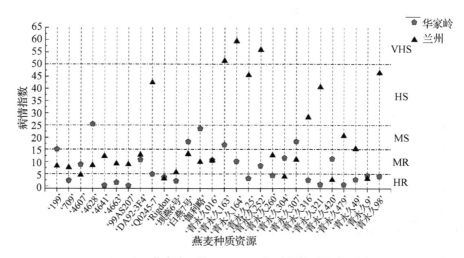

图 16-2　燕麦资源在兰州和通渭的白粉病抗性比较

均表现为高抗，其中'QO245-7'病情指数变化最小，表现出稳定的抗病性。'4607''DA92-3F4''青永久252''青永久304''青永久420'和'青永久9'，在两地的抗性评价中均表现出较为稳定的中抗。

16.3.1.2　栽培措施防治

适宜的农业栽培措施可以增强植株生活力和抗病、耐病及自身补偿能力，抑制有害生物的存活、繁殖、传播和危害，可在一定程度上降低燕麦白粉病的发生和传播。

(1) 不同播期对燕麦白粉病发生的影响

连续3年在甘肃省通渭县华家岭乡进行不同播期试验，每年从4月20日开始，每7天为1个播期，共设5个播期，调查不同播种时间对燕麦白粉病的影响。从表16-1可以看

表 16-1　不同播期对燕麦白粉病发生的影响

播期	燕麦白粉病病情指数		
	2013 年	2014 年	2015 年
4 月 20 日	25.63^c	30.22^c	16.78^d
4 月 27 日	27.25^c	27.67^c	18.43^d
5 月 4 日	33.11^b	46.78^b	24.51^c
5 月 11 日	35.83^b	43.56^b	29.19^b
5 月 18 日	40.69^a	53.33^a	33.33^a

注：不同小写字母表示不同播期处理间差异显著（$P<0.05$）。

出，不同播期对燕麦白粉病影响差异显著，虽然不同年份间白粉病发病程度差异较大，但各年份早播处理白粉病病情指数均显著低于其他播期，这主要是由于白粉菌萌发和传播的适宜环境条件往往在燕麦生长的后期，因此早期播种和早熟品种通常比晚收的作物受白粉病的影响小。

（2）不同播种密度对燕麦白粉病发生的影响

不同播种密度对燕麦白粉病发生有一定的影响，从表 16-2 中可见，播种密度与白粉病的发生呈正相关关系，随着播种密度的增加，白粉病病情指数呈现加重的趋势，但是差异不显著。

表 16-2　不同播种密度对燕麦白粉病发生的影响

播种密度/ （万株/hm^2）	燕麦白粉病病情指数		
	2013 年	2014 年	2015 年
30	25.01	28.04	17.25
35	26.63	31.66	17.89
40	27.50	32.30	19.42
45	28.38	35.23	22.55
50	34.75	37.89	23.67

注：不同小写字母表示不同播种密度处理间差异显著（$P<0.05$）。

（3）轮作对燕麦白粉病发生的影响

轮作和连作对燕麦白粉病病情指数的影响显著（$P<0.05$），且在轮作条件下白粉病病情指数明显低于连作条件。经过 4 年的试验（表 16-3），2011 年轮作条件下燕麦平均病情指数比连作条件下低 18.04%（图 16-3）。

表 16-3　燕麦轮作和连作试验设置

年份	轮作（CR）	连作（CC）	年份	轮作（CR）	连作（CC）
2008	燕麦	燕麦	2010	胡麻	燕麦
2009	豌豆	燕麦	2011	燕麦	燕麦

进一步对轮作和连作条件下燕麦白粉病病情指数分析表明：在连作条件下白粉病病情指数随着种植年限的增加而呈逐年上升的趋势，且上升趋势明显。连作第 2 年（2009 年）白粉病病情指数相比 2008 年上升了 6.75%；连作第 3 年（2010 年）病情指数相比 2008 年上升

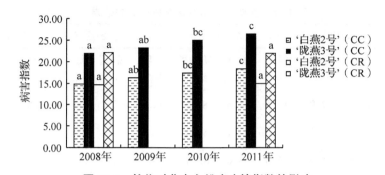

图 16-3 轮作对燕麦白粉病病情指数的影响

注：不同小写字母表示同一品种不同年份间差异显著（$P<0.05$）

了 13.17%。随着种植年限的增加，到连作第 4 年（2011 年）燕麦病情指数相比 2008 年上升了 17.91%。而在轮作条件下燕麦白粉病病情指数变化不显著（$P>0.05$），2011 年轮作条件下病情指数与 2008 年只相差 0.74%。这表明，与连续种植燕麦相比，轮作能够使燕麦的抗性水平保持在一个较高的稳定水平。

（4）田间管理对燕麦白粉病发生的影响

合理的田间管理措施可有效改善田间小气候环境和生物环境，从而减少白粉病的发生和危害，如做好田间卫生，耙除枯草或冬季焚烧残草，控制翌年病害流行。当田间已发生白粉病时，应提前刈割，以减少田间病原。合理施肥也可降低白粉病的发生，勿过施氮肥，保证足够的磷肥、钾肥。

16.3.1.3 生物防治

生物防治具有高度选择性和对人畜及植物安全、环境污染少等优点，因而有着广泛地发展前景，是今后病害防治的发展方向之一。

目前，对植物叶部病害的生物防治制剂主要有从植物中提取出有效成分的植物源药剂和"以菌制菌"的微生物制剂。对几种植物源药剂和微生物药剂防治燕麦白粉病的防治效果进行研究，并与白粉病常用化学药剂进行比较，结果表明（表 16-4）：第 1 次施药后 7 d 生物源药剂哈茨木霉的防治效果较好，达到 75%，略低于化学药剂但差异不显著。第 1 次施药后 7 d 进行第 2 次喷施，第 2 次施药后 7d 植物源药剂 0.5%大黄素甲醚和微生物药剂哈茨木霉这 2 个处理的防治效果分别达到 89.2%和 87.2%，均高于 12.5%腈菌唑处理，枯草芽孢杆菌防治效果也可达 86%，与化学药剂无显著差异。第 2 次施药后 20 d，两种微生物杀菌剂枯草芽孢杆菌和哈茨木霉处理的防治效果仍高于 12.5%腈菌唑处理，说明这两种药剂对燕麦白粉病防治的药效持效性最好，大黄素甲醚此时防治效果也可达 73.4%，与化学药剂差异不显著。因此，0.5%大黄素甲醚、枯草芽孢杆菌和哈茨木霉 3 种生物防治药剂可成为燕麦白粉病防治上替代化学药剂的理想药剂。

16.3.1.4 化学防治

除了上述绿色防控措施外，化学农药也可用于燕麦白粉病的防治，但是基于饲草本身的特点及经济、环境和食品安全等因素，严重制约了化学农药的使用。当田间白粉病爆发需应急处理时，可用福美双、三唑酮、戊唑醇、多抗霉素或丙环唑等药剂定期喷施，一般 7~10 d 喷施一次。

表 16-4 生防药剂防治燕麦白粉病的效果

处理	施药前		第 1 次施药后 7 d			第 2 次施药后 7 d			第 2 次施药后 20 d		
	病叶率/%	病情指数	病叶率/%	病情指数	防治效果/%	病叶率/%	病情指数	防治效果/%	病叶率/%	病情指数	防治效果/%
12.5%腈菌唑	17.3	2.9	11.5	1.8	81.3[a]	12.5	2.1	86.6[a]	26.5	7.2	75.4[ab]
5%香芹酚	15.0	2.7	19.3	4.1	57.3[ef]	22.0	4.2	73.2[c]	30.5	13.9	52.6[d]
1.5%苦参碱	18.5	3.3	21.5	3.6	62.5[de]	18.5	3.6	77.0[bc]	21.3	8.1	72.4[b]
0.5%大黄素甲醚	18.0	2.5	16.0	2.1	78.1[ab]	14.3	1.7	89.2[a]	23.5	7.8	73.4[ab]
1%蛇床子素	14.2	2.9	14.5	3.0	68.8[cd]	15.5	2.8	82.2[ab]	24.5	12.4	58.4[cd]
3%多抗霉素	16.3	2.8	19.5	4.4	54.2[f]	17.3	4.5	71.3[c]	25.0	10.8	63.1[c]
1×10^{11} CFU/g 枯草芽孢杆菌	16.0	2.3	18.0	2.6	72.9[bc]	14.5	2.2	86.0[a]	21.3	6.1	79.2[ab]
3×10^{8} CFU/g 哈茨木霉	17.7	2.6	17.5	2.4	75.0[abc]	14.5	2.0	87.2[a]	19.5	5.5	81.2[a]
清水对照	16.5	2.8	24.5	9.6	—	55.0	15.7	—	83.5	29.3	—

注：不同小写字母表示不同药剂处理间差异显著（$P<0.05$）。

16.3.2 绿僵菌防治草原蝗虫

蝗虫是草原上经常发生的重要害虫。全球常年发生面积 4 680×10⁴ km²，威胁 100 多个国家或地区。我国天然草原 2002—2013 年均蝗虫危害面积达 2 099×10⁴ hm²，并对周边农区造成灾害。自然发生的蝗害如果不加以人工防控，可迅速扩张，严重损害草原及周边农田，直至因食物绝尽或蝗虫病原造成流行病才能最终控制。化学农药能够快速杀灭蝗虫种群。然而，草原面积很大，蝗虫产卵滋生地通常较为偏远，成虫可远程迁移，施药措施难以全面跟进。大量施用化学农药也带来了杀伤天敌、破坏生态等问题。在寻求环境友好的可持续防蝗新策略、新技术研究中，利用昆虫病原真菌的生物防治受到重视并显现出明显优势。

昆虫病原真菌寄主范围涵盖了昆虫纲的大部分目类，最常见的绿僵菌属（*Metarhizium*）和白僵菌属（*Beauveria*）二者的寄主昆虫分别有 200 多种和 700 多种（包括直翅目的多种蝗虫），是防蝗生物制剂研发和应用的重要资源。经长期研究和应用，绿僵菌和白僵菌逐渐成为广泛认可的生物杀虫剂。

中国农业科学院植物保护研究所草地害虫研究团队 20 余年致力于研发绿僵菌用于草原蝗虫的可持续防控，在菌种选育、菌株发酵、菌剂剂型、小区防效、大区示范与推广等方面开展了系列工作。基于该团队的研究，结合国内相关技术进展，介绍如下。

16.3.2.1 绿僵菌防蝗机理及产品

绿僵菌防蝗的病理学过程是分生孢子萌发，产生黏液和黏附蛋白，附着于寄主体壁并形成附着胞，侵入并穿透寄主表皮，进入体内，克服寄主免疫，增殖并引起寄主生理病变，影响寄主发育、生殖和导致死亡。大量增殖的菌丝体穿出寄主体表，产生丰富分生孢子，孢子再侵染循环或宿存于土壤。自然环境下蝗虫种群发生流行病的概率很低，需要人工增殖病原并释放到环境中，提高蝗虫的感病率，才能将蝗虫种群控制在防治经济阈值以下。

我国 2002 年批准登记了第一个真菌杀虫剂，至今已登记的防蝗真菌农药产品有 11 个，其中绿僵菌 6 个（含 2 物种，即金龟子绿僵菌 *M. anisopliae* 和蝗绿僵菌 *M. acridum*），剂型为可湿性粉剂、油悬浮剂或可分散油悬浮剂，防治对象为飞蝗、草原蝗虫和竹蝗。研发和示范的绿僵菌产品还有饵剂、粉剂、可乳化粉剂等，在不同环境下选择适合的剂型应用。

16.3.2.2 绿僵菌防蝗技术和应用

应用绿僵菌防治蝗虫的策略、施用方法及评价可参照化学农药，但由于菌剂特点和草原生境特征，实际应用中有相应的调整。

(1) 适度容忍防控和应急防控

根据经济与生态损失评估的阈值来选择防控策略。基于蝗虫发生面积、发生量和种群发育阶段等采用相应的防治方案，包括在荒漠区、蝗虫幼龄阶段的适度容忍持续控制方案和在严重发生区、农作区的应急控害方案。

例如，在内蒙古草原，根据 5 种优势蝗虫（亚洲小车蝗、毛足棒角蝗、宽须蚁蝗、狭翅雏蝗和小蛛蝗）自然种群结构和数量、蝗蝻和成虫的平均寿命、不同发育阶段的日食量等数据，估算蝗虫造成的牧草损失，提出了优势种蝗虫（3 龄蝻期）的防治经济阈值为 17~38 头/m^2，其中亚洲小车蝗最小（16.9）、小蛛蝗最大（37.4）。不同区域的生产效益和生态承受能力不同，天然草场和荒漠区的生态功能更为重要。然而，由于生态因子多样且复杂，很少有蝗虫防治的生态阈值报告。生态阈值需增加考虑生物多样性资源指数、受害指数、干旱因子、补偿易害指数等，一个可参考的生态阈值（ET）简化模型为：

$$ET = [(-1)/(D \times L_nR)] \times [K/FL_n + CC/(FL_n \times P \times EC)] \quad (16\text{-}1)$$

式中，R 为草原投影盖度；K 为 20% 草原平均生产力水平；FL_n 为蝗虫混合种群每虫损失估计；CC 为防治费用；EC 为防治效果；P 为产品价格；D 为干旱因子。

在内蒙古通辽草场进行天然罩笼与人工模拟试验，对主要危害的亚洲小车蝗不同蝻龄取食量与产草量损失曲线进行了拟合，并考虑了补偿生长因子，确定防治指标应在 5~15 头/m^2，防治适期为 3 龄或之前。用防蝗生态阈值模型计算当地的生态经济阈值为 11.04 头/m^2，与试验结果相符，说明采用生态经济阈值比传统的经济阈值评估更贴合实际。

荒漠区的经济价值相对较低，蝗虫幼龄阶段危害相对有限，可适度容忍蝗虫种群短期生存。施用的绿僵菌可在几天或十几天内感染致病蝗虫，并在种群及环境中持续生存，防治当代和后代蝗虫。在内蒙古锡林浩特牧场，应用金龟子绿僵菌防治蝗虫 2 年后，从试验区随机取样 23 个，以菌株特异性分子标记（SCAR）检测，证明了施用的绿僵菌在田间可长期存活。在干旱区，还监测到绿僵菌种群在施用后 30 d 内快速下降，但能够在蝗虫喜食的羊草、针茅根际土壤中以低密度延续宿存至少 75 d；采用绿色荧光蛋白基因 *egfp* 标记菌株的特异 PCR 检测，证明了绿僵菌可在处理后 30~75 d 的羊草和针茅根内宿存。

绿僵菌能够在蝗虫种群中扩散传播，这是维持长效防控的重要基础。当种群中病虫达到一定比例，疾病可传播给健康虫体。罩笼试验表明，将绿僵菌处理 3 d 后的亚洲小车蝗

3龄蝗蝻与未处理蝗蝻按10∶50、20∶40、30∶30、40∶20混合饲养时，疾病传播概率分别可达24.6%、31.0%、39.0%和52.0%。田间试验证明，蝗虫移动习性能够有效地将病原传播到未处理区域，间隔施药方式可降成本、增效益，利于绿僵菌防治蝗虫技术的推广。

针对蝗虫大量发生的情形，菌药互补、混配复配的应急防控技术克服了真菌起效慢的弱点。绿僵菌与一些化学农药具有协同增效作用，如1%高效氯氰菊酯与$100×10^8$孢子/mL绿僵菌油悬浮剂复配，共毒系数为263；复配喷施东亚飞蝗，第5天的死亡率达到90%以上，比单独绿僵菌提前7~8 d，并降低化学农药用量90%，减少了对环境非目标生物的影响。氯虫苯甲酰胺与绿僵菌共处理，叠加调节了蝗虫免疫和抗性相关解毒酶、氧化酶的活性，增加蝗虫死亡率。

(2)绿僵菌防蝗菌剂的施用方法及防效评价

草原生境有草甸、荒漠、山地、农牧交错等多样类型，不同生境中蝗虫的习性和发生规律有所差别，应因地制宜选择适宜的绿僵菌菌剂剂型、剂量和施用机具等，以达到预期防治效果。

在剂型方面，目前常用的主要有绿僵菌的油悬浮剂、饵剂、可湿性粉剂和粉剂等。油悬浮剂是孢子均匀悬浮于油基载体中，施用前需用油基稀释剂(矿物油、植物油等)稀释。防蝗试验中多用成品油悬浮剂，也常见以油基稀释剂将孢子粉或孢子油膏现配现用。油悬浮剂适用于车载或飞机载药在平原、山地、农田等区域进行大面积超低容量喷雾或常量喷雾。近期研发的可分散油悬浮剂以水作稀释剂，施用更为方便，其实用性与油悬浮剂基本相同。饵剂是将绿僵菌孢子与蝗虫食料混合，一般常用的为麦麸，以麦麸为载体，起到黏附孢子的作用。该剂型配制简单，可用车载喷撒机或人工撒施，其试验防治效果良好，但质量稳定性较难把控，一直未见注册登记。可湿性粉剂一般用于车载或背负的常量喷雾。粉剂则采用喷粉机械进行喷撒。试验和推广中主要用油悬浮剂和饵剂，以下实例主要体现绿僵菌制剂的用法、用量和防蝗效果。

【实例1】油悬浮剂　在天津和河南省滩涂草地，应用澳大利亚Green Guard，以不同剂量50~125 g孢子分别配制在1 125~1 500 mL油基中，各用于1 hm^2，背负式喷雾器超低容量喷雾。8~11 d防治效果为65%~97%。

【实例2】油悬浮剂　在新疆玛纳斯县，蝗虫种类以意大利蝗、西伯利亚蝗、戟纹蝗为主，以二线油稀释绿僵菌油膏，用自走式超低量静电喷雾车每公顷用量1.5 L。7 d、12 d、30 d的防治效果分别为10.9%、48.3%、82.4%。

【实例3】油悬浮剂　在内蒙古锡林郭勒盟黄旗，以色拉油∶煤油(3∶7)配制孢子粉，$5×10^9$孢子/mL，超低量喷雾每公顷用量2 L。8 d、12 d的防治效果分别为54.0%、74.2%。

【实例4】饵剂　在内蒙古锡林浩特典型草原(主要蝗虫种类为亚洲小车蝗，白边痂蝗，毛足棒角蝗等)，以麦麸、玉米油与孢子粉配制成$4.0×10^7$孢子/g，用量15 kg/hm^2。3 d、15 d、30 d、50 d的防治效果分别为24.3%、49.8%、55.1%、61.4%。

【实例5】粉剂　分别在锡林郭勒盟太仆寺旗典型草原(主要蝗虫种类为白边痂蝗和毛足棒角蝗)、乌兰察布市四子王旗荒漠及半荒漠化草原(主要蝗虫种类为白边痂蝗、毛足棒角蝗和亚洲小车蝗)和呼伦贝尔市鄂温克旗草甸草原(主要蝗虫种类为毛足棒角蝗、宽翅曲背蝗、轮纹异痂蝗及宽须蚁蝗)，绿僵菌粉剂$2.5×10^9$孢子/g，用喷粉机于3~4龄蝗蝻期喷施1.5 kg/hm^2。施药后28 d，太仆寺旗、四子王旗和鄂温克旗防治效果达到最高，分别为

65.7%、66.8%和66.2%。

总体而言，绿僵菌防蝗起效较慢而持效时间较长，施菌后1周内可见蝗虫死亡，2~4周是死亡率上升期，4周后仍有少数死亡，总死亡率可达60%，多数在2周的效果达到70%或80%左右，有的超过90%，调查到50 d仍有效果。由于产品中菌株、剂型、施用方法及地理差异等，导致最终死亡率有较大波动范围。

这些实例中一般在施药前及施药后3 d、7 d、15 d和30 d调查，归结调查方法有两种。一种是罩笼调查法：在小区施药后立即网捕蝗蝻50头放入罩笼（1 m×1 m×1 m），在喷过药的田间饲养，定期调查死亡虫数，重复3~5次。同时，以未施药的健康蝗虫笼罩于未喷药的草地上作对照。另一种是大田样框调查法：根据面积大小，施药后在试验区内随机或"S"形路线间隔取样10~50个样框（1 m×1 m），统计防治前后蝗虫种类和数量，计算虫口减退率。调查药效的同时，还可检测活虫感染率，方法是每小区分5点采样，各采集50头的活体蝗虫，在光学显微镜下观察并统计活虫感染的数量和比例。对感病的虫体可观察到死亡前后的体表变化、僵化、虫体上出现白色菌丝和绿色孢子。

计算公式：

$$防治效果 = \frac{防治前蝗虫数量 - 防治后蝗虫数量}{防治前蝗虫数量} \times 100\% \quad (16\text{-}2)$$

$$感病率 = \frac{感染蝗虫数量}{观察蝗虫总数} \times 100\% \quad (16\text{-}3)$$

我国20多年来持续开展以绿僵菌为主的草原蝗虫绿色防控技术研究和推广，在内蒙古、新疆、甘肃、青海等省份的草原区域进行了大规模示范，自2012年起绿僵菌产品被列入农业农村部防控蝗虫灾害的主推产品。试验表明，绿僵菌制剂通过侵染虫体达到控制高密度蝗群的目标，还能在环境中宿存从而实现长期持续控制，使蝗群不能危害成灾。绿僵菌产品还在河滩、湖区荒滩等蝗虫滋生地防治东亚飞蝗的低龄蝗蝻，有效抑制其种群发育，防止成虫集群起飞，把可能对农区的大规模危害遏制在种群迁飞之前。绿僵菌生物农药必将在蝗虫绿色防控和生态保护中发挥更大的作用。

16.3.3　高原鼢鼠鼠害防控案例

高原鼢鼠（*Eospalax baileyi*）是分布于青藏高原的一类典型地下啮齿动物，啃食植物根茎，并在取食、求偶过程中推土造丘，构筑巢穴洞道，常因高密度种群形成鼠害。高原鼢鼠的防治，主要包括物理、化学、生物和生态防治等，其中受环境保护的要求，人工捕捉等物理防控较常见，部分高密度种群由于药物防控见效快、成本低且易于大面积使用，化学药物中抗凝血杀鼠剂应用较广，大部分化学毒杀剂如磷化锌等限用或禁用。提倡生物防治类药物C、D型肉毒素，招鹰、驯狐等生物防治潜力较大，结合放牧制度、草原补播等修复措施改变栖息环境的生态防治前景广阔。

16.3.3.1　高原鼢鼠危害等级划分标准

高原鼢鼠发生的等级分为轻度危害、中度危害、重度危害和极度危害4个等级（表16-5）。当某一地区鼠害指标达到轻度危害范围时，表明鼠害已正式进入需要防控的阶段。

表 16-5　高原鼢鼠危害等级划分标准

划分指标	Ⅰ 轻度危害	Ⅱ 中度危害	Ⅲ 重度危害	Ⅳ 极度危害
平均鼠数/(只/hm²)	8~20	21~66	67~140	≥141
平均新土丘数/(新土丘/hm²)	386~785	785~1 040	1 040~1 820	≥1 820
平均次生裸地面积/(m²/hm²)	<1 500	1 500~4 500	4 500~6 500	≥6 500
平均产草量/(kg/hm²)	>1 526	790~1 525	584~789	<583
平均植被覆盖度/%	>85	55~85	35~55	<35
经济损害水平/(有效洞口/hm²)	240	652	997	1 300

注：引自苏军虎，2017。

16.3.3.2　高原鼢鼠鼠害的防控

(1) 物理防控

鼢鼠鼠害发生时，物理防治可以作为短期内十分有效的鼢鼠鼠害防治手段。常用的物理防治手段有：地箭法捕杀(图 16-4A)，即在鼢鼠洞道处安装地箭来对鼢鼠进行捕杀；弓形夹捕杀(图 16-4B)，找到鼠丘后，通过探杆来探测鼠丘周围洞道，打开草皮，放置弓形夹。通常在危害的繁殖期(4~5 月)和储食期(9~10 月)各防治一次。物理防治费时费力，不宜大面积推广，且存有可持续差等弊端，但效果明显、绿色环保，能防治局部种群。

A　　　　　　　　　B

图 16-4　物理防控(地箭、弓形夹安置)

(2) 化学防控

对鼢鼠的化学防控中，主要依靠毒饵的野外投放。毒饵的选择中，毒力及适口性极为重要。

毒力通常用致死中量，也称半数致死量(LD_{50})表示。致死中量是毒死半数受试动物的药剂剂量，单位为 mg/kg。根据灭鼠剂毒力大小，可将灭鼠剂分为 5 个等级(表 16-6)。

适口性是鼠类对灭鼠剂毒饵的接受程度，可分首遇和再遇两种。好的灭鼠剂应该是两

表 16-6　灭鼠剂的毒力分级标准

LD_{50}	<1.0	1.0~9.9	10~99	100~999	≥1 000
毒性	极毒	剧毒	毒	弱毒	微毒

种适口性皆好，这样才能间隔一段时间后继续使用。但目前使用的灭鼠剂，多数首遇适口性较好，而再遇适口性较差。衡量适口性的标准为摄食系数，它代表鼠类取食毒饵的比例。摄食系数的测定可以在实验室内进行，也可以在灭鼠现场进行，可以仅投以毒饵（无选择性试验），也可同时投以毒饵和无毒饵（有选择性试验）。

对于高密度的高原鼢鼠种群，在非水源涵养区域，可以应急处理使用化学药物防治，一般采用抗凝血剂药物溴敌隆，在实践中应注意防治的比例，以及对非靶标动物的影响。其他的化学杀鼠剂包括溴鼠灵、杀鼠灵、杀鼠醚、敌鼠钠盐等。

(3) 不育防控

通过投放含不育剂成分的饵料，抑制其繁殖力，是高原鼢鼠防控的理想手段。利用复合不育剂 EP-1（炔雌醚：左炔诺孕酮=1∶2）及其组分对高原鼢鼠的不育效果试验表明：EP-1 和 E（炔雌醚）处理下雌雄高原鼢鼠的体重有明显下降；10 mg/kg EP-1 和 3.3 mg/kg E 的作用下，雄性睾丸和附睾相对质量显著下降（图16-5），器官组织切片显示出明显形态破坏；雄性中血清睾酮、雌二醇、促黄体素和促卵泡激素表达水平较对照显著下降。当 EP-1 达到 10 mg/kg 时，雌性高原鼢鼠子宫出现水肿。EP-1 适用于高原鼢鼠不育控制，能达到维持种群数量的作用。

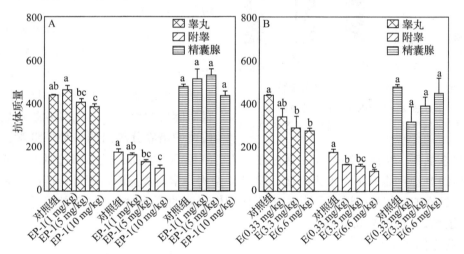

图 16-5　不同剂量 EP-1(A)及炔雌醚(B)处理下雄性高原鼢鼠睾丸、附睾及精囊腺质量变化

注：不同小写字母表示不同剂量不育剂处理间差异显著($P<0.05$)

(4) 生物防治

目前，高原鼢鼠的生物防治采用的生物防控技术主要有招引鹰和驯化饲养释放天敌两类。招引鹰控鼠是最早使用的防控措施，在西北省份早已发挥出良好的防控效果；野化狐狸控鼠技术也是利用鼠及其天敌狐狸的食物链关系，将人工饲养的狐狸，经短期野外生存能力科学训练后，有计划地放归到草原鼠害发生区以控制草原鼠害的一种生物防治新技术、新方法。在甘南，通过投放经驯化后的银黑狐，一年后高原鼠兔的洞口密度及鼠密度显著下降，对地下鼠高原鼢鼠也有一定的控制作用。

室内试验发现，当高原鼢鼠暴露于雕鸮、黄鼬及棕熊粪便时，高原鼢鼠取食时间和食物摄入量较对照气味组均显著减少($P<0.05$)（图16-6）；雕鸮、黄鼬粪便组中，高原鼢鼠静止、直立、躲避、移动时间和频次较对照气味组均显著增多($P<0.05$)，棕熊粪便组接

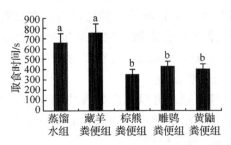
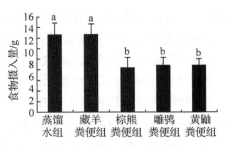

图 16-6 不同物种气味对高原鼢鼠取食时间和食物摄入量的影响

注：不同小写字母表示各组处理间差异显著（$P<0.05$）

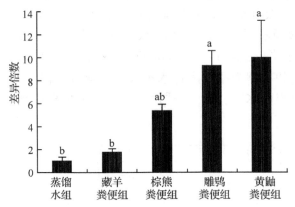

图 16-7 不同捕食者气味对高原鼢鼠
下丘脑 $c\text{-}fos$ mRNA 表达的影响

注：不同小写字母表示各组处理间差异显著（$P<0.05$）

触时间和频次显著增加（$P<0.05$）。各个组高原鼢鼠血清 ACTH 和 CORT 水平较对照组均显著增加（$P<0.05$），雕鸮、黄鼬粪便组下丘脑 $c\text{-}fos$ mRNA 表达量显著增加（$P<0.05$）（图 16-7）。研究结果提示可通过利用高原鼢鼠捕食者气味来对其种群数量进行生物控制。

肉毒毒素是厌氧肉毒杆菌产生的含有高分子蛋白的一种细菌外毒素，易溶于水，无异味，主要抑制神经末梢释放乙酰胆碱，引起肌肉松弛麻痹，特别是引起呼吸肌麻痹导致死亡。D 型肉毒素是从肉毒梭菌中培养分离出的一种外毒素，是一种新型生物杀鼠剂。2015—2016 年，通过在四川省红原县进行野外试验筛选对高原鼢鼠灭杀效果最佳的 D 型肉毒素复合毒饵配比，发现 D 型肉毒素对高原鼢鼠野外种群的灭杀效果良好，且通过添加菜籽油引诱剂可明显改善 D 型肉毒素的灭杀效果，灭杀效果最佳的复合毒饵中 D 型肉毒素浓度为 0.10%。

(5) 生态防控

以禁牧休牧、围栏封育、人工种草、补播改良、施肥除莠等综合措施为手段，破坏和改变鼠类适宜的栖息、繁殖和生存环境的生态调控鼠害技术也是生态友好型技术中的鼠害防控重要措施之一。在草原害鼠密度适宜地区采用生态调控技术，既可持续控制害鼠，又能够提高产草量，有效促进草原生态系统的良性循环。

补播处理下，高原鼢鼠采食的植物种类在不同退化程度和补播草地下大致相同，但其比例各异。杂类草为高原鼢鼠的主要食物，其中，对委陵菜属（*Potentilla*）植物有明显偏好。补播草地高原鼢鼠的食物多样性和均匀度增加，食物生态位宽度变宽，补播后杂类草的比例减小，高原鼢鼠获取喜食植物的难度和处理食物的时间增加，食物的可获得性降低，草地补播增加了高原鼢鼠的觅食代价。通过补播一定程度上可以抑制高原鼢鼠种群。

目前，青藏高原草地生态系统鼠害的防治效果不尽人意，加之草原地区对生态优先的需求，生态友好型技术的缺乏仍旧是我国鼠害防控技术发展的主要短板之一。如何开发更多的绿色高效环保药物是当前鼠害治理技术研发中亟待突破的难题。当下绝不能追求物理防控和化学防控的高灭杀效果，种群清除式灭杀的措施更不可取。高原鼢鼠在生态系统中的地位和作用重要，通过改善和优化草地管理，注重综合防控，才能在未来青藏高原草地生态系统鼠害防治中取得理想的效果。

思考题

1. 简述不同历史时期人类对有害生物防治策略的特点并分析原因。
2. 举例说明如何利用农业技术防治草地有害生物。
3. 与化学防治相比，生物防治具有哪些优势？举例说明
4. 简述植物检疫的意义、特点和检疫程序。
5. 以某地区为例，在实际调查或查阅资料的基础上，制订该地区有害生物综合防治方案。

第 17 章
草地保护技术推广

草地保护技术推广是将新知识、新技术、新方法、新产品及新器械等综合运用于草地保护的过程，是植物保护工作的重要组成环节，能否有效地将控制技术推广并应用到草地生态保护和农业生产实践中，关系到草地保护事业的成功与否。本章在有害生物及其防治策略的基础上，主要介绍草地保护技术的推广形式、推广方法等内容。

17.1 草地保护技术的推广形式

根据《中华人民共和国农业技术推广法》，农业技术推广是指通过各种方式，如试验、示范、教学、指导及提供咨询，将科技进步和实践技术引入农业的全流程中，这包括了种植、林业、畜牧和渔业的各个阶段。在此背景下，草地保护技术推广是农业技术的一个关键部分，它通常采用行政、教育和服务三者结合的方式进行。

17.1.1 行政式技术推广

行政式技术推广主要是政府通过行使行政权力贯彻草地保护政策，制定相关法规指导和协调实施草地保护技术措施的一种技术推广方式。

为防止危险性病原微生物、昆虫、植物等传播蔓延，保护草业、林业等生态安全和生产安全，我国出台了《中华人民共和国进出境动植物检疫法》《国外引种检疫审批管理办法》《植物检疫条例实施细则》等，对进出境动植物的检疫等做出了具体规定与限制。例如，发现苜蓿黄萎病菌（*Verticilium alfalfae*）的地区，应将其划为疫区，禁止疫区内各类紫花苜蓿草产品及种子外运并及时销毁，通过土壤熏蒸、杀菌及轮作等方式，杀灭病原微生物。如果在进口草产品及其他货物中发现苜蓿细菌性萎蔫病菌（*Clavibacter michiganensis*）、毒麦（*Lolium temulentum*）、匍匐矢车菊（*Centaurea repens*）等检疫性有害生物，根据相关政策法规，应立即销毁或监督退运处理。

农药作为重要的植保用品，其使用直接关系到草产品的质量安全和生态环境安全。《农药管理条例》是为加强农药管理，保证农药产品质量，保障草产品质量安全和人畜安全，保护草业生产和生态环境而制定。首部《农药管理条例》由国务院于 1997 年 5 月 8 日发布并实施，2001 年 11 月 29 日进行了修订。为了适应形势发展和农药管理的新要求，2017 年 2 月 8 日国务院第 164 次常务会议对《农药管理条例》进行了再次修订通过。2022 年新修正的现行版《农药管理条例》包括总则、农药登记、农药生产、农药经营、农药使用、监督管理、法律责任以及附则等八章内容，对我国农药产业的健康发展以及农药的依法登记、生产、经营和合理使用起到有力的保障作用。农业农村部第 199 号公告和第 322 号公告先后公布在我国全面禁止使用的 23 种农药名单。此外，部分省市根据各自的地方特点，先后通过了本省的植物保护条例。在草地方面对农药使用也有相关要求，如《中华人民共和国草原法》等规定禁止在各类草地上使用剧毒、高残留以及可能导致二次中毒的农药。农业农村部全国畜牧总站、国家林业和草原局生防总站也推荐了一批草地植保药剂，如印楝素、烟碱、苦参碱等植物源农药，在防治草地虫害方面应用广泛，雷公藤甲素、莪术醇等动物不育剂等用于鼠害防控。

2020年3月26日，《农作物病虫害防治条例》（以下简称《条例》）颁布，自2020年5月1日起施行。《条例》从4个方面对有害生物防治工作予以规范。一是明确防治责任。县级以上人民政府要加强对有害生物防治工作的组织领导，县级以上人民政府主管部门负责有害生物防治的监督管理，其他有关部门按照职责分工做好防治相关工作。草业生产经营者应做好生产经营范围内的防治工作，并积极配合各级人民政府及有关部门开展防治工作。二是健全防治制度。加强草地植物病虫害监测网络建设和管理，规范监测内容和信息报告，明确有害生物预报发布主体。明确应急处置措施，要求农业农村部、林业和草原局、县级以上地方人民政府及其有关部门制定应急预案，开展应急培训演练，储备应急物资，有害生物爆发时立即启动应急响应。三是规范专业化防治服务。鼓励和扶持专业化有害生物防治服务组织，要求县级以上人民政府农业农村、林业和草原主管部门为专业化有害生物防治服务组织提供技术培训和指导。规定专业化病虫害防治服务组织应当有相应的设施设备、技术人员、田间作业人员以及规范的管理制度，应遵守国家有关农药安全、合理使用的规定，建立服务档案，为田间作业人员配备必要的防护用品。四是鼓励绿色防控。鼓励和支持开展草地有害生物防治科技创新、成果转化和依法推广应用，普及应用信息技术、生物技术，推进防治工作的智能化、专业化和绿色化；鼓励和支持科研单位、有关院校等单位和个人研究、依法推广绿色防控技术，鼓励专业化有害生物防治服务组织使用绿色防控技术。对违反《条例》规定的行为设定了严格的法律责任，强化责任追究。

17.1.2 教育式技术推广

教育式技术推广是指将草地保护与生态修复及农牧民生产需要结合起来，通过各种方式，如大众媒体成人教育、短训班、现场会和送科技下乡活动等，引导植物保护技术人员和农牧民学习并应用新技术、新知识、新方法、新产品和新器械，提高农民的草地保护技术水平。通过主动了解、购买并使用等形式实现草地保护新技术的推广。新型农药、施药器械、抗害种苗及包衣种子等以商品为载体的植物保护技术，大都以这种方式进行推广。农业农村部全国畜牧总站、国家林业和草原局森林和草原病虫害防治总站，以及各省林业和草原技术服务部门等单位，每年都会组织多种形式的授课班和现场培训，邀请高校和科研院所从事草地植护的专家学者，以及先进草地保护企业的技术人员，讲解草地有害生物的识别、调查和防控技术。2022年，中共中央组织部、科学技术部等6部委印发了《关于向国家乡村振兴重点帮扶县选派科技特派团的通知》，大批学者和一线技术人员加入国家科技特派团，草地植物保护技术的应用和推广是其中一项重要帮扶措施。多所高校和科研院所开展了各类培训班和短期成人教育，如国家牧草产业技术体系组织的"草堂行"活动和"科技特派团"，兰州大学网络教育学院联合草地农业科技学院申报了兰州大学非学历继续教育特色项目"草地有害生物健康管理"，举办了"山丹县草原工作站干部业务素质能力提升专题培训班"等短期教育培训。

17.1.3 服务式技术推广

服务式技术推广主要由政府通过外部间接投入，为农牧民提供免费技术服务，使农民在利润驱动下，主动采用草地保护技术。例如，由政府出资或委托科研机构联合攻关等方式开展草地保护技术和防控体系的研发，形成了多种草业有害生物综合治理技术体系和集成，经推广示范后，农牧民主动学习采用。在我国，草地保护技术科研立项时，通常由相关管理部门规定科研单位在形成技术成果后，必须进行一定面积的推广示范，并通过科研项目合同的形式确定下来，使技术开发项目承担单位负有一定的技术推广责任，确保政府投资能使农民受益。例如，2023年国家重点研发计划中设立有草地有害生物相关防控技术研究项目8项，针对禾草叶斑病、草原毛虫、蝗虫和草地螟等有害生物的发生规律、监测预警和绿色防控等方面开展系统研究和技术推广示范。近年来，各地政府、高校和科研院所建立大量科技示范园区，积极推进新型草业科技成果的示范推广，引导广大农牧民进一步学习掌握现代农业技术。随着土地集约化、规模化的不断推进，以及对提高生产效能、降低生产成本要求的持续深化，机械化生产经营成为必然趋势，随之而来的专业化保护服务发展迅速，成为越来越重要的草地保护技术推广形式。

20世纪90年代中期，为应对棉铃虫大爆发的严峻形势，在全国13个棉花主产省份，组织实施了棉花重大病虫统防统治产业化推广项目，成为专业化防治的先行者。进入21世纪以来，现代农业发展走上集约化、规模化和标准化的快车道，专业化防治服务组织的作业面基本覆盖全国粮食生产区域，部分覆盖了栽培草地生产区域和天然草原有害生物重点防治区域。2020年公布的《农作物病虫害防治条例》明确规定要鼓励和扶持专业化有害生物防治服务组织，同时规定了专业化服务组织必备的条件和专业化服务组织的有关责任。该条例的颁布，为专业化植保服务带来了新的发展机遇，服务范围将由单一环节"代防代治"，向覆盖生产全过程的全链条服务转变；服务方式由单纯依赖化学农药防治，向综合应用生物防控、生态调控和绿色农药等立体式防治转变。

专业化植保服务是实施草地有害生物防治的重要力量，也是草地保护技术推广的重要形式。专业化防控服务，是指具备草地有害生物防控能力的服务组织通过采用先进、实用的设备和技术，为草业生产经营者提供规范化的统防统治等服务。专业化保护服务组织主要有4种形式：①专业合作社型。由种植业和农机等专业合作社将大量分散的农技人员组织起来，形成有法人资格的经济实体，专门从事专业化防治服务。②企业型。由农资生产经营企业成立专业防治服务公司，既为农牧民提供农资销售服务，也提供有害生物专业化防治服务。③规模化生产经营主体自有型。主要指由种植大户或草产品生产加工企业创办的专业化防治队，除开展自营的草地有害生物防治外，还为周边农牧民开展专业化防治服务。④村级组织型、村民互助型等其他类型。

在具体实施过程中，4种推广形式可以相互配合。在传统农业和草产业种植户规模时期，生产环境相对单一，农牧民文化水平较低，通常通过行政式推广，使农民被动了解掌握植保技术，效率较低，成效不显著。随着社会的发展，农牧民文化水平、科学种养意识的提高，农牧民自主决策能力和主动性有显著提升，教育式植保技术推广具有了更强的生命力，基层生产者和农牧民有主动学习草地植物保护的需求和意愿。未来草地植物保护技术的推广，将更趋向于通过行政方式使基层技术人员和草业从业者了解国家相关政策法规，并通过教育培训向农牧民尤其是牧草生产和加工企业、专业保护服务组织推广保护新方法、新技术、新器械、新产品和新要求等，而专业化保护服务组织将是未来把我国草产业进一步推向集约化、规模化、机械化和现代化的重要技术力量。

17.2 草地保护技术的推广过程及案例

草地保护技术推广体系在不同国家有一定差异，我国的草地保护技术推广体系主要由植保教育、植保科研、省地县级保护技术推广管理部门及植保产品和器械供应保障体系等共同构成。

17.2.1 草地保护教育

草地保护教育的主要目标是培养草地保护人才，使之具备系统的草地植物保护专业知识，能够独立解决草地植物保护问题，了解和掌握国内外相关法律、法规以及一定的经营管理知识，在生产实践中具备草地保护实际应用和管理能力，从而胜任草地保护教育、科研、管理和推广工作。草地植保教育负有促进草地保护事业后继发展的使命，是草地保护事业的人才支撑体系。此外，植保教育还包括相关知识的创新与传播，如开展各种科学研究、学术交流活动，举办草地保护技术成人教育短训班，制作草地保护科普和技术录像，出版读物，宣传草地保护相关政策法规，提升从业人员对草地植保相关的政策法规、新知识、新技术和新产品的了解掌握水平和植保工作管理水平。截至2023年，我国有23个植物保护一级博士学位授权点，60余个植物保护一级硕士学位授权点，专门从事植物保护高级专门人才和复合应用型人才的培养。在草学领域，全国有32所高校成立了草业学院，均设立了草业科学专业，绝大多数都开设了草地植物保护相关课程。

17.2.2 草地保护科研

草地保护科研承担研究、开发植保生产实践中需要的新技术和新产品等工作，是植物保护的技术支撑，主要包括基础研究、技术开发以及产品和器械的研发。从事植物保护相关科研的单位包括中国科学院、中国农业科学院、涉农高校和各省(自治区、直辖市)农业科学院，以及植物保护产品和器材生产企业。

基础研究方面主要包括草地有害生物与寄主、天敌和环境的相互作用，发生流行及灾变规律、预测理论、控制理论、监测技术、防控对策，以及农药的毒理学、抗性治理、抗逆育种等研究，能有效推动草地保护技术的基础理论发展和植物保护产品的开发。例如，病原物与寄主的互作识别机制的研究，促进了无病原物识别靶标抗病品种的开发；有害生物体内大分子功能化合物结构与功能的研究，促进了高效专一选择性药剂的开发；转基因研究，通过转入外源基因到寄主作物中进行表达筛选培育出转基因抗病虫品种，有针对性地对草地有害生物加以控制，表型组学研究促进了抗性品种选育及有害生物防控。

植保技术研发主要针对重点草地有害生物展开，根据基础研究成果，通过应用研究方式，开发和完善调查统计方法、监测预报手段和防控技术。例如，利用智能识别及物联网技术，建立天然草原鼠害发生和为害的自动监测技术系统；利用遥感、全球定位系统、地理信息系统等研究成果，研发蝗虫雷达监测预警技术系统；利用病虫害等发生和为害的历史数据，结合寄主生长规律和气象观测数据，建设短、中、长期病虫害智能化预警系统；利用生物学研究成果，根据生物学特性，研发有害生物的特效防治技术等。此外还有产品与器材的研发和新型药剂创制，如新菌剂、天敌昆虫筛选繁育和释放技术、种子丸衣化技术、诱虫灯、诱捕器、灭蝗机、喷粉器和植保无人机等。

由于草地保护关系到生态安全和畜牧业生产安全，进一步影响粮食安全，因此草地保护科学研究和技术研发必须关注生产实践一线出现的新问题，如有害生物抗药性的产生、抗性品种大规模种植后次要害虫的爆发、耕作制度改变后导致有害生物的演替、入侵生物的治理等。近年来，草地贪夜蛾和非洲沙漠蝗肆虐，严重威胁了我国天然草原和栽培草地，也成为草地保护亟须解决的重要问题。

17.2.3　植保器材供应

草地保护新方法、新技术的实施常伴随着新产品、新器械的推广应用，这些物资的生产和供应也是草地保护技术推广的重要组成部分。草地保护相关物资主要由生产和经营企业推广销售。首先，企业通过生产和销售各种高效、优质的草地保护产品和器械，为植物保护提供充足的物资保障，并为植保新产品和器械的进一步研发升级提供了资金。其次，企业通过产品促销活动、制作广告录像、现场示范等进行产品性能和应用技术的演示讲解，将草地保护新技术直接传授给使用者。在市场经济体制下，企业对植保新技术，新产品和新器械的推广具有更大的推动作用。截至2023年，我国有具备药剂定点生产资质的企业近2000家，还有不少生产销售施药器械的药械公司，生产销售抗性牧草种子和包衣种子的种子公司，生产销售微波处理设备以及诱杀隔离器材的物理防控器材公司，生产销售天敌生物和生物技术产品的生物公司，生产销售病虫害自动识别监测设备的信息技术公司，以及遍布全国的专营植保器材销售的门店等，它们构成了植保器材的供应保障体系，也是草地保护技术推广的重要组成部分。

17.2.4　植保技术推广管理

我国主要由农业农村部全国畜牧总站、全国农业技术推广服务中心、国家林业和草原局生物防治总站以及各级草原站或畜牧局系统负责。草地保护推广管理系统按国家行政划分可分为4级，即国家级、省级、地级、县级草地保护推广部门和乡镇植保团体或生产者。

国家级草地保护推广部门负责全国各基层机构和各方面工作的管理，包括制定植保方针政策、拟定长期规划、建立组织机构、规定投资比例、筹划物资供应、协调内外关系、指导下级工作、掌握科研方向和加强教育培训等，从而实现总揽全局、宏观调控的作用，通过战略管理推广实施各种草地保护技术，以保证牧草生产和天然草原生态、生产功能的持续发挥。省（市）级草地保护推广部门是在国家统一的方针、政策指导下，根据本地情况制定规划、指导防治，应用新技术，设计综合防控技术方案，发布测报信息，进行物资调配，开展技术培训和示范推广工作。县级草地保护推广管理主要由县级草原站、畜牧局等组织实施，在上级的领导和支持下，面向乡镇、村、户针对当地情况实施有害生物的测报防控，是技术推广的重要一环，既要贯彻植保方针，落实综合防控计划，又要结合实际取得实效，同时还需将实施情况、存在问题和经验教训及时上报。生产者和当地植保服务机构是最基层的植保技术管理者，由农牧民、植保专业户或承包植保服务的专业服务组织实施有害生物的综合治理。

此外，栽培草地保护的行政管理还包括植物检疫、农药检定和农药执法部门。植物检疫是由国家设立的动植物检疫机关，根据出入境动植物检疫法，对出入境、跨省份动植物及其产品进行检疫，监测、调查、治理入侵生物，以阻止危险性有害生物的人为传播。具体对外检疫由海关分支机构负责，对内检疫由农业农村部的有关职能部门和省市县植保站系统负责。农药检定由农业农村部农药检定所具体负责，省级农药检定部门协助，包括农药登记、药效试验、质量检测、残留分析、农药生产和销售许可发放等。国家还设立了农药监管执法机构，各省级农业农村行政主管部门一般设有农业行政执法单位，县级设有农业行政执法大队，负责对农药的生产、经营和使用进行监管。各级农业农村行政主管部门一般还设有农产品质量检测中心，农药残留检测是其重要工作。

17.2.5 推广试验与示范

我国针对草原鼠害和虫害进行了一系列推广试验与示范工作，取得了显著的成效。

17.2.5.1 草原鼠害

（1）建立了全国范围的草原鼠害监测预警体系

我国自主研发了"草原生物灾害监测与防治信息统计分析系统"，利用"3S"技术划分了主要草原害鼠宜生区，构建了7种害鼠的监测预警模型，实现了鼠害预警的区域化，形成了国家与地方的上下联动预警机制，预报准确度达到89%，为防控决策提供可靠依据。建设监测站108个，发展村级农牧民测报员1.9万名，形成了"国家–省（自治区、直辖市）–市（地、州、盟）–县（市、区、旗）–草原村级农牧民测报员"5级测报网络体系，建立了"固定监测点+线路调查+农牧民测报员常年观测"的监测预警工作机制，扩大监测范围，减少监测盲点，摸清主要草原害鼠发生期，提高草原鼠害预测预报的准确性和时效性，解决了草原鼠害面积大、监测不到位等难题。

（2）建立了应急防控、持续控制相结合的草原鼠害绿色防控技术体系

筛选推广了C型、D型两种肉毒素杀鼠剂，雷公藤甲素、莪术醇两种不育剂；改进完善弓箭灭鼠技术，制定招鹰控鼠、引狐治鼠和弓箭灭鼠等技术标准；发明了红豆草草粉饵料和固体毒饵定量投放器，研制了胡萝卜代粮饵料配制技术，应用了围栏封育、补播改良等生态控鼠技术措施；丰富了飞机作业机型，优化了飞机防控作业线路，掌握了飞机、器械和人工相结合的毒饵投放关键技术，建立了应急防控、持续控制相结合的绿色防控技术体系。针对不同区域、不同种类害鼠，在内蒙古中东部草原区、内蒙古西部和陕甘宁草原区和东北—华北农牧交错草原区、青藏高原草原区和新疆草原区5个主要草原生态区域内，配套形成了"弓箭灭鼠+围栏禁牧""三角翼飞机投饵+招鹰控鼠+围栏禁牧"等10种草原鼠害综合治理模式，平均防治效果达到70%~92%。

（3）建立并推广应用了统防统治、联防联控等组织模式

形成了以草原技术推广机构为主体的专业化统防统治、区域间联防联控和群防群控的组织模式，应用了"草原田间学校+马背学校+帐篷学校"等具有草原牧区特色的科技服务模式，实现了技术到村、到户、到人。

17.2.5.2 草原虫害

①建立了草原村级农牧民测报员网络，聘请了5 109名村级农牧民测报员，建设了

26个固定监测站，形成了"国家-省（自治区、直辖市）-市（地、州、盟）-县（市、区、旗）-草原村级农牧民测报员"5级测报体系；研发了草原虫害信息管理系统和野外数据采集PDA系统；建立了基于"3S"技术的7种主要草原害虫监测预警模型，实现虫灾预警的空间化，形成了国家与地方的上下联动预警机制。

②筛选出适合草原虫害防控的绿僵菌等4种生物制剂和印楝素等3种植物源农药，改进了剂型，优化了应用技术，生物防控比例达到50%以上。

③形成了以内蒙古、新疆为重点的"飞机+机械+牧鸡"的三机（鸡）联动模式，以新疆为重点的"人工招引粉红椋鸟+牧鸡、牧鸭"的天敌控制模式，以青藏高原地区为重点的"生物制剂+植物源农药"的药剂防控模式。

④完善了政、技、物相结合的统防统治管理机制，建立了中国-哈萨克斯坦、四川-青海-西藏、环京津地区、北方农牧区等国家间、地区间、部门间草原虫害联防联控工作机制。

⑤草原虫害生物防控综合配套技术在内蒙古、新疆等14个省份（含兵团）的600多个县（市、区、旗）进行了推广，创建了26个草原虫害生物防治示范县。

17.3　草地保护相关器械与产品的管理和销售

农药是一种特殊商品，只有通过国家农药检定部门指定试验单位的药效、毒理、残留、对非靶标生物的影响、环境影响等多项试验，相关指标参数符合要求，没有明显的负面影响的产品，才能在符合国家与地方产业政策前提下取得产品登记证。生产者还要在审核通过安全与环境评价立项后，经实地核查满足生产要求才能取得生产许可，才能合法生产销售产品。传统的植保器材器械（喷雾器等）近年来已不再列为专控产品加以管理与销售，但对于新兴的植保无人机及其植保作业，国家相继制定了一系列新规定并在不断完善中。

17.3.1　农药的产品管理

农药是用于植物保护的特殊商品，各国政府均采用登记管理制度进行产品管理，一方面是为了保证农药产品质量，使其在农业生产中科学合理使用，发挥应有的作用；另一方面是防止农药产品在生产、储运、销售和使用过程中对人、畜以及其他非靶标生物和环境等造成危害。农药登记试验是保障农药产品的有效性、真实性、可靠性和安全性的关键环节，为了保证农药登记试验数据的完整性、可靠性和真实性，加强农药登记试验管理，基于《农药管理条例》，原农业部（现农业农村部）先后发布了几个管理办法和要求，《农药登记管理办法》（2017年农业部令第3号）、《农药登记试验管理办法》（2017年农业部令第6号）、《农药登记资料要求》（2017年农业部公告第2569号）、《农药登记试验质量管理规范》《农药登记试验单位评审规则》（2017年农业部公告第2570号），确定了《限制使用农药名录（2017版）》（2017年农业部公告第2567号），以及取得有效农药试验资质的《农药登记试验单位名单》（2019年农业农村部公告第189号）。

2017年6月25日农业部出台的《关于加强管理促进农药产业健康发展的意见》要求"严把登记准入关，优化农药产品结构"。一是加强登记分类指导。如支持高效低毒低残留农药、小宗特色作物用药和生物农药登记。限制高毒高风险农药登记，对安全性存在较大风险或隐患的产品以及在生产或使用中缺乏有效安全防范和监管措施的产品不予登记。二是要求加快农药技术创新。完善农药创新体制机制，推动农药创新由国家主导向企业和产学研相结合转变。深化农药科研成果权益改革，建立技术交易平台，促进成果转化应用，激发科研人员创新热情。鼓励企业增加科研投入，开发高效、低风险、低残留农药新产品。支持研发机构、科研人员等新农药研制者申请登记。加快建立完善农药创新体系和与之配套的知识产权管理体系。三是提升农药登记门槛。采取有效措施，适当控制产品数量。相同有效成分和剂型的产品，有效成分含量梯度不超过3个。严格限制混配制剂产品登记，混配制剂的有效成分不超过3种；有效成分和剂型相同的，配比和含量梯度不超过3个。鼓励已登记产品优化配方或剂型，及时淘汰落后的配方或剂型。四是建立农药退出机制。加强对已登记农药的安全性和有效性监测评价，重点对已登记15年以上的农药品种开展周期性评价，加快淘汰对人畜健康、生态环境风险高的农药。发现有严重危害或较大风险的，不予延续登记，或采取撤销登记、禁限用措施，并督促农药生产经营单位及时召回问题产品。加强现有高毒农药的风险评估，本着"成熟一个，禁用一个"的原则，有序退出，加快淘汰。五是加强登记试验管理。规范农药登记试验单位的申请、审核和管理。农药登记试验实行省级备案管理，新农药登记试验须经农业农村部批准。试验申请人要对样品的真实性和一致性负责，保证其生产或者委托加工的农药，与登记试验样品一致。登记试验单位要按照试验技术准则和方法开展登记试验，保证试验数据的准确性。省级农业农村主管部门要加强对登记试验安全风险及其防范措施落实情况的监督，发现在登记试验过程中出现难以控制的安全风险时，责令停止试验。

此外，针对仅限出口农药产品的登记，中华人民共和国农业农村部公告（第269号）首次明确了不在我国境内使用的出口农药（简称仅限出口农药）产品的登记相关事项：一是申请仅限出口农药登记的范围，二是申请仅限出口非新农药登记的资料要求，三是申请仅限出口新农药登记的资料要求，四是关于仅限出口农药登记、变更、延续及审批流程、登记证编号规则以及其他与此类登记相关的事项说明。

17.3.2 农药的生产和销售管理

农药生产应当符合国家产业政策。国家鼓励和支持农药生产企业采用先进技术和先进管理规范，提高农药的安全性、有效性。国家实行农药生产许可制度。农药生产企业应当具备相关生产条件，并按照国务院农业农村主管部门的规定向省、自治区、直辖市人民政府农业农村主管部门申请农药生产许可证。取得农药生产许可才能生产合法登记的农药产品。

我国实行农药经营许可制度，经营卫生用农药的除外。经营农药要向县级以上地方人民政府农业农村主管部门申请农药经营许可证。要求：①有具备农药和病虫害防治专业知识，熟悉农药管理规定，能够指导安全合理使用农药的经营人员。②具备与其他商品以及饮用水水源、生活区域等有效隔离的营业场所和仓储场所，并配备与所申请经营农药相适应的防护设施。③有与所申请经营农药相适应的质量管理、台账记录、安全防护、应急处置、仓储管理等制度。经营限制使用农药的，还应当配备相应的用药指导和病虫害防治专业技术人员，并按照所在地省、自治区、直辖市人民政府农业农村主管部门的规定实行定点经营。

  取得农药经营许可证的农药经营者设立分支机构的，应当依法申请变更农药经营许可证并向分支机构所在地县级以上地方人民政府农业主管部门备案，其分支机构免于办理农药经营许可证。农药经营者应当对其分支机构的经营活动负责。农药经营者采购农药应当查验产品包装、标签、产品质量检验合格证以及有关许可证明文件，不得向未取得农药生产许可证的农药生产企业或者未取得农药经营许可证的其他农药经营者采购农药。农药经营者应当建立采购台账，如实记录农药的名称、规格、数量、有关许可证明文件编号、生产企业和供货人名称及其联系方式、进货日期等内容。采购台账应当保存两年以上。农药经营者应当向购买人询问病虫害发生情况并科学推荐农药，必要时应当实地查看病虫害发生情况，并正确说明农药的使用范围、使用方法和剂量、使用技术要求和注意事项，不得误导购买人。

  农药经营者不得加工、分装农药，不得在农药中添加任何物质，不得采购、销售包装和标签不符合规定、未附具产品质量检验合格证、未取得有关许可证明文件的农药。经营卫生用农药的，应当将卫生用农药与其他商品分柜销售；经营其他农药的，不得在农药经营场所内经营食品、食用农产品、饲料等。境外企业不得直接在中国销售农药。境外企业在中国销售农药的，应当依法在中国设立销售机构或者委托符合条件的中国代理机构销售。向中国出口的农药应当附具中文标签、说明书，符合产品质量标准，并经出入境检验检疫部门依法检验合格。禁止进口未取得农药登记证的农药。出口仅限国外登记使用的农药产品，不得在国内销售。办理农药进出口海关申报手续，应当按照海关总署的规定提供相关证明文件。

  县级以上人民政府农业农村主管部门应当定期调查统计辖区内农药生产、销售、使用情况，并及时通报本级人民政府有关部门。地方政府农业农村主管部门应当建立农药生产、经营诚信档案并予以公布；发现违法生产、经营农药的行为涉嫌犯罪的，应当依法移送公安机关查处。县级以上人民政府农业农村主管部门应履行农药监督管理职责，可依法开展相关监管措施。对于农业农村主管部门及其工作人员、农药登记评审委员会组成人员、登记试验单位等存在渎职、违法犯罪行为的依法追究责任，对于生产假劣农药的，以及无证经营农药、经营假农药、在农药中非法添加物质的以及未履行农药经营、使用相关义务的或存在涉及农药的其他违规违法行为的，将依法追究法律责任。

思考题

1. 通过之前章节的学习，总结能够在基层成体系推广的草地保护技术有哪些？
2. 如何将多种草地保护技术的推广形式有机地结合起来，更好地实现草地保护的目标？
3. 我国在草地植物保护相关教育和科研方面，应该如何提升才能更有效地实现基层技术的推广和应用？
4. 分析如何加强草地保护器械和药剂的管理方式，使之能有效匹配草地有害生物的发生规律，实现"预防为主"的目标和突发应急预案的要求？
5. 如何在草地保护的具体实践中，按照天然草原、栽培草地、种子田、运动观赏草坪等草地类型，减少化学药剂的使用，制定生态安全的保护技术体系？

下 篇

第 18 章 草地植物主要病害及其防治

草地植物在生长发育过程中遭受病原物侵害,使其正常的生理生化过程发生改变,新陈代谢紊乱,在细胞组织和结构上发生一系列病变,同时内部结构和外部形态上表现异常。植物出现变色、坏死、腐烂、萎蔫和畸形等异常病状,同时病部常常可见白粉、黑粉、锈粉、黑霉、灰霉和白霉等病征,严重时引起植株死亡,造成草地植物产品品质下降及严重的产量损失。

18.1 草地植物主要菌物病害

18.1.1 锈病

锈病是指担子菌门锈菌纲锈菌目菌物侵染所引起的病害。植物被侵染后常产生黄色或者褐色粉状孢子堆,肉眼看上去像是生锈一般,故称作锈病,引起锈病的病原菌称为锈菌。危害草类的锈菌主要属于柄锈菌属与单胞锈菌属。柄锈菌属有 3 000~4 000 种,是锈菌中最大属,单胞锈菌次之。锈菌是专性寄生菌,只能直接从活的寄主植物获得养分,不能脱离寄主而营腐生生活,虽说目前少数种在实验室人工培养基上培养已获成功,但在自然界大多数种都专性寄生于活的植物体上。

(1)症状

主要为害植物茎、叶,引起局部侵染,病斑表面形成铁锈状物(孢子堆)。发病初期病斑小,呈黄色褪绿斑点,随后在叶片上出现黄色、橘黄色或黄褐色的粉末状夏孢子堆,发病后期或生长季末,在叶片上产生深褐色或暗黑色的冬孢子堆(图 18-1、图 18-2)。

图 18-1 三叶草锈病叶片背面夏孢子堆
(古丽君/摄)

图 18-2 禾草锈病叶片上的夏孢子堆
(古丽君/摄)

(2)病原菌

锈菌有初生菌丝体和次生菌丝体两类。担孢子萌发形成的菌丝体为初生菌丝体,其每个细胞只含有一个单倍体的细胞核。初生菌丝体通过受精作用或体细胞融合而双核化，形成次生菌丝体，其每个细胞内含有两个遗传性不同的核。次生菌丝体可以长期生长而不进入核配阶段。双核菌丝体在寄主植物细胞间隙生长发育，在寄主细胞内形成一类特殊的结构，称为吸器（见图1-4、图1-5）。

多型现象是锈菌区别于其他真菌的一个重要特征。锈菌能产生性孢子、锈孢子、夏孢子、冬孢子和担孢子5种孢子形态，构成了锈菌复杂的生活史。产生这5种孢子的结构分别称作性孢子器、锈孢子器、夏孢子堆、冬孢子堆和担子。

危害豆科牧草的病原菌主要为单胞锈菌属（Uromyces）。其冬孢子为单细胞，有柄，顶壁较厚；夏孢子为单细胞，有刺或瘤状凸起。转主寄生或单主寄生。常见的有条纹单胞锈菌（U. striatus）、车轴草单胞锈菌（U. trifolii）、豌豆单胞锈菌（U. pisi）、拉伯兰单胞锈菌（U. lapponicus）、疣顶单胞锈菌（U. appendiculatus）、暗昧岩黄芪单胞锈菌（U. hedysari-obscuri）、甘草单胞锈菌（U. glycyrrhizae）和白车轴草单胞锈菌（U. trifolilivepentis）（图18-3）等。危害禾本科牧草的病原菌主要为柄锈菌属（Puccinia）。其冬孢子为单细胞，有柄，顶壁较厚；夏孢子为单细胞，有刺或瘤状凸起（图18-4）。转主寄生或单主寄生。常见有禾柄锈菌（P. giaminis）、隐匿柄锈菌（P. recondita）和条形柄锈菌（P. striiformis）。

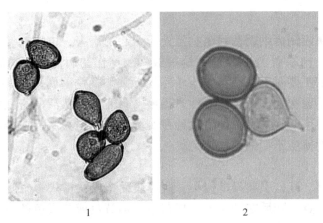

图18-3 两种单胞锈菌冬孢子形态（王丽丽、李克梅/摄）
1. 甘草单胞锈菌　2. 白车轴草单胞锈菌

(3) 寄主范围

锈菌的寄主范围非常广泛，几乎每一种禾本科牧草都受一种或几种锈病的侵染。受害较重的有冰草、早熟禾、黑麦草、剪股颖、羊茅、鸭茅、雀麦、猫尾草、狗牙根、雀稗、披碱草、赖草和偃麦草等多属禾草以及麦类作物。

豆科牧草锈病发生也较为普遍，且寄主范围十分广泛，如苜蓿、三叶草、红豆草、沙打旺、草木樨属、野豌豆属、山蚂豆属、百脉根属、岩黄芪属、锦鸡儿属、胡枝子属和大翼豆属等。

(4) 发生规律

锈菌的生活史可分3种，长生活史型、缺夏孢子生活史型和短生活史型。其生活史较为复杂。现以禾柄锈菌为例，说明锈菌生活史的全过程。该菌为转主寄生长生活史型，主要寄主为禾草和麦类作物，转主寄主为小檗属（Berberis）和十大功劳属（Mahonia）植物。

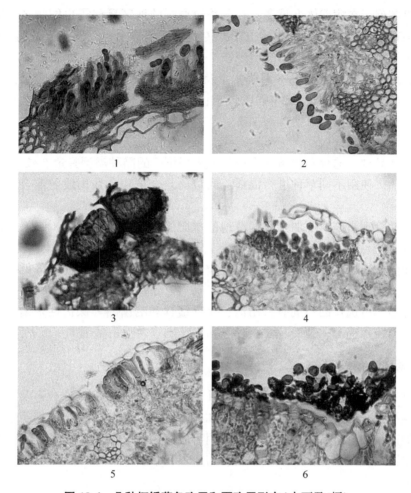

图 18-4　几种柄锈菌冬孢子和夏孢子形态(古丽君/摄)

1. 禾柄锈菌冬孢子堆和冬孢子　2. 禾柄锈菌夏孢子堆和夏孢子　3. 条形柄锈菌冬孢子堆和冬孢子
4. 条形柄锈菌夏孢子堆和夏孢子　5. 隐匿柄锈菌冬孢子堆和冬孢子　6. 隐匿柄锈菌夏孢子堆和夏孢子

禾柄锈菌的夏孢子侵染禾草，是危害禾草的主要菌态。夏孢子萌发，产生芽管和侵入机构而侵入禾草，在适宜环境条件下，经 14~20 d，夏孢子堆发育成熟，又产生下一代夏孢子。夏孢子随气流分散传播，接触健康植株，发生再侵染。在一个生长季节，可无性繁殖 7~8 代，条件有利时甚至可发生 10 代以上。在生长季节后期，禾草趋于衰老时，病部产生冬孢子堆和冬孢子，开始进入有性生殖过程。成熟的冬孢子发生核配，结果是每个细胞中的 2 个单倍体细胞核，为 1 个二倍体细胞核所取代。最后以冬孢子休眠越冬。

翌年春季冬孢子萌发，产生担子，每个担子上形成 4 个担孢子。在这一过程中，担子的二倍体细胞核完成了减数分裂和有丝分裂，形成 4 个遗传性不同的单倍体细胞核，分别进入 4 个担孢子。

担孢子随气流传播，接触转主寄主小檗叶片，萌发后侵入，通常在小檗叶片正面形成性子器。性子器产生性孢子和受精丝。交配型不同的性孢子与受精丝结合，进行质配，产生含有 2 个细胞核的双核菌丝，继而在叶片背面形成锈子器。锈子器成熟后，散出双核锈孢子。锈孢子随气流传播，落在禾草寄主叶片上，萌发后侵入。

病原菌借冬孢子在病残体上越冬，在冬季较温暖的地区夏孢子也能越冬。适宜条件下孢子萌发侵染寄主，产生锈子器和锈孢子，传到感病植株上，以夏孢子进行多次再侵染，造成田间病害流行。病害高峰期一般出现在7月下旬至8月上旬。病害高峰出现早晚以及病害程度的轻重，主要与当年4~8月降水量及其分布密切相关。降水量多又分布较均匀的年份，病害高峰期出现较早，发病程度较重；反之病害高峰期较晚，发病较轻。氮肥过量，草层稠密，刈割过迟均可使此病加重。

(5)防治

①种植抗病品种　选育和栽培在本地种植表现抗病的品种类型是最有效的防治措施。

②草种混播　使用不同草种进行混播，或栽培几个抗病品种构成的混合品种，均能减轻发病。

③加强草地管理措施　要加强发病草地的水肥管理，依据土壤分析结果，进行配方施肥，务求土壤中磷、钾元素有足够水平，不宜过施速效氮肥。不在低洼易涝处建植草地，要改善草地光照、通风条件。发病较重草地应适当提早刈割或放牧，以降低损失。清理枯草层，减少再侵染菌量。

④药剂防治　可选择的药剂有百菌清、代森锰锌和嘧菌酯等保护性杀菌剂，以及氟环唑、戊唑醇、丙硫菌唑醇、腈菌唑、丙环唑和三唑酮等内吸杀菌剂。

18.1.2　白粉病

草本植物最常见的病害之一，可发生在几十属的草本植物上，分布遍及全国。此病虽不使寄主急性死亡，但严重影响其生长发育和抗逆性，使叶片的光合效率明显下降，影响牧草及种子的产量和质量，是多年生草地利用年限缩短的一个诱因，也是许多1年生草类植物减产的原因之一。早熟禾属、羊茅属、狗牙根和结缕草受害严重。

(1)症状

地上部分均可受侵染，但叶部受害最重，发病初期病斑面积很小，形状近圆形，呈白色丝状，随着病情发展，病斑数量会大量增加，病斑面积也会扩大。数量众多的病斑会逐渐连接在一起，形成形状不规则的大块病斑，随着病斑处的白色霉层变厚，霉层下的叶组织褪绿变黄，后期可呈黄褐色。霉层中出现黄色、橙色和褐黑色小点，即病原菌的初生至不同成熟程度的闭囊壳(图18-5)。发病严重时似喷洒了一层白粉，影响植株光合作用，增强了呼吸强度，导致草地早衰、减产。

1　　　　　　　　　　　　　2

图 18-5　白粉病田间症状(古丽君/摄)

1. 豆科牧草白粉病　2. 禾本科牧草白粉病

(2) 病原菌

引起白粉病的病原菌是白粉菌。菌丝体分枝繁茂，完全外生在寄主植物的表面并在表皮细胞内形成吸器，或部分外生在寄主植物的表面、部分内生在寄主植物的叶肉细胞之间，并在这些细胞内形成吸器。无性型形成外生的分生孢子梗和分生孢子，分生孢子梗自表生的菌丝上形成，或自内生的菌丝上形成然后从寄主的气孔长出；分生孢子梗直立，上单生或串生分生孢子，全部是大型分生孢子或有大、小两型的分生孢子同时存在。有性型形成外生的子囊果，子囊果膜质，扁球形或陀螺状，无孔口，一般在成熟时暗褐色；子囊果外部有附属丝，全部是长型附属丝或有长、短两型附属丝同时存在，长型附属丝菌丝状或分化明显，简单或分支，不规则或规则地双叉状分支，顶端卷曲、针状或其他形状，有或无球形的基部，有或无隔膜，有或无色。短型附属丝头状、镰形、棒形、帚形等；子囊果内有单个或多个的子囊，子囊果成熟时破裂释放出子囊，子囊成束或近成层的排列，成熟时爆裂释放出子囊孢子，子囊孢子单孢，无色或淡色，2~8个。

引起草类植物白粉病的白粉菌有：禾布氏白粉菌（*Blumeria graminis*）、豌豆白粉菌（*Erysiphe pisi*）、豆科内丝白粉菌（*Leveillula leguminosarum*）、三叶草白粉菌（*Erysiphe trifolii*）、黄华白粉菌（*Erysiphe thermopsidis*）、无色克鲁白粉菌（*Erysiphe cruchetiana* var. *hyalina*）、大豆白粉菌（*Erysiphe glycines*）、鲍勒叉丝壳（*Microsphaera baumleri*）、锦鸡儿叉丝壳（*Microsphaera caraganae*）、长丝叉丝壳（*Microsphaera longissima*）和帕氏叉丝壳（*Microsphaera palczewskii*）等（见图 1-13、图 1-14、图 18-6）。

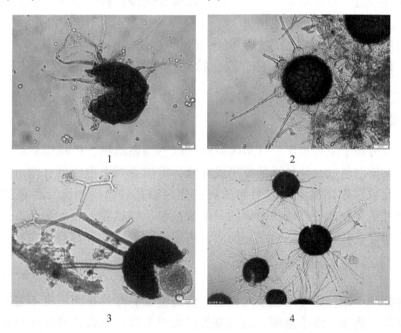

图 18-6 白粉菌的闭囊壳（古丽君/摄）
1. 单囊壳属　2. 球针壳属　3. 叉丝单囊壳属　4. 钩丝壳属

(3) 寄主范围

白粉菌的寄主有山羊草属、冰草属、雀麦属、野牛草属、拂子茅属、狗牙根属、野茅属、发草属、马唐属、披碱草属、大麦属、䅟草属、羊茅属、落草属、臭草属、早熟禾属、芨芨草属、小麦属、黑麦属、针茅属、结缕草属、苜蓿属、红豆草属、三叶草属和草木樨属等植物。此菌有高度寄主专化性，不同生理小种侵染的寄主不同。

(4) 发生规律

白粉病菌是专性寄生菌，只能在活体植株上生存繁殖。病原菌的分生孢子随气流传播到易感病品种的体表后，遇到适宜的条件即可萌发出芽管。芽管顶端膨大形成附着胞，产生侵入菌丝，穿透寄主表皮，诱发寄主病理反应，形成乳突，侵入表皮细胞，形成初生吸器，吸取寄主养分。初生吸器形成后，即向寄主体外生出菌丝，菌丝可继续形成次生侵染结构（次生吸器）在寄主体表蔓延。菌丝扩展到一定程度可形成产孢结构，产生分生孢子。病原菌在发育后期进行有性生殖，产生闭囊壳。

白粉病菌的分生孢子可随气流远距离传播，通过菌源交流完成病害循环。冬季气温降低，病原菌停止侵染，以菌丝在植株残体上越冬，翌年春季随着温度回升，病原菌恢复活力，又释放出分生孢子或子囊孢子在田间开始侵染。白粉病菌主要在夏季最热一旬均温低于24℃的地方侵染越夏。

(5) 防治

①种植抗病品种　应选择在本地种植表现抗病的品种类型，这是防治此病最经济的途径。

②播种方式　禾本科牧草与豆科牧草或不同种类的禾本科牧草混播建立的草地，对白粉病的发生有一定抑制作用。

③草地管理措施　耙除枯草、及时刈牧，以减少病源；科学施肥、减少氮肥，保证足够的磷肥、钾肥，避免草层过密或倒伏。

④药剂防治　草地发生白粉病时，可用放线酮、放线酮+五氯硝基苯、放线酮+福双美、粉锈宁、托布津等药物定期喷施，产生抗药性的地块，应轮换使用不同的药剂进行防治。

18.1.3　霜霉病

霜霉病广泛分布于温带地区，许多牧草都可以感染霜霉病，植株染病后常在体表特别是叶片上形成一层白色或其他色泽的霉层或霉轮，霉层主要由孢囊梗和孢子囊构成，常像一层薄霜，因此被称作霜霉，由它引起的病害称为霜霉病。一些流行性很强的病原菌种类，在环境条件适宜，如持续较长时间的阴雨或高温、气温相差较大的条件下，又有大面积易感病的牧草存在时，因其病害潜育期短，再侵染频繁，易导致病害大流行，造成严重损失。

(1) 症状

①局部性症状　嫩枝嫩叶一般最先发病，感病植株的叶片正面出现不规则形的淡绿色或黄绿色褪绿斑，病斑边缘不清晰，随病斑的扩大或汇合，以致整片叶子呈黄绿色或黄白条纹，叶缘向下方卷曲(图18-7)。潮湿时叶背面出现灰白色、黄白色、灰褐色或淡紫色霉层，状似薄霜，即病原菌的孢囊梗和孢子囊。病根变短，因此很容易由土壤中拔出病株。

②系统性症状　感染植株黄化，节间缩短，茎变粗，剑叶、穗部扭曲畸形，全株矮化褪绿，叶片潮湿时，叶背面也布满灰白色至淡紫色霉层(图18-7)。重病植株不能形成花序或发育不良，大量落花、落荚。

图 18-7　紫花苜蓿霜霉病（李彦忠/摄）
1、2. 紫花苜蓿霜霉病田间症状　3、4. 紫花苜蓿霜霉病叶背霉层

（2）病原菌

引起草本植物霜霉病的病原菌有霜霉属（*Peronospora*）、指霜霉属（*Peronosclerospora*）、指疫霉属（*Sclerophthora*）和指梗霜霉属（*Sclerospora*）中的多种霜霉菌。

霜霉属病原菌菌丝体无色，细胞间生；吸器小，球形、倒卵形或屈曲丝状分枝。孢囊梗有限生长，单生或丛生，自气孔伸出；主轴基部有时膨大，冠部多次二叉锐角分枝，少数不规则分枝，角度较大，有时生有隔膜；末枝大多数微弯呈波状，枝端尖细，少数末枝正直，呈极叉开张，枝端钝圆或微膨大（图 18-8）。孢子囊多为球形，壁厚度一致，无变形囊盖顶区和乳突，自囊顶或不定点萌发芽管。藏卵器多球形或近球形、广椭圆形、倒卵圆形、多角形，顶生器壁或厚或

图 18-8　紫花苜蓿霜霉病的病原
（霜霉属的孢囊梗和孢子囊）
（古丽君/摄）

薄，多永存，也有消失，外壁平滑，含一卵球。卵周质显著。雄器侧生，棍棒形或长椭圆形。卵孢子球形，黄色、淡黄色、褐色或黄褐色，外壁平滑或起皱褶，或有网纹、瘤突；成熟卵孢子多游离于藏卵器内，不满器或满器；卵孢子休眠后萌发芽管，有性生殖不常发生。

（3）寄主范围

霜霉菌寄主范围包括冰草属、须芒草属、雀麦属、香茅属、鸭茅属、茵草属、甜茅属、马唐属、剪股颖属、拂子茅属、狼尾草属、穆属、绒毛草属、黑麦草属、披碱草属、看麦娘属、稗属、画眉草属、大麦属的若干种作物及牧草。

（4）发生规律

病原菌以卵孢子在病残体内越冬，或以菌丝体在系统侵染的植株体内越冬或越夏，以

卵孢子混入种子中传播是远距离传播的重要途径。卵孢子在 10~26℃ 的温度条件下，在水滴中萌发出芽管或游动孢子引起初次侵染。在寄主体内休眠的菌丝体一旦条件适宜，即大量产生孢子囊梗和游动孢子囊，以游动孢子囊的产生为例，其要求在黑暗和接近 100% 的相对湿度条件下进行。在田间，游动孢子囊借风和雨传播。游动孢子萌发必须有液态水存在，发芽温度 4~29℃，最适温度 18℃。发芽管通常形成吸器直接侵入寄主表皮或通过气孔侵入。植物幼嫩组织易受感染，一般 5 d 完成一个侵染循环。温凉潮湿，雨、雾、结露频繁的气候条件，或大量灌溉易促使此病的发生，炎热干燥的夏季停止发病。

（5）防治

①种植抗病品种　选育和栽培在本地种植表现抗病的品种类型是最有效的防治措施。

②播种方式　禾本科牧草与豆科牧草混播建立的草地，不仅可以改善土壤肥力，提高牧草产量，还可使混播的牧草发病率大幅度下降。

③加强草地管理　增施磷肥、钾肥，有利于增强牧草的抗病性；实行宽行条播，有利于草地通风透光；耙除枯草，可减少菌源；提早刈割或放牧，有利于降低再生牧草的发病率；适量灌水，及时排涝，避免积水或过湿。

④药剂防治　播种前可用药剂拌种。草地发生霜霉病时，可用甲霜灵·锰锌、霜霉威水剂、代森锰锌和三乙膦酸铝可湿性粉剂等药物定期喷施，一般每 7~10 d 施药 1 次。

18.1.4　叶斑病

叶斑病是牧草和草坪草常见病害，在世界范围内均有发生，叶斑病主要危害植物叶片，这种病害常发生于凉爽潮湿的春季和秋季，在夏季，如有适宜的温度和湿度也会导致叶斑病的发生。叶斑病几乎可以在所有牧草及草坪草中造成危害。

（1）症状

叶斑病根据症状描述的不同可分为多种类型，包括黑斑病、褐斑病、圆斑病、轮斑病、角斑病、大斑病和斑枯病等，其色泽、形状、质地、大小和轮纹等各不相同。叶片受害初期会产生黄褐色稍凹陷小点，边缘清晰，随着病斑扩大，单个圆形或椭圆形的病斑可形成不规则的大斑，严重时引起落叶。

①黑斑病　叶片上产生黑褐色小圆斑，后病斑连片形成不规则大斑块，边缘略微隆起，叶两面散生小黑点。

②褐斑病　侵染叶片、叶柄和茎部。叶上病斑近圆形，后扩大呈不规则病斑，并产生轮纹；病斑由红褐色变为黑褐色，中央灰褐色；茎和叶柄上病斑褐色、长条形。

③斑枯病　叶上有椭圆形和长条形浅褐色病斑，其周围有褪绿圈，后扩大呈不规则大斑块，病斑上产生黑点。

④圆斑病　叶斑初期为水渍状，浅绿色或浅黄色小斑点，逐渐扩大为圆形或椭圆形，病斑中央浅褐色，边缘褐色，略具同心轮纹，大小为 (3~13) mm×(3~5) mm；也有叶斑为长条状，大小为 (10~30) mm×(1~3) mm。圆斑病也可危害果穗，籽粒和穗轴变黑凹陷，籽粒干瘪而形成穗腐。

⑤角斑病　主要危害叶片、叶柄、卷须和果实，苗期至成株期均可受害，危害初期产生褐色小斑点，后以叶脉为界，逐渐扩大，呈不规则的多角形，赤褐色，周围常有黄色晕环，后期可长出黑色霉状小点。

(2)病原菌

叶斑病是一种常见病害,被病原菌侵染后叶片大致有两种症状表现,一种是水渍状,叶片快速枯萎死亡,病原菌的繁殖体很快在病斑的正面或背面大量显现。叶斑病病害的病原菌大多数是疫霉菌、霜霉菌或腐霉菌等卵菌;有些病原菌在叶片上扩展速度不快,病斑的出现有一个明显过程,大多是子囊菌或半知菌,有时候也可能是细菌或病毒。引起叶斑病的主要有平脐蠕孢属(*Bipolaris*)、旋孢腔菌属(*Cochliobolus*)、德氏霉菌(*Drechslera*),囊孢菌属(*Pyrenophoa*)、尾孢属(*Cercospora*)、壳二孢属(*Ascochytal*)、叶点霉属(*Phyllosticta*)和壳针孢属(*Septoria*)等病原菌(见图1-23、图1-27、图1-29、图1-30、图18-9)。

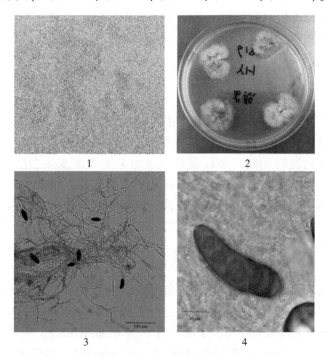

图18-9 索氏离蠕孢引起的草坪叶斑病(胡健/摄)
1. 田间危害状 2. 病原菌菌落形态 3. 菌丝和分生孢子 4. 分生孢子形态

(3)寄主范围

寄主广泛,不仅会危害苜蓿、三叶草、草木樨和苏丹草等豆科牧草,也会引起早熟禾、黑麦草、羊茅、剪股颖、狗牙根、钝叶草和海滨雀稗等多种禾本科牧草或草坪草病害。

(4)发生规律

病原菌主要以菌丝或孢子在寄主、病株残体或土壤中越冬。春季,越冬的病原菌可产生大量分生孢子,随雨水、风力或人为传播。多数叶斑病在每年4~5月初发病,6~7月高温多雨季节病害盛发,随着温度下降,病害呈减轻趋势。

(5)防治

①利用抗病品种防治 选择植物品种时,在考虑其产量、品质、适应性的同时,还要考虑该地区的气候因素所能诱发的病害种类,在此基础上选择抗病能力较强的品种,可以有效预防某些病害的发生与危害。

②采取合理的栽培措施 合理控制种植密度,合理安排排灌,实施科学的水肥管理,

及时清除杂草等栽培措施，可以减少环境竞争压力，达到提高抗病能力的效果；焚烧残渣，可降低初侵染来源；合理利用草地也是减轻真菌危害的重要措施，其主要目的在于降低病原菌数量的同时提高植物自身活力。

③化学药剂控制　可用化学药剂拌种、灌根、叶面喷施等进行防治。注意要轮换使用含有不同成分的药剂，同时利用不同化学农药的复配，达到减少用药、延缓抗药性和提高防治效果的作用。

18.1.5　根腐病

根腐病是在世界范围广泛发生的一类病害，可由多种病原菌单独或复合侵染引起，主要危害豆科牧草，在禾本科牧草上也时有发生，成为牧草栽培和生产的重要制约因素。病变主要发生在根部或根茎部，造成根系腐烂。主要症状表现为整株叶片发黄、枯萎。在干旱、高温或其他逆境条件下，病株常常完全死亡，根腐病是造成草地衰败的主要原因之一。

(1)症状

根腐病主要危害牧草幼苗，成株也能发病，多造成牧草不返青或地上部分发生凋萎。在苜蓿上，根腐病会使发病植株比健康植株返青延迟20 d左右，分蘖数明显减少，植株稀疏、生长缓慢。根腐病发病初期，往往仅是病株的个别侧根或须根感病，并向主根扩展，主根感病后，早期植株不表现症状，因此易被生产者所忽视。随着根部受损程度加剧，植株吸收水分和养分的功能减弱，地上部分因养分供给不足，新叶首先发黄，在中午前后光照强、蒸腾量大时，植株上部叶片才出现萎蔫；病情严重时，整株叶片发黄、枯萎，根皮变褐，并与髓部分离，最后全株死亡。

(2)病原菌

造成草地根腐病的病原菌较为复杂，真菌侵染是导致根腐病的最主要原因，且多与镰刀菌有关。我国多位学者对紫花苜蓿根腐病进行了研究，报道有以下几种镰刀菌，分别是尖孢镰刀菌（*Fusarium oxysporum*）、锐顶镰刀菌（*F. acuminatum*）、半裸镰刀菌（*F. semitectum*）、腐皮镰刀菌（*F. solani*）、燕麦镰刀菌（*F. avenaceum*）、接骨木镰刀菌（*F. sambucinum*）、三线镰刀菌（*F. tricinctum*）、串珠镰刀菌（*F. moniliforme*）、黄色镰刀菌（*F. cumorum*）、梨孢镰刀菌（*F. poae*）、木贼镰刀菌（*F. equiset*）和粉红镰刀菌（*F. roseum*）等。其中，部分种如尖孢镰刀菌、腐皮镰刀菌和燕麦镰刀菌等被认为是侵染根部真菌中的优势种。此外，疫霉属（*Phytophthora* sp.）、腐霉属（*Pythium* sp.）、丝核菌属（*Rhizoctonia* spp.）、子囊菌门真菌、线虫和细菌等也能导致根腐病的发生。

①尖孢镰刀菌　在大多数培养基上能迅速生长，培养物呈毡状至絮状，菌丝无色，菌落颜色依培养基和温度而异，从无色到淡橙红色或蓝紫色或灰蓝色，生长适温25℃左右。小分生孢子无色，一般无隔，卵形到椭圆形或柱形，大小为$(5\sim12)\ \mu m \times (2.2\sim2.5)\ \mu m$。大分生孢子无色，镰刀形，大小为$(25\sim50)\ \mu m \times (4\sim5.5)\ \mu m$，两端稍尖，一般有3隔。孢子着生于侧生的分生孢子梗上或分生孢子座中。厚垣孢子间生或端生，一般单生或双生，大小为$7\sim11\ \mu m$。

②腐皮镰刀菌　在PDA培养基上，菌落颜色初期白色，微发黄，气生菌丝棉絮状至毡状（图18-10），菌丝生长的温度范围为$8\sim38$℃，最适温度$20\sim28$℃。分生孢子着生于子座上，近纺锤形，稍弯曲，两端圆形或钝锥形，有3~5个隔膜。分生孢子直径为$(19\sim69)\ \mu m \times$

(3.5~7)μm。厚垣孢子顶生或间生,褐色,单生,球形或洋梨形,直径为(8~16)μm×(6~10)μm,平滑或有小瘤。

③燕麦镰刀菌 菌丝体白色,带洋红色,棉絮状,基质红色至深琥珀色,菌丝生长的温度为5~30℃,最适温度25℃。分生孢子着生于子座和孢子梗束上,孢子细长,镰形至近线状,弯曲较大,顶细胞窄,稍尖,足细胞明显,有0~7个隔膜,多数为3~5个,尤以5隔者更为多见,大小为(22~74)μm×(2.3~4.4)μm。

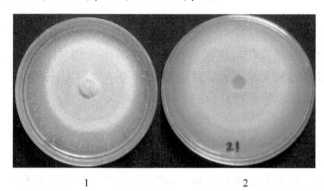

图18-10 腐皮镰刀菌在PDA培养基上的菌落形态(胡健/摄)
1. 正面 2. 背面

(3)寄主范围

寄主广泛,主要危害苜蓿、三叶草、红豆草和沙打旺等豆科植物;也可危害冰草、黑麦草、鹅观草、鸭茅、剪股颖、早熟禾、狗牙根和雀麦等禾本科牧草或草坪草。

(4)发生规律

病原菌以菌丝体或厚垣孢子在土壤中或病残体上越冬,成为翌年主要初侵染源,种子和粪肥也可带菌传播。病原菌直接从小根或根部伤口入侵,并在根组织内定殖,小根很快腐烂,但主根或根颈部位病害发展慢,腐烂常需数月,不会很快造成植株死亡,因此易被生产者所忽视。

各种不利于植株生长的因素,如地下害虫侵害、频繁刈割、土壤过干或过湿、早霜、严冬、缺肥、寡照和土壤pH值偏低等都会加快根腐病的发展。土温在25~30℃时,最适宜根腐病发生。土壤湿度大,地下害虫发生多,长期连作的地块往往发病较重。

(5)防治

根腐病的发生受到多种因素的影响,症状表现也比较复杂,在初期易被忽视。因此,防治上更应该强调"预防为主,综合防治"的原则,对病害进行准确鉴定,有针对性地采取有效措施加以防治。生产上,因成因复杂,根腐病主要通过管理措施和化学药剂手段进行有效的防治,而抗病品种和生物防治较难达到理想效果。

①改进草地管理措施 选择地势较高,排水良好的砂壤土或壤土地种植;发病严重的地块可实行3~5年的轮作;加强田间管理,及时清除病残体,并集中销毁;在生长期适时浇水施肥,保持适当的土壤肥力,特别注意保证钾肥的水平,促进根系生长;及时防治地下害虫及线虫,减少伤口侵染;合理刈割,不宜频繁,过度增加刈割次数会相应地增加病害的严重度与植株的死亡率。

②化学防治

种子处理：播种前，可使用化学药剂进行混合拌种处理，杀死种子携带的病原菌，也可以用化学药剂对种子进行包衣处理，使种子免受土壤中有害生物的危害，幼苗健康生长。

药剂灌根：在根腐病发病初期，可选用内吸性杀菌剂，如50%多菌灵可湿性粉剂或50%甲基硫菌灵可湿性粉剂等进行灌根处理，10~15 d施用1次，视病情发展施用2~3次。

18.1.6 菌核病

菌核病主要危害紫花苜蓿。其中，苜蓿菌核病俗称"鸡窝病""秃塘病"，我国主要发生在新疆、甘肃和贵州等紫花苜蓿种植区。在紫花苜蓿生长的各个时期均可造成严重危害，其中对紫花苜蓿幼苗危害最大。该病多发生于春季4~5月和夏末秋初。病株成团枯死，造成草地稀疏和秃斑，严重影响紫花苜蓿的产量和品质。

(1) 症状

植株受害初期，叶面出现褪绿的、黑绿色水渍状小斑点，继续扩大到全叶，造成叶片卷曲、枯黄，表皮脱落并变成黑褐色；受害植株茎部有褐色的病斑，病株生长迟缓，在受害茎表面上附着很多大小不等的黑色菌核，剥开受害的秆可见很多粒状菌核。潮湿条件或久雨后，病株很快死亡，病部生出白色絮霉层，继而侵染邻近植株。随着气温升高，湿度降低，病害减轻。

(2) 病原菌

国内外对菌核病及其病原菌核盘菌(*Sclerotinia sclerotiorum*)的研究主要集中于重要经济和油料作物，如大豆、油菜等，对苜蓿菌核病及相关研究却鲜有报道。三叶草核盘菌(*S. trifoliorum*)是导致苜蓿菌核病的主要病原菌，但核盘菌也能侵染三叶草，造成严重的病害。三叶草核盘菌菌丝生长适宜的温度是18~23℃。低于6℃或高于28℃均不产生菌核，20~25℃形成菌核的速度最快、数量最多(图18-11)。该菌对酸碱度适应范围广，pH 3~12均能生长，最适pH为5~9，pH 5时菌丝生长最快，pH>7时，菌丝生长速率随pH增大而减小，pH 13时菌丝不再生长。核盘菌较三叶草核盘菌外表光滑，无绒毛状物。在自然状态下，核盘菌的典型子囊盘发生于春季或夏季，而三叶草核盘菌则发生于秋季。

(3) 寄主范围

牧草上主要危害紫花苜蓿，鲜有在其他牧草上危害的报道。

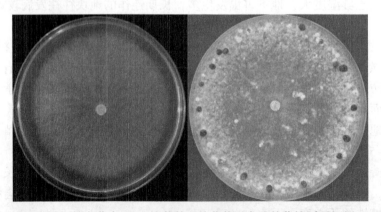

图 18-11 核盘菌在 PDA 培养基上的菌落形态及其菌核(胡健/摄)

(4) 发生规律

田间条件下，苜蓿菌核病初侵染来源主要有：①植株收割后落于土壤中的菌核；②风把土壤及其中的病残体传播到附近的田地中；③田间农业机械污染，以及灌溉用水或雨水在田间的自然流动，使田块植株受到菌核的侵染；④种子污染。

冬季和春季菌核在病株上形成，当植株死亡后，菌核落到土壤表面进行越冬或在夏季保持休眠状态。秋季，凉湿的土壤条件促使菌核萌发。当日间土温降到大约10℃时，产生形如小蘑菇状的子囊盘，子囊孢子从子囊盘内有力地喷出，落于附近易感的植株上，也借助风力落到相距较远的植株上；子囊孢子又产生小菌落，这些小菌落能够直接侵入寄主。病原菌侵入之后，出现一段静止状态，在严霜或植株表面连续潮湿的刺激下，病原菌扩展到茎和根组织内。菌核也可通过菌丝体直接萌发，这种方式在向日葵核盘菌的发病周期中扮演着重要的角色。菌核在土壤中的存活时间，至今尚无定论。影响菌核存活的因素较多，如土壤类型、前茬作物品种、菌核初始数量和环境条件等。也有证据表明，微生物降解是造成菌核群落下降的主要原因。许多真菌、细菌等能够寄生于菌核或把菌核作为碳源利用，通过作物轮作能够有效减少菌核病发病就是利用了天然微生物群落降解菌核这一原理，目前已得到了大力推广。

(5) 防治

①加强栽培管理措施　清除混在种子中的菌核，可用盐水(1∶2)或黄泥水(3∶20)选种；选择适宜的种植时间，春播可明显降低菌核病的发病率；深埋菌核，减少子囊盘出现的数量；秋季刈割后，冬季火烧感染严重的种子田，杀灭茎内和地表残余物中的菌核；注意排水，降低地下水位和田间湿度，改善通风透光条件；对发病期长、病情严重的地块，可与多年生黑麦草或其他禾本科牧草、作物轮作，旱地轮作期限至少2~3年；苜蓿菌核病原菌适宜在中性偏酸环境下生长，因此，播种时用磷肥拌种，苗期增施磷肥、钾肥，冬季施草木灰，可提高植株抗病性。

②药剂防治　牧草菌核病发生前，可施用代森锰锌、百菌清等保护性杀菌剂1~2次，每次间隔1个月左右，形成有效的预防；牧草菌核病发生时，可喷洒甲基托布津、多菌灵、甲霜灵和嘧菌酯等内吸杀菌剂2~3次，每次间隔15 d，注意需要轮换使用不同作用机制的杀菌剂。

③生物防治　相关研究发现，盾壳霉、木霉菌和终极腐霉等生防菌可以防治该病。

18.1.7　炭疽病

炭疽病是一类会造成经济损失、普遍存在、毁灭性较大的植物病害。有报道指出，世界上种植的每一种作物都易被炭疽病的病原侵染。一旦该病害在田间爆发，就会造成极大的损失。如我国南方种植的柱花草(*Stylosanthes guyanensis*)在感染炭疽病后，平均损失产量可达40%~50%，发病严重年份，损失产量高达80%。我国草本植物炭疽病的相关报道主要集中于紫花苜蓿、箭筈豌豆和柱花草等豆科植物，以及高羊茅、黑麦草和早熟禾等草坪草种。本小结以紫花苜蓿炭疽病为例介绍该病害。

(1) 症状

病斑出现于植株的各部位，茎秆受害最普遍，也最常见，但紫花苜蓿炭疽病常发生在根颈和根部，在叶片和叶柄上发生较少(图18-12)。茎部受侵染后出现不规则的小黑点(在抗病品种上），或较大的、稻草黄色的、具褐色边缘的、卵圆形至菱形的病斑（在感病品种上）。当病斑横向扩大或汇合占据茎皮层面积较大时会导致受害的整个茎秆萎蔫，呈牧羊杖状甚至枯死。茎部仅有少量小斑而导致整枝干枯的情况也常见。病斑后期呈灰白色，病斑上有黑色小点，即病原菌的分生孢子盘。有时枝条枯死，但在枝条上看不到明显病斑，仅茎基部呈青黑色，或根颈部青黑色腐烂，或根部具黑色或褐色病斑，要注意与镰刀菌等根腐病菌引起的病害加以区别。同一病株内常有一至几个枝条受害枯死，或全株死亡。田间出现稻草黄至珍珠白色的枯死枝条，是此病田间识别的主要特征，可与其他病害区分开来。其症状表现在叶片上为叶片全叶褪绿、变黄和干枯，无明显病斑；发展后期叶斑变黑枯死。

图 18-12　紫花苜蓿炭疽病症状（俞斌华/摄）
1. 紫花苜蓿炭疽病田间病状　2. 紫花苜蓿炭疽病茎部病斑　3. 紫花苜蓿炭疽病叶部病斑

（2）病原菌

炭疽病主要由炭疽菌所致。引起紫花苜蓿炭疽病的炭疽病原菌或从紫花苜蓿感病植株中分离得到的炭疽病原菌有三叶草炭疽菌（*Colletotrichum trifolii*）、毁灭炭疽菌（*C. destructivum*）、平头炭疽菌（*C. truncatum*）、盘长孢炭疽菌（*C. gloeosporioides*）、禾生炭疽菌（*C. graminicola*）、束状炭疽菌（*C. dematium*）、球炭疽菌（*C. coccodes*）、北美炭疽菌（*C. americae-borealis*）、亚麻炭疽菌（*C. lini*）、白蜡树炭疽菌（*C. spaethianum*）（未鉴定至种属白蜡树复合种）和菠菜炭疽菌（*C. spinaciae*）。上述病原菌中，三叶草炭疽菌、毁灭炭疽菌和平头炭疽菌是紫花苜蓿炭疽病的常见病原物，能引起一定规模的紫花苜蓿炭疽病，对苜蓿的品质、产量及使用年限可造成影响和损失。

三叶草炭疽菌的有性态还一直未被发现。该菌的分生孢子盘散生或聚生于茎秆病斑处，内着生刚毛。分生孢子梗无色透明，纺锤状，常与刚毛混生于孢子盘上；分生孢子透明，直孢子，短柱状，两端圆顿。三叶草炭疽菌在利马豆琼脂和康乃馨叶片培养基上容易产孢，也可以在燕麦、马铃薯或V-8培养基上产孢，孢子在植物体外活性很快降低，通常在培养基上生长7 d后，活力开始下降。

毁灭炭疽菌也是引起紫花苜蓿炭疽病的重要病原菌。目前，自然条件下该菌的有性态可在大豆上发现，为大豆小丛壳(*Glomerella glycines*)，但在紫花苜蓿上还未发现其有性态。毁灭炭疽菌的分生孢子盘较小，一般散生或聚生于植株上，着生黑暗色的刚毛，它的分生孢子大于三叶草炭疽菌的孢子，为直孢子，孢子末端平钝。毁灭炭疽菌在马铃薯琼脂、马铃薯蔗糖琼脂(PSA)培养基、V-8培养基上均能良好生长及产孢，在20℃和30℃下培养毁灭炭疽菌，可产生极少的分生孢子盘和气生菌丝，但在培养基表面会形成一层孢子团。毁灭炭疽菌菌丝最适生长温度范围在20~30℃，孢子发芽的最适温度范围在15~25℃，高于或低于这一温度范围孢子几乎不萌发。

平头炭疽菌是引起许多豆科牧草或作物炭疽病的重要病原菌，该病原菌也能引起紫花苜蓿炭疽病。平头炭疽菌多刚毛，孢子单胞无色，为弯孢子镰形，孢子末端尖。人工接种的条件下，平头炭疽菌对苜蓿的致病性相对三叶草炭疽菌较弱，但也能引起一些抗病品种的茎秆变黑，产生一些圆形的炭疽性病斑。

(3) 寄主范围

寄主范围较广，牧草中除苜蓿外还能引起白三叶(*Trifolium repens*)、红三叶(*T. pratense*)、豌豆(*Pisum sativum*)、利马豆(*Phaseolus lunatus*)和草木樨(*Melilotus officinalis*)等豆类植物炭疽病害。

(4) 发生规律

目前有文献和书籍报道的主要是由三叶草炭疽菌引起的紫花苜蓿炭疽病的发生规律，其他病原菌引起的紫花苜蓿炭疽病的发生规律暂时还未有详细研究。

三叶草炭疽病病原菌可在残茬上越冬。田间的植株残茬和在刈割机器上的植株残片，均可作为翌年主要侵染源，这种方式也是老田向新田传播的重要方式。紫花苜蓿种子可携带炭疽菌，但田间是否可以通过种子传播苜蓿炭疽病，目前还没有相关定论。另外，炭疽菌还可以在茎秆、根颈、茎与根颈结合处等组织上存活，在7.5℃时，可在茎秆上存活10个月，而在21℃时，能存活4个月。

湿度对苜蓿炭疽病的病情发生程度具有重要影响。在湿润的环境下，田间三叶草炭疽菌引起的紫花苜蓿炭疽病的发病率和病情指数会变高，该条件下，茎秆上形成的分生孢子盘会增多，易造成二次侵染。同时，在湿润温暖的地区，田间炭疽病造成的紫花苜蓿损失也会加大。温度也是影响紫花苜蓿炭疽病发生程度的重要因素，有室内研究发现，对于三叶草炭疽菌，无论是抗病品种还是感病品种，其病情指数都会随温度的升高而变大。此外，温度还会影响紫花苜蓿品种的抗性，研究表明紫花苜蓿品种的抗病能力随温度升高而降低。

(5) 防治

①种植抗病品种　研究资料表明，对抗亚麻炭疽菌抗性较强的品种有'兰热来恩德''霍纳伊''阿尔贡奎因''龙牧801''吐鲁番'和'西奎尔'；对三叶草炭疽菌表现高抗的品

种有'威纳尔''阿尔冈金''巨能2',表现中抗的有'WL363HQ''巨能7''拉迪诺''4030''4010''润布勒''亮牧'。

②加强管理措施 建立无病留种田,选用无病种子;适期播种,控制好播种量,不可使植株过密;刈割时尽可能降低留茬高度,减少田间菌源;清除刈割机具上的残留牧草碎片,防止病害跨区传播。

③化学防治 对科研地或制种地,在紫花苜蓿炭疽发病前,选用世高水分散粒剂、炭疽福美可湿性超微粉剂等药剂喷雾防治,视病情 10~15 d 喷 1~2 次。

④交互保护 利用弱致病性的炭疽菌株接种紫花苜蓿,使其自身免疫能力提高,抗毒素酶和其他响应蛋白等生理反应加快,从而对随后接种的强致病性菌株的抗性提高,但这一方法尚未用于生产实践。

18.1.8 轮纹病

在草本植物中,苜蓿属、草木樨属和红豆草属等多种植物均有轮纹病发生,病原菌主要为茎点霉属(见图 1-28)和壳二孢属(见图 1-27)真菌。研究较多的为紫花苜蓿轮纹病和红豆草轮纹病,其他草本植物轮纹病则主要出现于病害调查的相关报道中。本小节以紫花苜蓿轮纹病为例介绍该病害。

紫花苜蓿轮纹病又称茎点霉叶斑病或春季黑茎病,是豆科牧草常见的叶部和茎部病害,广泛分布在欧洲和美洲等地,我国吉林、河北、内蒙古、甘肃、宁夏、新疆、贵州和云南等省份均有发生,在甘肃中部的榆中北山、静宁、会宁等夏季凉爽而多雨的山区该病发生较严重。在夏季冷凉潮湿的地区,紫花苜蓿轮纹病是一种毁灭性病害,严重发生时,叶片提早脱落,干草和种子减产,种子发芽率和千粒重降低,严重影响牧草生产。在美国犹他州,该病严重发生时干草减产 40%~50%,种子减产 32%,发芽率下降 28%,病株种子的千粒重仅为健株的 34%。

(1)症状

紫花苜蓿茎、叶、荚果以及根颈和根上部均可受到侵染,田间最明显的侵染部位为茎和叶(图 18-13)。发病初期叶片上出现近圆形小黑点,随后逐渐扩大,常相互汇合;边缘

1　　　　　　　　　　　　2

图 18-13 苜蓿轮纹病症状(俞斌华/摄)

1. 紫花苜蓿炭疽病茎部病斑 2. 紫花苜蓿炭疽病叶部病斑

褪绿变黄,轮廓不清,病斑中央颜色变浅,多不规则,直径 2~5 mm,较大者可达 9 mm;叶片背面出现与叶片正面病斑对应的斑点。叶部发病严重时叶片变黄,提早脱落。叶尖的病斑常呈近圆形、不规则形或楔形。

茎基部自下而上出现褐色或黑色不均匀变色,形状不规则,后期茎皮层全部变黑。发病后期病斑稍凹陷,扩展后可环绕茎一周,有时使茎开裂呈溃疡状,或使茎环剥甚至死亡,并出现病原物的分生孢子器,但肉眼难以看清楚,需借助体视显微镜或放大镜观察,分生孢子半埋于皮层之中。

带菌种子萌发率低,长出的幼苗往往已感病,子叶和幼茎出现深褐色病斑,气温适宜病原菌生活时幼苗死亡率超过 90%。根部受侵染时根颈和主根上部出现溃烂。

(2)病原菌

紫花苜蓿轮纹病主要由苜蓿茎点霉(*Phoma medicaginis*)引致,其分生孢子器球形、扁球形,散生或聚生于越冬的茎斑或叶斑上,突破寄主表皮,孢子器壁淡褐色、褐色或黑色,膜质,直径为 93~236 μm。分生孢子器浸在水中后排出大量成团的牙膏状(黏稠的)胶质物,即分生孢子。分生孢子无色,卵形、椭圆形、柱形,直或弯,末端圆,多数为无隔单胞,少数双胞,分隔处缢缩或不缢缩,直径为(4~5) μm×2μm。使用感病的叶片和茎部进行离体培养也容易产生分生孢子器和孢子。在马铃薯葡萄糖琼脂培养基上,菌落呈橄榄绿色至近黑色,有絮状边缘。在 18~24℃时,菌落产生大量黑色颗粒状物,即分生孢子器,分生孢子上产生黏稠状物,即分生孢子。该菌适应 pH 范围广,在 pH 3~12 均能生长、产孢和孢子萌发,最适 pH 为 6。

(3)寄主范围

寄主范围较广,主要有苜蓿属、草木樨属、三叶草属的若干种作物及牧草,以及蚕豆、豌豆、菜豆、扁蓿豆、大翼豆、鹰嘴黄芪、百脉根、山黧豆和小冠花等。

(4)发生规律

病原菌在紫花苜蓿的主根、根颈、茎和枯叶上越冬,春季产生分生孢子,借助气流、雨水和昆虫传播,雨水或露水是孢子释放与再侵染的必要条件。病原菌易通过种子携带传播。通常情况下第一茬牧草受害最重,冷凉潮湿的秋季,病害会再次严重发生,发病温度常为 16~24℃。

(5)防治

①加强栽培管理 适期播种,控制好播种量,不可使植株过密;合理排灌,降低田间小气候湿度;增施钙、磷肥及有机肥可提高植株的抗病性;刈割时尽可能降低留茬高度,减少田间菌源等。

②化学防治 对科研地或制种地,在发病初期,选用百菌清、甲基托布津和嘧菌酯等药剂喷雾防治,视病情 10~15 d 喷 1~2 次。

③生物防治 芽孢杆菌属及木霉属等生防菌是生物防治轮纹病研究的热点,使用哈茨木霉菌和深绿木霉菌防治紫花苜蓿轮纹病能够起到良好的控制作用。

18.1.9 黄萎病

黄萎病是一种具有重要研究价值的系统性病害,影响着世界各地数百种双子叶植物,包括大田作物、蔬菜水果及一些观赏植物和牧草,如紫花苜蓿、红豆草等 400 余种农作物和草本植物。

紫花苜蓿黄萎病作为一种毁灭性病害，是我国进境植物检疫性病害。该病害能使苜蓿产量降低 15%~50%，甚至绝收；发病植株大多不开花结实，种子产量逐年急剧下降，降幅可达 50%；加速紫花苜蓿草地早衰，发病田植株大量死亡，草地利用年限缩短为 2~3 年。本小节以紫花苜蓿黄萎病为例介绍该病害。

(1) 症状

染病初期，植株的上部叶片出现下垂和向上/向内卷曲、萎蔫现象以及从小叶叶尖沿着叶脉逐步扩大的'V'形褪绿斑(图18-14)。随着病害的不断发展，整个小叶变黄并逐渐失水变干，变干的小叶常呈黄白色至橙棕色，并容易脱落。新叶常从有症状叶片的叶腋长出。感染的茎不萎蔫，直到所有叶片都枯死，茎秆仍保持绿色。发病植物的所有枝条都可能被侵染，由于病原菌在根颈中侧向扩展受到限制，因此在同一病株中，可以有不表现症状的枝条，通常情况下只有一两个茎秆表现出该病的症状。发病情况严重时，植株通常会表现出发育不良，并且植株的大多数枝条出现枯萎。染病植株的根部维管束会变成黄色、浅褐色或深褐色。染病植株刈割后，长出的新芽起初是健康的，但随着不断生长，它们接近生理成熟时就会表现出黄萎病的症状。随着病害的加剧，染病植株逐渐变弱并最终死亡，这种过程通常会随着季节的变化和田地老化而加剧。在潮湿条件下，病原菌在死亡的茎基部大量产生分生孢子梗和分生孢子，使茎表覆盖浅灰色霉层。在活的组织上不产生孢子梗和孢子。

图 18-14　紫花苜蓿黄萎病症状(俞斌华/摄)

(2) 病原菌

黄萎病通常由轮枝孢属(见图 1-25)真菌引致。苜蓿黄萎病病原菌曾被鉴定为黑白轮枝菌(*Verticillium albo-atrum*)，2011 年又被重新描述为苜蓿轮枝菌(*V. alfalfae*)。苜蓿轮枝菌为维管束寄生菌，菌丝无色，直径 2~4 μm，也产生暗色厚壁的休眠菌丝。由菌丝抽生轮状分枝的分生孢子梗。分生孢子梗有隔，基部呈暗色，有 1~4 个分枝轮，每个分枝轮有 1~5 个分枝梗，分枝梗长 14~38 μm(平均 28 μm)，顶端着生无色透明的分生孢子，孢子连续产生，聚集呈球状。单个分生孢子椭圆形，大多数无隔，少数具 1 隔，直径为(3.5~

10)μm×(1.5~3.5)μm(平均6.5 μm×2.4 μm)。苜蓿轮枝菌在PDA平板上产生大量的气生菌丝，1周后菌丝体由白色转变为乳白色，2~3周后为乳褐色，底部零星出现黑色的休眠菌丝，此外也有白色的扇变体产生。后期产生少量黑色休眠菌丝，未发现厚垣孢子和微菌核的结构。生长温度为15~30℃，最适温度为20~25℃，33℃时即停止生长。病原菌对pH的适应性强，在pH为5.5~11.5均能生长，最适pH为6.5~9.5，但pH在3.5以下不能生长。

(3)寄主范围

从紫花苜蓿中分离出来的黄萎病菌株可以侵染其他作物，如草莓、三叶草、豌豆、马铃薯、花生、大豆、茄子、红花、豇豆和鹰嘴豆等。2011年苜蓿轮枝菌被确定为新种，并认为苜蓿是该病原菌的唯一宿主。后经研究发现苜蓿轮枝菌通过室内人工接种可以侵染红豆草、沙打旺、柱花草、红三叶、白三叶、棉花、向日葵、罗布麻、马铃薯、箭舌豌豆和臭椿，并能在自然条件下侵染意大利的南梓木，这是苜蓿轮枝菌的第一个非苜蓿寄主。

(4)发生规律

病原菌可在已感染紫花苜蓿体内、病残体、土壤和种子中存活。此外，该病原菌还可以在病株和病残体上越冬。田间病株上产生的分生孢子是主要初侵染来源之一，在紫花苜蓿生长季节可造成侵染，尤以紫花苜蓿生长中后期部分病株(枝)死亡后又遇到连日阴雨、空气湿度较大的条件，有利菌丝产孢、分生孢子萌发与侵染，因此秋季刈割后和春季返青后易发生茎、叶、叶柄等侵染。土壤中的植物病残体和分生孢子是另一主要来源，通过侵入苜蓿根部完成初侵染。大部分年份田间植株发病主要是因为田间病株茎基部和根颈内存留的菌丝，而非病株上的分生孢子。

带菌种子是病害远距离传播的主要方式。农业机械，如割草机和拖拉机是该病原菌在田地内部和田地之间传播的最有效和最常见的途径。此外，气流、水流、土壤、家畜和昆虫，如蝗虫、蚜虫、切叶蜂、食菌蝇以及土壤中危害苜蓿根部的线虫、病株与健康植株根系的直接接触、受感染的苜蓿产品等，都可以携带此菌并将其传播到邻近或远处适宜发病的健康田地。

该病原菌在温度为5~30℃时在发病叶片、茎秆上均可产孢，最适宜温度为25℃。病原菌在枯死病枝、病叶上产孢量较大。孢子萌发需要高湿或水滴、水膜等有水的条件，在水中最适宜温度为20~24℃，完成萌发需要8~24 h。因为空气湿度是决定该病原菌产孢和孢子萌发的主要条件，因此可形成高湿环境的因素均有利于病害的发生与危害，加快草地的衰退速度。此外，刈割收获时田间留存的死亡病株在适宜条件下也可产生大量分生孢子，增加田间菌源数量，并且伴有大量机械损伤，大幅增加侵染概率。

(5)防治

①加强检疫　检疫措施是防止病原菌传入的最有效手段之一。一些国家已采取检疫措施，禁止国内外进口或调运紫花苜蓿黄萎病发病区生产的受感染紫花苜蓿种子和干草。

②抗病品种的推广种植　推广使用抗病品种是防治紫花苜蓿黄萎病最有效、最环保、最经济的措施，与感病品种相比，抗病品种的发病率低、产量高、植株存活率高。

③加强田间管理　包括清除病株和病残体、深翻土地、轮作、清洁农具卫生和使用抗病品种等。在田间一旦发现黄萎病植株，应立即清除病株和病残体，并深翻土地，改种非寄主植物至少3年以上，并及时清除田间地边的杂草；在发病田使用过的农具和农机要在

清除植株碎屑和消毒后，再进入新田块。

18.1.10 禾草黑穗病

黑穗病是禾本科植物上普遍发生的一类病害，主要寄主有玉米、高粱、小麦、燕麦、青稞、甘蔗和薏苡等作物，在冰草、雀麦等草本植物上也有报道。此处以燕麦黑穗病为例进行介绍。

黑穗病是我国燕麦产区最普遍、最严重的真菌性病害之一，由多种黑粉菌导致。各种黑粉菌多侵染植株的特定器官或部位，引发叶黑粉病、秆黑粉病、穗黑粉病等。植物感染叶、秆黑粉病后生长缓慢，矮小，不形成花或花序短小，叶片、叶鞘和秆上产生长短不一的黄绿色条斑，后期条斑变成暗灰色或银灰色，表皮破裂后释放黑褐色粉末状冬孢子，随后病叶丝裂、卷曲并死亡，易发于春末和秋季。黑穗病的病原菌主要危害花器，子房被破坏变为孢子堆。后期，子房外皮破裂或否，黑粉散出或不散出，由病原菌种类决定。燕麦黑穗病株始终直立，分蘖很少，根系也不发达，既减少了燕麦种子产量，也影响了秸秆的产量和品质。燕麦黑穗病在华北、西北的一些省份，发病率通常超过10%，河北、山西、内蒙古和甘肃等省份最高发病率曾达到46%~90%；病害造成减产一般在30%~50%，甚至高达90%。

图 18-15　燕麦黑穗病症状（俞斌华/摄）
1. 燕麦坚黑穗病　2. 燕麦散黑穗病

（1）症状

燕麦黑穗病可分为燕麦坚黑穗病和燕麦散黑穗病。燕麦坚黑穗病主要发生在抽穗期。病株和健株抽穗时间基本一致。病穗和健穗在外形上相差不多，但病穗不结实，直立而不下垂，病粒内充满黑褐色粉末（冬孢子），外面有一层灰色、不易破裂的膜，孢子堆被黏胶物质凝集成硬块，不易散开，一直到燕麦收获仍保持原状（图18-15）。所以俗名又称黑疸。有些品种颖片不受害，厚垣孢子团隐蔽在颖内，难以观察到，有的则颖壳被破坏。

燕麦散黑穗病大部分整穗发病，个别中、下部穗粒发病。病株矮小，仅是健株株高的1/3~1/2，抽穗期提前（图18-15）。病状始见于花器，染病后子房膨大，致病穗的种子充满黑粉，外被一层灰膜包住，后期灰色膜破裂，散出黑褐色的厚垣孢子粉末，只剩下穗轴。

（2）病原菌

黑穗病由黑粉菌属（*Ustilago*）引致。

燕麦坚黑穗病病原菌为燕麦坚黑粉菌（*Ustilago levis*），冬孢子球形或卵形，黑褐色，半边色泽稍淡，表面光滑，大小为(6~9)μm×(6~7)μm。冬孢子萌发产生圆棒形担子，有3个隔膜，在担子顶部侧方生出4个担孢子。担孢子又可以芽殖出次生担孢子。异宗担孢子萌发后可以互相配合，产生双核的菌丝，再侵染寄主。

燕麦散黑穗病病原菌为燕麦散黑粉菌（*Ustilago avenae*），冬孢子圆形或椭圆形，暗褐色，一边色略浅，直径为(7~8)μm×(5~6)μm。表面有细刺。

(3) 发生规律

燕麦坚黑穗病病原菌以冬孢子附着在种子上或落入土壤中或混杂在粪肥中越冬。冬孢子抗逆性强，可在土壤中存活 2~5 年。燕麦种子萌发时，冬孢子也同时发芽，产生担子和担孢子。不同性别的担孢子萌发后结合，产生双核侵染菌丝，侵入燕麦幼芽。之后在病株体内系统扩展，开花时进入花器中，破坏子房，产生大量冬孢子。燕麦坚黑穗病病原菌发育适温为 15~28℃，最低为 4~5℃，最高为 31~34℃。土壤为中性至微酸性最有利于病原菌侵染。侵染适温随土壤湿度不同而不同。土壤含水量为 15% 时，侵染适温为 15℃；土壤含水量为 20%~25% 时，侵染适温为 20℃，土壤含水量再增高，侵染适温可提高到 25℃。一切可延长种子发芽和出苗的因素，都可能使病原菌的侵染率提高。燕麦坚黑穗病病原菌有不同的生理小种，燕麦品种间抗病性差异明显。

燕麦散黑穗病病原菌侵染多发生在燕麦开花期，病株菌瘿破裂，冬孢子通过风雨传播，降落在健株穗子的颖壳上或进入张开的颖片与籽粒之间。部分孢子迅速萌发，菌丝侵入颖壳或种皮内，以菌丝体休眠。部分孢子不立即萌发，在种子上或种子与颖壳之间长期存留。燕麦播种后，种子上或邻近土壤中的病原菌冬孢子与种子同步萌发，相继产生担子、担孢子和侵染菌丝，侵入胚芽鞘。胚芽鞘长度超过 2.5 cm 后，就度过了易感阶段。同时，已经进入颖壳和种皮的菌丝体，也开始活动。病原菌侵入幼苗后，菌丝随生长点系统扩展，最后进入幼穗，形成菌瘿。燕麦播种后若环境温度为 18~26℃，土壤含水量低于 30%，则幼苗生长缓慢，病原菌侵入期拉长，发病增多。播种过深时，发病也加重。

(4) 防治

①选用抗病品种　国内抗病良种有内蒙古的'二虎头莜麦''燕麦 2 号'（品 1163）'高 7-19''黄芪莜麦''蒙燕 7603''蒙燕 7716''蒙燕 7726''蒙燕 7805''蒙燕 7904'；黑龙江海伦市的'201'；青海的'黄燕麦''黑珠子燕麦''竹子燕麦''红燕麦''定莜 6 号''定莜 8 号'；山西的'晋燕 15''五寨莜麦''晋燕 2 号''晋 8216-16''小莜麦'；河北的'品 7 号''品 16 号''品 17 号''品 7752-82''2031 野生种'等。

②种子处理　温汤浸种，用 55℃ 热水浸种 10 min 或者在冷水中预浸 3 h，然后在 52℃ 热水中浸种 5 min，再放入冷水中冷却，最后捞出晾干备用；药剂闷种和浸种，用 1% 福尔马林溶液，均匀地洒到种子上，充分拌匀后盖上麻袋或塑料薄膜，闷种 5 h 后立即播种；用 40% 福尔马林 280 倍液浸种 1 h，晾干后播种；用 5% 皂矾液浸种 4~6 h，晾干后播种；药剂拌种，用 6% 萎锈·福美双种衣剂拌种，用量为种子量的 0.12%~0.15%。此外，也可选用 50% 多菌灵可湿性粉剂、50% 苯菌灵可湿性粉剂、15% 三唑酮（又名粉锈宁）可湿性粉剂、50% 敌菌灵（又名禾穗胺）可湿性粉剂拌种，用量为种子质量的 0.2%，播前 5~7 d 拌种，拌好的种子堆放在一起，可提高拌种效果，防效较好。

18.2　草地植物主要原核生物病害

18.2.1　苜蓿细菌性萎蔫病

苜蓿细菌性萎蔫病自 1924 年在美国发现以来，已传播蔓延到加拿大、墨西哥、巴西、智利、英国、捷克、斯洛伐克、意大利、波兰、俄罗斯、南非、澳大利亚、新西兰、日本和沙特阿拉伯等国家，是苜蓿的毁灭性病害，可使苜蓿产草量和种子产量降低，甚至绝收，植株死亡。该病是我国公布的《中华人民共和国进境植物检疫危险性病、虫、杂草名录》中规定的二类有害生物，并且是《中华人民共和国政府和蒙古国政府关于植物检疫的协定》规定的检疫性病害。

(1) 症状

该病在秋季苜蓿收割后，再生植株达 5~10 cm 时症状最明显。轻度发病时，叶面斑驳，叶片边缘向上卷曲，植株略变矮，天气干热时枝条尖端枯萎；病情严重时，茎丛生，植株矮化，株高仅几厘米，茎细、叶小而厚，通常畸形，边缘或全叶褪色，植株萎蔫而死亡。病株的主根和侧根的木质部横切面外圈呈黄褐色，随着病害的发展，整个中柱变为黄褐色。

(2) 病原菌

苜蓿细菌性萎蔫病病原菌为密执安棒形杆菌诡谲亚种（*Clavibacter michiganensis* subsp. *Insidiosum*），异名为 *Aplanobacter insidiosum*、*Corynebacterium insidiosum* 1934、*Corynebacterium michiganense* subsp. *insidiosum* 1982。

此菌为短杆状，有的呈棒形，单生或成对，大小为 $(0.4 \sim 0.5)\mu m \times (0.7 \sim 1.0)\mu m$，无鞭毛，不运动，好气，不抗酸。在培养基上生长缓慢，在营养琼脂上形成时初为白色，后变为淡黄色的菌落。菌落圆形，扁平，或稍隆起，边缘光滑，有光泽，生长最适温度为 12~21℃，最高 30℃，最低 3℃，致死温度为 50~52℃。最适 pH 6.8~7.0，在 pH 5.6~8.2 均可生长。该病原菌能在含葡萄糖的培养基上产生蓝黑色颗粒状色素——靛青素，这是最具有诊断价值的特性。

(3) 寄主范围

可危害苜蓿、百脉根、野苜蓿、白香草木樨、车轴草属植物。人工接种可侵染小苜蓿。

(4) 发生规律

苜蓿细菌性萎蔫病为系统侵染性病害。病原菌在病株的根部和根冠部越冬。在土壤植株残体、根残体中可存活 5 年之久。在试验条件下（20~25℃），病原菌在干草、茎中或种子中至少存活 10 年，病种子中的病原菌至少可保持 3 年的侵染力。

病原菌通过伤口侵入根和冠部，特别是由霜冻、机械损伤、土壤中的动物造成的伤口及新切茎的切伤口侵入植株，进入薄壁细胞间繁殖，后进入维管束组织，同时，产生胞外多糖造成萎蔫。

病原菌长距离传播主要是通过带菌的苜蓿种子或干草及混于种子中的病残体传播。在田间，主要通过收割工具、人员、灌溉水、土壤及风传播。鳞球茎茎线虫（*Ditylenchus dipsaci*）及北方根结线虫（*Meloidogyne hapla*）的存在增加了病害的发生，且可以帮助病原菌传播。

感病植株通常在生长第 1 年表现活力减弱，第 2 年产量严重减少，第 3 年无任何经济价值。一般来说，若该病存在，感病品种的最长寿命仅 3 年。在冷凉、潮湿的条件下，该病发生严重；春、秋 2 季易发病；低洼地发病严重；高氮、高磷和低钾的营养环境下发病严重。

(5) 防治

①选育抗病品种　抗病的苜蓿品种有'Hardistan''Ladak''Ladak65''Buffalo''Washoe''Ranger''Iroquois''Kanza''Saranac''Teton''Travois''Alganquin''Angus''Caliverda'

'Hodoninska''Vernal'等。感病品种有'Dupuits''Sonora''Cardinal''Moapa'等。

②加强草地管理　主要包括：刈割刀具用前以甲醛消毒；漫灌时应先灌健康草地，再引入感病草地；增施钾肥，必要时可适当施石灰等钙素肥料；防治地下害虫和线虫，减少根系侵染机会；进行2~3年的轮作，在同一地段不宜连作苜蓿；与禾本科草混播，可显著减轻发病。

18.2.2　禾草细菌性条斑病

禾草细菌性条斑病主要发生于内蒙古和新疆地区的冰草、偃麦草和无芒雀麦等禾本科牧草上。

(1)症状

染病禾草的叶片和叶鞘出现黄褐色至深褐色条斑，水渍状，沿叶脉纵向扩展，有时为形状不规则的条斑。病斑半透明，有时表面有菌脓或菌膜。病叶由尖端开始枯萎。新叶不能正常展开，使茎秆呈扭曲状，有时不能抽穗。

(2)病原菌

禾草细菌性条斑病病原菌为野油菜黄单胞菌禾谷类致病变种(*Xanthomonas campestris* pv. *cerealis* 1978)，异名为 *Xanthomonas translucens* f. sp. *cerealis* 1942。

此菌为短杆菌，有极生鞭毛1根，两端圆形，大小为$(0.5~0.8)\mu m \times (1.0~2.5)\mu m$，革兰染色阴性。在琼脂培养基上产生蜡黄色、有光泽的菌落。

(3)寄主范围

寄主植物有小麦、大麦、黑麦、燕麦、冰草、偃麦草和无芒雀麦等。

(4)发生规律

病原菌通过种子远距离传播。在小麦种子上可存活3年，尚未见有关在禾草上存活期的报道。种子发芽后，此病原菌侵入导管，最终到达穗部、叶片、叶鞘等器官，并产生病斑。在田间借风、雨、昆虫、刈割机具等传播。高温、高湿有利于此病流行，低温能延缓寄主生长发育，降低其抗病力，也会加重病情。

(5)防治

参考苜蓿细菌性萎蔫病进行。

18.2.3　聚合草细菌性青枯病

聚合草细菌性青枯病在四川、湖北、江苏、浙江、福建、广东、广西等地均有报道。平均发病率为10%~30%，严重地块可达90%，是聚合草的重要病害。

(1)症状

病株叶片迅速萎蔫干枯，属青枯类型。叶柄与根交界处湿腐，主根腐烂，侧根皮层呈黑褐色腐烂。根部维管束变褐，用手挤压可见有黄白色菌脓溢出。

(2)病原菌

聚合草细菌性青枯病病原菌为青枯假单胞杆菌[*Pseudomonas solanacearum*(Smith) Smith]。革兰阴性短杆菌，大小为$(0.6~0.9)\mu m \times (1.0~2.0)\mu m$，不产生芽胞，无荚膜，有极生鞭毛1~4根，无荧光。在40℃下不能生长。在含2% NaCl的肉汁胨培养液中生长很差或不能生长，在人工培养基上容易丧失致病力。

(3) 寄主范围

寄主范围极广，有超过 30 个科的植物可能成为其寄主，包括双子叶植物及单子叶植物。除危害聚合草外，主要还危害茄科、姜、甘薯、花生、香蕉等。

(4) 发生规律

初侵染来源的病原菌主要随病残体存在于土壤中，是一种系统性病害，主要从根部侵染。高温、高湿有利此病发生。暴雨转晴又气温高时，死株增多。黏性壤土较易发病。当地表 5 cm 处土温 27℃、土壤含水量 25%、空气湿度 55% 时，此病开始发生。当近地表土温升至 37℃、土壤含水量 35%、空气相对湿度 85% 左右时，发病严重。耕作刈割、昆虫危害等造成的伤口，会加剧此病的发生。

18.2.4 苜蓿丛枝病

植原体(phytoplasma)是一种无细胞壁，由生物膜包裹，类似植物病原细菌的单细胞原核生物，菌体为 200~800 nm，有球形、椭圆形、梭形或多态不规则形等多种形态，它们寄生于昆虫或植物的韧皮部组织中，能够感染数百种植物，并造成巨大的经济损失。植原体在植物中能够诱发多种异常发育的症状，包括形成丛枝（单点密集的芽）、花变叶（花器官转化为叶）、绿变、黄化、矮化、叶和茎呈紫色等。本小节以苜蓿丛枝病为例介绍该病害。

图 18-16　苜蓿丛枝病症状(李克梅/摄)

(1) 症状

苜蓿丛枝病造成病株发育不良，染病植株在根冠以及沿茎的腋芽部分产生大量分枝（可多达 100~300 个；图 18-16），单个病株分枝最多可高达 2 000 个。丛枝形态短而细，向上束生且呈紧密交织状，总体呈纺锤形。将病株拔除后，整体呈扫帚状。叶形小而圆，大小仅有健康叶片 1/3~1/2，随发病渐深叶片褪绿，病株变黄，即使在生长旺盛期病株的高度也仅有健株的 1/4~1/2。病株鲜重仅为健株的 42%~64%，而该病在制种田严重发生时甚至会导致种子绝收。整片草地发病时会出现土地裸露过多、草地严重退化的现象。

(2) 病原菌

苜蓿丛枝病由单细胞原核生物植原体引起。隶属于原核生物界(Bacteria)软壁菌门(Tenericutes)柔膜菌纲(Mollicutes)非固醇菌原体目(Acholeplasmatales)非固醇菌原体科(Acholeplasmataceae)植原体属(*Phytoplasma*)。菌体直径为 80~1 000 nm，圆球形或椭圆形，有时也为丝状、杆状或哑铃状，寄生于寄主韧皮部组织或某些吸食汁液的昆虫体内。植原体属包含 44 个植原体候选种，33 个核糖体组和 160 个亚组。依据 16S 核糖体 DNA(rDNA)序列同源性比较，引起苜蓿丛枝病的植原体分属不同的组和亚组。引起我国苜蓿丛枝病的植原体有榆树黄化植原体(*Ca. Phytoplasma ulmi*, 16SrV-B)和翠菊黄化植原体(*Ca. Phytoplasmaasteris*, 16SrI-B)2 种类型。

(3) 寄主范围

除危害紫花苜蓿外，还侵染天蓝苜蓿、南苜蓿、镰荚苜蓿、白花草木樨、红三叶、白三叶、地三叶、百脉根、紫云英、摩顿黄芪、镰荚黄芪、冠状岩黄芪和乳白花阔叶山蚂豆、苦豆子等，也侵染若干种非豆科植物。

(4) 发生规律

植原体通常定殖于植物韧皮部筛管组织和同翅目昆虫的肠道、淋巴及唾腺组织内，也有报道发现其寄生于植物伴细胞和薄壁组织细胞中。病原菌借助叶蝉在苜蓿和其他豆科植物间传播，并通过菟丝子传播到非豆科植物上。狗牙根、马唐、稗、毒麦、狗尾草、多枝柽柳是病原菌传播介体网室叶蝉(*Orosius albicinctus*)的越冬寄主。冬、春季节气候凉爽，感病植株有隐症现象，而在夏季高温和干旱条件下，丛枝症状迅速发展。病株通常在1~3年死亡。

(5) 防治

目前对苜蓿丛枝病的防治主要以预防为主。

①加强栽培管理　注意控制病害传播，防止病害向无病地区定殖扩散。对于有明显发病中心和草地中出现的零星发病区应尽早发现尽早处理，拔除病株，减少病害积累，降低病害传播率。同时清除如菟丝子等草地间杂草也可防止病害的流行。完善草地栽培管理措施，注意水肥管理，多施、巧施农家肥、磷肥、钾肥，夏季降水量较低时及时灌水，避免缺水加重病情。

②防治传播媒介　植原体病害主要是由昆虫(叶蝉、木虱、螨类、蚜虫等)传播的。因此，预防植原体病害过程中还要积极防虫、治虫。

③物理防治　有些植原体病害引起的症状在炎热的夏季或寒冷的冬季消失后即自动恢复正常，这可能与热处理、冷处理能脱除植原体有关。因热处理和冷处理具有方法简单、成本低，并且对环境无污染等优点，在生产实践中值得推广。但不同植物的温度耐受力不同，因此，对具体植物必须具体制订热处理或冷处理的方法。

④化学防治　在各类抗生素药物中，四环素及其衍生物对植原体病害的治疗效果最为明显，如金霉素、土霉素和脱甲基氯四环素等。化学药物的施用方法有喷雾、浸润、注射、浸根和土壤喷淋等。其中，浸根法和注射法所需的抗生素药量小，植株吸收效果好，较为经济，对环境的污染也小。

18.3　草地植物主要病毒病害

草地植物在其生长过程中也易受到植物病毒的侵染和危害，草地植物上发生的主要植物病毒病害有：苜蓿花叶病、燕麦红叶病、玉米粗缩病和矮花叶病、禾草黄矮病毒病等。这些病毒病害严重影响草地植物的产量和品质。

18.3.1　苜蓿花叶病毒病

花叶病毒病是苜蓿的重要病害之一，在我国西北、华北地区发生较为普遍，局部区域苜蓿花叶病毒病发病率超过50%。受病毒感染的苜蓿植株蛋白质含量下降、牧草干重降低、根瘤数和花粉萌发率降低、植物雌激素积累，严重影响牧草的产量及品质，造成鲜草损失和种子减产。感病植株易受干旱或霜冻的危害，易被其他病害侵染；同时，苜蓿感染病毒后，终生带毒，作为病毒的多年生活体寄主，为病毒及其介体昆虫提供了场所，有利于病毒的扩散和侵染，进一步损害其他农作物的产量。

(1) 症状

染病植株通常不发生显著矮化，病叶呈现典型的黄绿相间的花叶，叶或叶柄扭曲（图18-17）。一些株系可以引起某些基因型苜蓿植株长势逐渐衰弱，另一些株系可在接种后几周内引起根系坏死和植株死亡。

图 18-17　苜蓿花叶病毒病症状（李克梅/摄）

(2) 病原微生物

苜蓿花叶病毒病由苜蓿花叶病毒（alfalfa mosaic virus，AMV）引起。苜蓿花叶病毒是雀麦花叶病毒科苜蓿花叶病毒属（*Alfamovirus*）的唯一成员，是一种世界性分布的、具有严重危害性的病毒。另外，豇豆花叶病毒（cowpea mosaic virus，CPMV）、白三叶花叶病毒（white clover mosaic virus，WCMV）、菜豆花叶病毒（bean yellow mosaic virus，BYMV）、三叶草黄叶脉病毒（clover yellow vein virus，CYVV）、红三叶草明脉花叶病毒（red clover vein mosaic virus，RCVMV）、番茄花叶病毒（tomato mosaic virus，ToMV）和花生矮化病毒（peanut stunt virus，PSV）等也可引起苜蓿花叶病，给苜蓿生产带来经济损失。

(3) 寄生范围

寄主范围十分广泛，能侵染51科430余种双子叶植物，如苜蓿、豌豆、豇豆、菜豆、蚕豆、苋色藜、昆诺藜及烤烟等多种重要经济作物和豆科牧草。

(4) 发生规律

苜蓿花叶病毒病的发生与蚜虫发生情况密切相关。蚜虫的传毒率与蚜虫的种类、气候条件及寄主范围有密切的关系，有翅蚜的活动能力强且范围广，所以传毒作用较大。高温干旱天气不仅有利于蚜虫活动，还可降低寄主的抗病性，促进该病毒在寄主体内繁殖。因此，苜蓿花叶病毒病多发生于高温、干旱、缺水的天气。在苜蓿栽培过程中，从春季到初夏均可发生苜蓿花叶病毒病，7月上旬至8月下旬为发病高峰期，且老苜蓿地发病重于新苜蓿地。

(5) 防治

①加强田间管理　带毒种子是植物生长中重要的毒源，播种前须进行种子处理；幼苗移栽时要选择健康的无毒种苗进行栽种。由于苜蓿花叶病毒寄主广泛，可经汁液摩擦传播，在田间进行农事操作时要尽量避免病毒经人为因素或机械器具等传播，一经发现苜蓿

花叶病毒初侵染植株要及时清除、销毁。清除田间杂草，减少毒源植物，减少病害的发生。

②传播介体防控　苜蓿花叶病毒的传播介体主要是蚜虫，多种蚜虫以非持久方式进行传播，可通过防治蚜虫达到防治苜蓿花叶病毒的目的。

③生物防治　在摸清当地蚜虫及其天敌发生发展规律的基础上，利用捕食性或寄生性天敌，如瓢虫、食蚜蝇、草蛉、捕食螨及昆虫病原线虫等进行防治，有一定防治效果。

④物理防治　利用遮阳网、防虫网及化纤网等设施育苗栽培，能减少蚜虫侵入；同时可利用蚜虫对不同颜色的趋向性，采用色板诱杀，如通过悬挂黄色、蓝色诱虫板诱杀蚜虫，减少蚜虫数量。

⑤化学防治　在作物生长过程中使用高效、低毒、低残留农药（氯氰菊酯、吡虫啉等）防控蚜虫。

18.3.2　燕麦红叶病

燕麦红叶病是我国燕麦生产中发生的主要病毒病，也是我国燕麦产区的主要病害之一。近几年来，蚜虫和燕麦红叶病等病虫害的发生，给燕麦生产造成了巨大的损失，使燕麦的产量和品质有所下降。

(1) 症状

植株染病后一般上部叶片先表现病状。叶部受害后，先自叶尖或叶缘开始，呈现紫红色或红色，逐渐向叶基扩展成红绿相间的条纹或斑驳，一般叶背显症早于正面；病叶变厚、变硬，后期叶片橘红色，叶鞘紫色，病株有不同程度的矮化现象，病株表现十分明显。首先是被传毒蚜虫刺吸的茎和叶片先表现症状，而后是其他茎和叶片相继出现症状。随着燕麦红叶病等级的增加，燕麦的穗粒数、千粒重、籽粒产量、植株干物重减少，两者间呈极显著负相关。这是由于燕麦被侵染后叶绿体受到病毒的干扰，使显症部分光合作用降低，甚至完全丧失；感病后在韧皮部的病毒破坏韧皮细胞，使有机物运输变阻，导致有机物积累减少，最终使其产量下降。

(2) 病原

燕麦红叶病的病原微生物是大麦黄矮病毒(barley yellow dwarf virus, BYDV)，隶属于黄症病毒科(Luteoviridae)黄症病毒属(*Luteovirus*)的病毒成员。属于(+)ssRNA 病毒，病毒粒体为等轴对称的正二十面体球状，病毒粒体直径 24 nm，致死温度为 65～70℃，稀释终点 1×10^{-3}。根据传毒介体的专化性和鉴别寄主反应，可分为 7 个株系(BYDV-PAV、BYDV-PAS、BYDV-MAV、BYDV-GAV、BYDV-kerⅡ、BYDV-kerⅢ、BYDV-SGV)。虽然它们的粒体形态基本一致，但 BYDV 不同株系的全基因组长度不同，血清学反应也存在差异。

(3) 寄主范围

主要的寄主有苇状羊茅、草地羊茅、羊茅、匍匐紫羊茅、意大利黑麦草、多年生黑麦草和草地早熟禾。该病毒主要由麦二叉蚜、禾谷缢管蚜、麦长管蚜、麦无网长管蚜及玉米缢管蚜等以持久、循回、非增殖方式传播，不能由种子、汁液、土壤等途径传播。

(4) 发病规律

燕麦红叶病毒病多由蚜虫传毒所致，而蚜虫发生情况与环境条件密切相关。在山西大同地区燕麦于 4 月初播种，4 月 20 日左右出苗。从出苗到抽穗，蚜虫量有两次高峰，第

1次在5月上旬，第2次在5月底，两次高峰的发生都是在大风天气之后。从蚜虫类型来看，第1次高峰基本上都是有翅成蚜，因此可以认为第1次高峰完全由外地随风迁入。第1次高峰维持8~10 d，一般情况下，蚜虫量因5月中旬的降雨而减少。但随着再次大风天气的来临，蚜虫量形成第2次高峰。第2次高峰既有外地迁入，也有第1次扩散，即有翅蚜和无翅蚜同时存在。此次高峰多发生在5月底并延续到6月上旬，因此可以认为，燕麦从出苗到抽穗都有可能受蚜虫的侵染而发生燕麦红叶病，从病毒侵染到症状表现，这段时间为潜育期。蚜虫获毒后10 d内传毒率高，10 d后下降，20 d后仅有少数个体还能传毒。病毒由蚜虫传到燕麦植株后，经过一段时间潜育期即发病。一般苗期侵染的植株在孕穗阶段开始表现症状，在抽穗阶段症状表现最重。近年来该病间歇性地流行，在部分年份造成很大损失。

(5) 防治

目前生产上燕麦红叶病的防治主要采取选用抗耐病品种、加强田间栽培管理、结合药剂防治的综合防控措施。

①选用抗耐病品种　由于育种上缺乏免疫抗源，培育免疫品种相当困难。生产上主要选用高水平耐病品种。

②加强田间栽培管理　适期播种，一般以5月中下旬播种燕麦最适宜，可以避开蚜虫高峰期。

③化学防治　播种前选用吡虫啉、噻虫嗪等药剂拌种或用噻虫嗪种衣剂、噻戊燕麦种衣剂等进行种子包衣；在蚜虫迁飞前，使用高效、低毒、低残留农药（氯氰菊酯、吡虫啉等）防控蚜虫，以减轻病害发生。

18.3.3　禾草黄矮病

禾草黄矮病是禾本科牧草常见病害，分布遍及各大洲，引起病害的大麦黄矮病毒（barley yellow dwarf virus，BYDV）能够侵染150多种禾本科作物和禾草，包括小麦、大麦、燕麦、水稻、玉米等重要粮食作物，山羊草、偃麦草、冰草、簇毛麦等野生单子叶植物以及狗尾草、雀麦等各种田间单子叶禾草，感染后会导致寄主种子、牧草产量和品质下降。

(1) 症状

症状因寄主种类而不同。多出现全株矮化、生长缓慢、分蘖减少、根系发育不良、不抽穗或穗发育不良等症状。叶片黄化或发红，多由叶尖或叶缘开始，有些寄主叶上出现条斑，出现病叶变硬、变厚等症状；也有些寄主如鸭茅、狗牙根、苇状羊茅、多花黑麦草、球茎蒿草、苏丹草、匍匐野麦、无芒虎尾草、毛绒稷等禾草虽带毒但不表现症状，仅显著降低牧草的产量。

(2) 病原

病原与燕麦红叶病病原相同。

(3) 寄主范围

寄主主要有苇状羊茅、草地羊茅、羊茅、匍匐紫羊茅、意大利黑麦草、多年生黑麦草和草地早熟禾。

(4) 发生规律

大麦黄矮病毒在寄主体内系统分布，冬季多聚集在分蘖节部位越冬，翌年拔节时沿筛管细胞移动，多集中在茎、叶部位。在叶和根的筛管细胞质内可见到病毒粒体。该病毒通过蚜虫以持久、循回、非增殖方式传播。不同株系，传播介体不一，主要的介体昆虫有麦二叉蚜、麦长管蚜、粟缢管蚜、玉米蚜、麦无网长管蚜、百合蚜、莓蚜、早熟禾缢管蚜和苹果缢管蚜等。大麦黄矮病毒仅能通过特定的蚜虫以持久、循回、非增殖方式传播，是目前已知的唯一传播方式。

(5) 防治

禾草黄矮病的防治主要采用选用抗耐病品种、结合药剂灭蚜的综合防治措施。

①选用抗病草种或品种。

②灭蚜防病　主要以田间喷施杀虫剂为主，通过控制田间介体蚜虫的种群数量，减少禾草黄矮病的传播以达到防治禾草黄矮病的目的。可用敌杀死乳油、速灭杀丁等药剂防治。

18.4　草地植物其他生物病害

18.4.1　禾草粒线虫病

禾草粒线虫病在美国、加拿大、澳大利亚、新西兰、俄罗斯、乌克兰、法国、英国、德国、荷兰等国家严重发生。俄罗斯圣彼得堡的细弱剪股颖发病率达 44%~98%，病株的生长量仅为健株的 14%~33%。在美国俄勒冈州，因该病剪股颖种子产量下降 50%~75%。我国东北地区剪股颖粒线虫侵染羊草，病株率达 19.7%，小花发病率 10.8%，重者达 93%。发病严重地块，发病率超过 30%。在紫羊茅草和黑麦草上形成的虫瘿还对牛、马、羊等有毒。剪股颖粒线虫病为我国的检疫对象，本小节以剪股颖粒线虫病为例介绍该病害。

(1) 症状

感染粒线虫病的植株在苗期或返青期无明显症状。随植株的生长发育，逐渐发现病株比正常植株低矮，生育期也延迟，开花晚 15~20 d。病株穗短，小穗较密，浓绿色，部分小穗不能结实而变成虫瘿。虫瘿较正常种子略大，初期为绿色，后期呈紫褐色。

(2) 病原物

剪股颖粒线虫病的病原物是剪股颖粒线虫 [*Anguina agrostis* (Steinbuch, 1799) Filipjev, 1936]，异名为 *Vibrio agrostis* Steinbuch, 1799; *A. agropyroni floris* Norton, 1965; *A. funesta* Price, Fisher & Kerr, 1979; *A. frina wevelli* Van den berg, 1985。

雌虫体粗，热杀死后向腹面卷成螺旋形或"C"形。角质层有细环纹。头部低平、缢缩。垫刃型食道。单卵巢，前伸，发达，卵巢折叠 2~3 次，卵母细胞呈轴状多行排列。尾圆锥形，尾端锐尖。雄虫较雌虫细短，热杀死后腹面弯成弓状或近直伸。精巢转折 1~2 次，精母细胞多列，引带细线形，交合伞向后延伸至近端部，尾端锐尖。虫瘿内的幼虫极耐高温和低温，105℃处理 1 h，虫瘿内幼虫不能全部死亡，-10~-5℃低温处理 4 d 对瘿内幼虫毫无影响。但幼虫离开虫瘿，耐高温和低温的能力明显减弱，如在 45℃下处理 15~30 min 则全部死亡。

(3) 寄主范围

主要寄主有细弱剪股颖、小糠草、匍匐剪股颖、加拿大拂子茅、羊茅、紫羊茅、芒麦草、黑麦草和早熟禾等。

(4) 发生规律

剪股颖粒线虫每年只发生 1 代，自 2 龄幼虫侵入寄主的花器到形成下一代的 2 龄幼虫而完成其生活史需 3~4 周时间。种子中混杂的虫瘿是重要的初侵染来源。剪股颖粒线虫以 2 龄幼虫在虫瘿中呈休眠状态度过干旱季节。在干燥虫瘿中的 2 龄幼虫可存活 10 年。虫瘿在水分充足的田间吸水后破裂，幼虫逸出，侵染寄主植物幼苗，除秋、冬季以外的寄生方式为在生长点附近取食；翌年春季，寄主植物进入生殖期后，2 龄幼虫侵入正在发育的花序的花器，并很快发育为成虫，这时受侵染小花的子房已转变成虫瘿。虫瘿中雌虫受精后产卵，卵孵化出 2 龄幼虫，2 龄幼虫在虫瘿内进入休眠状态。2 龄幼虫只有在侵入寄主的花器后才能发育成成虫完成其生活史。

剪股颖粒线虫靠带虫种子和植物病残组织传播。远距离传播主要借助于虫瘿和病种子的调运，而中、近距离扩散则可由沾染虫瘿的农机具、衣、鞋靴等传带，以及风和雨的运动传播。

(5) 防治

①加强检疫检验　产地检疫：开花期开始，观察植株症状，被寄生的小花的颖片、外稃和内稃显著伸长，检查其中是否有虫瘿；非产地检疫：对种子或大量干草进行检疫，关键检验其中是否带有虫瘿及含有线虫但尚未形成虫瘿的种子。

②病株清理　及时拔除病株，深埋或烧毁。

③轮作　一旦发现有粒线虫感染发生，及时改种粒线虫不感的草种。

18.4.2　菟丝子

菟丝子(*Cuscuta* spp.)是 1 年生寄生性种子植物，属旋花科菟丝子属植物。目前全世界有 200 多种，分布于世界各地，我国有 10 余种。在新疆、山东、河北、山西、陕西、甘肃、江苏、黑龙江、吉林等省份均有发生，尤以新疆地区受害最重。菟丝子可寄生于多种农作物和杂草上，如在紫花苜蓿田发生，则造成较大威胁，其危害包括：草产量减少、草种子混杂、草料商品性下降、家畜中毒等。在原属南斯拉夫斯的蒂格地区有 50%~70% 的紫花苜蓿受菟丝子侵扰，美国西部的紫花苜蓿受害严重；吉尔吉斯斯坦每年要使用化学药剂处理超过 30 000 hm² 的紫花苜蓿地和非耕地。菟丝子属植物均是我国进境植物检疫性有害生物。

(1) 症状

菟丝子无叶片，细丝状缠绕茎，黄色至橙红色，花较小，聚生成球状花序，花冠钟形。菟丝子的茎缠绕在寄主植物的地上部分，从单一株向四周蔓延，危害草地面积直径超过 9 m。最初仅寄主植物上缠绕有黄色至橙红色丝状物。菟丝子开花后可见黄色、白色或粉色的头状花序生在寄主植物的茎上，形成寄主与菟丝子混合的黄绿色。菟丝子的茎上产生大量吸器刺入紫花苜蓿的茎皮层，吸收紫花苜蓿的营养，致使紫花苜蓿长势衰弱，植株矮小，甚至不能结实，提前死亡。菟丝子可以侵害任何生长阶段的紫花苜蓿植株(图 18-18)。

(2) 病原物

常见菟丝子种类主要有田野菟丝子、苜蓿菟丝子、南方菟丝子、中国菟丝子、杯花菟丝子和欧洲菟丝子。除此以外，百里香菟丝子、亚麻菟丝子、田菟丝子和三叶草菟丝子等种也会对紫花苜蓿生产造成危害。

(3) 寄主范围

菟丝子的寄生范围较广，可寄生于豆科、茄科、蔷薇科、无患子科等多科的木本和草

图 18-18 菟丝子危害紫花苜蓿（俞斌华/摄）

本植物，如紫花苜蓿、三叶草、大豆、豌豆、马铃薯、甜菜、胡萝卜、蒿、马鞭草、番茄、辣椒、花生等。

(4) 发生规律

菟丝子种子可在土壤中或者受污染的紫花苜蓿种子中越冬，翌年成为侵染源。菟丝子种子在土壤中保持休眠的时间最长可达 20 年，一般 4~5 年。菟丝子种子发芽后，长出一个纤细的黄色或红色的茎，又称探索丝，探索丝顶部慢慢旋转，寻找寄主。当接触到紫花苜蓿植株时，便缠绕其上，遂产生吸器，吸器进入寄主组织后，部分组织分化为导管和筛管，分别与寄主的导管和筛管相连，从寄主中吸取养分和水分。菟丝子茎基部逐渐萎缩枯死，失去与土壤的接触，完全营寄生生活。菟丝子发芽幼苗 3 周内如果不能接触到寄主植物就会死亡。寄生成功后菟丝子迅速生长，产生很多缠绕茎，进一步侵害附近植株，并结出大量种子。种子成熟后落入土壤中或者收获时混入紫花苜蓿种子和干草里，成为翌年侵染的源头。除种子传播，菟丝子可随田间作业工具、地表排水、动物取食污染干草后排出的粪便等传播。菟丝子种子萌发的适宜条件为，土温 20℃ (25~30℃，萌发率随温度升高而增加)，土壤含水量在 15% 以上。

(5) 防治

防治菟丝子应以人工铲除结合药剂防治。

①加强栽培管理　结合田间管理，于菟丝子种子未萌发前进行中耕深埋，使之不能发芽出土（一般埋于 3 cm 以下便难于出土）。

②人工铲除　春末夏初开展田间检查，一经发现立即铲除，或连同寄主受害部分一起剪除，由于其断茎有发育成新株的能力，故剪除必须彻底，剪下的茎段不可随意丢弃，应晒干并烧毁，以免再传播。在菟丝子发生普遍的地方，应在种子未成熟前彻底拔除，以免成熟种子落地，增加翌年侵染源。

③喷药防治　在菟丝子生长的 5~10 月，喷施 6% 草甘膦水剂 200~250 倍液，施药宜掌握在菟丝子开花结子前进行。防治也可用敌草腈 0.25 kg/亩，或鲁保 1 号 1.5~2.5 kg/亩，或 3% 五氯酚钠，或 3% 二硝基酚。以喷施 2 次为宜，隔 10 d 喷 1 次。

思考题

1. 通过本章的学习，简述有害生物对草地植物存在的危害。
2. 草地植物锈病的主要传播方式是什么？查阅文献并举出实例。

3. 简述三大草地菌物病害的防治措施，并思考不同病害防治方式差异。
4. 查询整理草地病害发生危害症状，并判断病害类型及发病程度。
5. 如何有效地防治草地细菌性病害？
6. 简述紫花苜蓿主要病毒病害类型，并描述病毒病害对草地的危害方式。
7. 草地植物种子病害都包括哪些？并简述具体的防治措施。总结草地病害主要的防治措施，并列举每一种防治措施主要针对的病害。
8. 查阅文献分析四类病害中哪些对草地造成的威胁和损害最重，并举例证明。

第 19 章
草地主要虫害及其防治

19.1 地下虫害类

地下害虫(underground insect pest)指在土中活动,主要为害植物地下的种子、根、茎或近地面根茎部分的一类害虫,又称土栖害虫、土壤害虫。其特点是种类多,分布广,寄主种类多、适应性强,为害时间长,不易防治。中国已知地下害虫 300 余种,其中以蛴螬、金针虫、地老虎、蝼蛄四类发生面积广,危害程度重,是地下害虫中常发生、灾害性的类群。

19.1.1 蛴螬类

蛴螬(grub)俗名壮地虫、白土蚕、地漏子等,为鞘翅目金龟总科幼虫的通称。蛴螬类为地下害虫中种类最多、分布最广、危害最重的一个类群,我国有记载的危害农、林、牧草的蛴螬有 110 余种,其中以大黑鳃金龟、暗黑鳃金龟、黑绒金龟(Serica orientalis)和铜绿异丽金龟分布最广、危害最重。

19.1.1.1 分布与危害

蛴螬属于多食性害虫,主要危害麦类、玉米、高粱、牧草的种子、幼苗及根茎,咬断处断口平截,易导致幼苗干枯死亡,轻则造成缺苗断垄,重则毁种绝收。有些种类也取食危害花生的嫩果、薯类和甜菜的块茎和块根,影响产量和品质,同时造成的伤口容易引起病原菌的侵染。成虫主要取食植物的地上部分,尤其喜食大豆、花生、果树和林木的嫩芽、叶片和花,造成不同程度的危害。

大黑鳃金龟为复合种群,由几个近缘种组成,根据分布地区进行命名,主要包括东北大黑鳃金龟(H. diomphalia)、华北大黑鳃金龟(H. oblita)、华南大黑鳃金龟(H. sauteri)、江南大黑鳃金龟(H. gehleri)、四川大黑鳃金龟(H. szechuanensis)等。暗黑鳃金龟除新疆和西藏尚未见报道外,全国各地均有发生。黑绒金龟主要分布于东北、华北和西北地区,尤以山区发生严重。铜绿异丽金龟在东北、华北、华中、华东、西北等地均有发生。

19.1.1.2 形态特征(图 19-1)

(1)大黑鳃金龟

①成虫 体长 16~21 mm,体宽 8~11 mm,体黑色或黑褐色,具光泽。每鞘翅具 4 条明显的纵肋。前足胫节外齿 3 个,内方有距 1 根;中、后足胫节末端具端距 2 根。臀节外露,背板向腹部下方包卷。雄性前臀节腹板中间为一明显的三角形凹坑,而雌性为枣红色菱形隆起骨片。

②卵 长椭圆形,长约 2.5 mm,宽约 1.5 mm,白色稍带黄绿色光泽,孵化前近圆球

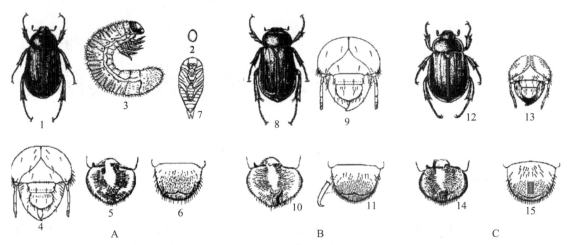

图 19-1 三种重要金龟甲

A. 大黑鳃金龟 B. 暗黑鳃金龟 C. 铜绿异丽金龟
1. 成虫 2. 卵 3. 幼虫侧面观 4. 幼虫头部 5. 幼虫内唇 6. 幼虫肛腹片 7. 蛹腹面观
8. 成虫 9. 幼虫头部 10. 幼虫内唇 11. 幼虫肛腹片及钩状毛
12. 成虫 13. 幼虫头部 14. 幼虫内唇 15. 幼虫肛腹片

形，洁白有光泽。

③幼虫 3龄幼虫体长35~45 mm，头宽4.9~5.3 mm。头部黄褐色，躯体乳白色。头部前顶刚毛每侧3根，其中冠缝每侧2根，额缝上方近中部各1根。肛腹板后部覆毛区散生钩状刚毛70~80根，无刺毛列。肛门孔三裂。

④蛹 体长21~23 mm，体宽11~12 mm，初期白色，后期渐变为红褐色。

(2)暗黑鳃金龟

①成虫 体长17~22 mm，体宽9~11.5 mm，长卵形，体暗黑色或红褐色，无光泽。前胸背板前缘有成列的褐色长毛，鞘翅两侧几乎平行，每鞘翅具4条不明显的纵肋。臀节背板不向腹部下方包卷，与腹板相会于腹末。

②卵 长椭圆形，长约2.5 mm，宽约1.5 mm，发育后期近圆球形。

③幼虫 3龄幼虫体长35~45 mm，头宽5.6~6.1 mm，头部前顶刚毛每侧1根，位于冠缝侧。肛腹板后部覆毛区散生钩状刚毛70~80根，无刺毛列。钩毛区前缘近中央部分钩状刚毛较少或缺，故前缘常略呈双峰状。肛门孔三裂。

④蛹 体长20~25 mm，体宽10~12 mm，尾节三角形，2尾角呈钝角岔开。

(3)铜绿异丽金龟

①成虫 体长19~21 mm。体宽10~11.3 mm。触角黄褐色，体背铜绿色具金属闪光泽，前胸背板颜色稍深，呈红铜绿色，胸部和腹部的腹面为褐色或黄褐色。每鞘翅具4条不明显纵肋。前足胫节具2外齿，前足和中足的跗节大爪分叉。雄虫臀板基部中间有1个三角形黑斑。

②卵 椭圆形，长约1.8 mm，宽约1.4 mm，卵壳光滑，乳白色，孵化前近圆形。

③幼虫 3龄幼虫体长30~33 mm，头宽4.9~5.3 mm。头部黄褐色，前顶刚毛每侧6~8根，排1纵列。肛腹片覆毛区正中有2列黄褐色的长刺毛，每列15~18根，2列刺毛尖端大部分相遇或交叉，在刺毛列外边有深黄色钩状刚毛。肛门孔横裂。

④蛹　体长 18～22 mm，体宽 9.6～10.3 mm，长椭圆形，土黄色，体稍弯曲。雄蛹臀节腹面有 1 个 4 裂的疣状突起。

19.1.1.3　生活史与习性

金龟子多数种类是 2 年或 1 年完成 1 个世代。一般 2 年发生 1 代的金龟子种类，往往以成虫和幼虫交替越冬。例如，大黑鳃金龟在华南地区 1 年发生 1 代；在其他地方一般 2 年发生 1 代，以成虫和幼虫交替越冬。暗黑鳃金龟在东北 2 年发生 1 代，其他地区为 1 年发生 1 代，多以 3 龄老熟幼虫在 15～40 cm 土层筑土室越冬，少数以成虫越冬。铜绿异丽金龟 1 年发生 1 代，多以 3 龄幼虫，或少数以 2 龄幼虫在土中越冬。在春季 10 cm 土温 10℃左右时，越冬成虫（或幼虫）开始出土活动。多数金龟子昼伏夜出，20:00～23:00 活动最盛。多数种类成虫有趋光性，在成虫发生期，可利用黑光灯可诱集到大量个体。成虫有假死性。牲畜粪便腐烂的有机质有招引成虫产卵的作用。成虫产卵时，多选择土壤比较湿润疏松、背风向阳的地方。绝大多数种类的卵散产，但常有 5～10 粒卵相互靠近，在田间呈核心型分布。

19.1.1.4　发生与环境的关系

金龟子的发生为害与环境条件有着密切的关系，地势、土质、茬口等直接影响着金龟子种群的分布，而大气、土壤温湿度的高低则直接决定金龟子的成虫出土、产卵和幼虫的活动与为害等。

(1) 气候条件

气候条件主要影响地下害虫成虫的出土。大黑鳃金龟成虫出土的适宜温度为日均气温 12.4～18.0℃，低于 12.0℃时，基本不出土。已出土的成虫，一旦遇上不利的气候条件，重新入土潜伏。风雨或低温过后，天气转为风和日暖，常出现成虫出土盛期。

(2) 植被

非耕地的虫口密度明显高于耕地。在耕地中，以油料作物的虫口密度最大。植物种类多、蜜源植物丰富的地块，虫口发生量较大。

(3) 土壤

蛴螬在土壤中的垂直活动与土壤温湿度密切相关，一般当 10 cm 土温达 5℃时，开始上升至表土层，13～18℃时活动最盛，23℃以上则往深土中移动。土壤湿润则蛴螬活动性强。同时，被风向阳地虫口密度较高，淤泥地中蛴螬类的发生量高于壤土，砂土中发生量最低。

(4) 天敌

蛴螬的天敌种类很多，如蛴螬乳状芽孢杆菌在我国许多地区广泛分布。许多病原细菌、真菌、病毒等可以感染蛴螬，金龟长喙寄蝇、土蜂能寄生于多种蛴螬。除此之外，还有许多鸟类捕食蛴螬。

19.1.2　蝼蛄类

蝼蛄(mole cricket)俗称拉拉蛄、土狗子，属直翅目蝼蛄科。全世界有 40 多种，中国记载有 6 种，其中分布最广泛，危害最严重的有华北蝼蛄(*Gryllotalpa unispina*)和东方蝼蛄(*G. orientalis*)两种。

19.1.2.1　分布与危害

华北蝼蛄在国外分布于土耳其、西伯利亚等国家和地区，在中国分布于北纬 32°以北的地区。东方蝼蛄分布于亚洲各国,在中国各地均有分布,过去仅在南方发生严重,现在已成为北方地区的优势种。蝼蛄食性杂,成虫和若虫均喜食刚发芽的种子,为害各种植物的根部和接近地面的嫩茎,被害部位呈丝状或乱麻状,致使幼苗生长不良甚至干枯死亡。尤其是蝼蛄在表土层内活动窜行,造成纵横隧道,使幼苗根部与土壤分离而失水枯萎。

19.1.2.2 形态特征

(1)华北蝼蛄(见图6-3)

①成虫 雌虫体长45~66 mm,雄虫体长39~45 mm,黄褐色,近圆桶形。头暗褐色,卵形。前胸背板盾形,中央具1个心形暗红色斑。前翅短小,仅达腹部的1/2。前足腿节下缘呈"S"形弯曲,后足胫节背侧内缘有刺1~2个或消失。

②卵 卵为椭圆形,初产长1.6~1.8 mm,宽1.1~1.4 mm,乳白色,有光泽,后变黄褐色。孵化前呈暗灰色,长2.4~3 mm,宽1.5~1.7 mm。

③若虫 初孵若虫乳白色,体长2.6~4 mm,腹部大,以后体色逐渐变深,5~6龄后体色与成虫相似。末龄若虫体长36~40 mm。

(2)东方蝼蛄

①成虫 雌虫体长31~35 mm,雄虫体长30~32 mm,浅茶褐色,近纺锤形,密生细毛。前胸背板卵圆形,中央心脏形斑小且凹陷明显。前翅超过腹部末端,前足腿节下缘平直,后足胫节背侧内缘有刺3~4个。

②卵 初产卵长约2.8 mm,宽约1.5 mm,椭圆形,灰白色,有光泽,后逐渐变为黄褐色。孵化前呈暗褐或暗紫色,长约4 mm,宽约2.3 mm。

③若虫 初孵若虫乳白色,体长约4 mm,2、3龄后若虫体色接近成虫,末龄若虫体长约25 mm。

19.1.2.3 生活史与习性

华北蝼蛄在各地均为3年左右完成1代,其中,卵期17 d左右,若虫期730 d左右,成虫期1年以上。东方蝼蛄在华中、长江流域及其以南各地1年发生1代,在华北、东北及西北地区约需2年才能完成1代。

蝼蛄均昼伏夜出,21:00~23:00为活动、取食高峰,具强趋光性和趋化性。利用黑光灯可诱集到大量蝼蛄,而且雌性多于雄性。蝼蛄对香、甜味物质具有强烈趋性,嗜食煮至半熟的谷子、棉籽、炒香的豆饼、麦麸等。对马粪、有机肥等未腐熟的有机物也有一定的趋性,可用鲜马粪进行诱杀。初孵若虫具群聚性。华北蝼蛄多在缺苗断垄的轻盐碱地内、无植被覆盖的干燥向阳的地埂畔堰附近或路边、渠边和松软的油渍状土壤中产卵,而植被茂密、郁闭处产卵少。在山坡干旱地区,多集中产卵于水沟两旁、过水道和雨后积水处。产卵前先做卵窝,1头雌虫通常挖1个卵室,平均产卵300~400粒。东方蝼蛄喜欢潮湿环境,多集中于沿河、池塘和沟渠附近产卵,每雌产卵60~80粒。

19.1.2.4 发生与环境的关系

(1)植被

蝼蛄食性广泛,可采食菊科、藜科、十字花科、伞形科、蔷薇科、豆科、葫芦科、茄科等多科植物。植被种类多的地块,蝼蛄的发生量较大。

(2)土壤

土壤类型极大地影响着蝼蛄的分布和密度。土质松软的盐碱地、壤土地保温保湿性好，昼夜温度变化小，适宜华北蝼蛄的生活。因此，盐碱地虫口密度大，壤土地次之，黏土地最小，水浇地的虫口密度大于旱地。蝼蛄的活动与土壤温湿度关系密切，土壤干旱时蝼蛄活动性差，作物受害轻；反之，土壤湿润蝼蛄活动量大，作物受害重；土壤含水量在25%左右时，最适宜蝼蛄活动，有利于卵的孵化和若虫存活。

（3）天敌

在土壤中接种白僵菌可感染杀灭蝼蛄。红脚隼、戴胜、喜鹊、黑枕黄鹂、红尾伯劳等食虫鸟类均为蝼蛄的天敌。

19.1.3　金针虫类

金针虫为鞘翅目叩甲科幼虫的统称，危害种类主要有沟金针虫（*Pleonomus canaliculatus*）、细胸金针虫（*Agriotes aubvittaus*）、褐纹金针虫（*Melanotus caudex*）、宽背金针虫（*Selatosomus latus*）等，其中以沟金针虫和细胸金针虫分布最广、危害最重。

19.1.3.1　分布与危害

沟金针虫为亚洲大陆的特有种类，国外仅分布于蒙古，在中国32°~44°N、106°~123°E的地区均有发生，尤其在干旱而瘠薄的农田发生最多。细胸金针虫主要分布于我国东北、华北、西北、华东、华中等地，在有机质含量较丰富、潮湿或灌溉条件较好的农区发生最多。金针虫是我国北方农区的重要地下害虫，特别是在黄淮海地区其虫口数量回升最快、危害最重。

金针虫为害各种牧草、林木、蔬菜及其他农作物的地下部分，咬食刚发芽的种子或幼苗的根和嫩茎，常使种子不能出苗或幼苗枯死。幼虫也常钻入地下茎、大粒种子和块根、块茎内取食为害，并传播病原菌引起腐烂。金针虫咬食根、茎的断面不整齐而呈丝状；钻蛀块根和块茎后产生细而深的孔洞；其成虫可取食地上部分的嫩叶，但危害轻微。

19.1.3.2　形态特征

（1）沟金针虫（图19-2）

①成虫　体长14~18 mm，体宽3.5~5 mm，扁长形，深黑色，密被金黄色细毛。头部扁平，密布刻点。雌虫触角11节，略呈锯齿状；前胸背板宽大于长，呈半球形隆起，中央有微细纵沟；鞘翅长约为前胸的4倍，纵沟不明显，后翅退化。雄虫触角12节，丝状，与体长相当；鞘翅长约为前胸的5倍，纵沟明显，后翅发达。

②卵　长约0.7 mm，宽约0.6 mm，椭圆形，乳白色。

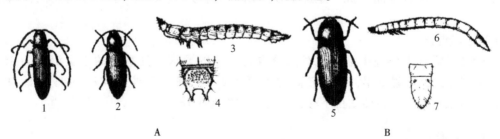

图19-2　两种金针虫

A. 沟金针虫　B. 细胸金针虫

1. 雄成虫　2. 雌成虫　3. 幼虫　4. 幼虫末节特征　5. 成虫　6. 幼虫　7. 幼虫末节特征

③幼虫　老熟幼虫体长 20~30 mm，体宽约 4 mm，金黄色，宽而扁平。体节宽大于长，从头部至第 9 腹节渐宽，胸背至第 10 腹节背面中央有 1 条细纵沟。尾节两侧缘隆起，具 3 对锯齿状突起，尾端分叉，并稍向上弯曲，各叉内侧均有 1 个小齿。

④蛹　纺锤形，长 15~20 mm，宽 3.5~4.5 mm，前胸背板隆起呈半圆形，尾端自中间裂开，有刺状突起。化蛹初期体淡绿色，后渐变深色。

(2) 细胸金针虫(图 19-2)

①成虫　体长 8~10 mm，体宽 2.5~3.2 mm，暗褐色，被黄色细毛，有光泽。触角第 1 节粗长，第 2 节球形，自第 4 节起略呈锯齿状。前胸背板长略大于宽，后缘角向后突出尖锐。鞘翅末端较尖削。

②卵　直径 0.5~1 mm，近圆形，乳白色。

③幼虫　老熟幼虫体长 20~25 mm，淡黄褐色，有光泽，细长呈圆筒形，尾节圆锥形，背面近前缘两侧各有 1 个褐色圆斑，圆斑后方有 4 条褐色纵纹。

④蛹　体长 8~9 mm，浅黄色。

19.1.3.3　生活史与习性

金针虫类常需 2~5 年完成 1 个世代，以各龄幼虫和成虫在地下越冬。在整个生活史中，以幼虫期最长。其中，沟金针虫一般 3 年完成 1 代，细胸金针虫一般 2 年发生 1 代，均以成虫和幼虫在 15~40 cm 土中越冬。沟金针虫雄虫有趋光性，飞翔能力较强；雌虫因无后翅不能飞翔，夜晚出土后只能在地面或麦苗上爬行。沟金针虫雄虫不取食，雌虫咬食少量麦叶，无明显危害。细胸金针虫成虫对禾本科杂草萎蔫后散发出的气味有较强趋性，常见较多个体群聚于草堆下。细胸金针虫成虫喜食小麦叶片，其次为苜蓿、小蓟等。

19.1.3.4　发生与环境的关系

(1) 耕作栽培制度

精耕细作地区一般发生较轻。耕作对金针虫产生直接机械损伤，且能将土中的蛹、休眠幼虫或成虫翻至土表，不利其存活。而相应的未经开垦的荒地适于金针虫的繁殖，因此，越接近荒地或新开垦的土地，虫口就多。

(2) 土壤温度

土壤温度能影响金针虫在土中的垂直移动和危害时期。一般来说，10 cm 处土温达 6℃时，幼虫和成虫开始活动，土壤温度 10~15℃时活动较盛。细胸金针虫可适应更低温度，早春活动较早，秋后也能抵抗一定的低温，所以为害期较长，且越冬深度往往较沟金针虫浅。

(3) 土壤湿度

沟金针虫适宜于旱地生活，但对水分也有一定的要求，其适宜的土壤湿度为 15%~18%。细胸金针虫不耐干旱，要求较高的土壤湿度，一般为 20%~25%。春季金针虫为害时，浇水可减轻危害，迫使幼虫下移，同时促进作物生长。

19.1.4　地老虎类

地老虎又名土蚕、地蚕、夜盗虫等，属鳞翅目夜蛾科。据记载，中国农牧区地老虎有 170 种，其中，以小地老虎(*Agrotis ypsilon*)和黄地老虎(*Agrotis segetum*)的分布较广、危害严重，警纹地老虎(*Agrotis exclamationis*)、白边地老虎(*Euxoa oberthuri*)和大地老虎(*Agrotis tokionis*)等常在局部地区发生较猖獗。

19.1.4.1 分布与危害

小地老虎分布于62°N~52°S，为世界性大害虫。中国各省份均有分布，但以雨量充沛、气候湿润的长江中下游和东南沿海及北方的低洼内涝地区或灌区发生较严重。黄地老虎分布于欧洲、亚洲、非洲，中国除广东、广西、海南未见报道外，其他各地均有分布，其危害之重、分布之广仅次于小地老虎。大地老虎分布于俄罗斯和日本一带，中国各地均有分布，但主要发生于长江下游沿海地区，多与小地老虎混合发生，其他省份很少造成危害。

19.1.4.2 形态特征

(1) 小地老虎

①成虫　体长16~23 mm，翅展42~54 mm，体色暗褐色。雌蛾触角丝状，雄蛾触角双栉齿状。前翅暗褐色，翅前缘颜色较深；亚基线、内横线与外横线均为暗色双线夹1条白线所呈的波状线；楔状纹黑色，肾状纹与环状纹暗褐色，有黑色轮廓线，肾状纹外侧凹陷处有1条尖端向外的楔状纹；亚缘线内侧有2条尖端向内的黑色楔状纹与之相对。后翅灰白色，前缘附近黄褐色。

②卵　卵半球形，直径0.6 mm，表面有纵横相交的隆线，初产时乳白色，孵化前呈棕褐色。

③幼虫　老熟幼虫体长37~50 mm，黄褐色至黑褐色，体表密布黑色颗粒状小突起。腹部第1~8各节背面均有4个毛片，后两个比前两个大1倍以上。臀板黄褐色，有2条深褐色纵带。

④蛹　体长18~24 mm，红褐至黑褐色。腹部第4~7节基部有1圈刻点，背面的大而色深，腹末具1对臀棘。

(2) 黄地老虎(图19-3)

①成虫　体长14~19 mm，翅展32~43 mm，体色黄褐色。前翅黄褐色，散布小黑点，横线不明显，肾状纹、环状纹及楔状纹很明显，各具黑褐色边而内充暗褐色。肾状纹外侧无任何斑或线。

②卵　半球形，卵壳表面有纵脊纹16~20条。

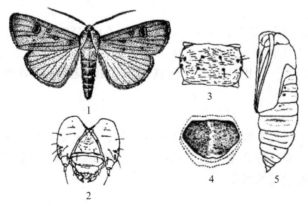

图19-3　黄地老虎
1. 成虫　2. 幼虫头部正面　3. 幼虫第4腹节背板　4. 幼虫臀板背面　5. 蛹

③幼虫　黄褐色，表皮多皱纹，但无明显颗粒。后唇基的底边略大于斜边，额区直达颅顶，呈双峰。腹部1~8节背面各有2列共4个毛片，前后毛片大小相似。臀板中央有1条黄色纵纹，将臀板划分为2块黄褐色斑。

④蛹　体长15~20 mm，腹部第4节背面中央有稀小不明显的刻点。

19.1.4.3　生活史与习性

(1) 小地老虎

小地老虎在全国范围内1年发生1~7代，自南向北递减，在南岭以南可终年繁殖。从全国范围看，除南岭以南地区有两季为害，冬季为害蔬菜和绿肥，春季为害蔬菜、玉米等，其他地区无论当地发生几代，均以当年第1代幼虫造成危害最重。

小地老虎成虫昼伏夜出，白天潜伏于土缝、杂草丛、屋檐下或其他隐蔽处，夜晚活动、取食、交配和产卵。成虫对黑光灯有强烈的趋性。成虫羽化后需要取食补充营养，对糖、蜜、发酵物具有明显的趋性。成虫羽化后1~2 d开始交配，6~7 d后进入产卵盛期。雌蛾交配后即可产卵，产卵期4~6 d，产卵量为数百粒至上千粒。卵散产，极少数多粒聚产在一起。产卵场所因不同季节或不同地貌而异，在杂草或作物未出苗前，卵多产在土块或枯草上，寄主植物多时，卵多产在植株上。

幼虫一般6龄，少数个体7~8龄。初孵幼虫有吞噬卵壳的习性。幼虫具假死性，受惊或被触动立即卷缩呈"C"形。1~2龄幼虫对光不敏感，栖息在表土、寄主的叶背或心叶里，昼夜活动。3龄后白天潜入土中，晚上出来活动取食。幼虫对泡桐叶或花有一定的趋性。幼虫老熟后，常迁移到田埂、田边、杂草根际等干燥的地方，入土6~10 cm，筑土室化蛹。

(2) 黄地老虎

在1月10℃等温线以南地区，黄地老虎无越冬现象，1年发生5代以上。越冬场所主要集中在田埂和沟渠堤坡的向阳面。越冬老熟幼虫早春不再取食即化蛹，未老熟幼虫当土壤解冻后陆续上升至表层，继续取食萌发较早的野生植物后化蛹。

成虫昼伏夜出，在高温、无风、空气湿度大的夜晚最活跃，有较强的趋光性和趋化性。产卵前需要丰富的营养补充，黄地老虎喜欢取食洋葱花蜜，但对糖、醋、酒混合液无明显趋性。喜产卵于低矮植物近地面的叶上。

19.1.4.4　发生与环境的关系

(1) 气候

地老虎适宜的气温为7~29℃，高于30℃或低于5℃时幼虫大量死亡。气温18~26℃、相对湿度70%左右或土壤含水量15%~20%，最适于地老虎的发生，气温10~20℃时适于小地老虎越冬代成虫迁入。当相对湿度小于45%或幼虫孵化盛期一次性降水量30 mm以上时，幼虫成活率很低。

(2) 土壤

地势高、地下水位低、土壤板结、碱性大的区域，小地老虎发生轻，重黏土或砂土不利于小地老虎的发生；而地势低洼、地下水位高、土壤疏松的砂质壤土，以及易透水，排水快的地区，适于小地老虎的繁衍。

(3) 地貌、植被

蜜源植物的多少决定了地老虎的产卵情况，生长有马兰、刺儿菜、艾蒿、麦瓶草等野生植物的地块周围发生密度高。蜜源植物稀少的环境，地老虎的产卵量大大下降。

(4)天敌

地老虎的捕食性天敌有蚂蚁、蟾蜍、步甲、虻、草蛉、鼬鼠、鸟类、蜘蛛等，寄生性天敌有姬蜂、寄生蝇、寄生螨、线虫以及特定病原菌、病毒等。控制作用较大的天敌种类有中华广肩步甲、甘蓝夜蛾拟瘦姬蜂、夜蛾瘦姬蜂、蝼蛄绒茧蜂、夜蛾土蓝寄蝇等。

19.1.5 地下害虫综合防治措施

地下害虫的防治，要根据虫情，结合地下害虫发生为害的特点，因地因时制宜，成虫期防治和幼虫期防治相结合，地上防治和地下防治协调应用，将地下害虫的危害控制在经济允许水平之下。

(1)农业防治

牧草田或草坪建植前，进行深翻耕压，可压低虫口基数。施用充分腐熟的农家肥，整地时增施腐熟的有机肥，可改善土壤结构，促进牧草根系发育，增强其抗虫能力，减轻地下害虫危害。有条件地区，在地下害虫发生区，根据作物种类，及时灌水，可起到一定效果。结合秋耕、冬灌，消灭越冬幼虫，可减轻翌年危害。

(2)物理防治

可采用灯光诱杀，即利用大部分地下害虫成虫的趋光性，在成虫羽化期间，在田间地头设置黑灯光，诱杀成虫，减少田间卵量。在糖醋液中加适量农药，对地老虎成虫诱杀效果较好。也可在田间堆积 10~15 cm 高略萎蔫的新鲜杂草堆，引诱金针虫成虫，诱捕后喷施50%乐果1 000倍液等药剂进行杀灭。

(3)生物防治

可利用乳状菌防治蛴螬，用量为乳状菌粉 2 g/m^2，每克菌粉含有 1×10^9 活孢子，防治效果一般为60%~80%。此外，鸟类为多种地下害虫的天敌，可在牧草田块周围栽植杨树、刺槐等防风林，招引喜鹊、戴胜、红尾伯劳等食虫鸟以控制虫害。

(4)药剂防治

①播前土壤处理　在播种前，用50%辛硫磷乳油 1.5~2.25 kg/hm^2，兑细土 30~40 kg/hm^2，撒在土壤表面，然后犁入土中。也可施用颗粒剂，或将药剂与肥料混合施入，从而减轻地下害虫的危害。

②播种期种子处理　可选用50%辛硫磷处理种子，用药量为种子质量的0.1%~0.5%。处理方法为先将药剂用种子质量10%的水稀释，然后均匀喷拌于种子上，堆闷 12~24 h，使药液充分渗吸到种子内即可播种。也可采用包衣种子。

③牧草生长期防治　在地下害虫危害严重，仅拌种已经无法控制的情况下，应采用撒施毒土等方法处理。可将辛硫磷、二嗪磷、毒死蜱等颗粒剂，通过灌水施入土中或加细土中拌成毒土，顺垄条施，施药后应随即浅锄或浅耕。

19.2 刺吸汁液类害虫

刺吸汁液类害虫以成虫和若虫聚集在植物叶片、生长点等幼嫩部位刺吸汁液，包括蚜虫、蓟马、叶蝉等害虫。由于其个体小、数量众多，可在短时间内导致植株营养不良、叶片变薄发黄、植株停止生长发育。这类害虫在刺吸植物汁液的同时，还能传播多种病毒，诱发病毒病，产生更严重危害，甚至绝收。

19.2.1 蚜虫类

为害禾本科牧草的蚜虫主要有麦长管蚜（又称荻草谷网蚜）(*Sitobion miscanthi*)、麦二叉蚜(*Schizaphis graminum*)、禾谷缢管蚜(*Rhopalosipum padi*)、麦无网长管蚜(*Acyrthosiphon dirhodum*)等，属半翅目蚜科；为害豆科牧草较为严重的有苜蓿斑蚜(*Therioaphis trifolii*)、豌豆蚜(*A. pisum*)、苜蓿无网蚜(*A. kondoi*)和苜蓿蚜(*Aphis craccivora*)4种，其中苜蓿斑蚜属半翅目斑蚜科，其他3种属半翅目蚜科。

19.2.1.1 分布与危害

①麦长管蚜　在我国各产麦区均有分布，主要为害小麦、大麦、燕麦，南方偶害水稻、玉米、甘蔗、荻草等，其前期集中在叶正面或背面，后期集中在穗上刺吸汁液，导致受害株生长缓慢、分蘖减少、千粒重下降，为麦类作物的重要害虫，也是麦蚜类的优势种。

②麦二叉蚜　在全国各地均有分布，但在西北和华北地区危害严重，主要为害的牧草有燕麦、披碱草、雀麦、鹅冠草、苏丹草、冰草、赖草、看麦娘、白羊茅等。麦二叉蚜常在叶片正、反两面或基部叶鞘内外吸食汁液，致使麦苗黄枯或伏地不能拔节，受害严重的植株不能正常抽穗，直接影响产量，此外还可传播麦黄矮病。

③禾谷缢蚜　分布于我国上海、江苏、浙江、山东、福建、四川、重庆、贵州、云南、辽宁、吉林、黑龙江、内蒙古、新疆等地，为害细叶结缕草、野牛草及小麦等禾本科的牧草与作物。

④麦无网长管蚜　分布于我国北京、河北、河南、宁夏、云南、西藏，亚洲北部、欧洲也有分布，寄主有小麦、燕麦、黑麦、鹅冠草、冰草以及蔷薇属、草莓属、鸢尾属植物。

⑤苜蓿蚜　在世界各地均有分布，主要为害苜蓿、野豌豆、红豆草、三叶草、紫云英等豆科植物，多聚集在植株的嫩茎、叶、幼芽和花器部位，刺吸汁液，被害植株叶片卷缩，蕾和花变黄脱落，植株生长发育、开花结实和牧草产量，严重发生时，田间植株成片枯死。此外，蚜虫还能大量排泄蜜露，使叶片发霉，影响牧草的产量和质量。

⑥豌豆蚜　分布于世界各地，中国全境有分布，其寄主范围十分广泛，为害香豌豆、豌豆、蚕豆、苜蓿、草木樨、红豆草、大豆等豆科植物，以若虫和成虫聚集在植物幼嫩部分刺吸汁液，使叶片卷缩，蕾和花发黄脱落，影响植株生长发育、开花结实和产量。豌豆蚜也是苜蓿花叶病毒的重要传播者。

⑦苜蓿斑蚜　国外已知分布于北美、澳洲等地。中国分布于甘肃、北京、吉林、辽宁、山西、河北、云南，主要为害苜蓿、苦草、芒柄草属植物，其群集叶背及嫩梢吸食，使叶脉变黄色或白色，叶片卷缩、脱落，严重抑制苜蓿的生长和开花结实。苜蓿斑蚜分泌的毒素可杀死苜蓿幼苗和成株。

19.2.1.2 形态特征

（1）麦长管蚜（图19-4）

①有翅胎生雌蚜　体长2.4～2.8 mm，头胸部暗绿色，额瘤明显，复眼红色。触角长于体长，触角第3节有感觉圈6～18个。前翅中脉3叉。腹部黄绿色至浓绿色，腹背两侧有黑斑4～5个。腹管长筒形超过腹末，黑色，端具网状纹。

②无翅胎生雌蚜　体长2.3～2.9 mm，体淡绿色至深绿色，复眼红色。腹部常有黑斑，

腹管特征同有翅型。

(2)麦二叉蚜(图 19-5)

①有翅胎生雌蚜　体长 1.8~2.3 mm,头胸部灰黑色,额瘤不明显。触角短于体长,触角第 3 节有感觉圈 5~8 个。前翅中脉 2 叉。腹部绿色,背面中央有 1 条深绿色纵线。腹管绿色,端部色暗,腹管较短,不超过腹末。

②无翅胎生雌蚜　体长 1.4~2 mm,体淡绿色至黄绿色,复眼紫黑色。腹背中央有深绿色纵线,腹管淡黄绿色,顶端黑色。

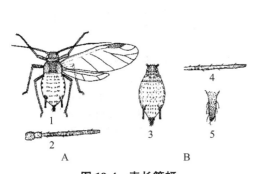
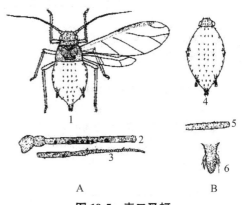

图 19-4　麦长管蚜
A. 有翅雌蚜　B. 无翅雌蚜
1. 成虫　2. 触角第 1~3 节
3. 成虫(除去触角及足)　4. 触角第 3 节　5. 尾片

图 19-5　麦二叉蚜
A. 有翅雌蚜　B. 无翅雌蚜
1. 成虫　2、3. 触角第 1~6 节
4. 成虫(除去触角及足)　5. 触角第 3 节　6. 尾片

(3)禾谷缢管蚜(图 19-6)

①有翅胎生雌蚜　体长 1.6 mm 左右。触角较体短,触角第 3 节有感觉圈 17~22 个。前翅中脉 3 叉。腹部暗绿色带紫褐色,腹背两侧及腹管中央有黑色斑纹。腹管黑色,端部缢缩如瓶颈,腹管较短,不超过腹末。

②无翅胎生雌蚜　体长 1.7~1.8 mm,暗绿色至黑绿色,复眼黑色。腹部腹管周围多为暗红色,腹管黑色。

(4)麦无网长管蚜(图 19-7)

①有翅胎生雌蚜　额瘤明显,触角长于体长,触角第 3 节有感觉圈 40 个以上。前翅中脉 3 叉。腹管长筒形,淡绿色,端部无网状纹,腹管长,多超过腹末。

②无翅胎生雌蚜　体长 2~2.4 mm,体白绿色至淡绿色,复眼紫黑色。腹背中央有黄绿色至深绿色纵线,腹管与有翅型相同。

③有翅孤雌蚜　长卵形,体长 1.6~1.8 mm,头、胸黑色发亮。触角 6 节,较身体短,长度为体长的 1/3,触角、喙、足、腹节间、腹管及尾片黑色。腹部黄色至深绿色,腹部 2~4 节各具 1 对大型缘斑,第 6、7 节有背中横带,8 节中带贯通全节,腹管前各节有暗色斑,其他特征同无翅型。

(5)苜蓿蚜(图 19-8)

①有翅胎生蚜　体长 1.5~1.8 mm,黑绿色,有光泽。触角 6 节,第 1~2 节黑褐色,第 3~6 节黄白色,第 3 节较长,上有感觉圈 4~7 个。翅痣、翅脉皆橙黄色。各足腿节、胫节、跗节均暗黑色,其余部分黄白色。腹部各节背面均有硬化的暗褐色横纹,腹管黑色,

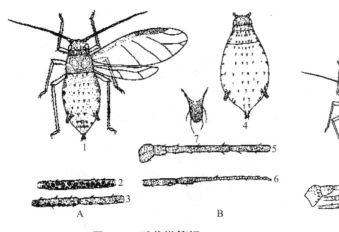
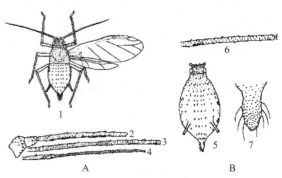

图 19-6　禾谷缢管蚜
A. 有翅雌蚜　B. 无翅雌蚜
1. 成虫　2. 触角第3节　3. 触角第4~5节
4. 成虫(除去触角及足)　5. 触角第1~4节
6. 触角第5~6节　7. 尾片

图 19-7　麦无网长管蚜
A. 有翅雌蚜　B. 无翅雌蚜
1. 成虫　2~4. 触角第1~6节
5. 成虫(除去触角及足)
6. 触角第3节　7. 尾片

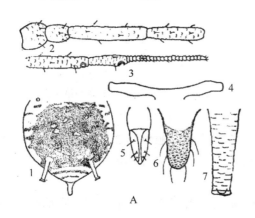
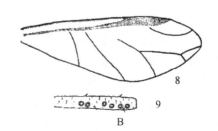

图 19-8　苜蓿蚜
A. 无翅孤雌蚜　B. 有翅孤雌蚜
1. 腹部斑纹　2、3、9. 触角　4. 中胸腹岔　5. 喙端部　6. 尾片　7. 腹管　8. 前翅

圆筒状，端部稍细，具覆瓦状花纹。尾片黑色、上翘，两侧各具3根刚毛。

②无翅胎生蚜　体长1.8~2.0 mm，黑色或紫黑色，有光泽，体被蜡粉。触角6节，第1~2节、第5节末端及第6节黑色，其余部分为黄白色。腹部体节分界不明显，背面有1块大形灰色骨化斑。

(6)豌豆蚜(图19-9)

①有翅胎生蚜　体长3mm，体细长，属较大型的蚜类。额瘤颇大、外突。触角细长超过体长，淡黄色，第5节端部(黑色环)和第6节深色，第3节有感觉圈8~19个。前翅淡黄色，翅痣绿色。腹管淡黄色，端部深色，细长略弯。尾片淡黄色，瘦而尖长，上生刚毛10根左右。足细长，淡黄色，胫节端及跗节黑褐色。有红色和绿色两种生物型。

②无翅胎生蚜　体长4.9 mm，宽1.8 mm。体淡色，无斑纹，体表光滑，微有曲纹。头背部有1对稍骨化背瘤，中额平。触角第3节感觉圈3~5个。腹管细长筒形，为尾片的

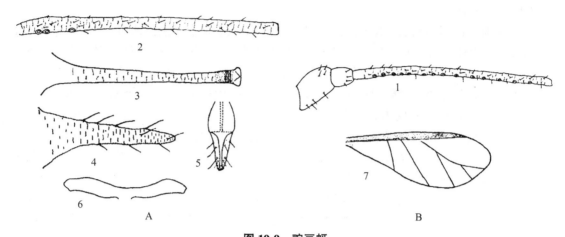

图 19-9 豌豆蚜
A. 无翅孤雌蚜　B. 有翅孤雌蚜
1. 触角　2. 触角Ⅲ　3. 腹管　4. 腹片　5. 喙部　6. 中胸腹岔　7. 前翅

1.6 倍。尾片长锥形尖顶，尾板半圆形。其余同有翅蚜。

(7) 苜蓿斑蚜(见图 6-11)

① 有翅胎生蚜　体长约 1.8 mm，淡黄白色，头胸黑色，体毛粗长，有褐色毛基斑。触角与体长相等，第 3 节有长圆形感觉圈 6~12 个。翅脉有晕，各翅脉顶端晕加宽。背部有 6 排或 6 排以上的黑色斑。腹管短筒形，尾片瘤状，具毛 8~12 根。

② 无翅胎生蚜　体长约 2.1 mm，宽约 1.1 mm，有明显褐色毛基斑，至少呈 6 列。头、胸、腹特征，以及体长、黑褐色毛基斑与有翅蚜相同。触角细长，与体长相等，第 3 节有长圆形感觉圈 6~12 个。胸部各节均有中、侧、缘斑。尾片瘤状，有长毛 9~11 根，尾板 2 分裂，有长毛 14~16 根。

19.2.1.3 生活史与习性

(1) 麦长管蚜

麦长管蚜年发生 20~30 代，在多数地区以无翅孤雌成蚜和若蚜在麦株根际或四周土块缝隙中越冬，有的可在背风向阳的麦田的麦叶上继续生活。麦长管蚜在我国中部和南部属不全周期型，夏季高温季节在山区或高海拔阴凉地区的麦类自生苗或禾草上生活。在麦田春、秋两季出现两个高峰，夏天和冬季蚜量少。秋季冬麦出苗后从夏寄主上迁入麦田进行短暂的繁殖，出现小高峰，危害不重。11 月中下旬后，随气温下降开始越冬。春季返青后，气温高于 6℃ 开始繁殖，低于 15℃ 时繁殖率较低。气温高于 16℃ 时，麦苗抽穗时转移至穗部，虫口数量迅速上升，灌浆和乳熟期蚜量达到顶峰。气温高于 22℃，产生大量有翅蚜，迁飞到冷凉地带越夏。

麦长管蚜在北方春麦区或早播冬麦区常产生孤雌胎生世代和两性卵生世代，世代交替。在这个地区多于 9 月迁入冬麦田，10 月上旬均温 14~16℃ 进入发生盛期，9 月底出现性蚜，10 月中旬开始产卵，11 月旬均温 4℃ 时进入产卵盛期，并以卵越冬。翌年 3 月中旬进入越冬卵孵化盛期，历时 1 个月。春季先为害冬麦，4 月中旬开始迁移到春麦上，无论春麦还是冬麦，穗期即进入为害高峰期。6 月中旬又产生有翅蚜，迁飞到冷凉地区越夏。麦长管蚜生长繁殖的最适温度为 18~23℃，高于 24℃ 繁殖力下降。

(2) 麦二叉蚜

麦二叉蚜生活习性与长管蚜相似，年发生 20~30 代，具体代数因地而异。在冬春麦混种区和早播冬麦田，秋苗出土后开始迁入麦田繁殖，3 叶期至分蘖期出现一个小高峰，11 月上旬以卵在冬麦田残茬上越冬。翌年 3 月上、中旬越冬卵孵化，在冬麦上繁殖几代后，部分以无翅胎生雌蚜继续繁殖，部分产生有翅胎生蚜在冬麦田繁殖或迁入春麦田。5 月上中旬大量繁殖，出现为害高峰期，并可引起小麦黄矮病流行。在 10~30℃ 时，麦二叉蚜发育速度与温度正相关，低于 7℃ 存活率低，22℃ 时胎生繁殖速度快，30℃ 时生长发育速度最快，42℃ 时迅速死亡。在适宜条件下，麦二叉蚜繁殖力强，发育历期短，在小麦拔节、孕穗期，虫口密度迅速上升，百株蚜量可达万头以上。

麦二叉蚜最喜幼苗，常在苗期开始为害，瘠薄田危害严重。喜干旱，怕光照，多分布植株下部和叶片背面。二叉蚜致害能力最强，在吸食过程中能分泌有毒物质，被害叶面出现黄斑，严重时下部叶片枯死。

(3) 禾谷缢管蚜

1 年发生 10~20 代。在北方寒冷地区，禾谷缢管蚜以卵在桃、李、杏、梅等李属植物上越冬。翌年春季越冬卵孵化后，先在树木上繁殖几代，再迁飞到小麦、玉米等禾本科植物上繁殖为害。秋后产生雌雄性蚜，交配后在李属树木上产卵越冬。

在冬麦区或冬麦、春麦混种区，以无翅孤雌成蚜和若蚜在冬麦或禾草上越冬。冬季天气较温暖时，仍可在麦苗上活动。春季主要为害小麦，麦收后转移到玉米、谷子、自生麦苗上，夏、秋季持续为害，秋后迁往麦田或草丛中越冬。冬季潜伏在麦苗根部、近地面的叶鞘中、杂草根部或土缝内。禾谷缢管蚜在 30℃ 左右发育最快，较耐高温，畏光喜湿，不耐干旱。

(4) 麦无网长管蚜

麦无网长管蚜年均可发生 10~20 代。以卵越冬，初夏飞至麦田。在适宜的环境条件下，麦无网长管蚜均以无翅型孤雌胎生蚜生活。在营养不足、环境恶化或虫群密度大时，产生有翅型迁飞扩散，但仍以孤雌胎生，在寒冷地区秋季才产生有性雌雄蚜交尾产卵。翌年春季，卵孵化为干母，继续产生无翅型或有翅型蚜虫。

麦无网长管蚜以无翅孤雌胎生雌蚜繁殖为主，以有翅孤雌胎生雌蚜迁飞扩散。在温暖地区可全年孤雌生殖，不发生性蚜世代；在北方寒冷地区，为全生活周期型。麦无网长管蚜以为害叶片为主。

(5) 苜蓿蚜

苜蓿蚜年发生 10~20 代。在山东苜蓿蚜主要以无翅成蚜和若蚜在苜蓿、野豌豆等植物的心叶及根颈越冬，少数以卵越冬。在新疆、甘肃苜蓿蚜以卵在豆科牧草根颈、枯叶、土表、干裂的荚壳内越冬。

在山东越冬蚜 3 月上、中旬开始活动，4 月下旬气温 14℃ 时，产生大量有翅蚜，向豌豆、槐树等春季寄主迁飞。5 月中、下旬，春季寄主枯萎或老化时，产生大量有翅蚜，向已出土的花生及其他寄主上迁飞。6 月底 7 月初，花生盛花期，危害最重。苜蓿蚜喜欢在茎上取食，有时在苜蓿绿荚果上群集取食。10 月产生有翅蚜迁飞至越冬寄主上为害、繁殖后越冬。少数产生性蚜，交配产卵，以卵越冬。在甘肃 4 月中旬苜蓿返青后，苜蓿蚜越冬卵孵化繁殖、为害，5 月下旬至 6 月上旬扩散蔓延，10 月下旬交尾产卵越冬。

(6) 豌豆蚜

豌豆蚜在北方1年发生数代，以卵越冬。在甘肃4月上旬气温10℃左右苜蓿返青时，豌豆蚜卵孵化，若虫开始活动，5月上旬苜蓿分枝期蚜量猛增，6月上旬为害最盛。7月上旬苜蓿进入结荚期，叶渐枯老，田间出现大量有翅蚜向外迁飞，蚜虫数量逐渐减少。豌豆蚜喜在茎和嫩叶上取食。

(7) 苜蓿斑蚜

苜蓿斑蚜在北方年发生数代，以卵越冬。在甘肃4月上旬气温10℃左右苜蓿返青时，苜蓿斑蚜卵孵化，若虫开始活动，5月上旬苜蓿分枝期蚜量增加，6月上旬为害最盛，一般集中在下部叶片，上部叶片较少。7月上旬苜蓿进入结荚期，田间出现大量有翅蚜向外迁飞。苜蓿斑蚜喜在叶片背面取食，一般在植株下部的种群数量最大，也喜欢在茎上取食。

19.2.1.4 发生与环境的关系

(1) 禾谷蚜类

温度15~25℃、相对湿度75%以下，为禾谷蚜适生的温湿度范围。但不同蚜虫种类其要求的温湿度范围也各异。例如，15~22℃为二叉蚜胎生雌蚜生长发育的最适温度范围，30℃以上其发育停滞。麦长管蚜的适温范围总体上低于二叉蚜，为12~20℃，28℃以上发育停滞。麦无网长管蚜适温范围又低于麦长管蚜，也是最不耐高温的，26℃以上发育即受抑制，7月平均温度超过26℃的地区，麦无网长管蚜不能越夏。禾谷缢管蚜最耐高温，在湿度适合的情况下，30℃左右发育速度最快，但最不耐低温，在1月平均温度为-2℃的地区不能越冬。二叉蚜较喜干燥，其适宜的相对湿度为35%~67%，而麦长管蚜比较喜湿，其适宜的相对湿度为40%~80%。麦无网长管蚜则与麦长管蚜相似。禾谷缢管蚜喜高湿，不耐干旱，在年降水量250 mm以下地区不能发生。

若10月和2~3月气候温暖、降水较少，蚜虫容易为害猖獗；而寒冷多雨的年份则发生轻微。

蚜虫的天敌种类较多，主要类群有瓢虫、草蛉、蚜茧蜂、食蚜蝇、食蚜蜘蛛和蚜霉菌等，其中又以瓢虫和蚜茧蜂最为重要。但在自然情况下，天敌常在蚜量的高峰之后才开始大量出现，故对当年的蚜害常起不到较好的控制作用，但对后期蚜害和越夏蚜量有一定控制作用。

(2) 苜蓿蚜类

苜蓿蚜类繁殖的最适温度范围为19~22℃，低于15℃或高于25℃，繁殖受到抑制。其耐低温能力较强，越冬无翅若蚜可在-14~-12℃下存活12 h，当天均温回升到-4℃时，又复活动。无翅成蚜在日均温-2.6℃时，少数个体仍能繁殖。

相对湿度60%~70%有利于苜蓿蚜类大量繁殖，高于80%或低于50%时，对繁殖有明显的抑制作用。在山东莱阳，4~5月相对湿度稳定在50%~80%，苜蓿蚜大发生，如6月湿度偏低，则发生猖獗；如6月降雨较多，则蚜量少，危害轻。在新疆玛纳斯，5月多雨则抑制苜蓿蚜繁殖，6月少雨则适宜其繁殖，但高温暴雨不利其发生。因此，如5月和6月的气候条件抑制繁殖，当年危害极轻；5月适宜，6月抑制，危害轻；5月抑制，6月适宜，则蚜害晚；若5月和6月均适宜，则危害早且严重。

天敌主要有瓢虫、食蚜蝇、草蛉、蚜茧蜂、蜘蛛等。在自然条件下，天敌比蚜虫发生晚，但中、后期数量增多，对蚜虫大发生有明显的控制作用。

19.2.1.5 防治措施

①天敌的保护和利用 在苜蓿田间，蚜虫的天敌种类和数量较多，其中有瓢虫、草蛉、食虫蝽(如暗色姬蝽)、食蚜蝇和蚜茧蜂等，尽可能选用对天敌低毒的农药，以保持其种群数量。

②加强草地管理 灌溉或放牧可减少种群数量。虫害将要发生时，应尽快提前收割。

③选育和选用抗蚜品种 选用抗1种或多种蚜虫的抗虫品种。苜蓿上的蚜虫有不同的生物型，选用抗虫品种时，最好先通过试验，确定引进的品种能抵抗当地的蚜虫生物型，以减少选种的盲目性。

④药物防治 蚜虫发生初期，每亩可选用50%对硫磷乳油30~75 mL加水60~100 L喷雾，或40%乐果乳油50 mL加水60 L喷雾，或50%抗蚜威可湿性粉剂10~18 g加水30~50 L均匀喷雾，或4.5%高效氯氰菊酯乳油30 mL喷雾，或5%凯速达乳油30 mL喷雾。

19.2.2 蓟马类

国内外已报道的苜蓿蓟马种类已有20多种，均属缨翅目蓟马科。中国已知为害苜蓿的重要蓟马种有牛角花齿蓟马(*Odontothrips loti*)、花蓟马(*Franklinilla intonsa*)、烟蓟马(*Thrips tabaci*)、豆蓟马(*Taeniothrips distalis*)、苜蓿蓟马(*Odontothrips phaleratus*)等。在田间，蓟马以复合种群的形式为害苜蓿，主要为害种为牛角花齿蓟马、烟蓟马和花蓟马，其中以牛角花齿蓟马为绝对优势种，占苜蓿田蓟马复合种群的85%左右，对2茬和3茬苜蓿草生产造成严重威胁。

19.2.2.1 分布与危害

①牛角花齿蓟马 国外主要分布于日本、蒙古、美国、欧洲等。在我国主要分布于西北、华北地区。牛角花齿蓟马主要为害苜蓿、黄花草木樨及三叶草属的植物。在田间，苜蓿被害嫩叶伤口愈合快，常在叶片中脉两侧出现对称的两道纵行的黄白色伤痕。虫口密度大时，叶片失水过多干枯，状如茶叶丝，导致植株生长停止。

②烟蓟马 国外分布于日本以及欧洲和美洲，在中国内广泛分布于各省份。烟蓟马的寄主植物有棉花、烟草、葱、甜菜等，且广泛分布于苜蓿种植区。成虫多在寄主上部嫩叶背面活动包括取食和产卵。若虫多在叶脉两侧取食，形成银灰色斑纹。

③花蓟马 在中国广泛分布于各省份。有很强的趋花性，各种植物花部均可被为害。在花内为害花冠、花蕊，在子房周围最多，损害繁殖器官。花冠受害后出现横条或点状斑纹，最严重的可使花冠变形、萎蔫以致干枯，对观赏价值有很大影响。叶茎部受害后，在嫩茎、新叶上常出现银灰色的条斑，严重时枯焦萎缩，导致落叶，影响长势。

19.2.2.2 形态特征

(1)牛角花齿蓟马(图19-10)

①成虫 体长1.3~1.6 mm，触角8节，前翅灰暗，包括足和触角，但前足胫节、中、后足胫节最基部暗黄色，各跗节和触角第3节黄色，主要鬃暗。前翅灰暗，包括最基部及翅，但基部约1/7无色透明。前足粗，胫节内缘端部有1钩和1根粗鬃。跗节内缘端有1个小齿。雄虫相似于雌虫但较小。

②卵 长约0.2 mm，宽0.1 mm，肾形，半透明，微黄。

③若虫 共4龄，体长0.5~1.2 mm，随虫龄增大，体色变为淡黄色，3、4龄若虫不

图 19-10　牛角花齿蓟马
1. 头部和胸部　2. 前足胫节和跗节　3. 雌成虫　4、5. 触角　6. 前翅

取食，但能活动。

(2) 烟蓟马(见图 6-22)

①成虫　体长 1.0~1.3 mm，淡黄色，背面黑褐色，复眼紫红色。触角 7 节，第 1 节色淡，第 2 节及第 6、7 节灰褐色，第 3、4、5 节淡黄褐色，但 4、5 节末端色较淡。前胸背板两后角处各有 1 对长鬃。翅淡黄色，上脉鬃 4~6 根，下脉鬃 14~17 根。

②卵　肾形，乳白色，长 0.3 mm。

③若虫　体淡黄色，触角 6 节，淡灰色，第 4 节有微毛 3 排。复眼暗红色。

(3) 花蓟马(图 19-11)

①成虫　体长 13~15 mm，雌虫褐色，头、前胸常黄褐色，雄虫全体黄色。触角 8 节，第 3~5 节黄褐色，但第 5 节端部暗褐色，其余各节暗褐色。前胸背板前角外侧各有长鬃 1 根，后角有 2 根。前翅上脉鬃 19~22 根，下脉鬃 14~16 根。

②卵　初产时乳白色，背面观呈鸡蛋形，头的一端有卵帽。

③若虫　共 4 龄，橘黄色至淡橘红色，4 龄若虫又称伪蛹，体长 1.2~1.4 mm，褐色。

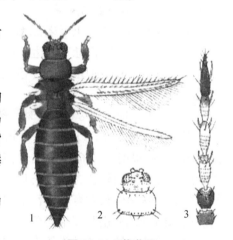

图 19-11　花蓟马
1. 雌成虫　2. 头部与前胸背板　3. 触角

19.2.2.3　生活史与习性

(1) 牛角花齿蓟马

在内蒙古年发生 5 代，以伪蛹在 5~10 cm 土层中越冬。4 月中旬气温在 8℃ 以上羽化成虫开始活动，6 月初为第 2 代卵孵化盛期，7 月上旬为第 2 代成虫盛发期，10 月中旬气温低于 7℃ 开始化伪蛹越冬。雌虫主要在苜蓿叶片叶缘、花穗轴组织内或花蕾中产卵，若虫在苜蓿心叶内或花内生活。在内蒙古，牛角花齿蓟马发育繁殖的最适气温 20~25℃，相对湿度 60%~70%。牛角花齿蓟马取食有趋嫩性，主要在未展开的心叶叶缘表皮下产卵。

在苜蓿生长季节，蓟马的活动规律可分为 3 个阶段：5 月下旬至 6 月下旬为第 1 阶段，7 月为第 2 阶段，8 月上旬到 9 月中旬为第 3 阶段。其中，第 1、3 阶段蓟马活动规律呈单峰型，第 2 阶段为双峰型。在第 1、3 阶段，12:00~16:00 成虫、若虫迁移活动规律最为频繁。在第2阶段，牛角花齿蓟马常于10:00~12:00及16:00左右活动最盛。

(2) 烟蓟马

在东北1年发生3~4代，山东6~10代。越冬虫态各地不同，在河北、湖北、江西主要以成虫在枯枝落叶及葱、蒜叶鞘内越冬，少数以伪蛹在土表层内越冬；在新疆以伪蛹越冬为主；在东北以成虫越冬。在温室中，室温19℃、相对湿度84.5%的环境条件下，卵期8 d左右，1、2龄若虫共需10~14 d，前蛹期4~7 d，完成一代约20 d。越冬虫翌年春季开始活动，在越冬寄主上繁殖一段时间后，迁移到早春作物及豆科牧草上，一般为害盛期在6~7月。成虫飞翔力强，怕阳光，白天潜藏在叶背面，产卵多在花器中或叶表皮下、叶脉内。每雌产20~100粒。

(3) 花蓟马

在中国南方1年发生11~14代，在华北、西北地区年发生6~8代，以成虫在枯枝落叶层、土壤表皮层中越冬，在条件较好的温室内冬季可继续为害。在自然条件下，以夏季危害最严重，10月中旬成虫数量明显减少，10月下旬至11月上旬越冬。成虫行动活泼，怕阳光，以清晨和傍晚取食最盛，阴天隐藏在叶背面。一般产卵于花梗、花瓣等组织中，在棉花上产卵于棉叶表皮内，每雌可产80粒左右，产卵历期长达20~50 d。蓟马世代重叠严重。成虫羽化后2~3 d开始交配产卵，可全天进行。

19.2.2.4 发生与环境的关系

田间一般第1代成虫及若虫数量较少，5月首蓿受害较轻，6月初蓟马发生量迅速增大，7月中旬至7月下旬为害达到高峰。在兰州，7月下旬首蓿田平均蓟马虫口密度达到7头/枝以上，8月中旬虫口密度达到5~6头/枝。在首蓿结荚中后期至成熟，蓟马发生数量锐减。

4月中旬平均气温8℃以上时，蓟马羽化成虫向返青植株迁移，4月底迁移完毕，10月中旬平均气温降至7℃以下时，化蛹进入土层中越冬。在呼和浩特，室温15~21℃、相对湿度50%~70%时，发育完成1代需30~37 d；室温23~25℃、空气相对湿度60%~70%时，蓟马发育繁殖较快，各虫态历期都很短，发育完成1代只需25 d左右；而25℃以上的气温限制了蓟马生长发育和存活。温暖干旱季节有利于蓟马大发生，高温多雨对其发生不利。雨水的机械冲刷和浸泡对蓟马有较大的杀伤作用。

蓟马的捕食性天敌种类较多，主要有暗色小花蝽、灰姬蝽、多异瓢虫、七星瓢虫、龟纹瓢虫、小姬蝽、黑点齿爪盲蝽、日本通草蛉、横纹蓟马、蜘蛛等。

19.2.2.5 防治措施

蓟马类在首蓿草田和种子田的防治时期有所不同。在草田，一般第1茬首蓿受蓟马类危害不重，从第2茬草开始严重为害，与此同时造成严重危害的虫类还有牧草盲蝽类、叶蝉类、蚜虫类等刺吸口器类害虫，应力求做到兼治。刈割后当再生植株高10 cm左右时要进行调查，若虫口密度达防治指标则应进行喷雾防治。

(1) 农业防治

培育和选用抗虫品种为防治首蓿蓟马类害虫最经济、最安全的措施，应积极开展抗虫首蓿品种的引进和选育工作。同时，由于蓟马种类和生物型的地区差异，引进的品种一定要经过抗虫评价，确定应推广的战略及品种。

牛角花齿蓟马在干旱少雨的条件下发生严重。在有喷灌条件的地方，可以通过喷水击落蓟马，从而降低种群密度及后代发生数量。

(2) 生物防治

可通过采取有利于天敌繁衍的耕作栽培措施，选择对天敌较安全的选择性农药，并合理减少施用化学农药，保护利用天敌昆虫来控制蓟马种群。苜蓿田里的蓟马天敌种类很多，其中以捕食性的横纹蓟马、捕食螨和各种蜘蛛为主要天敌，其中，捕食性蓟马个体较大，体表携带花粉粒多，对苜蓿的传粉也起到很大作用，可重点进行推广应用。

可利用生物制剂防治，如0.3%印棟素乳油、2.5%烟碱-棟素乳油、10%柠檬草乳油防效较好；10%柠檬草乳油250倍液与0.3%印棟素乳油800倍液以及0.3%印棟素乳油800倍液与2.5%鱼藤酮乳油800倍液两种组合对防治蓟马具有显著效果，且具有见效快、持效期长的特点。

(3) 物理防治

蓟马对颜色有选择性。黄色对成虫的诱集能力最强，因此可以用黄色的诱虫板对其进行诱杀。

(4) 化学防治

苜蓿蓟马的防治指标为：植株高度在20 cm以下时，1~2头/株；在20 cm以上到蕾期，单茎（枝）的虫口数量5~10头。防治蓟马效果较好的化学药剂有：25%吡虫啉可湿性粉剂1 500倍液、50%马拉硫磷乳油1 000~1 500倍液、4.5%高效氯氰菊酯乳油3 000倍液、48%毒死蜱乳油2 000倍液。其中，4.5%高效氯氰菊酯和15%多杀菌素对苜蓿蓟马具有显著的控制作用，具有速效且持效期长的特点，1次施药就可控制一茬苜蓿上的蓟马危害，用药少，成本低。在生产中要防止因长期单一使用同一种药剂而使害虫产生抗药性；在苜蓿花期以及田间天敌种群数量大时，应用生物药剂斑蝥素生物碱或苦参素进行蓟马防治，以保护传粉昆虫和天敌；一般在苜蓿株高30cm时喷施农药，防治效果最好。

19.2.3 盲蝽类

盲蝽类属半翅目盲蝽科，主要种有绿盲蝽(*Lygus lucorum*)、苜蓿盲蝽(*Adelphocoris lineolatus*)、牧草盲蝽(*L. pratensis*)、中黑盲蝽(*A. saturalis*)、三点盲蝽(*A. fasciaticollis*)等。绿盲蝽遍布全国各地。苜蓿盲蝽分布于东北、华北、西北及山东、江苏、浙江、江西及湖南北部等地，属偏北方种类。牧草盲蝽分布于西北、华北、东北、内蒙古等地。三点盲蝽分布于西北、华北以及辽宁等地，新疆和长江流域较少。

盲蝽类多食性害虫，寄主范围十分广泛，除为害各种豆科牧草外，还为害禾本科牧草、棉花、蔬菜和油料等作物。成虫和若虫均以刺吸式口器吸食嫩茎叶花蕾、子房的汁液，受害部逐渐凋萎、变黄、枯干而脱落，影响牧草和种子的产量和质量。

19.2.3.1 形态特征

(1) 苜蓿盲蝽（图19-12）

①成虫 体长约7.5 mm，黄褐色，触角丝状，比体长，前胸背板后缘有2个黑色圆点，小盾片上有"π"形黑纹。胫节刺着生处具黑色小点。

②卵 白色或淡黄色，长约1.3 mm，卵盖平坦，边上有一指状突起。

③若虫 5龄若虫体长约6 mm，黄绿色，被黑毛，眼红褐色，触角第1~2节绿色，第1节粗短，上有黑点及黑色刚毛；第2节最长，其端部褐色；第3~4节褐色，且第4节扁

平膨大。翅芽超过腹部第3节，腿节有黑斑，胫节具黑刺。

(2)牧草盲蝽(图19-13)

①成虫　体长约6 mm，绿褐色。触角较身体短，前胸背板有橘皮状刻点，侧缘黑色，后缘有1黑纹，中部有4条纵纹，小盾片黄色，中央呈黑褐色凹陷。后足腿节有黑色环纹，胫节基部黑色。

②卵　长约1.5 mm，浅黄绿色，长袋形，微弯曲。

③若虫　5龄若虫体长约5.5 mm，黄褐色，前胸背板两侧、小盾片两侧及第3、4腹节间各有1个圆形褐斑。

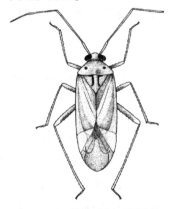
图19-12　苜蓿盲蝽(仿周尧)

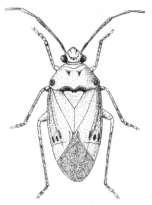
图19-13　牧草盲蝽(仿周尧)

19.2.3.2　生活史与习性

(1)苜蓿盲蝽

1年发生3~5代，以卵在苜蓿茎内越冬。成虫飞翔能力强、白天潜伏，稍受惊动便迅速爬迁，不易发现。若虫爬行能力较强，扩散、迁移速度快。活动高峰在每天的早晨和傍晚，中午气温高时多潜伏在植物叶片背面、土块或枯枝落叶下。喜聚集活动，一般十几头甚至几十头聚在一株植物上取食。卵多产在寄主植物茎秆内，卵粒成排，每排7~8枚，卵垂直或倾斜插入组织中，卵盖微露。夏季第1、2代成虫产卵，多在植株上部，秋季第3代成虫则常产在茎秆下部近根的地方产卵。

(2)牧草盲蝽

1年发生2~4代，均以成虫在苜蓿地、田边杂草或枯枝落叶下越冬。翌年3月至5月中旬先从越冬场所迁入麦田，后转移至十字花科蔬菜及冬菠菜上取食并产卵，5月中旬以后逐渐分散到开花植物上，或其他作物上为害。在苜蓿的嫩茎、叶柄、叶脉处的组织内产卵，孵化前产卵处表面常呈褐色隆起。10月初成虫开始越冬。牧草盲蝽具有群集迁飞习性，迁移速度可达80~150 m/d；夜间具趋光性，早晚在寄主顶部活动，强光照射时多在寄主下部或叶片背面活动。

19.2.3.3　发生与环境关系

苜蓿盲蝽和牧草盲蝽的发生最适宜温度范围为22~30℃，春季低温使盲蝽越冬卵延迟孵化，夏季高温在35℃以上时，成虫、若虫大量死亡。盲蝽类为喜湿昆虫，越冬卵一般在相对湿度60%以上才能孵化。一般6~8月降水偏多年份，有利于其发生。在相对湿度为70%~80%的高湿条件下，卵孵化率与若虫存活率提高、成虫寿命延长、单次产卵量增加，整个种群净增值率和内禀增长率也明显提高。

捕食性天敌有瓢虫、草蛉、蜘蛛和捕食螨等，卵寄生天敌有缨小蜂和黑卵蜂等。

19.2.3.4　防治措施

(1) 农业防治

清洁田园，破坏盲蝽的越冬场所，及时清除田边杂草和枯枝落叶，特别是牧草地中的残留干草，以减少越冬虫源。实施秋耕冬灌，降低虫口基数。牧草周围可种植盲蝽寄主植物，形成诱集植物带；或在苜蓿刈割时，先从四周开始刈割，中央留下不收割的诱集带，待害虫集聚时用药剂杀灭。通过早割或低割，如在苜蓿开花率达10%时收割，可降低盲蝽类害虫的危害和降低若虫的羽化数量。低割，特别是第2、3茬苜蓿，可大量割去茎秆中的卵，减少越冬虫口基数。

(2) 物理防治

利用盲蝽的趋光性，利用高压汞灯或频振式杀虫灯诱杀，可兼治其他害虫，也可同时进行害虫测报。此外，还可用网捕，在苜蓿盲蝽2代、3代成虫为害高峰期进行网捕，也起到田间调查的作用。

(3) 药剂防治

当虫口数量达到4头盲蝽/复网或被害株率达到5%时，需用药剂防治，一般在苜蓿孕蕾期进行防治。可用10%吡虫啉乳油、21%氰戊·马拉松乳油、25%噻虫嗪水分散粒剂、20%甲氯菊酯乳油、2.5%高效氯氰菊酯乳油等菊酯类农药喷雾防治。连续降水后田间常出现苜蓿盲蝽种群数量剧增、危害加重的现象，因此，在雨水多的季节，应及时抢晴防治，以免延误最佳防治时机。

19.2.4　叶蝉类

叶蝉类属半翅目叶蝉科，主要种类有大青叶蝉（*Tettigella viridis*）和二点叶蝉（*Cicadula fascifrons*），均以成虫、若虫群集叶背及茎秆上，刺吸汁液，使寄主生长发育不良，叶片受害后，多褪色呈畸形卷缩状，甚至全叶枯死。苗期的寄主常因流出大量汁液，经日晒枯萎而死。

大青叶蝉国内除西藏不详外，其他各省份均有发生，以甘肃、宁夏、内蒙古、新疆、河南、河北、山东、山西、江苏等地危害较严重，主要为害禾本科、豆科、十字花科植物以及部分其他科树木等。二点叶蝉分布于东北、华北地区，内蒙古、宁夏以及南方各省份，为害禾本科牧草、小麦、水稻、棉花、大豆以及部分蔬菜等。

19.2.4.1　形态特征

(1) 大青叶蝉（见图6-13）

①成虫　雌虫体长约9 mm，雄虫约8 mm。体青绿色，头部突出，呈三角形。触角上方有一块黑斑，头部后缘有1对不规则的多边形黑斑。前胸背板宽广，黄色，有绿色三角形大斑。前翅绿色带青蓝色光泽，四周黄色，端部透明，翅脉青黄色，具狭窄的淡黑色边缘，后翅烟黑色，半透明。

②卵　长1.6 mm，宽0.4 mm，长卵圆形，一端稍细。初产时淡黄色，近孵化前可见红色眼点。

③若虫　老熟若虫体长6~7 mm。初孵时灰白色，复眼红色，后变淡黄色，胸、腹部

图 19-14 二点叶蝉的成虫

背面有 4 条暗褐色纵纹直达腹末。

(2) 二点叶蝉 (图 19-14)

①成虫 体长 3.5~4 mm，淡黄绿色，略带灰色，头顶有 2 个明显的小圆黑点。复眼内侧各有 1 个短纵黑纹，单眼橙黄色，位于复眼及黑纹之前。前胸背板淡黄色，小盾片鲜黄绿色，基部有 2 个黑斑，中央有 1 细横刻痕。腹背黑色，腹面中央及雌性产卵管黑色。足淡黄色，后足胫节及各足跗节均具小黑点。

②卵 长椭圆形，长约 0.6 mm。

③若虫 初孵时黄灰色，成长后头部有 2 个明显的黑褐色点。

19.2.4.2 生活史与习性

(1) 大青叶蝉

大青叶蝉在东北 1 年发生 2 代，甘肃 2~3 代，北京、河北、山东、苏北等地 1 年发生 3 代，湖北 5 代，江西 5~6 代。在 25°N 以北的地区，均以卵越冬。长江以北各地，大青叶蝉将卵产于木本植物枝条的皮下组织内，长江以南则多将卵产于禾本植物的茎秆内越冬。

初孵若虫喜群集枝叶上，往往十多个或数十个在同一叶片上，之后逐渐分散为害。中午气温高时最为活跃，晨昏气温低时，成虫、若虫多潜伏不动。成虫趋光性强。雌虫用锯状产卵器刺破植物表皮产卵。卵痕如月牙状，每块产卵痕有卵 3~15 粒，排列整齐。枝干因布满产卵所致的伤痕，使植株水分消耗过度，被害苗木常在过冬时死亡。

(2) 二点叶蝉

在江西南昌 1 年约发生 5 代，以成虫及大、中若虫在潮湿草地越冬。3 月下旬至 4 月上中旬越冬若虫羽化，第 1 代成虫于 6 月上中旬出现，陆续繁殖为害植株，12 月上中旬仍能正常活动。在宁夏银川以成虫在冬麦上越冬，7~8 月为盛发为害期。

卵发育的最适温度为 31.5℃，低于 15.6℃ 或高于 36.9℃ 均不能完成发育，其中 20~28℃，卵的发育速率与温度呈正比。在适宜的温度及寄主条件下，相对湿度 70%~95% 时，卵均能孵化，孵化率达 90% 以上。二点叶蝉喜欢取食寄主植物幼嫩部分，寄主老化或养分差时，则转移到其他邻近寄主。

19.2.4.3 防治措施

采用人工拔除或禾本科杂草除草剂清除田间禾本科杂草，消灭叶蝉的野生寄主，尤其是野燕麦、看麦娘和茵草等。

利用成虫的趋光性，夜晚用黑光灯诱杀成虫。在若虫盛发期喷施化学药剂，可选用 10% 吡虫啉可湿性粉剂 3 000 倍液喷雾，50% 叶蝉散乳油，50% 杀螟松乳油 1 000~1 500 倍液，25% 亚胺硫磷 400~500 倍液，25% 西维因可湿性粉剂 500~800 倍液，50% 马拉硫磷 1 000 倍液喷雾。

19.3 食叶类害虫

19.3.1 蝗虫类

在中国，为害草原的重要蝗虫种类主要有亚洲飞蝗（*Locusta migratoria migratoria*）、西藏飞蝗(*L. migratoria tibetensis*)、亚洲小车蝗(*Oedaleus asiaticus*)、宽须蚁蝗(*Myrmeleotettix palpalis*)、意大利蝗(*Calliptamus italicus*)、短星翅蝗(*Calliptamus abbreviatus*)、大垫尖翅蝗(*Epacromius coerulipes*)、小翅雏蝗(*Chorthippus fallax*)、西伯利亚蝗(*Gomphocerus sibiricus*)、红翅皱膝蝗(*Angaracris rhodopa*)等，属直翅目蝗总科。

19.3.1.1 分布与危害

蝗虫种类多、分布广、食性杂，在牧区和农区、半农半牧区的平原、山地等地均有不同程度的分布和危害。亚洲飞蝗广泛分布于欧亚大陆，在中国分布于华北、西北、东北等地区，主要分布区域为沿湖或河流两岸苇草丛生地段，主要取食禾本科和莎草科植物，喜食芦苇、稗、玉米、小麦等。西藏飞蝗分布于青藏高原，适生区主要位于青藏高原东部地区，包括四川西部、西藏东部和云南北部等地区，主要取食小麦、青稞等禾本科作物及四川蒿草、披碱草和白茅等。亚洲小车蝗主要分布于东北、西北和华北各地，主要以禾本科植物为主，在食料缺乏情况下也取食莎草科、鸢尾科植物。大垫尖翅蝗主要分布于东北、西北、华北地区以及江苏、江西等地，能取食10科29种植物，其中最喜食禾本科、莎草科、马齿苋科、十字花科、菊科植物，也为害豆科、藜科和蓼科植物等。意大利蝗广布于欧亚大陆和北非，在中国的新疆、内蒙古、青海、甘肃、陕西、河北均有分布，取食16科46种植物，嗜食蒿属植物。短星翅蝗广泛分布于华北、西北、东北、华中地区以及贵州、广西等地，国外分布于俄罗斯、蒙古、朝鲜，喜食冷蒿、星毛委陵菜、阿尔泰狗娃花，也少量取食双齿葱、糙隐子草、针茅、羊草和锦鸡儿等，不食长芒草、赖草、稗草等植物。红翅皱膝蝗主要分布于东北、西北、华北等地区，国外分布于俄罗斯、蒙古等地，主要为害菊科、禾本科牧草。宽须蚁蝗主要分布于东北、西北和华北各地，主要取食禾本科和莎草科牧草，也取食苜蓿、三叶草、草木樨、冷蒿、沙蒿等植物。小翅雏蝗主要分布于东北、西北、华北等地区，主要取食为害禾本科、莎草科牧草及苜蓿、莜麦、小麦、谷子等作物。

19.3.1.2 形态特征

(1) 亚洲飞蝗(图19-15)

①成虫　体大型，雄成虫体长36.1~46.4 mm，雌成虫体长43.8~56.5 mm。散居型体色绿色，群居型体色黑褐色。颜面宽平隆起，头顶宽短，与颜面呈圆形。头侧窝缺如。触角丝状细长，刚达到前胸背板后缘。前胸背板前端较狭，后缘直角形或锐角形(散居型)或钝角形(群居型)；中隆线发达，侧观呈弧形

图19-15　亚洲飞蝗雌成虫

隆起(散居型)或较平直(群居型)；中隆线两侧具丝绒状黑色纵条纹(群居型)或无黑色纵条纹(散居型)；后横沟位于背板中部。前、后翅均发达，明显超过后足胫节的中部，后翅略短于前翅，本色透明，基部淡黄色，无暗色斑纹；前翅中闰脉接近肘脉，其上具发音齿。鼓膜器发达，鼓膜片覆盖孔的1/2以上。后足股节匀称，长为最大宽的4.4倍，内侧黑色，近端部处具淡色斑纹，近中具1不完整的淡色斑；后足胫节浅红色。雄性下生殖板短锥形，顶端略细。雌性产卵瓣粗短，边缘光滑无齿，其余同雄性。

②卵与卵囊　卵囊长桶状，略弯曲，长50~75 mm。卵粒黄褐色，长7~8 mm。

③蝗蝻　雌雄两性均5龄。群居型体色呈黑褐色，散居型呈绿色、黄绿色或灰褐色。

(2)西藏飞蝗

①成虫 体形较大，雄性体长 25.2~32.8 mm，雌性体长 38.0~52.0 mm。群居型体色为黑褐色，散居型则为草绿色。头大而短，头顶宽短。头侧窝缺如。触角丝状，端部超过前胸背板的后缘。复眼卵形，其纵径大于横径。复眼后方有 1 条较狭的黄色纵纹，其常上下镶嵌褐色条纹。前胸背板中隆线两侧常有暗色纵条纹，侧片中部常具暗斑；中隆线明显隆起，侧面观微呈弧形；前缘中部略向前突出，后缘呈直角形，顶端较圆。前胸腹板平坦。前、后翅均发达，超过后足胫节的中部；前翅散布明显的暗色斑纹；后翅本色透明，基部略染浅黄色，无暗色斑纹；中闰脉较接近肘脉，远离中脉，中闰脉上具发音齿。后足股节内侧黑色，近端部处有 1 完整的淡色斑纹，近中部处的下隆线之上具 1 淡色斑；后足胫节橘红色。雄性下生殖板短锥形，顶端较狭。雌性产卵瓣粗短，顶端略呈钩状，边缘光滑无细齿。

②卵与卵囊 卵囊长椭圆形。卵长椭圆形，长约 7 mm。

③蝗蝻 雌雄两性均 5 龄。群居型体色为黑色、黑褐色或灰褐色，散居型则为草绿色或褐绿色。体长、翅芽、前胸背板后缘、触角等性状随龄期增加表现出明显特征差异，可用于鉴别蝗蝻龄期。

(3)亚洲小车蝗(图 19-16)

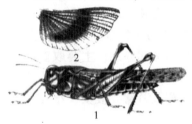

图 19-16 亚洲小车蝗
1. 雌成虫 2. 后翅

①成虫 体中型，雄性体长 18.5~22.5 mm，雌性体长 28.1~37 mm。体黄绿色或暗褐色。头、胸、前翅基部及后足腿节有绿斑。前胸背板"X"字纹明显，在沟前区与沟后区等宽。前翅基部具有 2~3 块黑斑，端半部具有细碎不明显的褐色斑；后翅基部淡黄绿色，中部具较狭的暗色横带。后足腿节顶端黑色，上侧和内侧有 3 个黑斑，胫节红色，基部有不明显的淡黄褐色环。

②卵与卵囊 卵囊长 25~48 mm。卵淡灰褐色，长 5.6~6.1 mm。

③蝗蝻 雄性 4 龄，雌性 5 龄。

(4)大垫尖翅蝗(图 19-17)

图 19-17 大垫尖翅蝗
1. 成虫 2. 爪及中垫

①成虫 体型较小，雄虫体长 13.7~15.6 mm，雌虫体长 20.0~24.7 mm。体黄褐色、暗褐色或黄绿色。触角丝状，超过前胸背板后缘。前胸背板中隆线明显，缺侧隆线，沟前区的长度小于沟后区的长度，且前胸背板背面中央常具红褐色或暗褐色纵纹，有的个体背面具有不明显的"X"形纹。前翅发达，中脉域具中闰脉，后翅本色透明。后足股节顶端黑褐色，上侧中隆线和内侧下隆线间具 3 个黑色横斑，中间的 1 个最大，基部的 1 个最小，底侧玫瑰色。后足胫节淡黄色，基部、中部及端部各具 1 黑褐色环纹。跗节爪间中垫较长，超过爪的中部。雄成虫下生殖板短舌状，雌虫产卵瓣粗短，上产卵瓣外缘光滑，端部呈钩状。

②卵与卵囊 卵囊略呈圆柱形，长 31~37 mm。卵粒平均长 4.1 mm。

③蝗蝻 雄性 5 龄，雌性 6 龄。

(5)意大利蝗(图 19-18)

①成虫 体中型,雄虫体长 14.5~25.0 mm,雌虫体长 23.5~41.1 mm。体常褐色、黄褐色或灰褐色。头大而短,颜面侧观略向后倾斜,颜面隆起宽平。复眼卵形,触角丝状,常达到或超过前胸背板的后缘。前胸背板圆筒状,前缘微圆弧形,后缘为钝角状,具明显的中隆线和侧隆线,中隆线通常被 3 条或 2 条横沟割断,沿侧隆线具淡色纵条纹。前胸腹板突近圆柱状,端部钝圆。前、后翅发达,到达或

图 19-18 意大利蝗雌成虫

超过后足股节的端部,前翅褐色,具许多大小不一的黑色斑点,后翅基部为红色或玫瑰色。后足股节内侧红色或玫瑰色,具 2 个不达底缘的黑斑纹,胫节红色。肛上板为长三角形,中央具纵沟。尾须狭长,顶端分成上、下两齿,上齿长于下齿,下齿的端部又分裂为 2 个小尖齿,下小齿较尖。雄虫下生殖板圆锥形,顶端略尖。雌虫似雄虫,但体型较粗大。

②卵与卵囊 卵囊内有 20~53 粒卵,卵粒中部较粗,长 5~6 mm。

③蝗蝻 雄虫 5 龄,雌虫 6 龄。

(6)短星翅蝗(图 19-19)

①成虫 体中型,雄虫体长 12.9~21.1 mm,雌虫体长 23.5~32.5 mm。体褐色或暗褐色,有的个体在前胸背板侧隆线及前翅臀域具黄褐色纵条纹。头大,略短于前胸背板。颜面近垂直,隆起宽平,具刻点,无纵沟,侧缘近平行。头顶圆,凹陷,无中隆线,后头具中隆线,无头侧窝。触角刚到达前胸背板后缘。复眼卵形,较大。前胸背板宽短,中、侧隆线均明显,前胸腹板突圆柱形,顶端钝圆;中胸腹板侧叶间中隔较宽。前翅较短具有许多黑色小斑点,顶端较狭,后翅略短于前翅。后足股节上隆线具明显的细齿,腿节内侧红色具 2 个不完整的黑纹带,基部有不明显的黑斑点,后足胫节红色。

②卵与卵囊 卵囊红色或姜黄色。卵粒长 5.6 mm,卵孔附近略缢缩。

③蝗蝻 雌雄两性均 6 龄。

(7)宽须蚁蝗(图 19-20)

①成虫 体小型,雄虫体长 10.5~11.0 mm,雌虫体长 14.0~16.0 mm。体黄褐色或暗褐色。头短于前胸背板,头侧窝狭长呈四角形。触角顶端膨大,但不呈槌状。下颚须端节宽大,长为宽的 1.5~2 倍,顶圆。前胸背板中隆线明显,侧隆线呈角状向内弯曲,沟前区与沟后区几乎等长;前胸背板侧隆线处具黑褐色纵纹。雄虫前翅发达,到达后足股节顶端,而雌虫前翅明显不到达后足股节顶端;前翅前缘直,缘前脉域在基部不膨大,渐向端部变狭;后翅与前翅等长。后足胫节黄褐色,基部黑色,股节膝部黑色。雄虫下生殖板钝短锥形。雌虫产卵瓣短,外缘光滑。

②卵与卵囊 卵囊长 10.8~15.6 mm。卵粒长约 4 mm。

③蝗蝻 雄虫 4 龄,雌虫 5 龄。

图 19-19 短星翅蝗成虫
1. 雄成虫 2. 雌成虫

图 19-20 宽须蚁蝗
1. 雄成虫 2. 雌成虫

19.3.1.3 生活史与习性

(1) 亚洲飞蝗

在新疆和东北地区，亚洲飞蝗均1年发生1代，在土中以卵越冬。在新疆准噶尔盆地蝗区的孵化期在5月初或5月上旬，零星年份可提前至4月下旬。自6月中旬蝗蝻开始羽化，直至7月初见交配和产卵，产卵期可延至10月中旬。在东北地区，越冬卵自6月上中旬开始孵化，7月上旬末期开始羽化为成虫，7月中旬为羽化盛期，成虫羽化后约7 d雌雄两性开始交尾，7月下旬为交尾盛期，交尾约14 d后雌性开始产卵，产卵延续到9月末。

亚洲飞蝗群居型成虫迁飞多发于羽化后5~10 d的性成熟前期，刚开始蝗群中有少数个体在空中盘旋试飞，逐渐带动蝗群飞旋，越聚越大，连续试飞2~3 d，即可定向迁飞。微风时常逆向飞，大风时则顺风飞，可持续飞行1~3个昼夜，需要取食、饮水时即降落，或因降水而迫降。成虫迁飞的习性，致使其扩散区当年或翌年爆发蝗灾。

(2) 西藏飞蝗

西藏飞蝗1年发生1代，以卵在土壤中越冬。在四川甘孜的乡城县，西藏飞蝗越冬卵于3月下旬开始孵化，4月中下旬进入孵化盛期。7月下旬至8月上旬为成虫羽化期，8月下旬至9月上旬为产卵期。蝗蝻和成虫喜欢在阳光充足、温度较高的场所进行取食、脱皮、羽化等活动。

成虫喜在坚实平坦、湿度适宜的土中产卵，最适宜产卵的土壤条件为含盐量0.08%~0.12 %、含水量2.91%~3.75 %和pH 7.35~7.65。5月初，1~2龄蝗蝻以牧草为食，6~7月达到3龄后喜欢扩散到青稞和冬小麦田为害，8月成虫取食量剧增，群集为害牧草、青稞和冬麦。当西藏飞蝗蝗蝻虫口密度达到12~15头/m^{2}时，由分散试飞转变为高度一致的群集迁移。

(3) 亚洲小车蝗

亚洲小车蝗1年发生1代，以卵在土壤中越冬。在内蒙古乌兰察布四子王旗草原，6月中旬越冬卵开始孵化，6月中下旬至7月初为1~3龄蝗蝻高峰期，7月下旬为终见期；4~5龄蝗蝻于6月下旬始见，7月上旬为高峰期，7月末为终见期；成虫于7月上旬始见，7月中旬至8月下旬为高峰期，7月下旬至8月上旬开始产卵，9月上旬为终见期。

亚洲小车蝗为地栖性蝗虫，适生于土壤板结的砂质土，植被稀疏的向阳坡地，地表裸露的丘陵等温度较高的环境。中午为活动高峰，阴雨、大风天不活动。成虫具有一定的趋光性，雌虫强于雄虫。成虫喜欢选择在地面裸露、土壤偏碱性、湿度较大的向阳坡地产卵，沙壤土易于形成卵囊。初孵化蝗蝻活动能力弱，群集在孵化处的杂草丛中栖息和取食，3龄后活动能力增强并逐渐扩散。在草原上主要取食羊草、隐子草、针茅、冰草等，也可为害玉米、小麦、谷子等禾本科农作物。

(4) 大垫尖翅蝗

1年发生1~2代，以卵在土中越冬。在发生2代地区，第1代越冬卵最早可于4月下旬孵化，6月上中旬蝗蝻开始羽化，7月上旬产卵；第2代蝗卵于7月下旬至8月上旬开始孵化，8月下旬至9月上旬羽化，9月中旬开始产卵，10月底至11月初死亡。在发生1代地区，越冬卵一般于7月上旬开始孵化，8月上旬出现成虫，8月下旬开始产卵。大垫尖翅蝗成虫善飞能跳，具有短距离飞行能力，喜栖息在盐碱荒地、内涝洼地、草滩地、湖河堤岸边植被稀疏的地方。

(5) 意大利蝗

在新疆，意大利蝗1年发生1代，以卵在土中越冬。5月上旬开始孵化，5月中下旬为盛期，特殊年份可延迟至6月上中旬。成虫于6月上旬开始进入羽化期，6月中旬为盛期，6月下旬开始产卵，7月上中旬为盛期，末期可延迟至8月。成虫经多次交配后，雄性常先于雌性死去，雌性成虫则可存活至9月中旬。雌成虫喜集中产卵于土壤密度低、土表裸露、砂质土壤、植被稀疏、偏旱生的地域，荒漠和半荒漠草原及沙生草地最适宜其产卵。

意大利蝗蝗蝻有聚集习性，于5月初蝗蝻孵化出土群聚，并有规律地朝着生长茂盛的农田或草场推土式啃食、迁移。危害之处一片枯黄，成为不毛之地。意大利蝗在海拔500~2 000 m的各类草原均有发生。在高密度时，意大利蝗成虫具有明显的群居性和迁飞性，其迁飞距离可达200~300 km。冷蒿草地和针叶薹草草地为意大利蝗的虫源地。

(6) 短星翅蝗

1年发生1代，山东、河北部分地区可发生2代，以卵在土中越冬。河北、山东一般在5月下旬开始孵化，7月见成虫，9月产卵。宁夏地区越冬虫卵于6月中下旬开始孵化出土，8月上旬始见成虫，9月上中旬为交配盛期，并逐渐开始产卵。

(7) 宽须蚁蝗

1年发生1代，以卵在土中越冬。在内蒙古地区，越冬卵最早可于4月下旬孵化，5月上中旬为孵化盛期，6月中旬始见成虫，6月下旬成虫开始产卵。在甘肃地区，越冬卵于4月中旬开始孵化，5月中下旬为孵化盛期，6月中旬开始羽化，7月上旬开始产卵，7月中下旬为产卵盛期。宽须蚁蝗的取食容易受到天气的影响，在阴雨低温和刮风的天气几乎不取食。

19.3.1.4 发生与环境的关系

(1) 亚洲飞蝗

亚洲飞蝗的适生环境为pH 7.5~8.0、土壤含盐量低于0.45%的湖滨滩地，常有芦苇分布。在新疆博斯腾湖蝗区，若芦苇生长至2 m以上且覆盖度很高，则仅能作为飞蝗取食栖息的生境而不能成为其适宜的产卵场所；如产卵适宜地的湖滨滩地内泛水，则成虫不能在此产卵而逼迫产卵于湖滩外围或含盐量高(pH 8.0以上)的滩地，致使翌年孵化量很低。春季偏旱干热能促进蝗卵提早孵化和加速蝗蝻生长，而秋季适时高温可以保证秋蝗充分产卵，翌年春季蝗卵基数可能明显提高，但如果秋季高温持续时间过长，则不利于越冬蝗卵存活；反之，如春秋季节阴冷，则蝗卵孵化迟、蝗蝻生长缓慢，秋末寒流降临时成虫不能充分产卵而死亡，使越冬卵的基数降低。

(2) 西藏飞蝗

西藏飞蝗卵的孵化率较高，一般为72%~83%，成活率也在74%以上，因此，初孵蝗蝻密度比较大。但由于高原内域地面(100 cm以下)气温昼夜变幅较大(如拉萨近郊4~6月，地面昼夜温差都在50℃以上，即便是气温昼夜变幅较小的7~8月也有20~30℃之差)，再加上霜害、降水、骤然变温等自然作用，可致蝗蝻食欲减退，蜕皮前后的滞食期和蜕皮时间延长，或在蜕皮过程中因无法蜕皮而死亡，到最后羽化成虫数约为蝗蝻期的70%。

西藏飞蝗主要发生在河流两岸或河流汇集的三角洲与草滩地带。此外，在山麓草丛、公园草地以及青稞田或菜园的禾本科草丛中零星分布，但其主要栖居地仍为较低湿的禾草地带。青藏高原地域辽阔、地貌奇特、海拔递增(减)剧烈、气候复杂，因此，植物生长期一般随着海拔升高而缩短。除部分地区的植物生长随季节变化而出现更替，绝大多数地区的植物生长仅有一季。野生植物一般在3~4月萌发，蝗蝻4~5月孵化，6~7月进入跳蝻期(为害期)，8月进入生殖期(为害期)，9~10月消亡。

(3) 亚洲小车蝗

发生初期多在牧区和荒山、荒坡取食牧草，1~2龄蝗蝻食量小，3龄后食量大增，造成明显危害。越冬基数高和虫源面积大时，蝗虫不一定大发生，只有在适宜条件下，才会造成亚洲小车蝗的大发生。一般上年冬季降雪多、当年早春降水多是蝗虫大发生的重要因素。这主要是因为冬雪可在地面形成保温层，有利蝗卵越冬，提高冬后成活率；而早春降水较多，利于蝗卵水分保持和胚胎的发育，尤其是5月上旬降水量多，可使卵孵化期提早、孵化整齐、孵化率高、虫口密度大，对小车蝗发生有利。降水所形成的地表松散湿润状态有利自然植被的返青和生长，为蝗蝻提供了必需的食料条件。而夏季干旱、高温会导致牧草生长不良，促使蝗虫因食料和水分缺乏而大量迁入农田为害。

(4) 大垫尖翅蝗

在适温范围内，温度高，蝗卵和蝗蝻发育速度快，生殖力强。降水量的多少会直接影响发生面积的增减，而土壤含盐量会通过直接影响植物群落的组成，而间接地通过食物影响大垫尖翅蝗的发生。大垫尖翅蝗的天敌有鸟类、蛙类、蜘蛛等。卵期天敌主要有中国雏蜂虻、卵寄生蜂和豆芫菁幼虫，其中以寄生蜂为主，各类生态环境中均有发现。

(5) 意大利蝗

意大利蝗生长发育的适宜温度为26~35℃，其中32℃为最适温度。该蝗自然种群的死亡集中于卵期和1龄蝗蝻期，其中影响卵期的重要因素为土壤相对含水量。意大利蝗灾爆发周期为11年，爆发规律与太阳活动动态有关，诱发因子为春热夏旱。若7~8月蝗虫产卵期的平均气温偏高，则翌年意大利蝗可能严重发生。

(6) 短星翅蝗

短星翅蝗在山坡丘陵草地种群数量最大，在平坦的高草草原数量很低，属地栖性蝗虫，善跳跃不善飞，平时以爬行活动为主，尤其喜欢在有植物的地面活动，常与小车蝗等混生。

(7) 宽须蚁蝗

宽须蚁蝗的发生高峰期与5月上中旬的土壤温度密切相关，4月中旬土壤温度和5月上旬降水量对发生高峰期的虫口数量影响较大。

19.3.1.5 防治措施

(1) 飞蝗类

飞蝗类种群的防治指标为≥0.5头/m^2，防治适期为2~4龄蝗蝻盛期，主要防治措施如下：

①生态改造 调整蝗区种植结构，切断其食物源。针对蝗虫喜食芦苇、玉米、小麦、青稞、水稻等禾本科植物的特点，调整蝗区植被结构，改为种棉、麻、油菜、苜蓿等飞蝗忌避作物，在荒地、沟和渠边植树，并利用除草剂清除沟、渠、河滩内杂草。还可对蝗区进行开荒种植，减少蝗虫的产卵地。此外，加强蝗区农田基本建设，清渠挖沟，精耕细作。

②生物防治 全球治蝗常用的生物有绿僵菌、白僵菌、微孢子虫等。实际使用中以微孢子虫 10^7 个孢子/mL 的水剂和绿僵菌 10^8 个孢子/kg 的饵剂防效较佳，且2种生物制剂混

配施用时，表现出了良好的增效作用。还可采用牧鸡和牧鸭的灭蝗措施，实现治蝗和经济效益并举。在飞蝗虫口密度中等或较低时，可以采用生物防治制剂为主，阻止或延缓中低密度的飞蝗向高密度群居型的发展进程；在飞蝗虫口密度高时，可采用化防（昆虫生长调节剂等）与生防（如微孢子虫）配合使用的防治措施，以迅速压低虫口密度，防治其迁飞为害，同时也可使蝗虫微孢子虫疾病长期流行于蝗群中，抑制飞蝗种群数量的增长。

③化学防治　选择高效、低毒、低残留的农药来防治蝗虫，并严格按照操作规程使用，以确保施用安全。在3龄蝗蝻以前，可选用胃毒杀虫剂防治，如5%锐劲特。目前，主要灭蝗药剂有75%马拉硫磷乳油，按$4 \sim 4.7 \text{ g/hm}^2$用量进行超低容量或低容量喷雾飞机防治，地面喷雾用量为5 g/hm^2。化学防治适用于突发性蝗害的控制，长期使用会引起抗性、再猖獗和残留等问题。氟虫脲（卡死克）与微孢子虫混用会对灭蝗防效有增益作用。

(2) 土蝗类

草原土蝗类混合种群的防治指标为$\geqslant 15$头/m^2，但不同类型草原会有所差异，如在荒漠、半荒漠草原的防治指标为$\geqslant 8$头/m^2，北方农牧交错区的防治指标为$\geqslant 10$头/m^2，防治适期为$2 \sim 4$龄蝗蝻盛期，主要防治措施如下。

①生物防治　在蝗虫中低密度发生区、自然保护区、绿色农畜产品基地，大力推广微生物、植物源农药等生物防治技术。粉红椋鸟被誉为保护新疆草原的"铁甲兵"，其对蝗虫灾害有显著控制效果。在新疆等北方草原蝗虫发生区，可大力推广人工筑巢招引粉红椋鸟的治蝗技术，并因地制宜地推广牧鸡牧鸭治蝗技术。

②化学防治　及时开展应急防治，当爆发高密度蝗虫时，及时组织应急防控行动。在地势开阔，地形高差较小地区采用高原直升机喷施。地势开阔平坦，发生较为集中的区域，采用大型机械防治。利用3龄前蝗蝻聚集的习性，采用人工或机械喷施几丁质合成抑制剂（灭幼脲和卡死克）50 mg/L浓度进行防治。对于混生蝗害区，其最佳防治适期为6月上中旬。

19.3.2　草原毛虫类

草原毛虫为青藏高原牧区的重要害虫，别名为红头黑毛虫、草原毒蛾，属鳞翅目毒蛾科。在我国发生的主要有8个种，分别为青海草原毛虫（*Gynaephora qinghaiensis*）、门源草原毛虫（*G. menyuanensis*）、若尔盖草原毛虫（*G. ruoergensis*）、小草原毛虫（*G. minora*）、曲麻菜草原毛虫（*G. qumalaiensis*）、金黄草原毛虫（*G. aureate*）、黄斑草原毛虫（*G. alpherakii*）和久治草原毛虫（*G. jiuzhiensis*）。其中，青海草原毛虫和门源草原毛虫的分布范围最广。

19.3.2.1　分布与危害

草原毛虫多发生在海拔$3\ 000 \sim 5\ 000 \text{ m}$的高山草原，主要分布于青海、甘肃、西藏、四川等地。

草原毛虫主要为害莎草科、禾本科、豆科、蓼科、蔷薇科等牧草，严重影响牧草生长，使牧草产量降低，妨碍畜牧业的发展。

19.3.2.2　青海草原毛虫形态特征（图19-21）

①成虫　雌雄异型。雄蛾体长$7 \sim 9 \text{ mm}$，体黑色，被污黄色细毛，头部较小，口器退化，仅留痕迹，被污黄色绒毛包被，不取食。触角发达，羽毛状。复眼卵圆形，黑色。

前、后翅均发达，前翅有 1 短径室，R_3 与 R_4 同柄，从径室端角出发，R_5 也从同一点生出；后翅基室矛状，M_3 与 Cu_1 基部连合成柄。3 对足均发达，具污黄色长毛，跗节 5 节，各节端部黄色。雌蛾体长圆形，较扁，体长 8~14 mm，宽 5~9 mm，头部甚小，黑色。复眼、口器退化。触角短小，棍棒状。3 对足较短小，黑色，不能行走，仅用身体蠕动。前、后翅均退化，只留痕迹，呈肉瘤状小突起，不能飞行。腹部肥大，末端黑色。全身被黄色绒毛。

②卵　散生，藏于雌虫茧内，表面光滑，乳白色，直径 1.3 mm 左右，上端中央凹陷，浅褐色。

③幼虫　雄性幼虫 6 龄，雌性幼虫 7 龄。体黑色，密生黑色长毛，头部红色，腹部第 6、7 节的中背腺突起，呈鲜黄色或火红色。背中线两侧，明显可见毛瘤 8 排，毛瘤上丛生黄褐色长毛。老熟幼虫体长 22 mm。

④蛹　雌雄异型。雄蛹椭圆形，长 7.6~10.2 mm，宽 3.8~5.1 mm，背部密生灰黑色细长毛。腹部背面有 3 条淡黄色结晶状腺体，腹部末端尖细。雌蛹纺锤形，较雄蛹肥大，长 9.5~14.1 mm，宽 4.6~7.1 mm。全身比较光滑，深黑色。背部具有稀疏的灰黑色毛。

蛹外具茧，茧长 12.0~15.7 mm，宽 6.8~8.3 mm，椭圆形，灰黑色。茧由老熟幼虫吐丝和脱落的毛组成，外观似一粒羊粪。

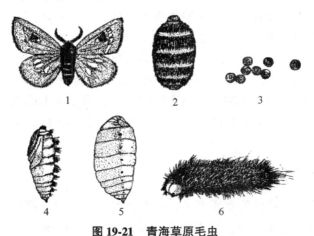

图 19-21　青海草原毛虫
1. 雄成虫　2. 雌成虫　3. 卵　4. 雄蛹　5. 雌蛹　6. 幼虫

19.3.2.3　生活史与习性

草原毛虫 1 年发生 1 代。1 龄幼虫在雌虫茧内于草根下或土中越冬，翌年 4 月中下旬或 5 月上旬开始活动。1 龄幼虫的虫期长达 7 个月左右，其余各龄期一般为 15 d 左右。5 月下旬至 6 月上旬为 3 龄幼虫盛期。7 月上旬雄性幼虫开始结茧化蛹，7 月下旬雌性幼虫开始结茧化蛹，7 月底至 8 月上、中旬为化蛹盛期。8 月初成虫开始羽化，8 月中下旬为羽化、交配和产卵盛期。9 月初卵开始孵化，9 月底至 10 月中旬为孵化盛期。孵出新的 1 龄幼虫仅取食卵壳，不为害牧草，不久便开始逐渐进入越冬阶段。

越冬时 1 龄幼虫有群聚习性，常数十头或上百头聚居一处。幼虫自 2 龄开始取食为害，5 龄后进入暴食期，6 月中旬至 7 月为害最盛。低龄幼虫晴天中午前后取食最盛，高龄幼虫 13~16℃时取食最盛，主要喜食小嵩草、矮嵩草、藏嵩草、垂穗披碱草、早熟禾、细叶薹、紫羊茅等。

幼虫爬行较快，每分钟可爬行 50 cm 左右，末龄幼虫爬行更快，对扩散起了重要作用，但一般爬行不超过 2~3 km。在牧区，远距离的传播主要靠牲畜驮运、放牧和牧民迁移等活动，幼虫附着在牲畜身体、物品上传播到异地。饥饿试验证明，草原毛虫具有很强的耐饥饿能力。在室内，光线充足、温度较低的条件下，20 d 后多数仍能正常生活，这为其传播提供了有利条件。

雌雄蛾羽化后，不需要补充营养就能交配产卵。雌蛾不能爬行和飞翔，羽化后生殖孔不断伸缩，以尾端将茧的一端顶破，同时释放出一种以二十一碳三烯为主要组分的性信息素，引诱雄蛾钻入交尾。

雄蛾飞翔能力较强，高度不超过 70 cm，像蝶类跳跃式上下飞行，晴天中午前后活动最盛。雄蛾交尾后死亡。雌蛾完成交配，生殖孔不再散发性引诱物，其他雄虫不再来访。雌雄蛾均无趋光性，雄蛾有假死性。成虫交配后，经 3~24 h 开始产卵。产卵时雌虫不改变仰卧姿势，产卵于腹部四周。产卵历期 20~25 d，每雌产卵少者 30~40 粒，多者 300 粒左右，一般为 120 粒左右。幼虫期食料丰富，或春季早出茧者，发育快、体肥大、蛹重，成虫产卵量高；反之，产卵量低。

19.3.2.4 发生与环境的关系

青藏高原昼夜温差大，无霜期短，气候变化异常，冬季寒冷，青海草原毛虫，1 年仅发生 1 代，且 1 龄幼虫有滞育性，必需越冬阶段的低温刺激直至翌年 4~5 月才开始生长发育。

卵期温度高，利于卵的孵化。温度也影响幼虫出土和牧草返青的时间。4~5 月温度高，幼虫出土早，温度低则出土晚。羽化期温度低于 15℃ 时，雄蛾不能起飞，雄蛾不能适时交配，雌虫产的卵不能孵化，影响发生数量。

毛虫喜湿，充沛的降水有利其发生。4~5 月降水多，幼虫出土整齐、牧草返青早，有利于毛虫生长发育，其数量也多。7~8 月，气温较高、雨量较多有利于发生。但秋季雨量过多，若连续阴雨雄蛾不能飞翔寻找雌虫交配，湿度过大易使卵发霉腐烂，均不利其发生。

寄生于幼虫或蛹体内的天敌有寄生蝇、黑瘤姬蜂、格姬蜂、金小蜂。取食幼虫的鸟类有角百灵、长嘴百灵、小云雀、地鸫、棕颈雪雀、白腰雪雀、树麻雀、大杜鹃、红嘴乌鸦等。鸟类中以角百灵的控制作用最显著，其数量众多，且 6 月至 7 月中旬恰为角百灵哺育雏鸟及幼鸟群飞觅食时期，往往可见上百头角百灵捕食幼虫。饲养观察发现，1 头幼鸟每天可吃 100 多头幼虫，对毛虫有一定的抑制作用。

19.3.2.5 防治措施

药物防治以 3 龄盛期最为适宜。因各地发生情况不同，一般在 5 月中旬、6 月至 7 月上旬进行。

①化学防治　在药剂选择要考虑对其天敌及家畜的毒害作用。目前，使用较为普遍，防治效果好，且对家畜较为安全的药剂，主要有阿维菌素、有机菊酯及精油类（如烈香杜鹃精油和牛尾蒿精油等）。

②利用微生物农药　利用草原毛虫核型多角体病毒和苏云金杆菌复合制剂，对三龄草原毛虫的防治效果达 80%，能有效地防治草原毛虫。也可选用苦参碱，印楝素乳油等喷雾防治。

19.3.3 夜蛾类

19.3.3.1 黏虫

(1) 分布与危害

黏虫(*Mythimna separata*)属鳞翅目夜蛾科。黏虫在中国的分布除西藏无记载外,各省份均有发生危害,为世界性禾本科作物的重要害虫。黏虫多分布在广东、福建、四川、江西、湖南、湖北、浙江、江苏、山东、河南等地。黏虫的幼虫食可取食多种植物,尤其喜食禾本科植物,主要为害的牧草有苏丹草、羊草、披碱草、黑麦草、冰草、狗尾草等,以及麦类作物和水稻。幼虫咬食叶片,1~2龄幼虫仅食叶肉,形成小圆孔,3龄后形成缺刻,5~6龄达暴食期。为害严重时将叶片吃光,使植株形成光秆。

(2) 形态特征(图19-22)

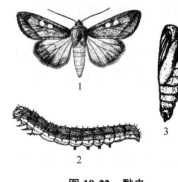

图19-22 黏虫
1. 成虫 2. 幼虫 3. 蛹

① 成虫 体长15~17 mm,翅展36~40 mm。头部与胸部灰褐色,腹部暗褐色。前翅灰黄褐色、黄色或橙色,变化很多,内横线往往只有几个黑点,环纹与肾纹褐黄色,界限不显著,肾纹后端有1个白点,其两侧各有1个黑点,外横线为一列黑点,亚缘浅自顶角内斜至缘线为一列黑点;后翅暗褐色,向基部色渐淡。雄蛾外生殖器的抱握器腹很大,鳃盖形,抱握器冠发达,有1根大刺。

② 卵 很小,馒头形,初产时乳白色,卵表面有网状脊纹,孵化前呈黄褐色至黑褐色,常产于植物叶鞘缝内或枯叶卷内。

③ 幼虫 幼虫体长可达38 mm,体色多变,发生量少时体色较浅,大发生时体色呈浓黑色。头部中央沿蜕裂线有一个八字形黑褐色纹。幼虫体表有许多纵行条纹,背中线白色,边缘有细黑线,背中线两侧有2条红褐色纵线条,近背面较宽,两纵线间均有灰白色纵行细纹。

④ 蛹 红褐色。体长19~23 mm,腹部第5~7节背面近前缘处有横列的马蹄形刻点,中央刻点大而密,两侧渐稀,尾端具1对粗大的刺,刺的两旁各生有两对短而弯曲的细刺。

(3) 生活史与习性

黏虫无滞育现象,条件适宜可终年繁殖,条件不适可迁飞。在我国各地发生的世代数因地区的纬度而异,纬度越高,世代越少。在黑龙江、吉林、内蒙古1年发生2代,甘肃、内蒙古东南部、河北东部及北部、山西中北部、宁夏等地1年发生2~3代,河北南部、山西南部、河南北部和东部1年发生3~4代,江苏、安徽、陕西等地区为4~5代,浙江、江西、湖南为5~6代,福建6~7代,广东和广西为7~8代。在内蒙古主要为第1代虫危害。越冬代成虫5月下旬初发,6月上中旬盛期,6月下旬为末期。成虫白天隐蔽潜藏,夜晚飞出活动。产卵前需要补充营养,趋化性强。1头雌蛾一生可产卵600粒左右,多者可达2 000余粒。卵多产在禾本科植物枯叶叶缘、顶尖或茎部叶鞘上。产卵后植物叶片卷成棒状。

初龄幼虫多聚集在心叶、叶鞘、叶背等背光处,体色较淡、不易发现。3龄以后,幼虫有潜土习性,白天潜伏,夜晚取食。老熟幼虫在土中1~3 cm深处做土茧化蛹,内蒙古

7月中下旬为化蛹盛期。第1代成虫发生于7月下旬至8月上旬。

(4) 发生与环境的关系

黏虫对温湿度要求比较严格，雨水多的年份黏虫往往大发生。成虫产卵适温范围为15~30℃，最适温度范围为19~25℃，适宜的相对湿度为90%左右。温度高于25℃或低于15℃时，产卵量减少，在35℃条件下任何相对湿度均不能产卵。如温度在21℃，相对湿度在40%左右时，卵不能孵化。因此，高温低湿为黏虫产卵的重要抑制条件。不同温湿度对幼虫的成活和发育影响也很大，特别对4龄幼虫更为明显。在23~30℃随湿度的降低，死亡率增大。在18%相对湿度下无一存活。在35℃，任何相对湿度下的死亡率均为100%。在32℃下，相对湿度为40%时，幼虫也不能成活。老熟的6龄幼虫在35℃条件下为半麻痹状态，不能钻土化蛹。在34~35℃，蛹能够羽化，但不能展翅。幼虫的正常化蛹率与相对湿度呈正相关。土壤过于干燥常引起蛹体死亡。暴雨会使初龄幼虫大量死亡。

黏虫的天敌种类很多，如蛙类、捕食性蜘蛛、寄生蜂、寄生蝇、蚂蚁、金星步甲、菌类等。卵期天敌有黑卵蜂、赤眼蜂和蚂蚁。幼虫期天敌有寄生蜂，常见的有绒茧蜂、悬茧姬蜂、黏虫白星姬蜂、黑点瘤姬蜂等。

(5) 防治措施

防治黏虫最关键的措施为预测预报。防治幼虫在3龄以前，如超过4龄，则进入暴食期，防治效果降低并使作物受到严重损害。目前防治方法仍以药剂防治为主。

①诱杀　蛾量上升时利用频振式太阳能诱虫灯诱杀，灯的数量应根据诱虫灯的诱虫范围设置。成虫产卵期可利用黏虫成虫在禾本科植物干叶和叶鞘中产卵的习性，在田间设置谷草把或稻草把引诱成虫，每亩放20~50把，每3~5 d更换一次，集中烧毁带有卵块的草把，可降低卵和幼虫密度。

②生物防治　保护利用天敌。我国黏虫自然天敌丰富，卵、幼虫、蛹等各虫态都有多种捕食和寄生性天敌，充分保护和利用这些天敌的控制作用，能有效降低黏虫危害。

③药剂防治　根据虫情，实行达标防治。依据触杀药剂主攻低龄幼虫、胃毒药剂补防高龄幼虫的药剂选用原则，低龄幼虫期可用灭幼脲等药剂，高龄幼虫期使用甲氨基阿维菌素苯甲酸盐(甲维盐)+高效氯氟氰菊酯、毒死蜱等药剂。在玉米田防治二代黏虫时，喷药部位尽量选在玉米心叶中。施药时间应选在晴天9:00以前或17:00以后进行。

19.3.3.2 草地贪夜蛾

(1) 分布与危害

草地贪夜蛾(*Spodoptera frugiperda*)隶属于鳞翅目夜蛾科，分布于东南亚、南亚、美洲地区。其寄主植物特别广泛，包括玉米、高粱、甘蔗、谷子、大麦、小麦、水稻、荞麦、棉花、燕麦、花生、大豆、豌豆、黑麦草、甜菜、苏丹草、烟草、番茄、洋葱等75科353种植物。

(2) 形态特征

①成虫　翅展32~40 mm。前翅灰棕色至深棕色，内线双线黑色，内侧布有灰色鳞片；环纹黄色斜椭圆形，其外侧有1条由前缘外斜至中室的浅色斜带；中线不明显；肾纹棕色有黄圈和黑边，内侧有白色楔形纹，外侧前端有2个浅色斑；外线双线黑色，线间灰白色；亚缘线双线，两线间较宽，呈浅色带状，内侧有1列黑齿纹；顶角处有1白色斜纹；缘线黑色。后翅白色。雌蛾斑纹不清晰。

②卵　草地贪夜蛾的卵粒顶部呈圆形、底部扁平，卵粒直径约 0.4 mm，高 0.25~0.30 mm，聚集在一起呈块状，每个卵块有 80~250 粒卵，初产卵为浅绿色或者白色，卵块表面或覆盖白色鳞毛，逐渐变为褐色，近孵化时颜色为深褐色或黑色。

③幼虫　草地贪夜蛾幼虫共有 6 个龄期，其体形随着龄期增长而逐渐增大；头壳黑色或褐色，自 3 龄开始出现网状纹，淡黄色或白色的蜕裂线和背线形成明显的"Y"形纹，在 1~2 龄时期"Y"形纹不明显；体色多变，有灰色、白色、黄绿色和褐色等，每个体节的背面和侧面均有黑色斑点状的毛瘤，第 2~3 胸节背部的毛瘤排列呈一字状，第 1~7 腹节背部的毛瘤呈等腰梯形，第 8 腹节背部的毛瘤呈正方形。

④蛹　被蛹，头部圆，尾部尖，长 13~17 mm，宽 4.0~4.6 mm，蛹体共有 8 个腹节，蛹体的第 2~7 腹节有气门，围气门片黑色，腹部末节有 2 根呈八字形的臀棘。预蛹期体色灰绿色，体节缩短变粗；初期的蛹呈浅绿色且半透明，可以看到蛹体内的部分结构，逐渐开始变为红棕色，至后期呈深褐色。

(3) 生活史与习性

初孵幼虫会取食卵壳和覆盖卵粒表面的鳞毛，伴有明显的吐丝悬缀现象，幼虫喜欢取食幼嫩的玉米叶，1~2 龄幼虫有吐丝的习性，喜好聚集取食玉米叶肉，取食后的玉米叶片呈窗孔状，严重时只剩 1 层半透明薄膜。从 3 龄幼虫开始，不再聚集取食，即使在食物充足和空间足够的情况下，仍表现出自相残杀的习性。当食物缺乏、虫口密度大以及虫龄增加时，幼虫自相残杀的习性会表现得更加明显。除老熟幼虫取食量减少之外，随着龄期增长，草地贪夜蛾幼虫的食量随之增大，尤其在 4~6 龄时出现暴食现象，在叶面上造成不规则的孔洞。老熟幼虫在即将化蛹时，会分泌黏液将玉米叶卷缩成一个相对封闭的空间，然后在其中进行蜕皮化蛹。

成虫喜好在傍晚和清晨活动，不喜欢光照较强的环境，白天常在玉米叶背面遮光的部分休息。在羽化后的 2~3 d 为交配高峰期，雌蛾的寿命比雄蛾的长，雌蛾的繁殖能力强，每次产卵 80~250 粒，有时雌蛾腹部会分泌白色绒毛状的覆盖物于卵块表面，形成保护层。

(4) 防治措施

①农业防治　通过调整作物的播种期，使草地贪夜蛾幼虫期和玉米未成熟期错开，能降低侵害可能性。还可以播种抗虫的玉米品种，同时保证田间土壤的水力和肥力，增强玉米对草地贪夜蛾的抗性和耐受性。

②物理防治　通常采用集中黑光灯或食物引诱剂诱杀成虫，或者使用性引诱剂即人工合成的昆虫性信息素化合物杀灭雄虫，干扰雌雄成虫交配，减少产卵量。性引诱剂替代化学药物的诱杀效果明显，同时能有效减少农药残留，符合绿色防治的要求。

③生物防治　通常采用人工保护或在田间大规模投放自然天敌的手段进行防治，或者使用生物农药直接杀灭害虫。抗生素类药剂如 25 g/L 多杀霉素和 1.5% 阿维菌素，微生物类病原杀虫剂如苏云金芽孢杆菌(*Bacillus thuringiensis*)、球孢白僵菌(*Beauveria bassiana*) R444 株系、短稳杆菌(*Empedobacter*)、金龟子绿僵菌(*Metarhizium anisopliae*)CQMa421 型均对草地贪夜蛾有较强的致死作用。此外，研究发现，甘蓝夜蛾核型多角体病毒悬浮剂对玉米田草地贪夜蛾也表现出一定的速效性。

④化学防治　这是目前使用最普遍且高效的防治手段。现阶段已报道的农业农村部推荐使用的草地贪夜蛾应急防治用药品种主要有甲氨基阿维菌素苯甲酸盐、氯虫苯甲酰胺、

茚虫威、四氯虫酰胺等茎叶喷雾杀虫剂。也可用氯虫苯甲酰胺、四氯虫酰胺等高效低毒农药对玉米或小麦进行种子处理，可有效减少用药次数和用药成本，减缓对环境的污染。

19.3.4 草地螟

草地螟（*Loxostege sticticalis*）属于鳞翅目螟蛾科，为北寒温带的重要害虫，目前已发现的发生范围局限于 34°~54°N 的狭长地带。中国分布于西北、华北、东北各省份。该虫寄主范围广，据统计，可为害 35 科 200 多种作物、牧草和灌木。

19.3.4.1 形态特征（图 19-23）

①成虫 体长 8~12 mm，翅展 12~28 mm。前翅灰褐色至暗褐色，翅中央稍近前方有 1 近似方形淡黄色或浅褐色斑，翅外缘为黄白色，并有一连串的淡黄色小点连成条纹。后翅黄褐色或灰色，沿外缘有 2 条平行的黑色波状条纹。

②卵 乳白色，有光泽。椭圆形，长 0.8~1 mm，宽 0.4~0.5 mm，卵面稍突起，底部平，覆瓦状排列。

③幼虫 幼虫共分 5 龄。头黑色，有明显的白斑。前胸背板黑色，有 3 条黄色纵纹。体黄绿色或灰绿色，有明显的暗色纵带，间有黄绿色波状细线。体上疏生刚毛，毛瘤较显著，刚毛基部黑色，外围着生两个同心的黄白色环。

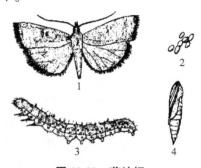

图 19-23 草地螟
1. 成虫 2. 卵 3. 幼虫 4. 蛹

④蛹 长 8~15 mm。黄色至黄褐色。腹部末端由 8 根刚毛构成，呈锹形。蛹为口袋形的茧所包被，茧长 20~40 mm，直立于土表下，上端开口处以丝状物封盖。

19.3.4.2 生活史与习性

在中国每年发生 1~4 代，随地区而有不同，吉林以及华北各省份北部，一般 1 年发生 2 代，第 1 代危害重，陕西武功 1 年有 3~4 代。以老熟幼虫在土中结茧过冬，翌年春季化蛹、羽化。内蒙古、晋北及河北张家口一带，越冬代成虫 5 月下旬出现，6 月盛发。1 代卵发生于 6 月上旬至 6 月下旬，卵期 4~6 d。1 代幼虫发生于 6 月中旬至 8 月中下旬，6 月下旬至 7 月上旬为严重危害期。1 代成虫 7 月中旬至 8 月为盛发期，9 月为末期。2 代幼虫于 8 月上旬至 9 月下旬发生，幼虫期 17~25 d，一般危害不大，陆续入土越冬，少数可在 8 月化蛹，再羽化为 2 代成虫，但不再产卵即死。

成虫白天潜伏在草丛及作物田内，当地面温度在 30℃ 以上时，喜群集飞翔、觅食，傍晚和夜间活动最盛，具强趋光性。成虫需补充营养后交配产卵。有成群迁飞习性，雄蛾在性成熟后，雌蛾在交配后卵巢尚未成熟时，常随暖湿气团的上升而起飞和迁移，通常在 75 m 以下高度随气流飞翔，时速 15~25 km，飞行距离 200~300 km。每头雌蛾可产卵数粒至 500 粒不等。卵多产在灰菜、蓟、甜菜等寄主的叶茎上，距地面 8 cm 处较多。卵单产或块产，呈覆瓦状。

幼虫有吐丝结网习性，1~3 龄虫多群栖于网内就近取食，3 龄后多分散栖息为害，遇有触动，即作螺旋状后退或呈波浪状跳动，吐丝落地向前爬行。幼虫老熟后，钻入土层 4~9 cm 深处做袋状丝质茧，直立土中，在茧内化蛹。

19.3.4.3 发生与环境的关系

越冬代成虫开始羽化的温度为 14~15℃，17℃ 以上进入羽化盛期。成虫产卵时的温度不能低于 18℃，适宜温度 25℃ 左右。降水量为影响草地螟发生的主要原因，如在成虫交配和卵成熟时，温度越高，降水量越大，则抱卵量越高；反之，抱卵量降低，甚至失去繁殖能力。在发蛾盛期，成虫抱卵的最适旬降水量为 20~40 mm；当旬降水量为 10~20 mm 时，抱卵量显著下降；旬降水量≤10 mm 时，卵基本上不能成熟。成虫性成熟时，要求相对湿度 55%~60%。1 龄幼虫要求高湿，其余各龄最适湿度均在 45% 以上，如低于这个指标，就会影响化蛹。

19.3.4.4 防治措施

①农业防治　在小面积人工栽培草地上可采用以下措施进行防治：清除田间、地埂、道旁的杂草，以避免产卵，如已产卵，应将杂草集中处理，以减少虫源。结合秋季翻耕土地，破坏害虫的越冬及栖息场所。在大量产卵和幼虫孵化期，立即收割牧草。

②利用杀虫灯防治　杀虫灯既可用来直接诱杀害虫，也可用于害虫预测预报。利用草地螟的趋光性，在农田和人工草地中安装黑光灯或频振式杀虫灯，可诱杀成虫，减少田间蛾量，减轻下一代的危害。新型的多频振式杀虫灯对植食性害虫的诱杀力强、诱杀量大、诱杀种类多，对天敌相对安全，很适宜在大面积的农田及人工草地应用。

③化学防治　草地螟种群密度达 15~20 头/m² 时进行化学防治。可选用 2.5% 溴氰菊酯 3 000 倍液，或 4.5% 高效氯氰菊酯 50 mL+40% 辛硫磷 750 mL/hm²，进行喷雾防治。

19.3.5 叶甲类

叶甲为中国荒漠草原爆发性害虫类群，属鞘翅目叶甲科，主要种类有草原叶甲（*Geina invenusta*）、阿尔泰叶甲（*Crosita altaica*）、沙葱萤叶甲（*Galeruca daurica*）、白茨粗角萤叶甲（*Diorhabda rybakowi*）、沙蒿金叶甲（*Chrysolina aderuginosa*）、阔胫萤叶甲（*Pallasiola absinthii*）、甘草萤叶甲（*Diorhbda tarsalis*）等。

沙葱萤叶甲分布于内蒙古、新疆和甘肃等地，成虫和幼虫均能形成为害，但主要以幼虫为害沙葱、多根葱、野韭等百合科葱属植物的叶部，严重时将地上部分啃食一光。白茨粗角萤叶甲分布于新疆、内蒙古、甘肃、青海、陕西等地，为西北荒漠草原为害白刺属植物的害虫。该虫为寡食性，以成、幼虫取食白刺的叶、幼芽、嫩枝及果实，造成缺刻、断叶、断梢、伤果等，发生严重时，可吃光整个叶片、嫩梢，使白刺灌丛一片灰白，成片死亡。沙蒿金叶甲分布于内蒙古、陕西、宁夏、甘肃、吉林、青海等地，为宁夏、甘肃和内蒙古西部草原上沙蒿的专食性害虫。成虫取食沙蒿的生长点，使植株不能正常生长，形成鸟巢状丛生点。幼虫啃食新生和再生叶片，造成断叶、缺刻或整株枯干。阔胫萤叶甲分布于甘肃、内蒙古、新疆、吉林、辽宁等地的山地荒漠草原，主要为害驴驴蒿、合头草、珍珠猪毛菜等。

19.3.5.1 形态特征

（1）沙葱萤叶甲

①成虫　体长卵形，长约 7.50 mm，宽约 5.95 mm，雌虫体型略大于雄虫。羽化初期虫体为淡黄色，逐渐变为乌金色，具光泽。头、前胸背板及足黑褐色。复眼较大，卵圆形，明显突出。触角 11 节，7~11 节较 2~5 节稍粗。前胸背板横宽，长宽比约为 3∶1，表

面拱突，上覆瘤突。小盾片呈倒三角形，无刻点。鞘翅缘褶及小盾片为黑色，鞘翅由内向外排列5条黑色条纹，内侧第1条紧贴边缘，第3、4条短于其他3条，第2和第5条末端相连。端背片上有1条黄色纵纹，具极细刻点。腹部共5节，雌虫腹末端为椭圆形，有1条一字形裂口，交配后腹部膨胀变大；雄虫末端为椭圆形，腹板末端有两个波峰状突起。

②卵 椭圆形，长约1.3 mm，宽约1.1 mm。初产为淡黄色，后逐渐变为金黄色。

③幼虫 共3龄。初孵幼虫淡黄色，随发育体色逐渐变为黑色。体躯呈长条形，体表具有毛瘤和刚毛，腹节有较深的横褶。化蛹前体缩成"U"形。

④蛹 体长约3.81 mm，宽约2.62 mm。初化蛹为淡黄色，后渐变为金黄色。体表分布不均匀的刚毛，复眼、触角及足的末端呈黑褐色。

(2) 白茨粗角萤叶甲（图19-24）

①成虫 雄虫体长5~8 mm，宽2.5 mm，深黄色，体被白色绒毛。头部后缘具山字形黑斑，复眼及眼后黑褐色，触角黑褐色，各节依次渐膨大，生有白色短毛。前胸背板宽大于长，有1枚小字形黑斑，小盾片圆，中部黑褐色。每个鞘翅中央各有1条狭窄的黑色纵纹，中缝黑色，肩角明显。前胸背板和鞘翅上的刻点大小一致。各腿节

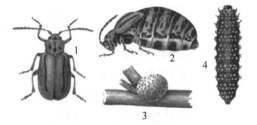

图19-24 白茨粗角萤叶甲
1. 雄成虫 2. 雌成虫 3. 卵块 4. 幼虫

端部、胫节基部和端部、跗节、爪均黑褐色。雌虫交配后腹部特别肥大，体长8~12 mm，体宽4~6 mm。小盾片黄色，腹部4节露在翅外，每节中央有1个黑色横斑，周围黄白色。

②卵 长圆形，长1 mm，暗黄色。卵粒由黏液黏合为卵块，卵块呈钢盔状，长5~6 mm，宽4~5 mm，高2 mm。表面灰白色。

③幼虫 老熟幼虫体黑色，瘤突、前胸背板、肛上片、腹面为黄色。体毛白色，前胸背板有4个黑斑，两侧的2个大，中间2个小。中、后胸有8个黄白色瘤突，腹部1~7节每节有10个黄白色瘤突，前列4个，后列6个，第8节有黄白色瘤突8个。

④蛹 长圆形，长6~7 mm，宽3 mm，米黄色，气门环、刚毛基部黑色。背中线宽，深黄色。复眼棕色，上颚端部黑色。

(3) 沙蒿金叶甲

①成虫 体卵圆形，背面隆起，长5~8 mm，深绿色或紫绿色，具金属光泽。触角黑褐色，线状，11节，着生白色微毛，端半部各节较膨大，全长不及体半。前胸背板横宽，前缘内凹，背面密列短白毛，有不规则刻点。每鞘翅有10行刻点，后缘内侧密生1列细白毛。腹部腹面有细刻点和白毛。足同体色而较暗，散生刻点和白毛，胫节端部及1~3跗节下面密生黄褐色细毛。

②卵 长椭圆形，长1.4~2 mm。初产橙黄色，后变为紫褐色。

③幼虫 幼虫腹部黄褐色，触角端部及爪黑色，体两侧各有3个大黑点。老熟幼虫体长9~12 mm，背面有5条黑褐色纵纹。瘤突黑色，刚毛白色。

④蛹 初化蛹米黄色，半球形，长6~8.5 mm，宽3~4 mm。密生褐色刚毛，头向下弯曲。

(4) 阔胫萤叶甲

①成虫 体长6.5~7.5 mm，宽3~4 mm，全身被黄褐色毛。头顶中央有1条纵沟，复

眼小，触角念珠状，11节。足除胫节端部和跗节为黑色外均为黄色。鞘翅基都外侧隆起，每侧鞘翅上有3条黑色纵脊，雄虫腹节末端中央凹陷。

②卵　长椭圆形，淡黄色，长1.8 mm，宽1.2 mm。

③幼虫　老熟幼虫体长10~13 mm，黑色，背部具黑色毛。

④蛹　长12 mm，前、中、后胸有一簇灰白色毛。头顶和胸部黑褐色，腹部黄褐色，各节密生绒毛。

19.3.5.2　生活史与习性

(1)沙葱萤叶甲

1年发生1代，以卵在牛粪、石块及草丛下越冬。在内蒙古锡林浩特和阿巴嘎旗草原，越冬卵的孵化时间很不一致，跨度较大，最早4月上旬开始孵化，最晚5月下旬孵化，盛期在4月下旬。幼虫大量取食新鲜的沙葱、多根葱及野韭菜等百合科葱属植物。5月中旬老熟幼虫开始建造土室化蛹。6月上旬成虫开始羽化，刚羽化成虫大量取食以补充营养，随后进入蛰伏期越夏。8月下旬雌雄成虫开始交配产卵，其间取食量较大。至9月下旬成虫基本在草原上消失，个别成虫见于牛粪、石块及草丛下。

幼虫随龄期增大取食量增加，3龄幼虫期食量约占幼虫期总食量的65%，幼虫仅取食百合科葱属植物，喜取食较嫩的叶茎，沿叶面边缘啃食。危害严重时，可将沙葱等百合科葱属植物地上部分取食殆尽，仅剩根茬。幼虫在10:00后较活跃，气温较高时常躲在寄主基部；具有较强爬行能力，当寄主食物缺少时，有群体迁移现象；幼虫还具有假死性和群集性。老熟幼虫停止取食后，在牛粪及石块下结土室化蛹。

成虫羽化初期取食大，但总取食量低于幼虫期。成虫有群集性，成虫期为3~4个月。7月上旬进入蛰伏期，在牛粪、石块下及草丛基部越夏。8月下旬再次取食补充营养。室内观察发现，24℃条件下，成虫取食5~9 d后开始交配产卵。雌雄可多次交尾，交尾后3~6 d开始产卵，常产于牛粪、石块及针茅丛下，每次产卵37~80粒。雌虫可产卵1~2次。

(2)白茨粗角萤叶甲

在宁夏、甘肃1年发生2代，以成虫在土壤中越冬，翌年4月中旬越冬成虫开始出土活动，第1代幼虫始见于5月中旬，5月下旬达盛期，6月上旬入土化蛹，6月中旬第1代成虫出现，7月上旬至9月上旬为第2代幼虫活动期，8月下旬第2代成虫出现，9月下旬少数成虫开始越冬。

越冬成虫出蛰后经1~3 d的取食，即交配、产卵。第1代成虫在羽化后10~15 d开始大量交尾。第2代成虫羽化后，在越冬前不交尾，越冬后经过一段补充营养后才开始交尾。越冬代成虫的卵都产在枝干上，第1代成虫多产卵于叶背和叶面，仅极少数产在枝干上。每雌一生平均可产7个卵块，共含卵640余粒。幼虫共3龄，全期13~15 d。老熟幼虫暴食一段时间后，即入土做椭圆形蛹室化蛹，第1代幼虫和第2代幼虫均于沙土中化蛹，化蛹深度1~12 cm，以3~6 cm处最多。蛹室光滑，个别蛹还被有褐色薄茧。第1代蛹期10~12 d，第2代蛹期17 d左右。

(3)沙蒿金叶甲

1年发生1代，以老熟幼虫在深层沙土中越冬，个别也以蛹或成虫越冬。越冬幼虫翌年4月化蛹，5月上旬成虫羽化。5月中旬平均气温达16.7℃时成虫大量出土，并爬到植株上为害。6月中旬开始交配，7月下旬开始产卵，直到10月下旬，平均气温下降到7℃

时产卵结束。8月上旬卵开始孵化，11月中旬老熟幼虫陆续入土越冬，9月下旬有个别幼虫化蛹越冬。

春季成虫出土后取食沙蒿的生长点。成虫交尾多在早、晚进行，并有多次交尾习性。卵散产，排列成行，每行3~5粒，每雌产卵51~387粒，平均180粒，主要产在寄主附近的画眉草、蒙古冰草或沙蒿的叶梢、叶片上，在田间卵期一般12~15 d。

幼虫共4龄，包括越冬期全期246 d。幼虫具趋高性和趋蒿性。1~2龄幼虫仅能取食叶片的半边，3~4龄幼虫取食全叶，严重时可吃光植株叶片，造成整株枯死。幼虫有自相残杀现象，且有假死性。幼虫老熟后停止取食，钻入8~20 m的湿土层中或沙蒿枯秆中筑室化蛹越冬。越冬主要集中在15~25 cm，含水量30%左右的深土层中，以积雪较多的沙丘阴面深土中为多。成虫耐饥饿，23 d不取食，死亡率仅50%。喜攀高，不善飞翔，迁移主要靠爬行，偶尔飞行，飞翔距离在100 m左右。成虫也有假死性。

(4) 阔胫萤叶甲

1年发生1代，以卵在土中越冬。5月上旬卵开始孵化，5月中旬为孵化盛期，初龄幼虫群聚在牧草茎基部，取食植物生长点和幼叶。6月中旬为危害盛期，6月底至7月初，老熟幼虫入土做土室化蛹，8月上旬为羽化盛期，中旬交尾产卵，并将卵产于植物根基土表处越冬。

阔胫萤叶甲的卵孵化与驴驴蒿的返青同期。幼虫3龄，幼虫期50 d左右。初孵幼虫淡黄色，24 h后变为灰褐色。第一次蜕皮时幼虫倒挂于植株枝条上。幼虫活动性强，喜光、怕冷、极耐饥，20 d不取食仍能存活。老熟幼虫多在牧草根部疏松土层2~5 cm处做土室化蛹，蛹期28 d。

成虫爬行快，偶飞翔，具趋光和假死性，多集中于牧草株丛周围。成虫取食3~5 d后即交尾，雌虫产卵集中，呈块状聚产于牧草根部0.5~1 cm疏松土层中，每块含卵40~55粒。幼虫、成虫食性较单一，主要以驴驴蒿为食，喜食幼芽及植株顶部幼嫩部分。

19.3.5.3 发生与环境的关系

(1) 沙葱萤叶甲

温度对沙葱萤叶甲卵、幼虫和蛹的发育速率有显著的影响，发育速率随温度的升高而加快。高湿有利于卵的孵化，但不利于幼虫和蛹的存活。春季干旱不利于越冬卵的孵化，通常春季降水后越冬卵才开始大量孵化。因此，春季温度回升早，有降水，幼虫发生早，反之则发生晚。

(2) 白茨粗角萤叶甲

温度对白茨粗角萤叶甲不同发育阶段的影响各不相同。如幼虫期，低温主要影响卵的孵化和1龄幼虫的存活；高温主要影响蛹的存活。成虫生命活动最适温度范围为24~27℃，低温主要影响成虫取食、交配等正常生命活动而降低其产卵量，高温则主要影响了成虫体内的生理代谢，缩短了成虫寿命。

(3) 沙蒿金叶甲

沙蒿金叶甲具抗高温耐低温的能力。夏季42℃的高温条件下以及冬季11月-5℃时仍能正常取食，部分成虫可在1月-20℃的低温下越冬。喜干燥，不耐潮湿。

(4) 阔胫萤叶甲

阔胫萤叶甲幼虫对降水有很强的适应性，不耐低温和干旱。早春幼虫孵化出土后，若遇低温或霜冻，其发生和蔓延受到抑制。

19.3.5.4 防治措施

叶甲多为寡食性昆虫，可根据寄主植物的返青时间和叶甲的出蛰时间进行预报。以沙蒿金叶甲为例，一般当沙蒿进入 8 叶期，旬平均气温约 16℃时，沙蒿金叶甲成虫进入本蛰始期，可做出预报；当沙蒿 13~15 片叶时为出蛰盛期，为防治成虫的适期；8 月旬平均气温 18.4℃，为 3 龄幼虫初期，为防治幼虫的适期。大发生时，每亩可选用 0.3%印楝素乳油、1.3%苦参碱水剂、1.2%烟碱·苦参碱乳油制剂 30 mL 或 20%抑食肼可湿性粉剂等喷雾施药。

19.3.6 象甲类

苜蓿叶象（*Hypera postica*）属于鞘翅目象甲科，中国分布于新疆、内蒙古和甘肃等地，国外主要分布于欧洲、北美洲、亚洲中西部和非洲北部。苜蓿叶象主要为害苜蓿，也取食其他豆科、菊科和禾本科等科的植物。其 3~4 龄幼虫为害苜蓿最为严重，暴食叶肉，致使叶片只残留枯焦的网状叶脉，发生严重时会影响苜蓿的产量。

(1) 形态特征（图 19-25）

① 成虫　体长 4.5~6.5 mm。全身被覆短粗的黄褐色鳞片，头部黑色，喙细长且甚弯曲。触角膝状，触角沟直。前胸背板有 2 条较宽的褐色纵条纹，中间间隔 1 条细灰线。鞘翅近背中线有 1 梯形褐色斑，其中内侧斑最长，可达鞘翅的 3/5，翅面散布少量长白斑。

② 卵　长 0.5~0.6 mm，宽 0.25 mm，椭圆形，黄色有光泽，近孵化为黄褐色。

③ 幼虫　无足，头部黑色，初孵乳白色，取食后变为草绿色，最后变为绿色；体表多皱褶；老熟幼虫体长 8~9 mm，具 3 条白线，其中 1 条位于背部，另 2 条位于侧面，且背部白线从头部延伸至近尾部。

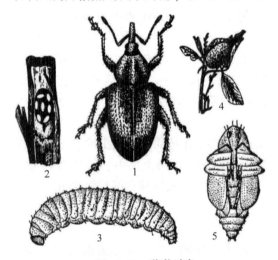

图 19-25　苜蓿叶象
1. 成虫　2. 在苜蓿茎秆中的卵　3. 幼虫
4. 在叶片上的茧　5. 蛹

④ 蛹　裸蛹，初黄色，后变绿色；具茧，椭球形，长 5.5~8 mm，宽约 5.5 mm，其质地为稀疏的、有弹性的白色丝网。

(2) 生活史与习性

在新疆，苜蓿叶象 1 年发生 2~3 代，以成虫在苜蓿地残株落叶下或裂缝中滞育越冬。其成虫和幼虫均会取食苜蓿的顶端、叶和新生嫩芽。成虫能取食叶片和茎秆呈圆孔或缺刻，并将卵产于茎秆内。雌虫产卵时，用喙在茎上咬 1 个小洞产卵，少则 1 粒，多则 30~40 粒，产完卵后用排泄物封闭洞口。成虫在苜蓿茎秆上的产卵部位会随苜蓿生育期而变化，在苜蓿分枝期，多在距离地面 0~20 cm 茎秆处产卵；在开花期，多在距离地面 0~60 cm 茎秆处产卵。雌虫一生产卵量为 400~1 000 粒卵。初孵幼虫在茎秆内蛀食，形成黑色的隧道，但多潜入叶芽和花芽中为害，致使花蕾脱落、子房干枯并破坏生长点，进而影响苜蓿的生长和产量。

在新疆呼图壁，早春4月上旬苜蓿萌发，越冬成虫开始出蛰活动和取食，4月下旬达到为害盛期，取食2~3 d后成虫交尾，3~5 d后则开始产卵，5月上中旬达到产卵盛期。第1代老熟幼虫于5月底作茧化蛹，6月上中旬达到化蛹盛期，此时为第1代成虫的羽化盛期，其中10%成虫会在枯枝落叶或地表裂缝处滞育。第2代卵自7月上旬产出，于7月中旬开始孵化，7月下旬化蛹，8月上旬羽化为成虫。第2代成虫65%的个体在枯枝落叶或地表裂缝处滞育。第3代幼虫孵化盛期在8月中下旬，化蛹盛期为9月中旬，成虫羽化盛期为9月下旬至10月上旬，羽化成虫在短暂取食后全部滞育越冬。

（3）发生与环境的关系

越冬代成虫对春季气温的变化敏锐，当气温上升到11~12℃便出土活动。成虫活动最适温度约为20℃，达到24~25℃便潜藏于阴凉之处，或长距离迁飞。夏季温度高于25℃，成虫便进入夏眠。苜蓿叶象世代存活率、种群趋势指数与温度间均呈抛物线关系，其生长发育繁殖适宜温区为25~27℃。自然条件下，初代种群影响各虫态数量变动的关键因子不同，如3龄幼虫为大风，4龄幼虫为寄生，而蛹和2龄幼虫为感病。苜蓿叶象各虫态的耐寒性不同，如成虫能耐受约-20℃的低温，而幼虫和蛹仅能耐受约-10℃的低温。

（4）防治措施

①农业防治　可通过耙地、冬灌、轮作、间作、提前刈割和放牧等措施对苜蓿叶象进行农业防治。头茬苜蓿在3龄幼虫出现前提前刈割可及时消灭幼虫和卵，有效减少其虫口基数。春季和冬季，在苜蓿田适度放牧可有效控制虫口基数，牲畜取食和活动会减少成虫或卵的数量。

②生物防治　苜蓿叶象的天敌众多，在田间加强对其天敌的保护和利用，可控制其田间发生。其捕食性天敌有步甲、金小蜂、瓢虫等，寄生性天敌有寄蝇和寄生蜂类，病原微生物有疫霉菌等。

③化学防治　防治适期为苜蓿叶象甲第1代幼虫发生高峰期，当幼虫达20头/复网，或1头/枝条时，应采取防治措施。可选用有机磷、菊酯类、烟碱类、苯甲酰脲类和氨基甲酸盐类杀虫剂防治。在早春成虫出蛰未产卵且天敌未活动前或在秋后苜蓿末茬收割后施药，可有效压低田间虫口基数。

19.4　草地植物种子类害虫

19.4.1　苜蓿籽象

苜蓿籽象(*Tychius medicaginis*)隶属于鞘翅目象甲科。在中国仅分布于新疆和甘肃；国外分布于西部古北界，主要包括俄罗斯南部和中部，欧洲中部、南部、东南部和亚洲中部。成虫啃食叶肉、花蕾和花器，幼虫蛀食苜蓿、三叶草和草木樨等豆科植物的种子，影响牧草和种子的产量。

19.4.1.1　形态特征(图19-26)

①成虫　体长2.3~2.8 mm(不包括喙)，体暗棕色。头部被较小黄白色鳞片，自触角着生处至喙末端无鳞片呈棕黄色。前胸背板密被黄白色鳞片；鳞片自两侧向背中央倾斜，并在背中线相遇。鞘翅鳞片黄白色，合缝处有4列淡色纵条纹，条纹间夹杂不整齐的刻点。

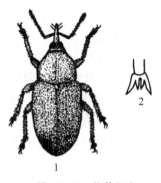

图 19-26 苜蓿籽象
1. 成虫 2. 双枝式的爪

足基节和转节黑色，其他各节为棕黄色。爪为双枝式，内侧爪较小。腹部第 2 腹片两侧向后延伸呈三角形，可盖住第 3 腹片。

②卵　长椭圆形，长 0.5~0.6 mm；体色初为乳白色，后变为亮黄色。

③幼虫　末龄幼虫体长 4.0~4.5 mm，体乳白色，头部棕褐色，体弯。

④蛹　裸蛹，蛹室长 3~4 mm，宽 1.5~2.0 mm；体色初为白色，后为褐色。

19.4.1.2　生活史与习性

在新疆，苜蓿籽象 1 年发生 1 代，以成虫在苜蓿种子田地下滞育越夏和越冬。翌年早春 3 月底苜蓿萌发，越冬成虫于地面 1~2 cm 土层或苜蓿根丛中活动，4 月下旬至 5 月上旬达到为害盛期。5 月下旬成虫交尾。6 月初，苜蓿出现嫩荚，成虫开始产卵，雌虫将卵产于幼嫩种荚内的种皮上，一种荚多为 1~2 粒。初孵幼虫咬破苜蓿种皮钻入，并将种子蛀食一空，仅留种皮。幼虫无转移种荚的习性。6 月中下旬幼虫达到盛期，6 月末或 7 月初老熟幼虫脱荚入土，多在 2~6 cm 土层做土室化蛹，于 7 月下旬羽化为成虫，不出土，在土室内越冬。

19.4.1.3　发生与环境的关系

春季气温 11℃ 以上，越冬成虫出土啃食苜蓿叶肉、花蕾和花器，最喜食心叶和嫩叶，在叶片上会形成众多透明长条斑，严重时整株仅存枯黄的网状叶片。苜蓿进入孕蕾期，成虫转到花蕾基部钻食，咬食花萼和花冠，以致其无法正常开放。苜蓿结荚后，成虫自植株下部转至上部，并常向邻近的苜蓿地迁飞。其化蛹和成虫羽化的适宜土壤湿度为 10%~40%。

19.4.1.4　防治措施

①农业防治　可通过耙地、冬灌和提前刈割等措施对苜蓿籽象进行农业防治。在早春苜蓿萌发前耙地，疏松土壤，可减少水分蒸发，加速苜蓿的生长。在秋耕（8 月上中旬）时冬灌，提高土壤湿度，能降低越冬成虫的存活率，降低苜蓿籽象越冬基数。提前刈割苜蓿，留茬不超过 4~5 cm，以消灭幼虫和卵。

②生物防治　在田间加强对苜蓿籽象天敌的保护和利用，可控制其田间发生量。

③化学防治　化学防治的关键期为苜蓿籽象成虫期。气温达到 18~19℃ 时，越冬成虫出土达到盛期，可选用 25% 噻虫嗪水分散粒剂 4 000~6 000 倍液、4.5% 高效氯氰菊酯乳油 1 500 倍液进行常规喷雾施药；或选用 20% 氯氰菊酯乳油 833.4 mL/hm^2，兑水 49.65 L/hm^2 进行超低量喷雾施药。

19.4.2　苜蓿籽蜂

苜蓿籽蜂（*Bruchophagus gibbus*）隶属于膜翅目广肩小蜂科。国外分布于欧洲、美洲、大洋洲等地区，中国分布于新疆、甘肃、内蒙古、陕西、山西、河北、河南、山东、辽宁等地。寄主有苜蓿、三叶草、草木樨、沙打旺、紫云英、鹰嘴豆、百脉根、骆驼刺等。其幼虫在种子内蛀食，严重危害留种苜蓿田。

19.4.2.1　形态特征（图 19-27）

①成虫　雌蜂体长 1.2 mm；雄蜂体长 1.4~1.8 mm。体黑色，无光泽。头大，有粗刻

点，复眼酱褐色。雌蜂触角较短，10节，柄节最长。胸极隆突，刻点粗大。胸足基节淡黄色，转节、腿节和胫节中间略黑色，两端淡棕色。腹部腹板具有由1对腹产卵瓣和1对内产卵瓣所组成的产卵管；腹部侧扁，腹部末节梨形。雄蜂触角较长，9节，第3节上有3~4圈较长细毛，第4~8节有2圈较长细毛，腹末端圆形。

②卵 长0.04 mm，宽0.02 mm，长椭圆形，具细长丝状柄，可达卵长的2~3倍。卵白色，半透明。

③幼虫 无足型，长2 mm，初龄绿色，末龄白色。头部具1对棕黄色上颚，内缘有1个三角形小齿。

④蛹 裸蛹，初化蛹为白色，后变为乳黄色，羽化时黑色。

19.4.2.2 生活史与习性

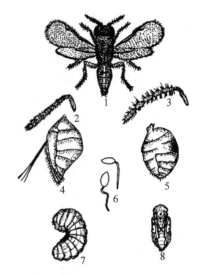

图 19-27 苜蓿籽蜂
1. 雌蜂 2. 雌蜂触角 3. 雄蜂触角
4. 雌蜂腹部侧面 5. 雄蜂腹面
6. 卵 7. 幼虫 8. 蛹

苜蓿籽蜂1年发生2~3代，多以3龄幼虫在田间残株或苜蓿种子内越冬。翌年5月上旬越冬代成虫羽化，5月下旬进入盛期。成虫羽化后立即交配，数小时后即可产卵。卵经3~12 d孵化，幼虫在一粒种子内完成幼虫和蛹的发育。第1代幼虫发生在5月中旬至7月中旬，在6月下旬达盛期，在7月上旬羽化为成虫，在7月中旬达到盛期。第2代幼虫的发生期在7月中旬至9月底，在7月下旬至8月上旬达到盛期，成虫在7月底开始羽化，盛期在8月中旬。第3代幼虫于8月上旬开始出现，在种子内发育至2~3龄后开始滞育越冬。

19.4.2.3 发生与环境的关系

成虫在温度高、湿度小的中午最为活跃，在寄主植物新结荚的上方飞翔，雌蜂会选择乳熟或嫩绿的种荚产卵，产卵时先在种荚上爬行，选择合适部位后，将产卵器插入种荚，将卵产于种子胚的子叶中，外留细小的卵柄。雌蜂在1种粒中仅产1粒卵，一生可产15~65粒卵。老熟幼虫在种粒内化蛹。当室温高于外界，室内贮存的种子中的越冬幼虫常会提早羽化，失去繁殖机会。

19.4.2.4 防治措施

①加强检验检疫工作 苜蓿籽蜂以幼虫在被感染的种子内越冬，很容易随种子调运而传播。应加强对苜蓿籽蜂的检验检疫工作，尤其是向外调运的种子要进行严格的检查和处理，防止苜蓿籽蜂危害扩大。

②农业防治 老苜蓿地块及时翻耕。同一地不宜两年连续留种。适时早播或播种早熟品种。也可提早刈割，以减轻虫害。在75%种荚呈棕褐色时收割，可防止种子掉粒，并及时销毁秸秆残屑。

③机械物理防治 在50℃下干热处理种子1~3 d，对种内幼虫具显著杀灭效果；或用种子清选机进行选种，可有效清除带虫种子。

④化学防治 一般在苜蓿籽蜂成虫羽化盛期，可选用高效氯氰菊酯等喷雾防治。此外播种前可用吡虫啉、杀死蜱悬浮种衣剂进行包衣或拌种。

19.4.3 豆荚螟

豆荚螟（*Etiella zinckenella*）隶属于鳞翅目螟蛾科，在中国主要分布于宁夏、内蒙古、陕西、辽宁、广东、广西、河北、河南、山东、山西、湖北、云南、台湾等地，国外在日本、朝鲜、印度、西伯利亚、北美以及欧洲各国有分布。主要在大豆、绿豆、毛豆、豌豆、扁豆、刺槐、木豆、柠条等 60 多种豆科植物豆荚内钻蛀。

19.4.3.1 形态特征（图 19-28）

①成虫 体长 7~10 mm，翅展 15~23 mm，灰褐色。复眼黄色，触角黄褐色，长度超过体之中部，雄蛾触角基部有 1 丛长的灰色鳞片。下唇须粗长，前伸，上面黄褐色，下面灰白色。头顶鳞片向前平覆，超过颜面，后头鳞片黄色，向后平覆。前翅灰褐色，前缘白色，端部杂生灰色鳞片，近翅基 1/3 处，有 1 条黄色宽横带，其内侧着生 1 列深褐色拱起的长鳞，突出翅面；后翅灰白色，翅缘黑褐色，缘毛内层灰色，外层白色。

②卵 长约 0.5 mm，椭圆形，卵面有网状纹，初产白色，后变红色。

③幼虫 体色因龄期而变化，中龄以前为白色至灰绿色。老熟时体长 17 mm，淡紫红色，头黄褐色，口器黑色。前盾板淡褐色，中线有 2 个八字形细纹，两侧各有 1 个明亮黑点。背毛点黑色，背线 9 条，紫红色，气孔上下线色淡而断续不全，腹面黄绿色至灰绿色。胸足淡褐色，腹足趾钩双序全环。

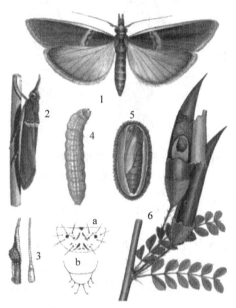

图 19-28 柠条豆荚螟
1. 成虫 2. 成虫静止状 3. 成虫触角基部
4. 幼虫（a. 前盾板 b. 腹端刺钩物）
5. 虫茧中蛹 6. 柠条荚被害状

19.4.3.2 生活史与习性

1 年发生 3~7 代及以上，以蛹在土中越冬。6~10 月为幼虫为害期。成虫有趋光性，卵散产于嫩荚、花蕾和叶柄上，卵期 2~3 d。幼虫共 5 龄，幼虫期 8~10 d。初孵幼虫蛀入嫩荚或花蕾取食，造成蕾、荚脱落。3 龄后蛀入荚内食害豆粒，每荚 1 头幼虫，少数 2~3 头，被害荚在雨后常腐烂。幼虫也常吐丝缀叶为害。老熟幼虫在叶背主脉两侧作茧化蛹，也可吐丝下落土表或落叶中结茧化蛹。蛹期 4~10 d。温度适应范围广，7~31℃都能发育，但最适温为 28℃。

19.4.3.3 防治

①农业防治 种植前清理杂草，进行深翻，可以有效减少成虫的栖息地以及残存的幼虫和蛹，降低虫口基数；及时清除田间落花、落荚，并摘除被害的卷叶和豆荚，减少虫源；注重水肥管理，增强寄主长势，有效改善寄主抵御害虫入侵的能力。

②生物防治 保护和利用赤眼蜂、茧蜂等天敌。

③物理防治 豆荚螟成虫具有趋光性，可利用振频式杀虫灯对其成虫进行诱捕；在田间放置性诱芯诱捕器也可诱捕雄成虫。

④化学防治 应做好虫情预测预报，及时调查豆荚螟发生动态并掌握其发展趋势，在豆荚螟卵孵化盛期及时进行药剂防治，可选用氟啶脲、甲维盐+虫螨腈、氯虫·噻虫嗪、阿维·氯苯酰及氯虫苯甲酰胺等高效、低毒的环境友好型药剂进行防治。

思考题

1. 如何识别短星翅蝗和意大利蝗？
2. 草地地下虫害有哪些类群？有何危害特点？
3. 草地蛴螬类地下害虫的防治原则是什么？试举例说明防治具体措施。
4. 草地害虫按其取食部位可分为哪些类别？
5. 草地蝗虫中飞蝗类和土蝗类的防治方法有何区别？防治阈值又分别为多少？
6. 草地植物种子类害虫有哪些？被害状有何特征？
7. 苜蓿籽蜂是否列入检疫害虫？对于检疫害虫有何特殊的防治措施？

第 20 章
草地主要毒(害)草及其防治

随着对草地毒(害)杂草研究的不断深入,研究者逐渐发现并发掘出其巨大的综合利用价值并因地制宜地开展针对草地毒(害)杂草的综合防控。本章参照石定燧(1993)、刘长仲(2015)以及尉亚辉和赵宝玉(2016)等的研究内容就中国草地主要的毒(害)草及其综合防控进行重点介绍,其中在杂草防控方面则主要以紫花苜蓿和燕麦两种主要牧草的田间杂草管理为例进行介绍。

20.1 天然草地主要毒(害)草

20.1.1 主要毒草及其防控

20.1.1.1 狼毒

(1)形态特征与生境分布

狼毒(*Stellera chamaejasme*)是瑞香科狼毒属多年生草本植物,别名一把香、红火柴头、断肠草。高 20~50 cm,根粗大,木质,直径 1~3 cm。茎基部丛生,直立不分枝,光滑无毛。叶较密,常互生,椭圆状披针形,长 1~3 cm,宽 2~8 mm,先端渐尖,基部钝圆或楔形,两面无毛。顶生头状花序;花黄色、白色或淡红色,具绿色总苞;花萼筒细瘦,长 8~12 mm,宽约 2 mm,下部常紫色,具明显纵纹,顶端 5 裂,裂片近卵圆形,长 2~3 mm,具紫红色网纹;雄蕊 10,2 轮,着生于萼喉部与萼筒中部,花丝极短;子房椭圆形,1 室,上部密被淡黄色细毛,花柱极短,近头状。小坚果卵形,黑褐色,长 4 mm,上半部被细毛,果皮膜质,为花萼管基部所包藏(图 20-1)。花果期 4~9 月。

狼毒为旱生植物,主要分布在东北、华北、西南地区及宁夏、甘肃、青海、西藏、内蒙古等地。生于山地草地、高山向阳处。为干旱草原、沙质草原和典型草原群落的伴生种,在重度退化的草原上可成为主要建群种。

(2)毒性与危害

狼毒根毒性最大,全草有毒且味劣,家畜一般不采食。但冬季牧草严重缺乏和春季幼苗期,牛、羊等家畜因处于饥饿状态或贪青采食,或外地引进的家畜不识别狼毒

图 20-1 狼毒(仿石定燧等)
1. 植株、根 2. 雌蕊头状柱头
3. 管状花被管,雄蕊 10 枚

而误食。狼毒所含的化学成分甚多，主要有萜类树脂、有毒的高分子有机酸及狼毒素、二氢山奈酚等黄酮类化合物，引起中毒的主要有毒成分为双二氢黄酮结构的狼毒素。家畜误食中毒后主要影响自主神经系统，引起胃肠道功能紊乱。主要症状表现为精神沉郁、流涎、呕吐、腹痛、呼吸促迫、心悸、全身痉挛等，甚至引起死亡。孕畜中毒可致流产。

(3) 综合防控

①加强草地管理　在早春返青和开花期间，禁止在有狼毒分布草场放牧。如果必须在该类草场放牧，应在放牧前补饲一定量的饲草料，避免家畜处于饥饿状态下大量采食狼毒。也可通过控制和规定合理的草地载畜量，采取分区轮牧，转场放牧等措施，减轻草地践踏程度，防止草地退化，抑制狼毒的滋生蔓延。

②物理防控　在狼毒零星分布的天然草地，可适当地采取人工或机械方法清除并及时补播优良牧草，以恢复草地植被，避免草地进一步退化。

③化学防控　在狼毒大面积优势分布区，为减少狼毒对草地畜牧业的危害，可采用除草剂进行化学防控。目前认为较为理想的除草剂主要有2,4-D-丁酯、草甘膦、迈士通(21%氯氨吡啶酸)等。灭除后应及时补播优良牧草，以恢复草地植被。

④其他用途　狼毒为传统中药，其性味苦平，有杀菌、杀虫、散结、逐水止痛等多方面的药理作用，可用于治疗疥疮、顽癣，具有逐水祛痰、破积杀虫的功效，还用于治疗肺、淋巴等的结核病。现代药理研究表明，狼毒具有抗肿瘤、抗病毒、抗菌、抗惊厥、抗癫痫等活性。此外，狼毒的根可用来制成植物性杀虫剂，用于驱虫、杀蝇，防治作物上的害虫。狼毒全株可用于造纸，花期艳丽具有一定的观赏价值，可作为景观植物发展草地旅游业。

(4) 中毒救治

狼毒中毒目前尚无特效治疗方法，主要采用对症疗法和支持疗法。家畜中毒时首先给予催吐药、洗胃、泻下药等措施排除体内毒物，中毒后可内服活性炭或口服蛋清，也可用复方生理盐水及大剂量维生素C等静脉注射。消化道症状明显者，用吗啡或阿托品、小檗碱(黄连素)等治疗腹痛，呼吸循环衰竭时可给予呼吸兴奋药和强心药。

20.1.1.2　小花棘豆

(1) 形态特征与生境分布

小花棘豆(*Oxytropis glabra*)是豆科棘豆属多年生草本植物。对草地畜牧业造成危害的棘豆属植物约有10种，主要有小花棘豆、甘肃棘豆(*O. kansuensis*)、黄花棘豆(*O. ochrocephala*)、冰川棘豆(*O. glacialis*)、毛瓣棘豆(*O. sericopetala*)、镰形棘豆(*O. falcate*)、急弯棘豆(*O. defexa*)、宽苞棘豆(*O. latibracteata*)、包头棘豆(*O. glabra* var. *drakeana*)、硬毛棘豆(*O. hirat*)。本小节以小花棘豆为例进行介绍。小花棘豆俗称马绊肠、苦马豆，为多年生草本植物，高20~80 cm。根系发达，直根粗壮。茎多分枝，当年生植株多直立，多年生植株呈放射状匍匐铺散，长30~70 cm，无毛或疏被短柔毛，绿色。羽状复叶长5~15 cm；叶轴疏被开展或贴伏短柔毛；托叶草质，披针形、披针状卵形至三角形。小叶11~27，披针形或卵状披针形，基部宽楔形或圆形，叶面无毛，叶背微被贴伏柔毛。稀疏总状花序，长4~7 cm；总花梗长5~12 cm，被开展的白色短柔毛；苞片膜质，狭披针形，长约2 mm，先端尖，疏被柔毛；花长6~8 mm；花梗长1 mm；花萼钟形，被贴伏白色短柔毛，萼齿披针状锥形，长1.5~2 mm；花冠蓝紫色或淡紫色(偶白色)；旗瓣长7~8 mm，瓣片圆形，先端微缺；翼瓣长6~7 mm，先端全缘；龙骨瓣长5~6 mm；子房疏被长柔毛。荚果膜质，长

图 20-2 小花棘豆（仿史志诚等）
1. 植株 2. 花 3. 旗瓣 4. 翼瓣
5. 龙骨瓣 6. 雄蕊展开图 7. 果实

圆形，膨胀，下垂，长 10~20 mm，腹缝具深沟，背部圆形，后期无毛，1 室（图 20-2）。花期 6~9 月，果期 7~9 月。

小花棘豆多分布于中国吉林、河北、河南、内蒙古、山西、陕西、甘肃、青海、新疆、西藏等地，生于海拔 400~3 400 m 的干旱荒漠草原、沙漠地区、滩地草场、河谷阶地、冲积川地及盐土草滩。

(2) 毒性与危害

棘豆属有毒植物对畜牧业的危害主要表现为造成大批家畜中毒死亡、影响家畜繁殖和促使草场退化、破坏草地生态平衡、降低草场利用率。棘豆属的主要有毒成分是吲哚兹定生物碱-苦马豆素。苦马豆素能强烈抑制细胞溶酶体内的 α-甘露糖苷酶活性，使细胞内蛋白的 N-糖基化合成、加工、转运以及富含甘露糖的寡聚糖代谢过程发生障碍，形成糖蛋白-天冬酰胺低聚糖。

家畜棘豆中毒后，由于细胞内低聚糖大量聚积而导致细胞广泛空泡变性，进而造成细胞功能紊乱、器官组织损害和功能障碍。中毒动物往往出现以运动失调为主的神经症状，以及母畜不孕、孕畜流产和公畜不育等。

(3) 综合防控

①人工及物理防控　对于面积不大，密度较小的棘豆草地，可在种子成熟之前进行挖除，同时播种竞争力强的优良牧草。但在当前草地植被脆弱或严重沙化的草场，人工挖除可能进一步促使草场沙化，现已较少采用。

②化学防控　棘豆种子在草原土壤中贮存量很大（400~4 300 粒/m²），为了确保棘豆生长密度不至于达到危害牲畜的程度，需要定期重复喷药。但该方法在增加牧民经济负担的同时也会对生态环境造成污染，为了防止现有草地进一步沙化、退化，已不再大规模使用除草剂进行棘豆的防控。

③生态轮牧防控　可使用网围栏等将草场划分为 3 个区，即高密度区（棘豆分布强度在 100 株/m² 以上）、低密度区（10~100 株/m²）及基本无棘豆生长区（<10 株/m²）。严格控制羊群在各区的放牧时间，进行轮牧，即在高密度区放牧 10 d，或在低密度区放牧 15 d，再进入基本无棘豆生长区放牧 20 d，如此循环直至羊群由棘豆生长较多的夏秋草场进入基本无棘豆生长的冬春草场。建立轮牧的关键是要有足够的基本无棘豆生长区，羊群可以在此区内排除体内的毒素，恢复受损组织。

④其他用途　棘豆全草入药，具有麻醉、镇静、止痛等功效，主治关节痛、牙痛、神经衰弱和皮肤瘙痒。现代药理研究发现，有毒棘豆植物主要有毒成分苦马豆素具有抗肿瘤、抗病毒、增强免疫力和抗辐射作用。此外，棘豆根系发达，耐旱、耐寒、耐贫瘠，生命力强，可作为沙漠化地区防风固沙植物。

(4) 中毒救治

目前尚无有效治疗棘豆中毒的药物，关键在于预防。可采用日粮防控方法，即在饲草中加入 40% 未经处理的棘豆，采取每喂 15 d 后停喂 15 d 的间歇饲喂法，至少饲喂 4~5 个月是安全的。或者采取脱毒利用，将盛花期的棘豆收割后青贮 2~3 个月，可有效降低棘豆中主要有毒成分。药物防控方法主要利用免疫学方法和解毒药物进行棘豆中毒防治。对轻度中毒的病畜，及时转移至无棘豆的草场上放牧，并适当补饲精料，加强饮水可促进毒素从尿液中排出，一般可不药而愈。静脉注射葡萄糖溶液及硫代硫酸钠溶液可促进康复。

20.1.1.3 茎直黄芪

(1) 形态特征与生境分布

茎直黄芪（Astragalus strictus）是豆科黄芪属多年生直立丛生草本植物。别名劲直黄耆、醉马草、通查、通扎、饿珍玛（藏族名）等。目前，对草地畜牧业造成严重危害的黄芪属植物主要有茎直黄芪和变异黄芪（A. variabilis）。本小节以茎直黄芪为例进行介绍。根粗壮，木质。茎高 15~30 cm，基部分枝，有条棱，疏被白色和黑色短柔毛。叶长 4~10 cm；托叶卵状披针形，长 5~8 mm，与叶柄分离，彼此连合至中部；小叶 17~31 枚，狭矩圆形、狭椭圆形、披针形，长 5~14 mm，宽 3~6 mm，顶端锐尖或钝，基部圆楔形，叶面无毛，叶背疏被白色平伏柔毛。总状花序腋生，总花梗长于叶，有条棱，疏被白色和黑色平伏长柔毛；花萼长 6~7 mm，密被黑色长柔毛，萼齿比萼筒短或与萼筒近等长；花冠紫红色或蓝紫色；旗瓣长 9~10 mm，瓣片宽卵形或近圆形；翼瓣长 8~9 mm；龙骨瓣长 7~8 mm；子房密被白色或黑色长柔毛，有短柄。荚果矩圆形，下垂，微呈镰形，长 9~10 mm，宽约 3 mm，密被白色和黑色短柔毛，有短柄，1 室（图 20-3）。

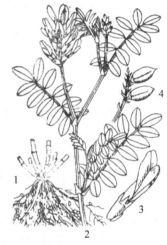

图 20-3　茎直黄芪
1. 根　2. 植株　3. 花　4. 叶

茎直黄芪分布于中国西藏东部及南部以及云南西北部，生于海拔 2 900~4 600 m 的山坡草地、河边湿地、石砾地及村旁、路旁、田边。

(2) 毒性与危害

全草有毒，主要有毒成分与棘豆属一样为苦马豆素。各种牲畜在可食牧草缺乏时，被迫采食黄芪属有毒植物 1~2 个月后可引起以神经机能障碍为特征的慢性中毒，以马属动物最敏感，其次是山羊、绵羊、骆驼、牛和鹿，牦牛有一定的耐受性。

(3) 综合防控

①物理防控　在茎直黄芪蔓延十分严重、生长密度特别大的地区，采用人工或机械翻耕的方法挖除。人工挖除茎直黄芪的方法只能在生态较好的地区小范围应用，挖除的同时必须补播优良牧草，否则容易导致草地进一步退化。

②化学防控　国内目前在茎直黄芪化学防除方面具有一定防除效果的除草剂主要有使它隆和 2,4-D-丁酯。但化学除草剂在草地上使用会引发许多负面效应，一是一定程度影响其他阔叶类可食牧草；二是不能将茎直黄芪彻底灭除，需重复用药，成本高，还会造成环境污染和草地植被破坏，尤其在荒漠化草原使用时极易造成草地沙化。

③生态防控　牲畜茎直黄芪中毒属于慢性蓄积中毒，且茎直黄芪中主要有毒成分苦马豆素在牲畜体内半衰期短（约 20 h），清除快、受损细胞修复快，因此牲畜茎直黄芪中毒之后，立即停喂或转移到没茎直黄芪生长草地，加强饲养管理可恢复。科技工作者根据茎直黄芪中毒原理和苦马豆素在牲畜体内半衰期，制订出经济有效的生态控制方法，即在有茎直黄

芪的草地上放牧 15 d，然后转入无茎直黄芪的草地上放牧 10~15 d 或更长时间自由采食，促进自然恢复。自然恢复必须把握好时机，在山羊出现早期中毒症状时隔离恢复效果最好。

④其他用途　茎直黄芪根系发达，耐旱、耐寒、耐贫瘠，生命力强，可作为沙漠化地区防风固沙植物。茎直黄芪具有很高的营养价值和药理活性，是一种潜在的可利用资源。

(4)脱毒利用

国内外许多学者对茎直黄芪脱毒利用进行了大量的研究。有茎直黄芪生长旺盛期将其刈割，添加其他牧草青贮，在发生雪灾时配合治疗(预防)药物，给牲畜饲喂，可将茎直黄芪作为抗灾饲草料加以利用。药物防控方面赵宝玉等研制的预防解毒剂棘防 E 号在西藏、青海、内蒙古进行了大面积推广示范，羊用药后在茎直黄芪或有毒棘豆滋生的草场放牧，4 个月内不发生中毒。西藏自治区农牧科学院研制的家畜茎直黄芪或有毒棘豆中毒治疗水剂，在西藏阿里地区进行了试验示范，连续投服 3~5 d 可治愈中毒山羊。

20.1.1.4　黄帚橐吾

(1)形态特征与生境分布

黄帚橐吾(*Ligularia virgaurea*)是菊科橐吾属多年生草本植物。别名日侯(青海藏族名)、嘎和(四川藏族名)。橐吾属对草地畜牧业形成危害的种类主要有黄帚橐吾、复序橐吾(*L. jaluensis*)、全缘橐吾(*L. mongolica*)、狭苞橐吾(*L. intermedia*)、蹄叶橐吾(*L. fischeri*)、合苞橐吾(*L. schmidtii*)、大叶橐吾(*L. macrophylla*)、准噶尔橐吾(*L. songarica*)、天山橐吾(*L. narynensis*)、阿勒泰橐吾(*L. altaica*)、舟叶橐吾(*L. cymbulifera*)、箭叶橐吾(*L. sagitta*)、藏橐吾(*L. rumicifolia*)等十余种。形成严重危害的有黄帚橐吾、天山橐吾、箭叶橐吾、阿勒泰橐吾、大叶橐吾和藏橐吾等。本小节以黄帚橐吾为例进行介绍。根肉质，多数簇生。茎直立，高 15~80 cm，光滑，基部直径 2~9 mm，被厚密的褐色枯叶柄纤维包围。丛生叶和茎基部叶具柄，全部或上半部具翅，宽窄不等，光滑，基部具鞘，紫红色；叶片卵形、椭圆形或长圆状披针形，长 3~15 cm，宽 1.3~11 cm，先端钝或急尖，全缘至有齿，基部楔形，有时近平截，突然狭缩，下延成翅柄，两面光滑；叶脉羽状或有时近平行；茎生叶小，无柄，卵形、卵状披针形至线形，长于节间，先端急尖至渐尖，常筒状抱茎。总状花序长 4.5~22 cm，密集或上部密集，下部疏离；苞片线状披针形至线形，长达 6 cm，向上渐短；花序梗长 3~10 mm；头状花序辐射状，常多数，小苞片丝状；总苞陀螺形或杯状，长 7~10 mm，宽 6~9 mm；总苞片 10~14 枚，2 层，长圆形或狭披针形，宽 1.5~5 mm，先端钝至渐尖而呈尾状，背部光滑或幼时有毛，具宽或窄的膜质边缘。舌状花 5~14 朵，黄色，舌片线形，长 8~22 mm，宽 1.5~2.5 mm，先端急尖，管部长约 4 mm；管状花多数，长 7~8 mm，管部长约 3 mm，檐部楔形，窄狭，冠毛白色与花冠等长。瘦果长圆形，长约 5 mm，光滑(图 20-4)。花果期 7~9 月。

图 20-4　橐吾(仿石定燧等)

1. 茎的基部　2. 基生叶　3. 花序

黄帚橐吾主要分布于西藏东北部、云南西北部、四川、青海、甘肃，生于海拔 2 600~4 700 m 的河滩、沼泽草甸、阴坡湿地及灌木丛中。

(2)毒性与危害

各种牲畜误食橐吾属植物后，尤其是绵羊，出现反刍停止，精神沉郁，喜卧，喜饮水，脉搏呼吸加快，腹水增多，胃肠黏膜有出血斑，肝肿大、色黄，肺充血且表面有出血点症状，严重的 2~3 d 死亡。

(3)综合防控

①物理防控　刈割(5月底至6月初)、人工挖除(5月下旬至6月中旬)。刈割次数为 2~3次，时间间隔为 20~40 d。

②化学防控　在橐吾营养生长旺盛期(4~6叶龄)大面积机械喷施氯氨吡啶酸防控。喷药后对草场进行围栏封育。防除试验发现草甘膦对橐吾的防除效率达 100%。同时发现其作为灭杀性除草剂对豆科牧草——白三叶、红三叶等影响不大，而对禾草有很大的药害。

③生物防控　围栏封育期 2~3 年，封育期间严禁放牧。

④其他用途　橐吾属植物根茎可入药，在中国西北和东北地区可作为藏药、维药、朝鲜族民间草药，具有止咳化痰、活血化瘀、清热解毒等功效，被一些地区称为山紫菀。同时橐吾属植物也可作为观赏植物。

20.1.1.5　乌头

(1)形态特征与生境分布

乌头(Aconitum carmichaeli)是毛茛科乌头属多年生草本。对草地畜牧业形成危害的乌头属植物有乌头、白喉乌头(A. leucostomum)、阿尔泰乌头(A. smirnovii)、西伯利亚乌头(A. barbatum)、准噶尔乌头(A. soongaricum)、细叶乌头(A. macrorhynchum)、多根乌头(A. karakolium)、拟黄花乌头(A. anthoroideum)、山地乌头(A. monticola)、北乌头(A. kusnezoffii)、高乌头(A. sinomontanum)、山西乌头(A. smithii)、林地乌头(A. nemorum)、空茎乌头(A. apetalum)、华北乌头(A. soongaricum)、伊犁乌头(A. talassicum)、展花乌头(A. chasmanthum)、薄叶乌头(A. fischeri)、吉林乌头(A. kirinense)共 20 种。本小节以乌头为例进行介绍。乌头高 60~150 cm。茎直立，上部被贴伏的稀疏柔毛。叶片薄革质或纸质，五角形，急尖，侧全裂片不等二深裂，叶面暗绿色疏被短伏毛，叶背灰绿色通常只沿脉疏被短柔毛；叶柄疏被短柔毛。顶生总状圆锥花序，花序轴及花梗有贴伏的柔毛，萼片 5 片，蓝紫色，上萼片呈高盔形，侧萼片近圆形。蓇葖果长圆形。块根常 2 连生，纺锤形或倒卵形，长 2~5 cm，直径 1~1.6 cm，外皮深灰褐色，质坚硬不易折断(图20-5)。花期 9~10 月。

乌头分布于中国大部分省份，在四川西部、

图 20-5　乌头(仿史志诚等)

1. 根　2. 花枝　3. 花冠纵剖　4. 果实

陕西南部及湖北西部一带生长于海拔850~2 150 m，在湖南及江西生长于海拔700~900 m，在沿海诸省生长于海拔100~500 m的林沿、草坡或灌丛中。

(2) 毒性与危害

乌头属的有毒成分主要是二萜类生物碱，一类是氨醇类二萜生物碱，毒性小或无毒；另一类是双酯类二萜生物碱，有强烈毒性，乌头的有毒生物碱多属此类，主要有乌头碱、次乌头碱、新乌头碱、塔拉乌头胺、川乌碱甲、川乌碱乙。乌头全株有毒，以块根毒性最强，一般在幼嫩时毒性较小，开花前及开花时毒性最强，结实后毒性最小，在晒干或贮存后毒性不消失。

误食是引起家畜中毒的主要原因，尤其是饲草中混入乌头茎叶时。乌头碱类生物碱主要侵害神经系统和心脏。家畜食入乌头后，在消化道迅速被吸收，很快出现中毒症状，严重者可引起死亡。

(3) 综合防控

①物理防控　可采取人工或机械挖除，一般在每年的5月中下旬至6月中旬进行。每年刈割2~3次。围栏封育2~3年，避免牲畜误食。

②化学防控　施用氯氨吡啶酸的防治效果较好，且对禾本科牧草的安全性较高。为减少药物的污染和危害，可采用人工点喷法施药；如需大面积机械喷施，可在乌头营养生长旺盛期(5~7叶龄)用药，喷药后需要间隔一段时间才能再次放牧。

③其他用途　乌头是中国最早用于药用的植物之一，其药用主要选用栽培种，主根(母根)加工后称川乌，侧根(子根)则称附子。乌头也可作为土农药，消灭农作物的一些病害和虫害。另外，乌头的花美丽，可供观赏。

(4) 家畜中毒救治

家畜中毒后，立即用0.1%高锰酸钾或0.5%鞣酸溶液洗胃，并灌服活性炭、氧化镁等，同时静脉注射葡萄糖液和葡萄糖盐水。针对不同中毒症状要对症下药，如常用的阿托品等抗胆碱药可缓和迷走神经兴奋，通常采用皮下注射；出现心律失常症状时可用利多卡因静脉滴注；若出现后肢麻痹、呼吸衰竭，可皮下注射硝酸士的宁。

20.1.1.6　毒芹

(1) 形态特征与生境分布

毒芹（*Cicuta virosa*）是伞形科毒芹属多年生草本。别名走马芹、野芹菜花、毒人参等。株高1 m左右，根茎绿色，粗大，直径达3 cm，节间相接，多数具肥厚的长根。茎直立，中空，圆筒状，具细槽，茎上部分枝。叶互生，叶柄基部膨大呈鞘状，生有2回或3回羽状全裂叶；叶片呈长椭圆形或披针形，长2~7 cm，宽3~10 cm，先端渐尖，边缘具尖锯齿。复伞形花序顶生呈半球状，伞梗10~20个，略等长；每一小伞形花序直径约1.5 cm，开花时呈圆头状，具20~40花，花瓣白色；双悬果近圆形，长2~2.4 mm，宽2~2.7 mm，果棱钝圆，带木栓质，成熟时种子腹面与果皮剥离(图20-6)。花期7~8月，果期8~9月。

毒芹多生长于海拔400~2 900 m的杂木林下、沟边、沼泽地、湿毒地。中国东北、西北、华北、华东地区均有生长，以黑龙江为多。

(2) 毒性与危害

毒芹全株有毒，主要有毒成分为毒芹碱、甲基毒芹碱和毒芹毒素，根茎部为多。毒芹所含有毒物质晒干后不消失。毒芹素是一种类脂样物质，经胃肠道迅速吸收，并扩散于整个机体，首先作用于延脑和脊髓，引起兴奋性增强和强直性痉挛；同时刺激心血管运动中枢和迷走神经中枢，导致呼吸和心脏功能障碍；运动神经受到抑制，骨骼肌发生麻痹。毒芹中毒多发生于牛、羊，有时也能发生于猪和马。

(3) 综合防控

①加强管理，合理放牧 家畜毒芹中毒多因误食毒芹根茎部引起，中毒多发生在早春因家畜贪青和饥不择食所致，或晚秋因喜食具有甜味的毒芹根茎或霜后类似芹菜气味消失后的毒芹枯叶而引起。春秋要严格掌握放牧时期，在牧草没有完全生长出来时，不要过早放牧。同时，避免在低洼沟塘、河边草甸等有毒芹生长的地方放牧。

②人工和物理防控 对于毒芹大量分布的区域，也可采用人工铲除等措施，铲除后对其残根进行集中烧毁处理，铲除草地可补播优良牧草。

③化学防控 有条件的地方可用2,4-D类除草剂喷洒以达到灭除的效果。

图 20-6 毒芹(仿史志诚等)
1. 植株下部 2. 植株上部 3. 花
4. 小苞片 5. 花瓣 6. 子房 7. 果实

④其他用途 毒芹全草入药，具有拔毒、祛瘀、止痛的功效，可用于治疗慢性骨髓炎、痛风、风湿痛等。另外，利用毒芹所含有的毒芹碱生产生物农药，对鼠类有一定的驱避效果。

(4) 家畜中毒救治

毒芹中毒所致病势急剧，但如治疗及时，尚能恢复健康。发现中毒后应及时内服鲜牛奶或豆浆。在中毒初期可进行洗胃，也可内服稀碘液 1 500 mL(稀碘液配治方法为取碘 1 g、碘化钾 2 g，溶于 1 500 mL 水中)或活性炭，服用高锰酸钾稀溶液或用其洗胃溶液也能具有一定的疗效。

20.1.1.7 醉马草

(1) 形态特征与生境分布

醉马草(*Achnatherum inebrians*)是禾本科芨芨草属多年生草本植物。别名醉马芨芨、醉针茅、马尿扫。须根柔韧，秆直立，少丛生，平滑，茎实心。高 60~100 cm，直径 2.5~3.5 mm，常具 3~4 节，节下贴生微毛，基部具鳞芽。叶鞘稍粗糙，叶鞘口具微毛；叶舌厚膜质，长约 1 mm，顶端平截或具裂齿；叶片质地较硬，直立，边缘通常卷折，叶面及边缘粗糙，茎生者长 8~15 cm，基生者长达 30 cm，宽 2~10 mm。圆锥花序紧密呈穗状，直立或先端下倾，下部常有间断，长 10~25 cm，宽 1~2.5 cm，花序分枝每节 6~7 枚簇生，基部即生小穗；小穗长 5~6 mm，灰绿色或基部带紫色，成熟后变成褐色；颖膜质，几等长，先端尖常破裂，微粗糙，具 3 脉；外稃长约 4 mm，背部密被柔毛，顶端具 2 微齿，具 3 脉，脉于顶端汇合且延伸呈芒，芒长 10~13 mm，一回膝曲，芒柱稍扭转且被微短毛，基盘钝，具短毛，长约 0.5 mm；内稃具 2 脉，脉间被柔毛，无脊；花药长约 2 mm，顶端具白色毫毛。颖果圆柱形，长约 3 mm(图 20-7)。早春萌发，花果期 7~10 月。

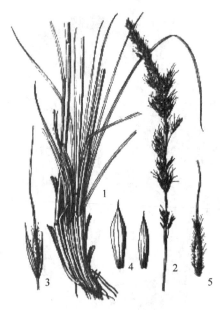

图 20-7　醉马草(仿史志诚等)
1. 植株　2. 花序　3. 小穗
4. 颖　5. 小花

醉马草原产于欧亚大陆，在中国广泛分布于新疆、甘肃、宁夏、青海、内蒙古、陕西、西藏、四川等地，河北、山东、浙江也有分布。醉马草多生长于海拔1 700~4 200 m 的高山及亚高山草原、山坡草地、田边、路旁、河滩。有时在青藏高原 3 000~4 200 m 的草原上也形成很大的群落。

(2) 毒性与危害

有关醉马草的有毒成分仍未完全确定，早期有研究者认为醉马草中毒与氰苷、强心苷有关。后来又有研究者对醉马草化学成分进行了系统试验，证实生物碱是醉马草的主要有毒成分。以此为依据，对醉马草进行了提取与分离获得了一种白色无定形粉末的生物碱单体并取名为醉马草毒素。但动物喂食试验又发现醉马草毒素不是醉马草的主要有毒成分。有学者认为醉马草本身无毒，只有当内生真菌与醉马草共生并产生麦角新碱和麦角酰胺等麦角类生物碱后才会导致采食醉马草家畜中毒。醉马草中毒多发生于马属动物，一般采食新鲜醉马草至体重的1%量即可发生中毒。家畜醉马草中毒系急性中毒，发病快，病程短。一般家畜中毒后虽然表现的症状较严重，但除个别体弱、中毒严重者，多数中毒家畜可耐过不死，并很快恢复健康。

(3) 综合防控

①人工和物理防控　可采用人工及机械挖除、抽穗前反复刈割(留茬 3~5 cm)、枯黄季节搂拔、进行焚烧等措施进行防治。

②化学防控　返青期、抽穗后期喷施草甘膦，防除效果较好。

③生物、生态防控　在秋季或春季采取清茬+返青期划破草皮+机械补播措施，并混播适合当地生长的优良豆禾牧草品种，豆禾比例 1∶1。采取围栏封育(3~5 年)措施，禁止家畜的采食，通过增加原有草地优势种竞争优势，达到防除的目的。

④综合利用　醉马草粗蛋白质含量高(15.07%)，可以作为潜在的牧草资源进行开发利用。可利用青贮过程中乳酸菌产酸中和醉马草中的生物碱，即可直接饲喂家畜；也可将醉马草调制成干草后作为饲草利用，但食入量不宜太高。醉马草可作为药物开发利用，其提取物对大肠埃希菌、枯草杆菌、金黄色葡萄球菌、酵母菌、青霉及黑曲霉具有抑菌活性。醉马草的秆叶可供造纸及人造丝。醉马草因其根系发达而具有很强的生命力和较强的抗逆性，还可以作为生态用草进行开发利用。

20.1.2　主要害草及其防控

中国草地上的有害植物数量相对有毒植物较少，部分也有一定的毒性。因其大多数在某个阶段家畜可食用，故仅举几例，作为草地管理时参考。本节将参照现有资料包括石定燧(1993)以及尉亚辉和赵宝玉(2016)等研究内容对中国草地上几种主要的有害植物进行介绍。

20.1.2.1 刺毛鹤虱

(1)形态特征与生境分布

刺毛鹤虱(*Lappula echinata*),刺毛鹤虱又称小粘染子,是紫草科鹤虱属1年生或2年生草本植物。鹤虱属植物均属于害草,本小节以刺毛鹤虱为例进行介绍。茎直立,高20~40 cm,中部以上多分枝,全株均密被白色细刚毛。基生叶短圆状匙形,全缘,先端钝,基部渐狭下延,长达7 cm(包括叶柄在内),宽3~9 mm;茎生叶较短而狭,披针形或条形,长3~4 cm,宽15~40 mm,先端稍尖,基部渐狭,无叶柄。总状花序顶生,花有短梗,花萼5深裂;花冠浅蓝色,漏斗状至钟状;雄蕊5;子房4裂。小坚果卵形,长3~3.5 mm,有小疣状突起,沿棱有2~3行锚状刺,内行刺长1.5~2 mm(图20-8)。花果期6~8月。

刺毛鹤虱主要分布在华北、西北、新疆等地,喜生于河谷草甸、山地草甸、撂荒地以及路旁和居民点等处。

(2)毒性与危害

刺毛鹤虱草生命力极强,传入某一地段后能迅速繁殖,与其他牧草竞争光、水、肥,抑制其他牧草生长,使草场品质下降,优良牧草产量减少,降

图20-8 刺毛鹤虱(仿石定燧等)
1. 植株 2. 花 3. 花解剖 4. 果剖面,花托锥状 5. 小坚果,锚状刺2~3行

低草地生产能力。刺毛鹤虱的适口性差,家畜不喜欢采食。由于其小坚果具有钩刺,十分坚硬,家畜放牧时常常黏在身上,影响羊毛质量或危害家畜。

(3)综合防控

①合理放牧 草地进行合理利用,防止杂草滋生;避免绵羊到生长有刺毛鹤虱的地方去放牧,特别是在刺毛鹤虱结子以后;刺毛鹤虱生长多的地方可以放牧大家畜。

②选择合适防控措施 可因地制宜地采取物理、化学及生物防控等措施加以控制和防除。

③其他用途 刺毛鹤虱的果实入药,有消炎杀虫之功效;刺毛鹤虱种子可提取精油,广泛应用于食品、日化的加香,如肥皂、洗涤剂、香水、酒、冰激凌、面包、饼干等制品。

20.1.2.2 苍耳

(1)形态特征与生境分布

苍耳(*Xanthium sibiricum*),又称苍耳子、老苍子、刺儿苗,是菊科苍耳属1年生草本植物。茎直立或自基部分枝,植株高20~120 cm,粗壮,下部圆柱形,上部有纵沟棱,被白色硬毛。叶具长柄,叶片三角状卵形或心形,长4~9 cm,宽3~9 cm,边缘有缺刻及不规则的粗锯齿,具基出脉3,叶面绿色,叶背苍绿色,两面均被硬伏毛及腺点;雄花头状花序,直径4~6 mm,雄花花冠钟状;雌花头状花序椭圆形,成熟具瘦果的总苞变坚硬,绿色、淡黄绿色或带红褐色,连同喙部长12~15 mm,宽4~7 mm,外部疏生具钩状的刺,

刺长 1~2 mm；喙坚硬，锥形，长 1.5~2.5 mm，上端略弯曲，不等长。瘦果长约 1 cm，灰黑色(图 20-9)。花期 7~8 月，果期 9~10 月。

图 20-9 苍耳

主要生长于村舍附近的田边、荒地、砂质坡地以及路旁、居民点等处。分布遍及全国各地。

(2)毒性与危害

苍耳果实有钩状刺，常常缠结在羊毛上，不但降低羊毛质量，而且也会伤害畜体。

(3)综合防控

①物理防控　苗期或开花前人工拔除或者耕作去除，连续 2~3 年。

②化学防控　可用 2,4-D 异辛酯等阔叶类化学除草剂进行灭草。

③合理放牧　秋季苍耳结实后，不要在苍耳多的地方放牧。

④其他用途　茎叶去毒处理后可以作为野菜；可以作为春夏绿肥；种子可榨油，苍耳子油与桐油的性质相仿，可掺和桐油制油漆，也可作油墨、肥皂、油毡的原料，还可制硬化油及润滑油；果实供药用，也可以用于生产天然杀虫剂。

20.2　人工草地主要杂草

人工草地杂草会侵占草地地上、地下部空间，与牧草争水、争肥、争光，影响牧草的正常生长；同时有些杂草能够传播病虫害，还有些含有有毒有害成分，影响人畜健康和安全。杂草危害降低了牧草的产量和品质，增加了田间管理和生产成本。燕麦和紫花苜蓿是中国牧草生产的两大主要草种，本节将以这两种牧草的田间杂草综合防治为例进行说明。

20.2.1　紫花苜蓿地主要杂草及其防治

20.2.1.1　苜蓿田间杂草种类

因各地水热等条件不同，苜蓿地杂草种类和数量差异非常大。通常苜蓿地以禾本科和菊科杂草占比最多，其次是藜科、十字花科、蓼科、豆科、紫草科等。不同种类的杂草对苜蓿的牧草品质影响不同，灰菜、苋、普通豚草、蒲公英、叉枝蝇子草等对苜蓿牧草品质的整体影响较小，狗尾草、遏蓝菜、荠菜、苘麻、田蓟、匍匐冰草等影响较大，而苍耳、龙葵、谷莠子、巨豚草、蓼、金色狗尾草、皱叶酸模、庭芥、黄花山芥菜等影响严重。

20.2.1.2　苜蓿田间杂草综合防控

本小节将介绍的苜蓿地杂草及防治具体措施主要参照美国农学会《苜蓿管理指南》和强玉宁《苜蓿田间杂草防除技术》，并根据实际情况做出适当修改。

(1)栽培管理防除措施

①结合选地整地预防杂草　苜蓿播种整地前应适当灌溉，保证土壤墒情合适，杂草出

苗后深翻土地，将新出苗的杂草和表土的杂草种子深埋，使其不能正常生长和出苗。整地后若墒情良好，留在地表的杂草种子还会出苗，因此可在播种前进行浅耕或者利用敌草快消灭出苗的杂草。施肥时如果选用农家肥，注意腐熟以灭活杂草种子。

②结合选种和播种控制杂草　播种前必须选用质量检验合格的种子，以减少种子中的杂草种子数量。由于苜蓿与部分主要杂草对生长环境的要求不同，可适当调整播期，能在一定程度上防除杂草。例如，在夏秋季适期晚播，可使同时发芽的杂草幼苗在入冬时被冻死，来年不能开花结实，以此减少杂草的危害。或者依据苜蓿出苗较早（地温达到 6~10℃）而大部分杂草发芽较晚的特征，在秋冬季采用顶凌播种覆膜的方式可竞争抑制杂草生长。

③中耕除草　苜蓿出苗较慢，给其他杂草的生长提供了机会，这导致苜蓿播种后第一年苗期杂草危害通常最严重。另外，苜蓿每次刈割后，田间缺少遮蔽和竞争，杂草也会较多。在苜蓿的生长过程中，应注意观察田间杂草的生长情况，抓好农时，在苜蓿生长发育的关键时期做好中耕除草工作，这对防除杂草很重要。中耕除草还能疏松田间土壤，促进苜蓿的生长发育。

④刈割防除　在杂草开花结实前进行刈割，对阔叶杂草的控制作用非常明显。而对生长速度较快的禾本科杂草，刈割的防除效果较差。

(2) 化学防除措施

化学处理可以较好地防除未出苗或出苗早期的杂草，而对于体型已经较大的杂草通常效果会差一些，因此把握"除早除小"原则对杂草有效防除以及减少除草剂使用和对苜蓿可能的药害非常关键。一般有苜蓿播前处理、播后处理和休眠期处理 3 种方式。是否以及如何使用除草剂控制杂草，尤其是在已建植好的苜蓿地中，需要结合杂草入侵的严重程度、杂草种类以及苜蓿自身的密度等综合考虑决定（表 20-1）。

①播前处理　对于多年生杂草，可于播种前使用除草剂，如麦草畏、草甘膦、2,4-D、氯氨吡啶酸+甲磺隆、氯吡嘧磺隆单用或者混配使用。需要注意的是有些除草剂如麦草畏、氯氨吡啶酸+甲磺隆可能会因为土壤残留而伤害苜蓿幼苗。这两种除草剂需要在苜蓿播种之前间隔足够长的时间施用。如麦草畏的施用一般间隔约 1 个月，而氯氨吡啶酸+甲磺隆除草剂约需要 4 个月，具体时间长短与气候土壤等有关。或者与土壤整地相结合，利用灭生性除草剂如敌草快、草甘膦、草铵膦等喷杀。例如，草甘膦的使用可在杂草幼苗期至生长旺盛期，用量基于杂草大小、高度、种类等，另外还可以与 2,4-D 丁酸混合使用增加对阔叶杂草的控制。

对于 1 年生杂草，播种前的土壤处理可以使用除草剂，如扑草灭，在播种前将其与土壤混合处理，主要控制 1 年生禾草和少数几种 1 年生阔叶杂草，耙混深度 7~10 cm。如果一年之内使用过莠去津，应避免使用扑草灭。氟乐灵也可在播种前土壤处理中应用，使用后 24 h 内耙混，耙混深度 7~10 cm，主要控制 1 年生禾草和一些 1 年生阔叶杂草。

②播后处理

a. 播种后当年杂草管理：这个阶段使用的除草剂主要控制对象为 1 年生和多年生杂草。

表 20-1 苜蓿对除草剂耐受性及除草剂对苜蓿地常见杂草控制效果

牧草	除草剂类型									
	丙炔氟草胺	2,4-D丁酸	烯禾啶	二甲戊乐灵	烯草酮	咪唑乙烟酸	嗪草酮	咪草啶酸	环嗪酮	溴苯腈
苜蓿耐受性	***/****	**/***	***	****	***	***	***	***	***	**/***
1年生杂草控制效果										
遏蓝菜	++++	++/+++	×	+	×	++	+++	++++	+++	++++
狗尾草	+++/++++	×	+++	+++/++++	+++	++/+++	+++	+++/++++	+++	+
夜花蝇子草	−	+	×	−	×	−	+++	−	+++	++/+++
荠菜	++++	++/+++	×	++/+++	×	+++/++++	+++	+++/++++	+++	++++
北美独行菜	−	++/+++	×	−	×	+++	+++	+++	+++	+++/++++
2年生杂草控制效果										
斑点矢车菊	+	++	×	+	×	−	++	−	×	+
多年生杂草控制效果										
田蓟	+	+	×	+	×	+	+	+/++	×	+
皱叶酸模	+	+	×	+	×	+	++	+/++	++	+
蒲公英	+	+	×	+	×	+	++/+++	+/++	++/+++	+
印第安麻	+	+	×	+	×	+	+	−	×	+
团扇荠	+	++	×	+	×	++/+++	++	+++	++	+
橙黄细毛菊	+	+	×	+	×	−	+	−	×	+
匍匐冰草	+	×	++/+++	+	++/+++	+	++/+++	+	++/+++	×
苣荬菜	+	+	×	+	×	×	+++	+	+/++	+
白花蝇子草	+	+	×	+	×	+	++	+/++	++	+
多枝乱子草	+	×	++/+++	+	++/+++	+	+	+	++	×
黄花山芥菜	+	+	×	+	×	++/+++	++/+++	++/+++	+++	+/++

注：本表参照美国农学会《苜蓿管理指南》编写，表中：＊＊较好耐受，＊＊＊耐受，＊＊＊＊很耐受，−暂时没有数据，×没有效果，+效果差，++一般，+++好，++++很好。

阔叶杂草控制：溴苯腈为芽后接触性除草剂，主要控制阔叶杂草。一般至少需要在苜蓿处于3叶期使用，且当杂草低于5 cm并且处于4叶期或更早才有较好的控制效果，如在藜的小幼苗活跃生长时使用能起到>70%的控制效果。施用后苜蓿30 d内不能收获。2,4-D丁酸为芽后系统性除草剂，主要控制1年生阔叶杂草，对较大的杂草如荠菜和蓼效果差，对禾本科杂草无效，对有些多年生阔叶杂草也有一定的抑制作用。一般来说杂草高不超过8 cm，太大时控制效果差。另外还可以与溴苯腈混用增加其对阔叶杂草的控制作用。单独使用2,4-D丁酸或者与溴苯腈混用后苜蓿2个月内不能收获。

禾本科杂草控制：烯禾啶或烯草酮为选择性芽后系统性除草剂。主要控制1年生禾草并抑制多年生禾草的生长。一般在杂草活跃生长时期施用。对于用于干草生产的苜蓿，用药15 d后才能收获，放牧或者青贮的用药7 d后收获。对于轮作后遗留萌发的麦类植物如燕麦和小麦，在其植株高10~15 cm并且分蘖前处理。可以与2,4-D丁酸混合施用同时控制禾本科和阔叶杂草，但造成苜蓿伤害的可能性也会加大。

阔叶和禾本科杂草控制：咪唑乙烟酸或普施特，主要控制多种1年生禾本科和阔叶类杂草，也能抑制一些多年生杂草。一般在苜蓿3叶期以上，杂草大部分较小（高2~8 cm）时使用。可以和溴苯腈、2,4-D 丁酸或者烯禾啶混合使用，也可以与肥料混合使用。使用后1个月内不能收获或者放牧，4个月内不能重新种植苜蓿。甲氧咪草烟或咪草啶酸和咪唑乙烟酸在化学性质和使用上类似。唯一不同的是相比咪唑乙烟酸，它对藜类以及狗尾草类杂草的防除效果更好，且使用后无须等候即可收获苜蓿。如果在土壤湿度足够的情况下，这两种除草剂还能提供一定的土壤残效以控制部分杂草发芽。

杂草芽前控制：二甲戊乐灵为芽前除草剂，在杂草萌发之前施用，主要控制小种子的1年生禾本科和阔叶杂草。苜蓿幼苗3叶期后或者刈割的重新生长低于15cm时施用。如果是作为种子生产的苜蓿，在苜蓿休眠期或者刈割后低于25 cm时施用。一般施用后苜蓿4~7周后才能再收获。

b. 建植后杂草管理：这个阶段使用的除草剂主要控制对象为1年生和多年生杂草。

阔叶杂草控制：2,4-D 丁酸，使用与播种当年杂草管理相同。

禾本科杂草控制：烯禾啶或者烯草酮，使用方法与播种后当年杂草管理相同。

阔叶和禾本科杂草控制：咪唑乙烟酸或甲氧咪草烟或咪草啶酸，使用方法与播种后与当年杂草管理相同。

杂草芽前控制：丙炔氟草胺或环草杀星为芽前除草剂，在杂草萌发之前施用，用于控制1年生杂草和正在萌发的长成后难于控制的多年生杂草。对于已建植（前面刈割收获过）的苜蓿，在苜蓿不高于15cm时即可施用。如果需要重新播种苜蓿，一般建议间隔11个月。二甲戊乐灵，使用方法与播种当年杂草管理相同。

③休眠期处理 苜蓿冬季休眠期至早春返青期，这个阶段使用的除草剂主要控制对象为1年生和多年生杂草。

杂草芽前和早期芽后控制：赛克津或嗪草酮，作为芽前和早期芽后除草剂施用，主要控制数量较多的1年生和多年生的杂草，包括较好地控制蒲公英和匍匐冰草（>70%）。苜蓿必须建植12个月以上使用，以18个月最佳，否则可能会产生药害。在土壤解冻但是苜蓿还处于休眠时使用，或者与肥料包衣后在苜蓿低于8 cm并且叶面干时施用以避免对苜蓿的伤害。一般施用4周之后苜蓿才能再收获。环嗪酮，作为芽前和早期芽后除草剂施用，主要控制数量较多的1年生和多年生杂草，包括较好地控制蒲公英和匍匐冰草（>70%）。一般施用30 d之后苜蓿才能再收获。苜蓿必需建植12个月以上使用，在土壤春季解冻但是苜蓿还处于休眠时使用，或者在苜蓿收获后重新生长低于5 cm时使用。对于采取轮作的，玉米可以在处理1年之后施用，而其他作物包括苜蓿则可能需要2年之后。一般不建议秋季施用。

20.2.2 燕麦田间杂草防控

20.2.2.1 燕麦田间主要杂草种类

不同地区，燕麦田间杂草各不相同。据报道，青海燕麦田常见杂草有17科23属25种，以菊科、蓼科、十字花科和苋科为主，优势杂草有5种，分别是野胡萝卜、香薷、节裂角茴香、灰绿藜和猪殃殃；河北北部与山西燕麦田分别有主要杂草7科11种和7科10种，其中1年生杂草以灰绿藜和狗尾草比较常见。

20.2.2.2 燕麦田间杂草综合防控

(1)栽培管理防除措施

①结合选地整地预防杂草 燕麦播种整地前应适当灌溉，保证土壤墒情合适，杂草出苗后深翻土地，将新出苗的杂草和表土的杂草种子深埋，使其不能正常生长和出苗。耕作方式对燕麦地的杂草生物量有显著影响，浅旋耕(5 cm)杂草生物量最少，是免耕(0 cm)杂草生物量的17.60%~69.67%，翻耕(20 cm)杂草生物量的41.83%~82.01%。

②结合选种和播种控制杂草 播种前必须选用质量检验合格的种子，减少种子中的杂草种子数量。由于燕麦与部分主要杂草对生长环境的要求不同，适当调整播期，能在一定程度上防除杂草。例如，在河北坝上5月24日播种相比6月8日和6月23日播种，有利于提高燕麦对田间杂草的竞争优势和饲草产量。

③中耕除草 在燕麦的生长过程中，注意观察田间杂草的生长情况，抓好农时，在燕麦生长发育的关键时期做好中耕除草工作。拔节期进行深中耕，深度7~8 cm，孕穗期浅耕，5 cm左右为宜。中耕除草还能疏松田间土壤，促进燕麦的生长发育。

④刈割防除 对于某些燕麦一年能收割3~4茬的区域，在杂草开花结实前进行刈割，对阔叶杂草的控制作用非常明显。对生长速度较快的禾本科杂草，刈割的防除效果较差。

(2)化学防除措施

化学处理可以较好地防除未出苗或出苗早期的杂草。燕麦杂草化学防除有播前处理和播后处理2种方式。是否以及如何使用除草剂控制杂草，尤其是在已建植好的燕麦地中，需要结合杂草种类、入侵的严重度，以及燕麦自身的生长状况等综合考虑。

①播前处理 对于多年生杂草，播种前可以使用灭生性除草剂，如敌草快、草铵膦、草甘膦、草甘膦+2,4-D丁酯、草甘膦+溴苯腈等，详细使用方法可参照具体产品使用说明。对于1年生杂草，播种前使用除草剂硝磺草酮对土壤进行处理或者在播种后1 d内喷施。使用时应注意土壤墒情足够或需要有降水、灌溉。

②播后处理 这个阶段使用的除草剂主要控制对象为1年生和多年生杂草。阔叶杂草控制：唑草酮可在燕麦拔节期前使用，控制小的阔叶杂草。溴苯腈可在燕麦3叶至孕穗期前使用，晴天气温较高时效果更好，控制小的阔叶杂草，如野生荞麦和非种植的向日葵等。2-甲基-4-氯苯氧乙酸为植物激素型(生长素类)芽后除草剂，燕麦3叶至孕穗期前使用，控制阔叶杂草，可能对燕麦产生药害。上述两种除草剂2-甲基-4-氯苯氧乙酸与溴苯腈混配可以扩充杀草谱，燕麦3叶至孕穗期前使用。其他生长素类除草剂如麦草畏、二氯吡啶酸、氯氟吡氧乙酸单用或混配使用控制阔叶类杂草。其中麦草畏+2-甲基-4-氯苯氧乙酸、二氯吡啶酸+2-甲基-4-氯苯氧乙酸、二氯吡啶酸+氯氟吡氧乙酸复配能有更广的杀草谱，分别适用于燕麦3叶至5叶期，3叶至拔节期和3叶至旗叶长出时，杂草高度不超过10 cm时的杂草控制。另外，磺酰脲类除草剂苯磺隆和噻吩磺隆混合使用能较为广谱地控制阔叶杂草，燕麦3叶期至拔节期前使用。苯磺隆和噻吩磺隆与氯氟吡氧乙酸混配能有更广的杀草谱，如苋类杂草、野荞麦、芥菜、地肤、亚麻、田蓟等，燕麦2叶到旗叶长出时施用。双氟磺草胺是三唑并嘧啶磺酰胺类，也可以与2-甲基-4-氯苯氧乙酸混配有效控制阔叶类杂草，燕麦3叶至拔节期前使用。

思考题

1. 请简要说明狼毒、小花棘豆的主要有毒成分、中毒症状，以及综合防控措施。

2. 请简要描叙刺毛鹤虱、苍耳的危害以及综合防控。
3. 毒害杂草的防控方法有哪些？分别有什么优缺点？
4. 苜蓿地杂草种类及其化学防控除草剂有哪些？分别在苜蓿什么时期使用？
5. 简述燕麦地杂草综合防控措施。

第 21 章
草地主要啮齿动物及其防治

啮齿动物是主要以植物为食的小型哺乳动物，广泛分布在天然草地和人工草地。它们既是草地生态系统的重要组成部分，也是加剧草地退化的重要诱因。本章将介绍草地主要啮齿动物的形态特征、生活习性、地理分布和防控方法。

21.1 鼠兔和兔

21.1.1 高原鼠兔

21.1.1.1 形态特征

高原鼠兔又名黑唇鼠兔属兔形目鼠兔科鼠兔属。体重 120~198 g，体长 120~190 mm，耳小而圆，长 18~29 mm。后足略长于前足，长 25~38 mm。无外尾。夏季毛色深，呈黄褐色或棕黄色；冬季毛色浅，呈浅棕色。头骨额骨隆起，额骨无小孔，眶间距窄。

21.1.1.2 生态特性

高原鼠兔是穴居啮齿动物，洞口相连，分为简单洞系和复杂洞系。主巢在洞最深处，铺垫枯草，用于越冬和育幼。繁殖期为 4~6 月，每胎 1~4 仔。冷季活动弱，9:00~14:00 为高峰；暖季活动强，分早晚两高峰。以绿色植物为主食，主要包括禾本科和豆科植物，也食少量有毒植物，如甘肃棘豆（*Oxytropis kansuensis*）等。

21.1.1.3 分布与危害

高原鼠兔是青藏高原特有种，主要分布于海拔 3 100~5 100 m 的高寒草甸和草原。高原鼠兔主要通过啃食破坏植被、掘洞破坏土壤，导致土壤质量下降、生态系统失衡，形成黑土滩和鼠荒地，同时也是鼠疫、棘球蚴病的传染源。

21.1.1.4 防控方法

①物理防治　采用捕鼠器械进行防治，如板夹、弓形夹等。

②药物防治　每年冬季（11月至翌年1月）或繁殖期前（3~4月），采用 C、D 型肉毒毒素杀鼠剂对鼠害发生区进行投药灭鼠。

③生态调控　主要采用人工种草恢复和补播改良恢复。5~7 月，选用乡土草种（以多年生禾本科草本植物为主），对鼠害地进行植被恢复治理。

④生物防治　通过在鼠害发生区布置鹰架，进行招鹰灭鼠。

21.1.2 达乌尔鼠兔

21.1.2.1 形态特征

达乌尔鼠兔属兔形目鼠兔科鼠兔属，体型相对高原鼠兔较小，成年达乌尔鼠体长达 140~190 mm，后足略长于前足，无尾。耳大呈椭圆形，带白边。吻部上下唇为白色；颅顶至体背黄褐色；眼周具狭窄黑边；腹毛基部灰色，尖端污白；冬毛较夏毛长。颅骨约长 45 mm，鼻骨狭长，顶部隆起，颧骨粗壮，听泡大。

21.1.2.2 生态特性

群居生活，全年活动，不冬眠。洞穴分夏洞和冬洞。夏洞较简单，无贮藏室；冬洞较复杂，出口多有 7~9 个，洞径 5~9 cm。冬季多在中午活动，夏季 1 d 内有 2 个活动高峰，即 7:00~10:00 和 17:00~20:00。在内蒙古地区，一年繁殖 2 次，繁殖期在 4~10 月，每窝产仔 5~6 只。在陕西延安地区，1 年繁殖 2 次，平均每窝产仔 3.6 只。达乌尔鼠兔主要采食植物绿色部分，也采食植物的嫩茎和根芽。夏季主要采食冷蒿（*Artemisia frigida*），其次为锦鸡儿（*Caragana sinica*）、地椒（*Thymus quinquecostatus*）以及禾本科和莎草科植物。达乌尔鼠兔有储草习性，每年 9 月左右开始贮藏食物。

21.1.2.3 分布与危害

在我国东北、山西、陕西、青海、内蒙古、宁夏、西藏、甘肃等地均有分布。采食栖息区域内植物的茎、叶、根，也采食农作物种子，偶尔取食落在地面上的浆果和坚果。

21.1.2.4 防控方法

①物理防治　同高原鼠兔防控方法。

②药物防治　采用 C、D 型肉毒素，雷公藤甲素，地芬诺酯·硫酸钡等生物药剂进行防治。

③生物防治　利用达乌尔鼠兔的天敌进行防治，如艾虎（*Mustela eversmanni*）、黄鼬（*Mustela sibirica*）等。

21.1.3 藏鼠兔

21.1.3.1 形态特征

藏鼠兔属兔形目鼠兔科鼠兔属。体型小而细长，通常不超过 155 mm。耳较大，椭圆形。四肢短小，后肢略比前肢长。无尾，尾椎隐藏于毛被之下。上唇有纵裂。毛色灰暗，夏季背部为棕黑色，耳外侧黑褐色，内侧棕黑色，边缘带白色。头骨平直狭长，颅全长小于 40 mm；脑颅低平，棱角不明显，背部平直；额骨略突出，中间骨缝处稍凹入；顶骨前部略上凸，后部低平，人字嵴和矢状嵴很低，颧弓呈平行状，前宽后略窄，末端有一细长突起；门齿孔与腭孔合并成一个大孔；听泡中等，微隆起。齿隙长与齿列长相等。

21.1.3.2 生态特性

穴居生活，分为复杂、简单和临时 3 种洞系。复杂洞系的洞道一般与地表平行，然后分叉蜿蜒至各个出口，洞道直径一般在 6~7 cm，具多个分支，分道长度 50~100 cm 不等，每个分道又有 2~3 个盲道，分别为贮藏洞、粪便洞和休息洞。简单洞系洞道较短，100~150 cm，有 1~2 个分道，2~3 个出入口，盲道内粪便和枯草较多，主道筑窝者较少（郑永烈，1983）。临时洞系，洞道短直，70~100 cm，只有一个出入口。此类洞穴为鼠兔临时避敌和休息之用。藏鼠兔 1 年繁殖数次，繁殖期为 5~6 月，8~9 月常有怀孕雌鼠，每胎 5~6 仔。

21.1.3.3 分布与危害

我国特有种主要分布在青海、甘肃、四川、山西、云南、湖北等地。栖息于海拔 3 000~4 000 m 的高山草甸、灌丛、芨芨草滩、山坡草丛中，尤其以山柳灌丛、金露梅灌丛等不占优势的草地中最多。经常取食莎草科、禾本科等植物的茎、叶，引起草地农田减产，破坏生态环境。

21.1.3.4 防控方法

①物理防治　同高原鼠兔防控方法。

②药物防治　藏鼠兔繁殖期前，采用 C、D 型肉毒毒素杀鼠剂、雷公藤甲素等对鼠害发生区进行投药灭鼠。

③生物防治　通过在鼠害发生区布置鹰架，进行招鹰灭鼠。或利用狐狸、黄鼬进行灭鼠。

21.2　旱獭和黄鼠

21.2.1　喜马拉雅旱獭

21.2.1.1　形态特征

喜马拉雅旱獭属啮齿目松鼠科旱獭属。体形庞大，体重 4~5 kg，体长 50 cm 左右，尾短而平，尾长 11~17 cm。头部有明显的黑毛区，耳朵短小，颈部粗短，四肢粗壮。背部呈棕黄色，带有黑色斑纹，腹部淡棕黄色。毛色因年龄和地区的不同而有异，幼体多呈灰黄色或暗色，个别为白化或黑化。头骨粗壮，似三角形，眶上突发达，向下方微弯，眶间区凹陷较浅而平坦，颧骨后部明显扩张，不显现，矢状脊较低。

21.2.1.2　生态特性

喜马拉雅旱獭为群居动物，洞穴结构分为主洞、副洞和临时洞。冬眠时通常使用主洞，结构较复杂；副洞简单，多为单洞；临时洞最简单，用于短期避敌。洞口周围常有扇形土堆，直径约 1.5 m。喜马拉雅旱獭为昼行性动物，主要在早晨和黄昏活动，有冬眠习性，从 10 月开始入蛰，至翌年 4 月开始出蛰，出蛰时间与牧草生长状况相关。每年繁殖一次，每胎产 4~6 仔。以植物绿色部分为食，也食用种子，主要取食禾本科和莎草科植物，春季还取食鸟类蛋。在半农半牧区，也会以青稞、燕麦、油菜、马铃薯等作物为食，不饮水。

21.2.1.3　分布与危害

主要分布在西藏、青海、川西北、甘南和云南等地的草地地区。喜马拉雅旱獭因其挖掘活动形成土丘，土丘因无植被覆盖，易造成水土流失。喜马拉雅旱獭种群数量过多时，降低草场产草量，使局部草地发生退化。此外，喜马拉雅旱獭是鼠疫杆菌的自然宿主，体外寄生的蚤是鼠疫的传播者，常常形成鼠疫的自然疫源地。

21.2.1.4　防控方法

①药物防治　一般常用熏蒸法，可用氯化苦、硫酰氟等熏蒸剂进行熏蒸。在确认喜马拉雅旱獭巢穴各出入洞口的基础上，分洞口把调剂好的药液倒入洞穴，然后再用黏土坯将各洞口堵实封严，使喜马拉雅旱獭和蚤自然死亡在巢穴内。

②物理防治　可采用绳套法，即用人工将细铁丝编制成比旱獭洞口直径稍小的圈套，并将圈套放置在喜马拉雅旱獭出入的洞口加以固定，引喜马拉雅旱獭进出洞时碰触而被套住捕获。

21.2.2 达乌尔黄鼠

21.2.2.1 形态特征

达乌尔黄鼠属啮齿目松鼠科黄鼠属，为中型地栖鼠类。成体体长200 mm左右，眼大而圆。耳壳退化，毛色呈灰黄色。额部较宽。尾较短，约为体长的1/3。背部覆盖淡棕色毛，颜色毛长会随季节有一定变化，但不明显；尾背部1/2处毛色与背部毛色相同，其余部分的毛色呈沙黄色。头部毛色比背毛深，两颊和颈侧腹毛之间有明显的界线。尾部末端有黑白色的环。

21.2.2.2 生态特性

达乌尔黄鼠喜独居，洞穴分冬眠洞和临时洞两类。冬眠洞的洞口圆滑斜行入地，逐渐变垂直。巢穴深度一般为105~180 mm，极深可达215 cm。洞中有巢室和厕所，巢的直径可达20 cm。厕所常在洞口的一侧，是一个膨大的盲洞。临时洞洞口较大，形状不规则，洞道斜行，长45~90 cm(王静等，2015)。达乌尔黄鼠一年繁殖一次，3~6月是其繁殖期；妊娠期约为28 d，每胎平均产仔数5~6个，分娩后28 d幼鼠开始独立取食。达乌尔黄鼠活动时间为日出后至日落前，早春和晚秋主要集中在每天10:00~16:00，夏季多集中在8:00~11:00和15:00~18:00。食物主要是一些植物的叶、根、茎、花、种子等，也食部分瓜类，并捕食鞘翅目的蛴金龟子、步行虫和膜翅目的蚁科等昆虫。在农田中，达乌尔黄鼠采食豆类、小麦等农作物，也采食黄芪、当归等中药材。此外，该种群具有冬眠习性，个体从9月开始冬眠，至翌年3月下旬至5月上旬陆续苏醒，其中雄鼠首先苏醒，接着是雌鼠，苏醒过程分两个高峰，第1个在清明节前，第2个则在谷雨前后。

21.2.2.3 分布与危害

广泛分布于我国北部的草原和半荒漠等干旱地区，包括东北、内蒙古、河北、山东、山西、陕西、青海、宁夏和甘肃等地。达乌尔黄鼠主要以植物茎叶、嫩根和种子为食，种群数量过大时，对草原产生严重威胁。同时，达乌尔黄鼠也是鼠疫杆菌的天然宿主，传播多种人鼠共患病。

21.2.2.4 防控方法

①物理防治 采用捕鼠夹或捕鼠笼进行捕获，但此种方法需要大量的人力和物力。

②药物防治 采用0.05%~0.1%的溴敌隆原液与饵料1∶100混拌进行防治，人工投药时每个洞口前10 cm以外的鼠道两侧散投药剂，不得将药剂堆放或投入洞口中，以免造成害鼠拒食。

③天敌防治 可以采取招鹰、香鼬、黄鼬、狐狸等天敌进行灭鼠。

21.2.3 长尾黄鼠

21.2.3.1 形态特征

长尾黄鼠属啮齿目松鼠科黄鼠属。体重可达500 g以上，体长250~300 mm，尾长约为体长的1/2。前足掌裸露，有2个掌垫和8个指垫，后足较长，可达48 mm，爪黑褐色，耳壳短。夏季毛色较深，背部为灰褐色，部分背毛尖端为白色，侧面毛色为草黄色或锈棕色。头顶和额部呈灰褐色，颊部为棕黄色。腹部毛色较浅，呈棕色或锈棕色。尾的背面颜色与背毛相近，呈灰褐色。头骨大而宽，颅全长约50 mm，颧宽大于30 mm。眶间部甚宽，超过 10 mm。眶后突较细，向两侧下方弯曲。人字嵴发达，听泡纵横轴约等长。

21.2.3.2 生态特性

长尾黄鼠洞穴分为居住洞和临时洞。居住洞结构复杂，有主洞道和分支洞道，窝巢附近有盲洞贮存粪便。一般只有 1 个洞口，个别有 2 个，洞口直径 8~13 cm。夏季居住洞较浅，冬眠洞较深，均在冻土层以下。临时洞较简单，仅用于逃避敌害。在天气寒冷时活动高峰期为 8:00~14:00，天气转暖后则在日出和日落前后。1 年繁殖 1 胎，出蛰后即进入发情期，妊娠期 30 d，每年 5~6 月生产，1 胎 7~8 只，最多 11 只。哺乳期 25 d，幼鼠第 2 年达到性成熟。长尾黄鼠主要取食禾本科和莎草科植物的绿色部分，偶尔采食牧草种子。在农区，常以未成熟的农作物为食。长尾黄鼠有冬眠习性。于 9 月中旬开始至 10 月初全部入蛰完毕，翌年 3 月底至 4 月初开始出蛰，短期的天气骤变，并不引起出蛰的中断。

21.2.3.3 分布与危害

主要分布于我国内蒙古、新疆，栖息于 1 700~3 000 m 的山地草原、森林草原和亚高山草甸等较为湿润的地区。以禾本科和莎草科植物的茎叶为食。长尾黄鼠啃食牧草、挖洞掘土、破坏植被，可导致草场进一步退化，同时长尾黄鼠携带鼠疫杆菌，是鼠疫疫源地的主要贮存宿主之一。

21.2.3.4 防控方法

①物理防治　利用板夹或弓形夹，放在其经常活动的区域，进行捕杀。鼠夹应选用大号夹。

②化学防治　一般采用熏蒸法，可用氯化苦、硫酰氟等熏蒸剂进行熏蒸。

③生态调控　可采取划区轮牧、休牧或禁牧、草地补播等方法，通过改变其栖息地环境，达到降低鼠密度的目的。

21.3　仓鼠

21.3.1　黑线仓鼠

21.3.1.1 形态特征

黑线仓鼠属啮齿目仓鼠科仓鼠属。体长一般为 80~110 mm，尾短约为体长的 1/4，尾两色；耳短且圆，端部有白缘；吻钝，口腔内有发达的颊囊；体表毛色均为灰褐色或黄褐色；背部中央有一条暗褐色或黑色的纵纹。头骨轮廓较平直，脑颅圆形，颅全长约 25 mm。顶间骨宽而短，其宽度约为长度的 3 倍。顶骨前外角前伸于额骨后部的两侧，形成一个明显的尖形突起。眶上嵴不明显。听泡形大而高耸。

21.3.1.2 生态特性

黑线仓鼠为独居动物，洞穴分为 2 种，一种是临时洞，构造简单，洞口直径为 3~4 cm，洞深 40~50 cm，外表有松土，一般不堵洞口，洞内无鼠巢；另一种是居住洞，结构较复杂，有 1~5 个洞口，直径为 5 cm，常用松土堵塞，洞道深入地下后较为平行，离地面 30~70 cm。洞道长 60~150 cm，分岔较多，洞内有巢室、粮仓和厕所。巢呈盘状，常铺以草茎、细线、棉花等。黑线仓鼠以夜间活动为主，白天隐藏于洞穴内，黎明前和黄昏后活动频繁，主要在距离洞穴 80~150 m 的范围内活动，冬季活动范围较小，雨后活动较晴天频繁。每年的 3~4 月和 8~9 月是黑线仓鼠的繁殖高峰期，其繁殖力极强，年繁殖 3~5 胎，平均每胎4~9只。黑线仓鼠属杂食性，以作物种子和杂草种子为主要食料，同时取食少量昆虫和植物茎、叶、根等。

21.3.1.3 分布与危害

分布于黑龙江、吉林、辽宁、内蒙古、宁夏、山西、山东、河南、安徽、江苏等地。由于黑线仓鼠的分布广、繁殖力强，喜食作物种子，已成为中国北方农田害鼠的优势种，对农业生产造成了较大的损失。20世纪40年代初，于中国内蒙古首次自黑线仓鼠中检出鼠疫菌以来，又相继在吉林、河北等地多处的黑线仓鼠中发现鼠疫。

21.3.1.4 防治方法

①物理防治　利用板夹或弓形夹，放在其经常活动的区域，进行捕杀。鼠夹应选用大号夹。在离水源较近的地方，也可用灌水法进行灭杀。

②化学防治　采用0.05%溴敌隆原液与大米混合，先将原液加水30 kg稀释后加2%白糖，再与大米拌匀，摊开阴干即可使用。将毒饵一次性投放到田间，也可按洞投放。

③天敌防治　利用黑线仓鼠的天敌进行防治，如艾虎、黄鼬、猫头鹰、老鹰、狐狸。

21.3.2 藏仓鼠

21.3.2.1 形态特征

藏仓鼠属啮齿目仓鼠科仓鼠属，是仓鼠科中体型中等的种类。成年个体较为敦实，体长80~115 mm。尾长约体长的一半。吻短而钝，眼小，耳圆形较大，两颊膨大，具有临时储食的颊囊。爪白色，后足跖部裸露无毛。体背毛呈暗灰棕色，毛基淡灰黑色，朝毛尖逐渐加深，顶部呈灰棕褐色，部分有黑色长毛夹杂；腹部毛、吻侧及四肢内侧毛色为灰白色，毛基呈灰黑色，毛尖为纯白色；吻端和下颌毛基为白色，尤以下颌为纯白色。头骨较狭长、低扁，头骨背面光滑无框上嵴，额骨及颅部前端略隆起，后头略向下弯曲，在头骨背面形成一个弧度，鼻骨略长于额骨，交界线呈"V"字形，"V"字底部夹角变缓。顶骨较宽，前端与额骨相交形成圆弧交界线，与中央骨缝处略向外凸起，不明显。

21.3.2.2 生态特性

藏仓鼠筑洞穴居，洞道结构简单，很少有分支。洞口敞开，不堵塞，直径4.5~5.0 cm。洞深一般在50 cm左右，内部有巢室和仓库。有时也利用其他鼠类和旱獭的废弃洞穴，或在土隙、石缝中建窝。对青藏高原严酷的环境具有很强的适应能力。昼夜活动，不冬眠。繁殖期在5~8月，6~7月为高峰期，每胎5~10只，以7~8只居多。以谷物和草种子为主要食物，也捕食昆虫等小型动物(罗泽询等，2000)。

21.3.2.3 分布与危害

藏仓鼠为青藏高原特有种，分布范围广泛，包括高山草原、河谷灌丛、河谷草甸、沼泽草甸、农田、住宅、寺庙等。藏仓鼠是该地区的防疫小型兽类之一，体内寄生有多种蚤类，包括镜铁山双蚤、青海双蚤、端圆盖蚤等，具有传播鼠疫的潜在风险。

21.4 鼢鼠

21.4.1 高原鼢鼠

21.4.1.1 形态特征

高原鼢鼠属啮齿目鼹形鼠科凸颅鼢鼠属。眼小，几乎隐于毛内，视觉差，有瞎鼠之称。头大而扁，吻钝，门齿粗大，颈部粗短，无外耳郭。体型粗壮，成年体长 15~25 cm，尾长 4~6 cm，成体体重为 150~620 g。四肢短而粗，前后足上覆短毛。前足掌后部有毛，前部和指无毛，后足掌无毛。前足趾爪发达，尤其是中间 3 指最长，后足趾爪小而短。背腹毛色基本一致，呈黄棕色，毛尖赭棕色，幼体和亚成体为浅灰色；尾毛短，呈污白色或土黄白色。头骨粗大，吻短，鼻骨较长，前端宽低，两鼻骨联合处稍凹隐，后端变窄微突，末端超过颌额缝，嵌入额骨前缘。

21.4.1.2 生态特性

高原鼢鼠生活在地下黑暗洞道中，全年在地下活动，偶尔地表活动（Chu et al., 2021）。洞道包括采食洞、交通洞、朝天洞和巢穴。采食洞洞道距地表 10~20 cm，洞径 7~12 cm；交通洞洞道一般距地面约 20 cm，连接主巢和采食洞，洞壁光滑，洞径粗大，在附近通常有贮藏食物的临时粮仓；朝天洞位于交通洞下方，主巢上方，每个洞道系统通常有洞道 1~2 条，垂向连接主巢或呈锐角连接主巢；主巢距地面 150~200 cm。在主巢中有巢室、仓库与厕所。高原鼢鼠暖季（6~10 月）具有双峰型日活动节律。6~9 月早晨活动高峰主要集中在 6:00，晚上高峰出现在 20:00~22:00，10 月早晨活动高峰在 8:00，晚上高峰出现在 18:00。高原鼢鼠的双峰型日活动节律与当地日出日落变化一致。该物种不冬眠，全年活跃。春季主要进行繁殖活动，秋季主要贮存食物并伴随大量挖掘活动。高原鼢鼠 1 年繁殖 1 次，繁殖期从 3 月开始至 6 月结束，每胎的胎仔数为 2~5 只。主要以植物的根系为食，偏好选择高寒草地的杂类草，特别喜食鹅绒委陵菜（*Argentina anserina*）、迷果芹（*Sphallerocarpus gracilis*）、珠芽蓼（*Bistora vivipara*）等。天敌主要有黄鼬、艾虎、大鵟（*Buteo hemilasius*）等食肉类动物。

21.4.1.3 分布与危害

主要分布在甘肃甘南、青海东部、四川西北部，是中国特有地下啮齿动物，主要栖息于海拔 2 900~3 500 m 的高寒草甸区。高原鼢鼠种群数量超过环境容纳量时，其危害主要表现在啃食植物和推土造丘。

21.4.1.4 防控方法

针对高原鼢鼠防治，目前主要采用物理捕杀，利用高原鼢鼠封洞堵洞的习性，利用探扦找到其有效洞道并挖开洞道，在洞口处安放地弓和地箭进行捕杀。另外，也可采用灌水法，在高原鼢鼠分布区有水源条件的地区，寻找并挖开高原鼢鼠活动洞道，引水流进入洞道，可将高原鼢鼠赶至地表，进行捕捉或捕杀。

21.4.2 甘肃鼢鼠

21.4.2.1 形态特征

甘肃鼢鼠属啮齿目鼹形鼠科凸颅鼢鼠属。成体平均体长 20~25 cm，尾巴比较短，长 2~3 cm，雌雄差异不明显。成年甘肃鼢鼠总体平均体重 215~275 g。身体呈圆筒状，全身被黄褐色毛，毛基灰褐色，背部毛尖锈红色，体毛柔软且光泽鲜亮；鼻垫的上边缘突起较为明显，鼻垫上部及唇周围污白色，部分个体额部有白斑；尾部和后足有稀疏短毛或几乎无毛。具一对黄褐色的门齿，较发达，露于唇外，外耳退化，只见耳孔隐藏于毛下，听觉发达，视觉较弱，眼睛很小，隐藏于毛丛中。四肢粗短，前肢粗壮有力，肌肉发达，掌心较厚，指甲坚硬，适于挖掘，后肢较前肢略显纤细，掌心较薄，掌心空间较大，指甲较长，适于拨土。

21.4.2.2 生态特性

甘肃鼢鼠常年生活在洞道中，几乎所有的活动均在洞道中进行，偶尔会上到地面觅食。甘肃鼢鼠的洞道结构较复杂，有觅食洞、贮食洞、盲洞、交通洞、通气室、交配室和老巢。甘肃鼢鼠几乎不会形成明显的土丘，而高原鼢鼠会形成比较明显的土丘。甘肃鼢鼠一年四季均在活动，无冬眠和夏眠现象，昼夜均有活动，但是夜间活动时间多于白天。鼢鼠的繁殖期为每年的 3~8 月，通常 1 年 1~2 胎，每胎产崽数量为 2~6 只，每年 5~6 月甘肃鼢鼠幼仔数量达到高峰。甘肃鼢鼠食谱极广，食量极大，常以植物的根、茎和叶为食，几乎能够取食所有的农作物。据统计，在陕西延安西北部的黄土高原丘陵沟壑区被取食的农作物种类有马铃薯、甘薯、花生、胡萝卜、紫花苜蓿、玉米、小麦、棉花、红葱以及豆类植物等。

21.4.2.3 分布与危害

甘肃鼢鼠主要分布于青海、宁夏、陕西、甘肃等地，常栖息于海拔 1 600~2 900 m 的荒地、林地和农田等土壤肥沃的地带，较其他鼢鼠而言，甘肃鼢鼠分布的海拔更低一些。甘肃鼢鼠在取食时，直接咬断农作物根系或将农作物整个植株拖入洞穴中，阻断了农作物的营养和水分输送，使农作物最终枯萎或者整株消失，而对于营养器官在地下的马铃薯、甘薯等农作物，直接影响其产量。

21.4.2.4 防控方法

①物理防治　采用人工制造的捕鼠器械，直接进行人工挖捕。常见的方法有人工挖捕法、吊杆法、地箭捕杀法等。

②化学防治　在繁殖季节，向洞内投放磷化铝等熏蒸毒剂，或用其他毒气熏杀，或者向洞中投放溴敌隆、杀鼠醚、鼠类不孕剂等化学药剂进行灭鼠。此外，还可以用药剂在林木根际浇灌和蘸根造林，可以起到一定的防治效果，提高苗木存活率。

③生态调控　种植趋避植物，如紫苏、黄花菜等；合理营林，选择适宜的树种进行造林，该法是预防甘肃鼢鼠危害的主要措施。

④天敌防治　架设招鹰架，通过保护、招引天敌(蛇、黄鼠狼、狐狸、猫头鹰)进行鼠害防治。

21.4.3 东北鼢鼠

21.4.3.1 形态特征

东北鼢鼠属啮齿目鼹形鼠科平颅鼢鼠属。体型与中华鼢鼠体型相似，体形粗壮，四肢及尾均短。体重 185~500 g，体长 200~270 mm，眼极小；耳壳也非常小，隐于毛下。前足爪粗大且长，特别是第 3 趾。皮毛细软且光滑，灰色，略带淡褐黄色，有裸露鼻垫；吻部四周毛色较淡，吻部上端、额部中央有一白色斑块；背毛色一致，体侧毛与被毛相似；腹毛灰色，后足和尾几乎裸露，仅被以细毛。颅骨后部人字嵴呈截状，颅骨宽短，颧宽约为颅全长的 67.7%，颧弧近前部最宽，吻部粗大，鼻骨甚长，约为颅全长的 40%，后缘中间有缺刻。

21.4.3.2 生态特性

东北鼢鼠洞道复杂，一般地面均无明显洞口。洞道上方常形成许多土丘。洞道因不同地点、不同性别及不同季节构造不同。雌雄独居，雌性洞道较雄性复杂，农田洞道与草原等地区的洞道不同。东北鼢鼠昼夜均有活动，日活动节律是单峰型，不同季节活动高峰期均出现在夜晚至翌日凌晨，高峰期活动持续时长不同，春季持续12 h，夏季持续7 h，秋季持续6 h。在内蒙古东北鼢鼠每年从4月末开始进入繁殖期，6月繁殖逐渐结束，不冬眠。东北鼢鼠每年可繁殖1次，每胎产仔1~6只。其食物主要为植物的地下部分，也取食植物的茎叶和地下害虫，尤其喜食块根、块茎及植物的种子。

21.4.3.3 分布与危害

主要分布在东北、内蒙古、河北及山东，主要栖息于草原及砂质土壤的农田和部分丘陵区的荒地与灌丛、林缘区域。东北鼢鼠会在取食植物地下部分的过程中向地表拱土，形成连片的土丘，影响畜牧业生产。

21.4.3.4 防控方法

①化学防治　用磷化锌做原药，用土豆、大葱、葱头、胡萝卜做饵料配制1%磷化锌毒饵，用开洞投毒方法进行防治。或采用蒸熏法，当东北鼢鼠打开主洞道时放入磷化铝10~14片（3.0 g/片），封好洞，该方法灭效可达99%以上。

②物理防治　地箭法，将上好弓的地箭放置于东北鼢鼠经常活动的洞道处，当其出洞取食碰到地箭活动梢子，触动击发灭杀鼢鼠。

21.5　沙鼠

21.5.1　长爪沙鼠

21.5.1.1　形态特征

长爪沙鼠属啮齿目鼠科沙鼠属。体型中等大小，成体体长100~150 mm，尾长约为体长的3/4。长爪沙鼠腹部色浅，从腹部至下颌为白色，有时白色下部有很短一段为黑色，一直深入皮肤中；下颌向头部毛色渐渐变黄，且毛色渐深；眼眶及耳朵周围区域色稍浅；前腿色浅，向背部越来越深，趾甲呈黑棕色，黄色带黑色毛尖的体毛覆盖头顶及整个背部、尾部，并且在尾部末端形成一簇蓬松尾毛。颅骨较宽阔，颅宽约为颅长的1/2。鼻骨较长，约为颅长的1/3。眶上嵴不十分明显。额骨较低平。顶骨宽大，背面隆起，顶间骨稍大，略呈卵圆形，宽比长小50%左右，后缘向后略突出，前缘中部向前突，并和顶骨后缘相接触。听泡发达，隆起，未与颧骨的鳞骨角突相接触，两听泡最前端距离较近。

21.5.1.2　生态特性

长爪沙鼠为群居动物，每个家族一般有2~17只。洞系结构复杂，通常分临时洞和居住洞。临时洞简单，多为单叉或双叉，长1 m左右，洞口1~2个。洞内无窝巢、厕所等，主要为临时避敌或盗贮粮食之用。居住洞非常复杂，每一洞系包括洞口、洞道、仓库、厕所、盲洞、窝巢等。每个洞系一般有5~6个洞口，多者达30多个，形成洞群。长爪沙鼠不冬眠，常年活动，它们的活动强度受季节和天气的影响。一般春秋繁殖期和储粮时活动性增强。冬季日活动高峰在10:00~15:00，夏季在7:00~10:00和17:00~21:00。长爪沙鼠每年繁殖1~4胎，一般2~3胎，每胎3~9只，平均5.8只。雌鼠繁殖的最小月龄为7.58个月。春天出生的鼠当年秋季即可参加繁殖，11~12其繁殖休止。长爪沙鼠以草本植物的种子、茎、叶为食，在野生植物中喜食猪毛菜（*Kali collinum*）、细叶葱（*Allium tenuis-*

simum)、车前(*Plantago asiatica*)等。

21.5.1.3 分布与危害

长爪沙鼠主要分布于内蒙古、河北、山西、宁夏、陕西、甘肃、黑龙江、吉林、辽宁等地，栖息于荒漠草原和农区耕地，喜居砂质土壤的滩地、河谷低地、耕地，或在植被低矮的、锦鸡儿丛生的固定沙丘营巢，常呈带状、岛状分布。长爪沙鼠啃食牧草、掘洞盗土，使载畜量减少危害畜牧生产，且严重破坏植被引起草地大面积沙化。长爪沙鼠传播多种疾病，是内蒙古高原地区鼠疫的主要宿主。

21.5.1.4 防控方法

危害程度较低的地区，可采用弓箭和板夹等器械进行控制。危害程度较高区域可采用抗凝血剂如敌鼠、氯敌鼠、溴敌隆、杀鼠灵、杀鼠迷或 C、D 型肉毒毒素等进行防治。在有长爪沙鼠分布危害的草原，要保护鼠类天敌，并驯放狐狸，制设招鹰架，增加鼠类天敌数量。

21.5.2 大沙鼠

21.5.2.1 形态特征

大沙鼠属啮齿目鼠科大沙鼠属。体型较大，成体体长为 150~200 mm，耳较小，尾长接近体长。体躯背部和头中央毛色淡沙黄色，具黑色毛尖；体侧眼周围、两颊和耳后毛色较背毛色淡；腹部及四肢内侧的毛均为污白色或黄色，毛基部暗灰色，毛尖污白色；尾毛呈现锈红色，较背毛鲜艳，尾末端有长黑毛，形成小毛束。爪子锋利而尖锐，暗黑色。头骨宽大，额宽达颧长的 2/3。鼻骨狭长，其长超过颅长的 1/3。额骨表面中央部较低凹，眶上嵴明显。由于额骨长大，顶骨显著变短，同时顶部平扁，向后达顶间骨处，然后折向两侧形成大弯。

21.5.2.2 生态特性

大沙鼠居住的洞系结构为家族群居式洞系，每洞系中一般有 1~10 只鼠。洞系一般构建在固定、半固定的沙丘上。洞道结构复杂，除洞道外，还有粮仓、厕所和巢室等。洞口呈扁圆形，直径为 6~12 cm，洞口较多，少时有数十个，多时可达上百个。大沙鼠不冬眠，白天活动，但不同季节活动节律不同。日活动节律冬季活动高峰在 11:00~14:00，即使雪被厚达 25~40 cm 也不受影响。夏季大沙鼠日出不久就开始活动，但炎热的中午活动明显降低，其活动时间主要集中在 7:00~10:00 和 17:00~19:00。在大风、阴雨、降雪等天气很少在地面活动。大沙鼠繁殖状况在不同地区表现不同，俄罗斯东卡拉库姆地区的大沙鼠一年仅繁殖一次，其繁殖期为 3~4 月初。而在该地区西北部，一年可繁殖 3 次，繁殖期分别为 3 月、5 月和 9 月，胎仔鼠数一般为 6~8 只。在我国新疆北部，气候和食物条件较好的年代，大沙鼠 1 年内可繁殖 3 次。在我国阿拉善和巴彦淖尔大沙鼠 1 年内最多可繁殖 3 次，胎仔数一般为 4~6 只，多时可达 8 只。大沙鼠是植食性啮齿动物，食性很杂，主要以沙生植物为食。大沙鼠对在其生境内的各种植物都不拒食，其食谱可达 40 余种，主要是梭梭(*Haloxylon ammodendron*)、猪毛菜(*Kali collinum*)、琵琶柴(*Reaumuria songonica*)、白刺(*Nitraria tangutorum*)等小灌木的营养枝条及绿色多汁部分，特别喜食含盐量高的植物。

21.5.2.3 分布与危害

大沙鼠是中亚地区典型的荒漠啮齿动物，我国分布于新疆、内蒙古和甘肃，国外主要分布在俄罗斯、哈萨克斯坦、吉尔吉斯斯坦、塔吉克斯坦、蒙古、伊朗、阿富汗等，主要栖息于荒漠、半荒漠地区。大沙鼠喜食固沙植物及其种子，使固沙植被退化。同时，大沙鼠又是多种自然疫源性疾病的主要宿主，对人类健康危害极大，是畜牧业、林业、草原以及卫生事业的重要害鼠之一。

21.5.2.4 防控方法

①生物防治　使用不同作用机理的生物药品降低鼠群密度，如世双鼠靶、新贝奥生物灭鼠剂、C 型肉毒毒素等。

②物理防治　采用捕鼠工具对鼠害发生区的大沙鼠进行捕杀，如板夹、弓形夹和捕鼠笼。物理机械捕杀简单易行，并且对人、畜都较安全，但是工效较低，由于大沙鼠是白天活动而且其听觉和视觉非常敏锐，因此，人工物理机械防治大沙鼠不能取得理想的防治效果。

③化学防治　使用低毒低残留化学药品进行防治，包括毒饵法和熏蒸法。其优点是防治速度快、杀灭效果好、治理成本低，能够在短时间内大面积控制鼠害。

④天敌防治　保护鼠类天敌和天敌栖息地，在梭梭保护区设立鹰架，优化天敌的栖息地、繁殖环境和捕食条件，利于其控制害鼠。

21.6　田鼠

21.6.1　布氏田鼠

21.6.1.1　形态特征

布氏田鼠属啮齿目仓鼠科毛足田鼠属。成年布氏田鼠体长 70~130 mm，尾长 15~31 mm，体重为 23.1~65.7 g。毛较粗硬、较短，耳壳稍突出。四肢短小，前足有 4 指且有利爪，后足 5 趾。背毛沙黄色，针毛基部黑褐色，毛尖灰黄色；腹毛淡黄；尾巴相当短，尾上覆盖着一层直硬的毛。颅骨全长 22~29 mm，颧骨宽 13~17 mm，眶间距 2.76~4.22 mm，听泡较大，间距 1.34~2.48mm。上下颌各有一对近乎垂直的门齿，外釉质呈棕黄色，内髓质呈白色。

21.6.1.2　生态特性

布氏田鼠洞系呈斑块状分布，每个洞系的洞口数依家群内布氏田鼠的多寡而不同，少则 4~5 个，多的可达 40 个以上。洞系深 20~30 cm，洞道结构较为复杂，通过挖掘其洞道发现，存在很多立体交错的洞道，还有很多功能区域。例如，有纵横交错的鼠道、堆积了鼠粪的厕所、垫有柔软干草的巢室、空间巨大的仓库等。布氏田鼠活动规律为白天活动，活动高峰期随季节变化，春季自 3 月中旬开始，布氏田鼠在地面上的活动量迅速增加，活动高峰在 11:00~13:00，呈单峰型。全年中以夏季在地表活动的时间最长，每天有清早、傍晚两个活动高峰，呈双峰型。繁殖能力强，繁殖期长达 7 个月，繁殖高峰主要在每年的春夏两季。雌鼠妊娠期约 20 d，每年可生产 3~4 窝，每窝产仔数为 5~10 只，最多可达 14 只。布氏田鼠主要以高蛋白植物为食，特别喜食羊草(*Leymus chinensis*)、冰草(*Agropyron cristatum*)和紫花苜蓿(*Medicago sativa*)。冬季以贮存在仓库中的冷蒿(*Artemisia frigida*)为主要食物，还有少量黄芪(*Astragalus membranaceus*)等双子叶植物以及蔷薇科、豆科草本植物等。

21.6.1.3 分布与危害

布氏田鼠主要分布于中国内蒙古、蒙古国东部以及俄罗斯贝加尔湖等地,偏好选择栖居于低矮开阔、覆盖度相对较低的平坦草原。布氏田鼠繁殖能力强,种群数量爆发时,喜食的冷蒿等双子叶植物率先被取食殆尽,导致当地植物多样性减少。布氏田鼠挖掘洞道时不仅破坏植物的根系,影响其正常生长,而且会将深层土壤抛至洞口破坏土壤结构。另外,布氏田鼠还是主要的疫源动物,携带并传播鼠疫杆菌、立克次氏体、螺旋体、肝毛细线虫、寄生虫等多种病原体。

21.6.1.4 防控方法

①物理防治 将捕鼠笼和捕鼠夹布设在其经常活动的路径上进行灭鼠,物理器械虽然成本低廉,但需耗费大量人力成本且效率不高,因此在草原灭鼠时较少采用。

②化学防治 将灭鼠剂和小麦或玉米等适口性好的粮食混合制成毒饵,通过投放毒饵达到灭鼠目的。此外,也可采用左炔诺孕酮和炔雌醚配制成的 EP-1 不育剂来控制布氏田鼠鼠害(王大伟等,2011)。

③天敌防治 通过保护布氏田鼠的天敌来控制鼠害,其主要天敌有沙狐(*Vulpes corsac*)、艾鼬(*Mustela eversmanii*)、大鵟(*Buteo hemilasius*)和苍鹰(*Accipiter gentilis*)等。

21.6.2 根田鼠

21.6.2.1 形态特征

根田鼠属啮齿目仓鼠科东方田鼠属。体长为 88~105 mm,吻部短而钝,耳壳正常,尾较长,通常为体长 1/3。背毛呈深灰褐,耳壳毛色与体背相同;腹毛毛基黑色,毛尖灰白色或淡棕黄色;尾毛双色,上面黑色,下面灰白色或淡黄色;前后足背面污白色或浅灰褐色,爪浅褐色。头骨坚实,颚骨后缘中央均与翼状骨突相连接。上口齿向下垂伸或略向前倾延,第 1 下臼齿横叶前方有 4~5 个封闭的交错齿环,第 3 下臼齿均具 3 个半月形或类长方形的斜列齿环。

21.6.2.2 生态特性

根田鼠居住洞穴大多仅有单一的垂直洞口。洞穴多集中在树根和草根等植物的根茎之下,偏好栖息于隐蔽性较好的金露梅灌丛中。根田鼠繁殖期主要在植物返青期,盛草期也有部分雌性参与繁殖。根田鼠妊娠期 20 d 左右,哺乳期 15~20 d,平均胎仔数 4.56 只(梁杰荣等,1985)。根田鼠活动主要在白天,以植物的绿色部分为食,优先选取单子叶植物叶片,不冬眠,冬季主要采食植物根部、块茎、幼芽等。

21.6.2.3 分布与危害

我国分布于新疆、青海、陕西、甘肃(甘南及祁连山),主要栖息在亚高山灌丛、林间隙地、草甸草原、山地草原、沼泽草原等比较潮湿、多水的生境。根田鼠啃食牧草并且挖掘洞道,改变植物群落结构,影响产草量,加剧草地水土流失,同时,是鼠疫等疾病的中间宿主。

21.6.2.4 防控方法

①化学防治 可参考布氏田鼠防控方法。

②物理防治 置夹法,用 0~1 号弓形夹,支放在洞口前的洞道上;活套法,将细钢活套安放在洞口内约 6 cm 深处,三面贴壁,上面腾空半厘米,当鼠出洞或入洞时均会被套

住；灌水法，消灭鼠的效果较好，对于砂土中的鼠洞，在水中掺些黏土，灭效更好。此外，还可采用箭扎、挖洞、热沙灌洞等方法来灭鼠。

21.7 跳鼠

21.7.1 五趾跳鼠

21.7.1.1 形态特征

五趾跳鼠属啮齿目跳鼠科东方五趾跳鼠属，是中国体型最大的一种跳鼠，尾长明显大于体长，眼大而圆，耳较长。尾端具毛穗并由灰白色（或白色）、黑色（或暗褐色）以及白色三段毛色呈"旗状"，奔跑时仅后肢着地，弹跳力极强；后足具五趾；背部及四肢外侧毛尖浅棕黄色，毛基灰色；头顶及两耳内外均为淡沙黄色，两颊、下颌、腹部及四肢内侧为纯白色，臀部两侧各形成一白色纵带，向后延至尾基部分。吻部细长，脑颅宽大而隆起，光滑无嵴，额骨与鼻骨连接处形成一浅凹陷。顶间骨大，宽约为长的2倍。眶下孔极大，呈卵圆形。

21.7.1.2 生态特性

五趾跳鼠活动范围广，洞穴分为临时洞和栖居洞，临时洞穴简单，只有一个洞口，呈上圆下方的拱桥洞状。临时洞穴的洞道浅，多与地面平行，无居住巢穴。栖居洞穴常筑在土质较坚实的区域，洞较复杂，洞口分为掘进洞口、进出洞口及备用洞口3种。属夜行性鼠类，冬眠，黄昏活动频繁，白天偶尔出洞活动。在内蒙古呼和浩特五趾跳鼠于3月底或4月初以先雄后雌顺序出蛰，4~5月进入繁殖期，5月为交配高峰期，每窝2~4只，最多产7只，9月底或10月初开始入蛰。主要以绿色植物（茎、叶）为食，也食少量昆虫，是以植食性为主的杂食性啮齿动物，对植物性食物具有较强的择食性。五趾跳鼠的天敌很多，如鸟类中的猫头鹰，兽类中的鼬科动物以及沙狐、兔狲等。

21.7.1.3 分布与危害

分布较广，我国分布于新疆、甘肃、青海、宁夏、山西、陕西北部、内蒙古以及东北三省的西部地区，主要栖居于半荒漠、草原和山坡草地上，尤喜居于干草原。五趾跳鼠经常临时栖息于其他鼠类的洞穴中，是自然疫源地内鼠疫的主要贮存宿主。乌拉特中旗中蒙甘其毛都口岸地区的鼠类以五趾跳鼠为主，其携带巴尔通体、贝氏柯克斯体、伯氏疏螺旋体、汉坦病毒。

21.7.1.4 防控方法

①物理防治 板夹灭鼠，将板夹布放在其经常活动的区域进行灭杀；火诱法，选择开阔丘间低地，于夜间点燃火堆诱捕跳鼠，捕鼠者手持木棍，用树枝贴着地面横扫其足，击伤后捕捉。

②化学防治 可采用毒气熏洞法进行防治，或将0.05%~0.1%的溴敌隆原液与饵料1:100混拌进行防治，或采用左炔诺孕酮和炔雌醚配制成的EP-1不育剂进行防治。

21.7.2 三趾跳鼠

21.7.2.1 形态特征

三趾跳鼠属啮齿目跳鼠科三趾跳鼠属。体型中等，头圆而且小，眼睛大，耳壳大且发达；成年体长一般大于 110 mm；尾巴长，且尾长略长于体长；前肢短，后肢长，擅于跳跃，后足具三趾，各趾下被有梳状硬毛。背部有排列呈梳状的硬毛；背部及其趾部朝外的毛色为深沙黄色，毛的尖部黑色；体侧浅沙黄色；整个腹面连同下唇和尾基部的毛色均为白色；耳前方有一排栅状的白色硬毛；耳壳外被毛棕黄色，内被毛为稀疏柔软的白毛；尾巴背面毛纯沙黄色，腹面白色细毛；尾末端是黑褐色和白色毛相间形成的毛束。头骨宽而短，颧弓虽细，但向上分支很宽；眶下孔大，呈卵圆形；鼻骨与额骨相接处有凹陷；顶间骨大，听泡中等，两听泡前端距离宽。

21.7.2.2 生态特性

三趾跳鼠洞穴构造简单，但较实用。一般三趾跳鼠的洞由盲道、天窗暗窗、巢室、洞口、洞道组成，三趾跳鼠的洞按居住时间的长短可以划分为居住洞和临时洞。临时洞构造相对来讲比较简单，只有洞口和洞道。居住洞跟临时洞相比，只多了一个洞巢，有一到两个盲道，盲道的末端延伸到地面，有天窗。每年从 4 月底开始进入繁殖期。通常情况下，1 年产 1 胎，野外调查偶尔可见老年个体 1 年产 2 胎，胎仔数量稳定，每胎产仔 3~5 只。主要取食植物茎叶，少量取食嫩绿植物种子，极少取食成熟植物种子。三趾跳鼠食性随着季节有特别明显的变化，这主要与栖息地食物可利用性有关。

21.7.2.3 分布与危害

在中国的分布范围很广，涉及内蒙古西部、甘肃、新疆。能适应多种生态环境，在荒漠中的固定、半固定灌丛沙丘，沙梁低地，水渠堤岸，农田附近的草地均有分布。三趾跳鼠主要以旱生植物茎叶等绿色部分为食，种群数量过大时造成荒漠草原固沙能力减弱。此外，三趾跳鼠可自然感染鼠疫杆菌，作为疫源动物对疫情的扩大和传播具有重要作用。

21.7.2.4 防控方法

可参考五趾跳鼠防控方法。

思考题

1. 简述高原鼠兔形态特征。
2. 简述沙鼠属啮齿动物的生态习性。
3. 简述青藏高原啮齿动物的主要防控方法。
4. 荒漠啮齿动物都有哪些种类？

参考文献

彩万志, 庞雄飞, 花保祯, 等, 2011. 普通昆虫学[M]. 2版. 北京: 中国农业大学出版社.
蔡邦华, 蔡晓明, 黄复生, 2017. 昆虫分类学(修订版)[M]. 北京: 化学工业出版社.
蔡霓, 王峰, 农向群, 等, 2018. 金龟子绿僵菌在草原羊草和克氏针茅根际的种群动态和根内宿存鉴定[J]. 植物保护, 44(6): 32-37.
陈永萱, 陆家云, 许志刚, 1999. 植物病理学[M]. 北京: 中国农业出版社.
程瑾瑞, 张知彬, 肖治术, 2005. 同种竞争压力对小泡巨鼠贮藏油茶种子行为的作用分析[J]. 兽类学报, 25(2): 143-149.
程守丰, 梁巧兰, 魏列新, 等, 2020. 苜蓿不同品种AMV和WCMV带毒检测及生理生化特性研究[J]. 草业学报, 29(12): 140-149.
邓国藩, 1978. 中国经济昆虫志·第十五册·蜱总科[M]. 北京: 科学出版社.
董辉, 高松, 农向群, 等, 2011. 应用绿僵菌与锐劲特防治蝗虫的效果[J]. 湖北农业科学, 50(17): 3543-3545.
董双林, 2022. 植物保护学通论[M]. 3版. 北京: 高等教育出版社.
杜桂林, 马崇勇, 洪军, 等, 2016. 草原沙葱萤叶甲发生趋势及植物源农药田间防治效果[J]. 植物保护, 42(4): 253-256.
杜桂林, 赵海龙, 马崇勇, 等, 2018. 粉红椋鸟鸟巢结构和迁离时间防治草原蝗虫效果分析[J]. 中国生物防治学报, 34(6): 923-926.
杜玉贤, 2021. 苜蓿田间杂草防除技术农艺措施对冀西北坝上燕麦田杂草组成及饲草产量的影响[D]. 保定: 河北农业大学.
段玉玺, 方红, 2017. 植物病虫防治[M]. 北京: 中国农业出版社.
樊翠芹, 王贵启, 李秉华, 等, 2009. 不同耕作方式对玉米田杂草发生规律及产量的影响[J]. 中国农学通报, 25(10): 207-211.
冯纪年, 2010. 鼠害防治[M]. 北京: 中国农业出版社.
冯晓东, 吕国强, 2011. 中国蝗虫预测预报与综合防治[M]. 北京: 中国农业出版社.
古力克孜·拜克日, 郑婼予, 李媛辉, 2022. 中国草原立法中法律责任规定之不足与完善[J]. 草业科学, 39(4): 806-818.
顾天潇, 冯陈尉, 郭枭, 等, 2023. 我国主要玉米病毒病的鉴定及分类研究进展[J]. 江苏农业科学, 51(9): 1-9.
管致和, 尤子平, 周尧, 1980. 昆虫学通论[M]. 2版. 北京: 中国农业出版社.
郭聪, 王勇, 陈安国, 等, 1997. 洞庭湖区东方田鼠迁移的研究[J]. 兽类学报, 17(4): 279-286.
郭郛, 陈永林, 卢宝廉, 1991. 中国飞蝗生物学[M]. 济南: 山东科学技术出版社.
郭建国, 郭满库, 郭成, 等, 2013. 燕麦坚黑穗病抗性鉴定两种接种方法比较及种质抗性评价[J]. 植物保护学报, 40(5): 425-430.
郭蓉, 郭亚洲, 王帅, 等, 2021. 中国天然草地有毒植物及其放牧家畜中毒病研究进展[J]. 畜牧兽医学报, 52(5): 1171-1185.

郭志鹏，2021. 30个苜蓿品种抗病毒感染特征及苜蓿花叶病毒分子鉴定[D]. 保定：河南农业大学.
郝永娟，2005. 天津市植保技术推广的现状及对策研究[D]. 北京：中国农业大学.
洪军，杜桂林，王广君，2014. 我国草原蝗虫发生与防治现状分析[J]. 草地学报，22(5)：929-934.
洪晓月，2012. 农业螨类学[M]. 北京：中国农业出版社.
胡凯军，2012. 抗红叶病燕麦种质评价与筛选[D]. 兰州：甘肃农业大学.
胡文静，杨亚鹏，阿斯亚姆·阿布都克依木，等，2021. 40个苜蓿品种对炭疽病的苗期抗性评价[J]. 草业科学，38(8)：1579-1586.
胡自治，2015. 中国草业教育史[M]. 南京：江苏凤凰科学技术出版社.
花蕾，2009. 植物保护学[M]. 北京：科学出版社.
黄晨西，林琳，李庆芬，2006. 短光照诱导达乌尔黄鼠产热[J]. 兽类学报，26(4)：346-353.
黄江蓉，汤嘉欣，何祝清，2022. 基于正模标本的中国直翅目分类学发展趋势分析[J]. 生物多样性，30(3)：213-214.
黄振英，曹敏，刘志民，等，2012. 种子生态学：种子在群落中的作用[J]. 植物生态学报，36(8)：705-707.
季达明，徐长晟，1989. 动物行为学[M]. 沈阳：辽宁教育出版社.
蒋志刚，江建平，王跃招，等，2016. 中国脊椎动物红色名录[J]. 生物多样性，24(5)：500-551.
金磊磊，张本厚，陈集双，2015. 一株侵染白三叶草的苜蓿花叶病毒全基因组序列分析及其寄主生物学研究[J]. 核农学报，29(6)：1061-1067.
康乐，魏丽亚，2022. 中国蝗虫学研究60年[J]. 植物保护学报，49(1)：4-16.
匡海源，1995. 中国经济昆虫志·第四十四册·蜱螨亚纲 瘿螨总科[M]. 北京：科学出版社.
郎敏，2016. 完善我国农药登记制度的研究[D]. 南京：南京农业大学.
雷朝亮，荣秀兰，2019. 普通昆虫学[M]. 2版. 北京：中国农业出版社.
李春杰，陈泰祥，赵桂琴，等，2017. 燕麦病害研究进展[M]. 草业学报，26(12)：203-222.
李芳，2021. 中国苜蓿黄萎病研究[D]. 兰州：兰州大学.
李飞，张桃林，2012. 中华人民共和国农业技术推广法释义[M]. 北京：法律出版社.
李广，2007. 亚洲小车蝗为害草场损失估计分析的研究[D]. 北京：中国农业科学院.
李鸿昌，夏凯玲，2006. 中国动物志·昆虫纲·第四十三卷·直翅目 蝗总科：斑腿蝗科[M]. 北京：科学出版社.
李鸿兴，1987. 昆虫分类检索[M]. 北京：农业出版社.
李俊年，刘季科，2002. 植食性哺乳动物与植物协同进化研究进展[J]. 生态学报，22(12)：2186-2193.
李克梅，张芯伪，王丽丽，等，2015. 草酸诱导紫花苜蓿对霜霉病的抗性[J]. 草业科学，32(1)：36-40.
李秀坤，刘昌林，周羽，等，2015. 玉米病毒病的研究进展[J]. 作物杂志(3)：13-16.
李彦忠，2015. 中国农作物病虫害[M]. 3版. 北京：中国农业出版社.
李彦忠，南志标，2015. 牧草病害诊断调查与损失评定方法[M]. 南京：江苏凤凰科学技术出版社.
李彦忠，俞斌华，徐林波，2016. 紫花苜蓿病害图谱[M]. 北京：中国农业科学技术出版社.
李玉，刘淑艳，2015. 菌物学[M]. 北京：科学出版社.
梁铬球，1998. 中国动物志·昆虫纲第十二卷·直翅目 蚱总科[M]. 北京：科学出版社.
梁杰荣，孙儒泳，1985. 根田鼠生命表和繁殖的研究[J]. 动物学报，31(2)：170-177.
刘芳政，张茂新，赵莉，1999. 新疆天然草地昆虫名录(一)[J]. 新疆农业大学学报(3)：249-258.
刘芳政，赵莉，张茂新，等，2000. 新疆天然草地昆虫名录(二)[J]. 新疆农业大学学报(1)：88-94.
刘红亮，2016. 陕西省渭北旱塬玉米矮花叶病的发生规律及防治研究[D]. 杨凌：西北农林科技大学.
刘荣堂，武晓东，2011. 草地保护学(第一分册)·草地啮齿动物学[M]. 3版. 北京：中国农业出版社.
刘绍仁，袁建丽，孔志英，2023. 关于进一步贯彻落实《农药管理条例》有关问题的思考[J]. 现代农药，

22(4)：1-7.

刘胜男, 朱建义, 郑仕军, 等, 2016. 不同种植密度对玉米田杂草发生及玉米产量的影响[J]. 杂草学报, 34(2)：53-57.

刘万才, 朱晓明, 卓富彦, 2021. 以贯彻《农作物病虫害防治条例》为主线, 强化防控责任落实, 保障国家粮食安全[J]. 中国植保导刊, 41(6)：5-9.

刘伟, 房继明, 2001. 布氏田鼠社会行为对光周期的适应格局[J]. 兽类学报, 21(3)：199-205.

刘小凤, 2019. 大麦黄矮病毒—寄主小麦—传毒介体蚜虫互作关系研究[D]. 杨凌：西北农林科技大学.

刘永志, 2018. 内蒙古自治区草地蝗虫图鉴[M]. 北京：中国农业出版社.

刘长仲, 姚拓, 2022. 草地保护学[M]. 3版. 北京：中国农业大学出版社.

刘振伟, 李飞, 张桃林, 2013. 农业技术推广法导读[M]. 北京：中国农业出版社.

刘宗祥, 常明, 代建聪, 等, 2004. 绿僵菌防治草原蝗虫田间效果[J]. 草业科学, 21(8)：68-70.

罗迪, 2021. 气候变暖背景下意大利蝗和西伯利亚蝗适生性分析及耐高温分子机制研究[D]. 乌鲁木齐：新疆师范大学.

罗泽询, 陈卫, 高武, 等, 2000. 中国动物志：仓鼠科[M]. 北京：科学出版社.

缪倩, 任春梅, 吴丽莉, 等, 2013. 江苏玉米矮花叶病病原鉴定[J]. 江苏农业科学, 41(2)：118-121.

南志标, 李春杰, 1994. 中国牧草真菌病害名录[J]. 草业科学, 11(S)：3-30.

农业农村部办公厅, 2021. 农业农村部办公厅关于印发《全国农业植物检疫性有害生物分布行政区名录》的通知[J]. 中华人民共和国农业农村部公报(5)：89.

潘锦民, 2017. 防城港市农业植保技术推广的现状及对策研究[D]. 南宁：广西大学.

彭国雄, 2008. 杀蝗绿僵菌生物农药研制及其应用技术研究[D]. 重庆：重庆大学.

强玉宁, 2018. 苜蓿田间杂草防除技术[J]. 甘肃畜牧兽医(1)：86-87.

乔世英, 闫佳会, 郭青云, 2020. 中国大麦黄矮病毒及BYDV-GAV株系研究进展[J]. 广东农业科学, 47(10)：103-111.

邱星辉, 康乐, 李鸿昌, 2004. 内蒙古草原主要蝗虫的防治经济阈值[J]. 昆虫学, 47(5)：595-598.

裘维蕃, 1998. 菌物学大全[M]. 北京：科学出版社.

全国畜牧总站, 2018. 中国草原生物灾害[M]. 北京：中国农业出版社.

任炳忠, 2001. 东北蝗虫志[M]. 长春：吉林科学技术出版社.

尚佑芬, 赵玖华, 王升吉, 等, 2007. 山东省玉米病毒病病原鉴定与防治研究[J]. 玉米科学(5)：128-132.

施大钊, 王登, 高灵旺, 2008. 啮齿动物生物学[M]. 北京：中国农业大学出版社.

石定燧, 1995. 草原毒害杂草及其防除[M]. 北京：中国农业出版社.

史志诚, 1997. 中国草地重要有毒植物[M]. 北京：中国农业出版社.

苏军虎, 杨彦东, 王静, 等, 2017. 高原鼢鼠测报技术规范 DB62/T 2778—2017[S]. 兰州：甘肃省标准化研究院.

苏宇, 农向群, 张泽华, 等, 2012. 绿僵菌M189菌株特异性SCAR标记的建立及田间监测应用[J]. 菌物学报, 31(3)：366-373.

孙道旺, 尹桂芳, 卢文洁, 等, 2017. 云南省燕麦白粉病病原鉴定及致病力测定[J]. 植物保护学报, 44(4)：617-622.

谭宇尘, 韩天虎, 许国成, 等, 2019. 青藏高原东缘高原鼢鼠种群抗药性评估[J]. 草业科学, 36(11)：2952-2961.

宛新荣, 王梦军, 王广和, 等, 2001. 具有左截断、右删失寿命数据类型的生命表编制方法[J]. 动物学报, 47(2)：101-107.

王大伟, 刘琪, 刘明, 等, 2011. EP-1包合物制备及其对布氏田鼠繁殖器官的影响[J]. 兽类学报,

31(1)：79-83.

王桂明，周庆强，钟文勤，1996. 内蒙古典型草原4种常见小哺乳动物的营养生态位及相互关系[J]. 生态学报，16(1)：71-76.

王建会，2013. 玛纳斯人工招引粉红椋鸟控制草原蝗害研究[J]. 新疆畜牧业(11)：21-23.

王金成，马以桂，周春娜，等，2005. 剪股颖粒线虫幼虫形态与分子检测方法[J]. 植物检疫(2)：84-86.

王雷，董鸣，黄振英，2010. 种子异型性及其生态意义的研究进展[J]. 植物生态学报，34(5)：578-590.

王丽英，曹春，余晓光，等，1994. 微孢子虫饵剂的不同配方对新疆草原蝗虫的防治效果[J]. 生物防治通报(3)：28-30.

王平远，1980. 中国经济昆虫志·第二十一册·鳞翅目螟蛾科[M]. 北京：科学出版社.

王圣兴，2021. 我国农药安全使用法律制度研究[D]. 重庆：重庆大学.

王文峰，2013. 西藏飞蝗两型形态学比较及其防治方法初步研究[D]. 北京：中国农业科学院.

王应祥，2003. 中国哺乳动物种和亚种分类名录与分布大全[M]. 北京：中国林业出版社.

王智翔，陈永林，马世骏，1988. 温、湿度对狭翅雏蝗 Chorthippus dubius (Zub.)实验种群的影响[J]. 生态学报，8(2)：125-132.

尉亚辉，赵宝玉，2016. 中国天然草原毒害草综合防控技术[M]. 北京：中国农业出版社.

尉亚辉，赵宝玉，魏朔南，2018. 中国西部天然草地毒害草的主要种类及分布[M]. 北京：科学出版社.

夏凯龄，1994. 中国动物志·昆虫纲·第四卷·直翅目 蝗总科：癞蝗科 瘤锥蝗科 锥头蝗科[M]. 北京：科学出版社.

肖治术，张知彬，2004. 啮齿动物的贮藏行为与植物种子的扩散[J]. 兽类学报，24(1)：61-70.

谢联辉，2013. 普通植物病理学[M]. 2版. 北京：科学出版社.

徐超民，王加亭，李霜，等，2021. 绿僵菌在不同类型草原防治蝗虫的效果分析[J]. 中国生物防治学报，37(5)：946-955.

许志刚，胡白石，2021. 普通植物病理学[M]. 5版. 北京：高等教育出版社.

薛福祥，2009. 草地保护学(第三分册)·牧草病理学[M]. 3版. 北京：中国农业出版社.

杨晨，沙日扣，苏日拉格，等，2022. 中国天然草原毒害草种类分布、毒性及防控与利用研究进展[J]. 家畜生态学报，43(11)：88-96.

杨波，2023. 紫花苜蓿黄萎病(Verticillium alfalfae)侵染循环研究与抗病种质选育[D]. 兰州：兰州大学.

杨定，2018. 中国草原害虫图鉴[M]. 北京：中国农业科学技术出版社.

杨帆，谢咸升，张作刚，2022. 山西省玉米品种抗矮花叶病鉴定及蚜虫传播分析[J]. 山西农业科学，50(3)：409-418.

杨凯，2021. 紫花苜蓿响应白粉病菌(Erysiphe polygoni)侵染的病理生理学及代谢组学研究[D]. 银川：宁夏大学.

杨星科，葛斯琴，王书永，等，2014. 中国动物志·昆虫纲·第六十一卷[M]. 北京：科学出版社.

杨星科，赵建铭，2000. 中国昆虫分类研究的五十年[J]. 昆虫知识，37(1)：1-11.

姚建民，杨廷勇，谢红旗，等，2019. 几种病原微生物农药对高寒牧区草原蝗虫的防治效果试验[J]. 草业科学(6)：58-60.

姚拓，2021. 植物根际促生菌研究与应用[M]. 北京：中国农业出版社.

姚拓，尹淑霞，2022. 草坪病理学[M]. 北京：中国林业出版社.

尹文英，2001. 有关六足动物(昆虫)系统分类中的争论热点[J]. 生命科学，13(2)：49-53.

印象初，夏凯龄，2003. 中国动物志·昆虫纲·第三十二卷·直翅目 蝗总科：槌角蝗科 剑角蝗科[M]. 北京：科学出版社.

于非，季荣，2007. 人工招引粉红椋鸟控制新疆草原蝗虫灾害的作用及其存在问题分析[J]. 中国生物防治(S1)：93-96.

于顺利, 方伟伟, 2012. 种子生态学研究动态[J]. 科技导报, 30(3): 68-75.

余鸣, 2006. 草原蝗虫生态阈值研究[D]. 北京: 中国农业科学院.

袁锋, 1996. 研究内容与发展, 昆虫分类学[M]. 北京: 中国农业出版社.

袁庆华, 张文淑, 2003. 苜蓿菌核病的初步研究[J]. 植物保护, 29(4): 22-24.

袁玉涛, 2020. 紫花苜蓿白粉病病原菌鉴定及其对苜蓿草品质的影响[D]. 银川: 宁夏大学.

岳方正, 李荣才, 王志鹏, 等, 2020. 2019 年我国草原生物灾害防治工作调查与分析[J]. 中国森林病虫, 39(4): 45-48.

张超, 战斌慧, 周雪平, 2017. 我国玉米病毒病分布及危害[J]. 植物保护, 43(1): 1-8.

张海英, 刘永刚, 郭建国, 等, 2010. 两种悬浮种衣剂对燕麦蚜虫及红叶病的防治效果[J]. 麦类作物学报, 30(4): 775-777.

张梨梨, 罗庭, 李彦忠, 2020. 黑龙江苜蓿炭疽病病原鉴定及其生物学特性[J]. 草业科学, 37(10): 2057-2068.

张荣祖, 1999. 中国动物地理[M]. 北京: 科学出版社.

张世泽, 2020. 植物保护学[M]. 2 版. 北京: 科学出版社.

张薇, 魏海雷, 张力群, 等, 2005. 苜蓿菌核病生防菌及化学药剂的筛选[J]. 草地学报, 13(2): 162-165.

张卫国, 江小蕾, 王树茂, 等, 2004. 鼢鼠的造丘活动及不同休牧方式对草地植被生产力的影响[J]. 西北植物学报, 24(10): 1882-1887.

张祥林, 尹玉琦, 李国英, 等, 1990. 菜豆黄色花叶病毒(BYMV)——新疆苜蓿分离株的鉴定[J]. 病毒学杂志(1): 88-96.

张芯伪, 2017. 新疆苜蓿丛枝病和花叶病病原分子鉴定与检测[D]. 乌鲁木齐: 新疆农业大学.

张新, 赵莉, 王世君, 等, 2012. 三种药剂对意大利蝗的毒力测定及田间药效试验[J]. 新疆农业科学, 49(8): 1466-1470.

张玉霞, 王国基, 姚拓, 等, 2015. 燕麦散黑穗病防治药剂筛选及其对燕麦幼苗生长的影响[J]. 草地学报, 23(3): 616-622.

张泽华, 高松, 张刚应, 等, 2000. 应用绿僵菌油剂防治内蒙草原蝗虫的效果[J]. 中国生物防治, 6(2): 49-52.

张治家, 刘红艳, 房雅丽, 等, 2020. 山西玉米栽培品种对矮花叶病抗性评价[J]. 中国植保导刊, 40(4): 55-57.

章士美, 1985. 中国经济昆虫志·第三十一册·半翅目(一)[M]. 北京: 科学出版社.

赵莉, 刘芳政, 张茂新, 等, 2000. 新疆天然草地昆虫名录(三)[J]. 新疆农业大学学报(3): 78-82.

赵仲苓, 1978. 中国经济昆虫志·第十二册·鳞翅目 毒蛾科[M]. 北京: 科学出版社.

郑乐怡, 归鸿, 1999. 昆虫分类(上册、下册)[M]. 南京: 南京师范大学出版社.

郑巧燕, 唐忠民, 卫万荣, 2019. 草原啮齿类动物生态作用及生存威胁[J]. 草业科学, 36(11): 2962-2970.

郑滔, 2002. 大麦和性花叶病毒(BaMMV)和燕麦花叶病毒(OMV)的分子生物学研究[D]. 杭州: 浙江大学.

郑永烈, 1983. 太白山藏鼠兔的生态初步研究[J]. 动物学杂志, 18(2): 42-46.

郑哲民, 夏凯龄, 1998. 中国动物志·昆虫纲·第十卷·直翅目 蝗总科: 斑翅蝗科 网翅蝗科[M]. 北京: 科学出版社.

郑智民, 姜志宽, 陈安国, 2008. 啮齿动物学[M]. 上海: 上海交通大学出版社.

中国科学院动物所, 2001. 中国动物志[M]. 北京: 科学出版社.

中国科学院动物研究所, 1981. 中国蛾类图鉴(Ⅰ)[M]. 北京: 科学出版社.

中国科学院动物研究所, 1982. 中国蛾类图鉴(Ⅱ)[M]. 北京: 科学出版社.

中国科学院动物研究所,1982. 中国蛾类图鉴(Ⅲ)[M]. 北京:科学出版社.

中国科学院动物研究所,1983. 中国蛾类图鉴(Ⅳ)[M]. 北京:科学出版社.

中华人民共和国进出境,1992. 动植物检疫法[J]. 植物检疫(1):4-9.

周天旺,王春明,闫筱苗,等,2021. 96份玉米杂交种抗矮花叶病鉴定与评价[J]. 西北农业学报,30(8):1243-1250.

周延林,鲍伟东,2000. 鄂尔多斯沙地啮齿动物作用评价[J]. 中国草地(2):35-41.

周尧,2002. 周尧昆虫图集[M]. 郑州:河南科学技术出版社.

朱弘复,陈一心,1963. 中国经济昆虫志·第三册·鳞翅目 夜蛾科(一)[M]. 北京:科学出版社.

朱弘复,方承莱,王林瑶,1963. 中国经济昆虫志·第七册·鳞翅目 夜蛾科(三)[M]. 北京:科学出版社.

朱金雷,刘志民,2012. 种子传播生物学主要术语和概念[J]. 生态学杂志,31(9):2397-2403.

朱盛侃,陈安国,1993. 小家鼠生态特性与预测[M]. 北京:科学出版社.

祝小祥,王华弟,张恒木,等,2012. 玉米病毒病发病流行原因分析与防控对策[J]. 中国农学通报,28(21):204-210.

AGRIOS G N, 2005. Plant Pathology[M]. 5th ed. Burlington: Academic Press.

CHU B, JI C P, ZHOU J W, et al, 2021. Why does the plateau zokor (*Myospalax fontanieri*: Rodentia: Spalacidae) move on the ground in summer in the eastern Qilian Mountains?[J]. Journal of Mammalogy, 102(1): 346-357.

CONNOLLY J, SEBASTIÀ M T, KIRWAN L, et al, 2018. Weed suppression greatly increased by plant diversity in intensively managed grasslands: A continental-scale experiment[J]. Journal of Applied Ecology, 55(2): 852-862.

CORUH I, TAN M, 2016. The effects of seeding time and companion crop on yield of alfalfa (*Medicago sativa* L.) and weed growth[J]. Turkish Journal of Field Crops, 21(2): 184-189.

HALL M, NELSON C, COUTTS J, et al, 2004. Effect of seeding rate on alfalfa stand longevity[J]. Agronomy Journal, 96(3): 717-722.

JORDAN S, 2018. Yield to the resistance: The impact of nematode resistant varieties on alfalfa yield[J]. Natural Resource Modeling, 31(2): e12150.

KANG Y, TAN Y, WANG C, et al, 2022. Antifertility effects of levonorgestrel, quinestrol, and their mixture(EP-1) on plateau zokor in the Qinghai-Tibetan Plateau[J]. Integrative Zoology, 17: 1002-1016.

KHAN N, GEORGE D, SHABBIR A, et al, 2019. Suppressive plants as weed management tool: Managing *Parthenium hysterophorus* under simulated grazing in Australian grasslands[J]. Journal of environmental management, 247: 224-233.

LANDAU C A, HAGER A G, WILLIAMS M M, 2021. Diminishing weed control exacerbates maize yield loss to adverse weather[J]. Global change biology, 27(23): 6156-6165.

LOMER C J, BATEMAN R P, JOHNSON D L, et al, 2001. Biological control of locusts and grasshoppers[J]. Annual Review of Entomology, 46(1): 667-702.

MAYR E, 1969. Principles of Systematic Zoology[M]. New York: McGraw-Hill Book Company.

GULLAN P J, CRANSTON P S, 2014. The Insects: An Outline of Entomology[M]. 5th ed. US: Wiley-Blackwell.

WILSON D E, REEDER D M, 2005. Mammal Species of the World: A Taxonomic and Geographic Reference[M]. 3rd ed. Baltimore: The Johns Hopkins University Press.

YI X, ZHANG Z, 2008. Seed predation and dispersal of glabrous filbert (*Corylus heterophylla*) and pilose filbert(*Corylus mandshurica*) by small mammals in a termperate forest, northeast China[J]. Plant Ecology, 196: 135-142.